新工科暨卓越工程师教育培养计划电子信息类专业系列教材
普通高等学校"双一流"建设电子信息类专业特色教材

丛书顾问/ 郝　跃

XIANCHANG ZONGXIAN YU GONGYE YITAIWANG

现场总线与工业以太网

U0279062

■ 编　著/李正军　李潇然

华中科技大学出版社
http://www.hustp.com
中国·武汉

内 容 简 介

本书秉承"新工科"理念,从科研、教学和工程实际应用出发,理论联系实际,全面、系统地讲述了现场总线、工业以太网及其应用系统设计。

本书首次尝试在国内教科书中详细讲述 CAN FD 高速现场总线和在机器人等运动控制领域广泛应用的 EtherCAT 工业以太网。

本书共 10 章,主要内容包括:现场总线与工业以太网概述,CAN 现场总线,CAN FD 现场总线,CAN FD 应用系统设计,PROFIBUS-DP 现场总线,EtherCAT 工业以太网,EtherCAT 从站控制器 ET1100,基于 ET1100 的 EtherCAT 从站硬件设计,EtherCAT 主站与伺服驱动器控制应用协议,EtherCAT 从站驱动程序与开发调试。全书内容丰富,体系先进,结构合理,理论与实践相结合,尤其注重工程应用技术。

本书是编者在教学与科研实践经验的基础上,结合现场总线与工业以太网技术的发展编写而成的。

本书可作为各类高等院校自动化、机器人、自动检测、机电一体化、人工智能、电子与电气工程、计算机应用、信息工程等专业的本科教材,也可作为其他相关专业的研究生教材,还可作为从事现场总线与工业以太网控制系统设计的工程技术人员的业务参考书。

图书在版编目(CIP)数据

现场总线与工业以太网/李正军,李潇然编著. —武汉:华中科技大学出版社,2021.4
ISBN 978-7-5680-6918-2

Ⅰ.①现… Ⅱ.①李… ②李… Ⅲ.①总线-自动控制系统②工业企业-以太网 Ⅳ.①TP273 ②TP393.11

中国版本图书馆 CIP 数据核字(2021)第 057247 号

现场总线与工业以太网　　　　　　　　　　　　　　　　李正军　李潇然　编著
Xianchang Zongxian yu Gongye Yitaiwang

策划编辑:祖　鹏　王红梅
责任编辑:刘艳花
封面设计:秦　茹
责任校对:李　弋
责任监印:周治超
出版发行:华中科技大学出版社(中国·武汉)　　　　电话:(027)81321913
　　　　　武汉市东湖新技术开发区华工科技园　　　　邮编:430223
录　排:武汉市洪山区佳年华文印部
印　刷:武汉开心印印刷有限公司
开　本:787mm×1092mm　1/16
印　张:26.75
字　数:646 千字
版　次:2021 年 4 月第 1 版第 1 次印刷
定　价:78.00 元

编 委 会

前言

　　经过二十多年的发展,现场总线已经成为工业控制系统中重要的通信网络,并在不同的领域和行业得到了广泛的应用。近几年,无论是在工业生产、电力传输、交通运输,还是在机器人等运动控制领域,工业以太网都得到了迅速发展和应用。

　　在汽车行业,由于人们对数据传输带宽增加的需求,传统的 CAN 总线由于带宽的限制难以满足这种增加的需求。此外,为了缩小 CAN 网络(最大为 1 Mbit/s)与 FlexRay(最大为 10 Mbit/s)网络的带宽差距,BOSCH 公司于 2011 年推出了 CAN FD 方案。

　　CAN FD(CAN with Flexible Data-Rate)现场总线具有可变速率且数据长度最大可以为 64 字节的特点,克服了 CAN 现场总线通信速率低且数据长度最大只有 8 字节的缺点。CAN FD 现场总线在工业控制及汽车行业得到了广泛的应用。

　　EtherCAT 是由德国 BECKHOFF 自动化公司于 2003 年提出的实时工业以太网技术。它具有高速和高数据有效率的特点,支持多种设备连接拓扑结构。EtherCAT 从站节点使用专用的控制芯片,主站使用标准的以太网控制器。EtherCAT 是一项高性能、低成本、应用简单、拓扑灵活的工业以太网技术,并于 2007 年成为国际标准。EtherCAT 技术协会(EtherCAT Technology Group,ETG)负责推广 EtherCAT 和对该技术的持续研发。

　　EtherCAT 扩展了 IEEE 802.3 以太网标准,满足了运动控制对数据传输的同步实时要求。它充分利用了以太网的全双工特性,并通过"On Fly"模式提高了数据传输的效率。

　　EtherCAT 工业以太网技术在全球多个领域得到了广泛应用,如应用于机器控制设备、测量设备、医疗设备、汽车和移动设备以及无数的嵌入式系统中。

　　本书共分 10 章。第 1 章介绍了现场总线与工业以太网,以及国内外流行的现场总线与工业以太网;第 2 章详述了 CAN 控制器局域网的技术规范、CAN 通信控制器、CAN 收发器和 CAN 智能测控节点的设计实例;第 3 章详述了 CAN FD 通信协议和 CAN FD 控制器 MCP2517FD;第 4 章详述了 CiA601 规范、CAN FD 高速收发器、CAN FD 收发器隔离器件和 MCP2517FD 的应用程序设计;第 5 章详述了 PROFIBUS 通信协议、PROFIBUS 通信控制器 SPC3 和 ASPC2,以及网络接口卡和 PROFIBUS-DP 从站的设计;第 6 章讲述了 EtherCAT 工业以太网、EtherCAT 物理拓扑结构、EtherCAT 数据链路层、EtherCAT 应用层、EtherCAT 系统组成及 KUKA 机器人应用案例;第 7 章首先介绍了 EtherCAT 从站控制器的功能与通信协议,然后详述了 EtherCAT 从站控制器的 BECKHOFF 解决方案、EtherCAT 从站控制器 ET1100、EtherCAT 从站控制器的数据链路控制、EtherCAT 从站控制器的应用层控制、EtherCAT 从站控制器的存储同步管理、EtherCAT 从站信息接口(SII)和 EtherCAT 分布时钟;第 8 章详述了基于 ET1100 的 EtherCAT 从站总体结构,微控制器与 ET1100 的接口电路设计,ET1100 的配置电路设计,EtherCAT 从站以太网物理层 PHY 器件,10/100BASE-TX/FX 的物理层收发器 KS8721,ET1100 与 KS8721BL 的接口电路,直接 I/O 控制 EtherCAT 从站硬件电路设计;第 9 章讲述了 EtherCAT 主站分类、TwinCAT3 EtherCAT 主站、IgH EtherCAT 主站、IEC 61800-7 通信接口标准、CoE、CANopen 驱动和运动控制设备行规;第 10 章讲述了 EtherCAT 从站驱动和应用程序代码包架构、EtherCAT 从站驱动和应用程序的设计实例、EtherCAT 通信中的数据传输过程、EtherCAT 主站软件的安装和 EtherCAT 从站的开发调试。

　　本书是编者科研实践和教学的总结,书中实例取自编者二十年的现场总线与工业以太网科研攻关课题。对本书中所引用的参考文献的作者,在此一并向他们表示真诚的谢意。由于编者水平有限,加之时间仓促,书中难免有错误和不妥之处,敬请广大读者不吝指正。

编　者

2020 年 12 月

目 录

1

现场总线与工业以太网概述

现场总线技术经过二十多年的发展,现在已进入稳定发展期。近几年,工业以太网技术的研究与应用得到了迅速的发展,其以应用广泛、通信速率高、成本低廉等优势引入工业控制领域,成为新的热点。本章首先对现场总线与工业以太网进行概述,讲述现场总线的产生、现场总线的本质、现场总线的特点、现场总线标准的制定、现场总线的现状和现场总线网络的实现;再讲述以太网技术、工业以太网技术、工业以太网的通信模型、工业以太网的优势、实时以太网和实时工业以太网模型分析;然后介绍比较流行的现场总线 FF、CAN、DeviceNet、LonWorks、PROFIBUS、CC-Link、ControlNet;最后介绍常用的工业以太网 EtherCAT、SERCOS、Ethernet POWERLINK、PROFINET和 EPA。

1.1 现场总线概述

现场总线(fieldbus)自产生以来,一直是自动化领域技术发展的热点之一,被誉为自动化领域的计算机局域网,并在不同的领域和行业得到了越来越广泛的应用,现在已处于稳定发展期。近几年,无线传感网络与物联网(IoT)技术也融入工业测控系统中。

按照 IEC(国际电工委员会)对现场总线一词的定义,现场总线是一种应用于生产现场,并在现场设备之间、现场设备与控制装置之间实行双向、串行、多节点数字通信的技术。这是由 IEC/TC65 负责测量和控制系统数据通信部分国际标准化工作的 SC65/WG6 定义的。现场总线作为工业数据通信网络的基础,建立了生产过程现场级控制设备之间及其与更高控制管理层之间的联系。它不仅是一个基层网络,还是一种开放式、新型全分布式控制系统。这项以智能传感、控制、计算机、数据通信为主要内容的综合技术,因受到世界范围的关注而成为自动化技术发展的热点,并将导致自动化系统结构与设备的深刻变革。

1.1.1 现场总线的产生

在过程控制领域中,从 20 世纪 50 年代至今一直都在使用一种信号标准,那就是4~20 mA 的模拟信号标准。20 世纪 70 年代,数字式计算机引入测控系统中,当时的计算机提供的是集中式控制处理。20 世纪 80 年代,微处理器在控制领域得到应用,微处理器被嵌入各种仪器设备中,形成分布式控制系统。在分布式控制系统中,各微处理器被指定一组特定任务,通信由一个带有附属"网关"的专有网络提供,网关的程序①大部分是由用户编写的。

随着微处理器的发展和广泛应用,产生了以 IC 代替常规电子线路,以微处理器为核心,实施信息采集、显示、处理、传输及优化控制等功能的智能设备。一些具有专家辅助推断分析与决策能力的数字式智能化仪表产品具备了诸如自动量程转换、自动调零、自校正、自诊断等功能,还提供了故障诊断、历史信息报告、状态报告、趋势图等功能。通信技术的发展促使传送数字化信息的网络技术开始广泛应用。与此同时,基于质量分析的维护管理、与安全相关系统测试的记录、环境监视需求的增加都要求仪表能在当地处理信息,并在必要时允许访问和被管理,这些也使现场仪表与上级控制系统的通信量大增。另外,从实际应用的角度,控制界也不断在控制精度、可操作性、可维护性、可移植性等方面提出新需求。由此,导致了现场总线的产生。

现场总线就是用于现场智能化装置与控制室自动化系统之间的一个标准化的数字式通信链路,可进行全数字化、双向、多站总线式的信息数字通信,实现相互操作以及数据共享。现场总线主要用于控制、报警和事件报告等工作。现场总线通信协议的基本要求是响应速度和操作的可预测性的最优化。现场总线是一个低层次的网络协议,在其上还有上级的监控和管理网络,负责文件传送等工作。现场总线为引入智能现场仪表提供了一个开放平台,基于现场总线的现场总线控制系统(FCS)将是继分散控制系统(DCS)之后的又一代控制系统。

1.1.2 现场总线的本质

因为现场总线的标准实质上并未统一,所以现场总线也有不同的定义。现场总线的本质含义主要表现在以下 6 个方面。

1. 现场通信网络

现场通信网络是用于过程以及制造自动化的现场设备或现场仪表互联的通信网络。

2. 现场设备互联

现场设备或现场仪表是指传感器、变送器和执行器等,这些设备通过一对传输线互联,传输线可以使用双绞线、同轴电缆、光纤和电源线等,并可根据需要因地制宜地选择不同类型的传输介质。

3. 互操作性

现场设备或现场仪表种类繁多,没有任何一家制造商可以提供一个工厂所需的全部现场设备,所以互相连接不同制造商的产品是不可避免的。用户不希望为选用不同的产品而在硬件或软件上花很大气力,而希望选用各制造商生产的性价比最优的产品,并将它们集成在一起,实现"即接即用";用户希望对不同品牌的现场设备统一组态,构成其所需要的控制回路。这些就是现场总线设备互操作性的含义。现场设备互联是基本的要求,而只有实现互操作性,用户才能自由地集成 FCS。

---

① 本书涉及的名称、地址和程序中所含英文字母不区分大小写。

4. 分散功能块

FCS 废弃了 DCS 的输入/输出单元和控制站,并把 DCS 控制站的功能块分散地分配给现场仪表,从而构成虚拟控制站。例如,流量变送器不仅有流量信号变换、补偿和累加输入功能块,而且有 PID 控制和运算功能块。调节阀的基本功能是信号驱动和执行,内含输出特性补偿功能块,还有 PID 控制和运算功能块,甚至有阀门特性自检验和自诊断功能块。由于功能块分散在多台现场仪表中,并可统一组态,因此可供用户灵活选用各种功能块,构成所需的控制系统,实现彻底的分散控制。

5. 通信线供电

通信线供电允许现场仪表直接从通信线上摄取能量,要求本征安全的低功耗现场仪表可采用这种供电方式。众所周知,化工、炼油等企业的生产现场有可燃性物质,所以现场设备都必须严格遵循安全防爆标准。现场总线设备也不例外。

6. 开放式互联网络

现场总线为开放式互联网络,它既可与同层网络互联,也可与不同层网络互联,还可以实现网络数据库的共享。不同制造商的网络互联十分简便,用户不必在硬件或软件上花太多气力。通过网络对现场设备和功能块统一组态,把不同厂商的网络及设备融为一体,构成统一的 FCS。

1.1.3 现场总线的特点

1. 现场总线的结构特点

现场总线打破了传统控制系统的结构形式。

传统控制系统采用一对一的设备连线,按控制回路分别进行连接。位于现场的测量变送器与位于控制室的控制器之间,控制器与位于现场的执行器、开关、马达之间均为一对一的物理连接。

现场总线控制系统采用了智能现场设备,能够把原先 DCS 系统中处于控制室的控制模块、各输入/输出模块置入现场设备,而且现场设备具有通信能力,现场的测量变送仪表可以与阀门等执行机构直接传送信号,因而控制系统功能能够不依赖控制室的计算机或控制仪表直接在现场完成,实现了彻底的分散控制。FCS 与 DCS 结构对比如图 1-1 所示。

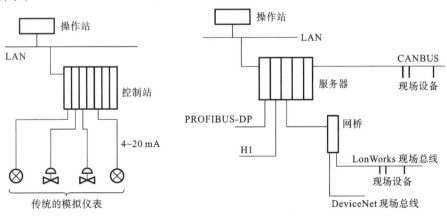

图 1-1 FCS 与 DCS 结构对比

由于采用数字信号替代模拟信号,一对电线上可传输多个信号,如运行参数值、多个设备状态、故障信息等,同时又可为多个设备提供电源,因此现场设备以外不再需要模拟/数字转换器、数字/模拟转换器。这样就为简化系统结构、节省硬件设备、节省连接电缆、节省各种安装与维护费用创造了条件。表1-1为FCS与DCS的详细对比。

表 1-1 FCS 与 DCS 的详细对比

名称	FCS	DCS
结构	一对多:一对传输线接多台仪表,双向传输多个信号	一对一:一对传输线接一台仪表,单向传输一个信号
可靠性	可靠性好:数字信号传输抗干扰能力强,精度高	可靠性差:模拟信号传输不仅精度低,而且容易受干扰
失控状态	操作员在控制室既可以了解现场设备或现场仪表的工作状况,又能对设备进行参数调整,还可以预测或寻找故障,工作状况始终处于操作员的远程监视与可控状态之中	操作员在控制室既不了解模拟仪表的工作状况,也不能对其进行参数调整,更不能预测故障,导致操作员对仪表处于"失控"状态
互换性	用户可以自由选择不同制造商提供的性价比最高的现场设备和仪表,并将不同品牌的仪表互联。即使某台仪表出现故障,换上其他品牌的同类仪表照样工作,实现"即接即用"	尽管模拟仪表统一了信号标准(4~20 mA DC),但是大部分技术参数仍由制造厂自定,致使不同品牌的仪表无法互换
仪表	智能仪表除了具有模拟仪表的检测、变换、补偿等功能外,还具有数字通信、控制和运算的功能	模拟仪表只具有检测、变换、补偿等功能
控制	控制功能分散在各台智能仪表中	所有的控制功能集中在控制站中

2. 现场总线的技术特点

1)系统的开放性

系统的开放性是指通信协议公开,不同厂家的设备之间可进行互联以实现信息交换,现场总线开发者致力于建立统一的工厂底层网络的开放系统。这里的开放性是指对相关标准的一致性、公开性,强调对标准的共识与遵从。一个开放系统可以与任何遵守相同标准的其他设备或系统相连。一个具有总线功能的现场总线网络系统必须是开放的,开放系统把系统集成的权利交给了用户,用户可按自己的需要把来自不同供应商的产品组成大小随意的系统。

2)互可操作性与互用性

互可操作性是指实现互联设备间、系统间的信息传送与沟通,可实现点对点、一点对多点的数字通信。互用性是指不同厂家生产的性能类似的设备因进行互换而实现互用。

3)现场设备的智能化与功能自治性

现场设备的智能化与功能自治性是指将传感测量、补偿计算、工程量处理与控制等功能分散到现场设备中,仅靠现场设备即可完成自动控制的基本功能,并可随时诊断设备的运行状态。

4）系统结构的高度分散性

现场设备本身可完成自动控制的基本功能,使得现场总线构成一种新的全分布式控制系统的体系结构。现场总线从根本上改变了 DCS 集中与分散相结合的集散控制系统体系,简化了系统结构,提高了可靠性。

5）对现场环境的适应性

作为工厂网络底层的现场总线工作在现场设备前端,是专为现场环境工作而设计的,它可支持双绞线、同轴电缆、光缆、射频、红外线、电力线等,具有较强的抗干扰能力,能采用两线制实现送电与通信功能,并可满足本质安全防爆要求等。

3. 现场总线的优点

现场总线的技术特点,特别是现场总线系统结构的简化,使控制系统从设计、安装、投运到正常生产运行及检修维护都体现出优越性。

1）节省硬件数量与投资

现场总线系统中分散在设备前端的智能设备能直接执行多种传感、控制、报警和计算功能,因而可减少变送器的数量,不再需要单独的控制器、计算单元等,也不再需要 DCS 系统的信号调理、转换、隔离等功能单元及其复杂接线;还可使用工业控制 PC 作为操作站,从而节省了一大笔硬件投资;由于控制设备的减少,还可以减少控制室的占地面积。

2）节省安装费用

现场总线系统的接线十分简单,由于一对双绞线或一条电缆上通常可接多个设备,因此电缆、端子、槽盒、桥架的用量大大减少,连线设计与接头校对的工作量也大大减少。当需要增加现场控制设备时,无需增设新的电缆(可就近接在原有的电缆上),既节省了投资,也减少了设计、安装的工作量。据有关典型试验工程的测算资料,可节省 60% 以上的安装费用。

3）节省维护开销

由于现场控制设备具有自诊断与简单故障处理的能力,并通过数字通信将相关的诊断维护信息送往控制室,因此用户可以查询所有设备的运行和诊断维护信息,以便分析故障原因并快速排除故障,这样就缩短了维护、停工时间。同时因系统结构简化、连线简单而减少了维护工作量。

4）用户具有高度的系统集成主动权

用户可以自由选择不同厂商提供的设备来集成系统,避免因选择某一品牌的产品而“框死”设备的选择范围,不会为系统集成中不兼容的协议、接口而一筹莫展,系统集成过程中的主动权完全掌握在用户手中。

5）提高了系统的准确性与可靠性

由于现场总线设备具有智能化、数字化特性,与模拟信号相比,现场总线从根本上提高了测量与控制的准确率,减少了传送误差。同时,由于系统的结构简化、设备与连线减少、现场仪表内部功能加强,所以现场总线减少了信号的往返传输,提高了系统工作的可靠性。

此外,由于现场总线的设备标准化和功能模块化,因此其还具有设计简单、易于重构等优点。

1.1.4 现场总线标准的制定

数字技术的发展完全不同于模拟技术,数字技术标准的制定往往早于产品的开发,标准决定着新兴产业的健康发展。国际电工委员会(IEC)、国际标准协会(ISA)自 1984 年着手现场总线标准的制定工作,但统一的标准至今仍未完成。

IEC TC65(负责工业测量和控制的第 65 标准化技术委员会)于 1999 年底通过的 8 种类型的现场总线作为 IEC 61158 最早的国际标准。

最新的 IEC 61158 Ed.4 标准于 2007 年 7 月出版。

IEC 61158 Ed.4 标准由多个部分组成,主要包括以下内容。

(1) IEC 61158-1,总论与导则。

(2) IEC 61158-2,物理层服务定义与协议规范。

(3) IEC 61158-300,数据链路层服务定义。

(4) IEC 61158-400,数据链路层协议规范。

(5) IEC 61158-500,应用层服务定义。

(6) IEC 61158-600,应用层协议规范。

IEC 61158 Ed.4 标准包含的现场总线类型如下。

(1) Type 1,IEC 61158(FF 的 H1)。

(2) Type 2,CIP 现场总线。

(3) Type 3,PROFIBUS 现场总线。

(4) Type 4,P-Net 现场总线。

(5) Type 5,FF HSE 现场总线。

(6) Type 6,SwiftNet 被撤销。

(7) Type 7,WorldFIP 现场总线。

(8) Type 8,INTERBUS 现场总线。

(9) Type 9,FF H1 以太网。

(10) Type 10,PROFINET 实时以太网。

(11) Type 11,TCnet 实时以太网。

(12) Type 12,EtherCAT 实时以太网。

(13) Type 13,Ethernet Powerlink 实时以太网。

(14) Type 14,EPA 实时以太网。

(15) Type 15,Modbus-RTPS 实时以太网。

(16) Type 16,SERCOS Ⅰ、SERCOS Ⅱ 现场总线。

(17) Type 17,VNET/IP 实时以太网。

(18) Type 18,CC-Link 现场总线。

(19) Type 19,SERCOS Ⅲ 现场总线。

(20) Type 20,HART 现场总线。

每种现场总线都有其产生的背景和应用领域。现场总线是为了满足自动化发展的需求而产生的,由于不同领域的自动化需求各有其特点,因此在某个领域中产生的现场总线技术一般对这一特定领域的满足度高一些,应用多一些,适用性好一些。

1.1.5 现场总线的现状

世界上许多公司推出了自己的现场总线技术,但太多存在差异的标准和协议会给实践带来复杂性和不便,影响开放性和可互操作性。因此,国际电工技术委员会、国际标准协会开始着手标准统一的工作,减少现场总线协议的数量,以达到单一标准协议的目的。各种协议标准统一的目的是达到国际上统一的现场总线标准,以实现各家产品的互操作性。

1. 多种现场总线共存

现场总线在 IEC 61158 中采用了 8 种协议类型以及其他一些现场总线。每种现场总线都有其产生的背景和应用领域。现场总线是为了满足自动化发展的需求而产生的,由于不同领域的自动化需求各有其特点,因此在某个领域中产生的现场总线技术一般对这一特定领域的满足度高一些,应用多一些,适用性好一些。随着时间的推移,占有市场 80% 左右的现场总线将只有六七种,而且其应用领域比较明确,如 FF、PROFIBUS-PA 适用于冶金、石油、化工、医药等流程行业的过程控制,PROFIBUS-DP、DeviceNet 适用于加工制造业,LonWorks、PROFIBUS-FMS、DeviceNet 适用于楼宇、交通运输、农业。但这种划分又不是绝对的,相互之间又互有渗透。

2. 每种现场总线均有其应用领域

每种现场总线均力图拓展其应用领域,以扩张其势力范围。在一定应用领域中已取得良好业绩的现场总线,往往会根据需要进一步向其他领域发展。如 PROFIBUS 在DP 的基础上又开发出 PA,以适用于流程工业。

3. 每种现场总线均有其国际组织

大多数现场总线均成立了相应的国际组织,力图在制造商和用户中创造影响,以获得更多方面的支持,同时也想显示出其技术是开放的,如 WorldFIP 国际用户组织、FF基金会、PROFIBUS 国际用户组织、P-Net 国际用户组织及 ControlNet 国际用户组织等。

4. 每种现场总线均有其支持背景

每种现场总线均以一个或几个大型跨国公司为背景,公司的利益与现场总线的发展息息相关,如 PROFIBUS 以 Siemens 公司为主要支持,ControlNet 以 Rockwell 公司为主要背景,WorldFIP 以 Alstom 公司为主要后台。

5. 设备制造商参加多个总线组织

大多数设备制造商都积极参加不止一个现场总线组织,有些甚至参加 2~4 个现场总线组织。道理很简单,装置是要挂在系统上的。

6. 各种现场总线大多将自己作为国家或地区标准

各种现场总线大多将自己作为国家或地区标准,以加强自己的竞争地位。现在的情况是,P-Net 已成为丹麦标准,PROFIBUS 已成为德国标准,WorldFIP 已成为法国标准。这 3 种总线于 1994 年成为并列的欧洲标准 EN50170,其他总线也都形成各组织的技术规范。

7. 协调共存

在激烈的竞争中，现场总线标准出现了协调共存的前景。这种现象在欧洲标准制定时就出现过，欧洲标准 EN50170 在制定时将德国、法国、丹麦 3 个标准并列于一卷之中，形成欧洲的多现场总线的标准体系，后又将 ControlNet 和 FF 加入欧洲标准体系。各重要企业除了力推自己的现场总线产品之外，也都力图开发接口技术，将自己的现场总线产品与其他现场总线相连接，如施耐德公司开发的设备能与多种现场总线相连接。在国际标准中，也出现了协调共存的局面。

8. 以太网引入工业领域

以太网引入工业领域成为新的热点。工业以太网正在工业自动化和过程控制市场上迅速增长，几乎所有远程 I/O 接口技术的供应商均提供一个支持 TCP/IP 协议的以太网接口，如 Siemens、Rockwell、GE Fanuc 等，这些供应商销售各自的 PLC 产品，但同时提供与远程 I/O 和基于 PC 的控制系统相连接的接口。从美国 VDC 公司调查结果也可以看出，在今后，以太网的市场占有率将持续增加。FF 现场总线正在开发高速以太网，这无疑加强了以太网在工业领域的地位。

1.1.6 现场总线网络的实现

现场总线的基础是数字通信，通信就必须有协议，从这个意义上讲，现场总线就是一个定义了硬件接口和通信协议的标准。国际标准化组织（ISO）的开放系统互联（OSI）协议，是为计算机互联网而制定的 7 层参考模型，它对任何网络都是适用的，只要网络中所处理的要素是通过共同的路径进行通信的。目前，各个公司生产的现场总线产品没有一个统一的协议标准，但是各公司在制定自己的通信协议时，都参考 OSI 的 7 层协议标准，且大都采用了其中的第 1 层、第 2 层和第 7 层，即物理层、数据链路层和应用层，并增设了第 8 层（即用户层）。

1. 物理层

物理层定义了信号的编码与传送方式、传送介质、接口的电气与机械特性、信号传输速率等。现场总线有两种编码方式：Manchester 和 NRZ。前者同步性好，但频带利用率低，后者刚好相反。Manchester 编码采用基带传输，NRZ 编码采用频带传输。现场总线调制方式主要有 CPFSK 和 COFSK 两种。现场总线传输介质主要有有线电缆、光纤和无线介质。

2. 数据链路层

数据链路层又分为两个子层，即介质访问控制（MAC）层和逻辑链路控制（LLC）层。MAC 层是对传输介质传送的信号进行发送和接收控制，LLC 层是对数据链路进行控制，保证数据传送到指定的设备上。现场总线网络中的设备可以是主站，也可以是从站，主站有控制收发数据的权利，而从站只有响应主站访问的权利。

关于 MAC 层，目前有以下三种协议。

（1）集中式轮询协议：其基本原理是网络中有主站，主站周期性地轮询各个节点，被轮询的节点允许与其他节点通信。

（2）令牌总线协议：这是一种多主站协议，主站与主站之间以令牌传送协议进行工作，持有令牌的站可以轮询其他站。

（3）总线仲裁协议：其机理类似于多机系统中并行总线的管理机制。

3．应用层

应用层可以分为两个子层：上面的子层是应用服务层，它为用户提供服务；下面的子层是现场总线存取层，它用于实现数据链路层的连接。

应用层的功能是进行现场设备数据的传送及现场总线变量的访问。它为用户应用提供接口，定义了如何应用读/写、中断和操作信息及命令，同时定义了信息、句法（包括请求、执行及响应信息）的格式和内容。应用层的管理功能在初始化期间初始化网络，指定标记和地址，同时按计划配置应用层，也对网络进行控制，统计加入网络失败的装置和检测新加入或退出网络的装置。

4．用户层

用户层是现场总线标准在 OSI 模型之外新增加的一层，是使现场总线控制系统开放与可互操作性的关键。

用户层定义了从现场装置中读/写信息和向网络中其他装置分派信息的方法，即规定了供用户组态的标准"功能模块"。事实上，各厂家生产的产品实现功能块的程序可能完全不同，但对功能块特性描述、参数设定及相互连接的方法是公开、统一的。信息在功能块内经过处理后输出，用户对功能块的工作就是选择"设定特征"及"设定参数"，并将其连接起来。功能块除了输入/输出信号外，还输出表征该信号状态的信号。

1.2 工业以太网概述

1.2.1 以太网技术

20 世纪 70 年代早期，国际上公认的第一个以太网系统出现于 Xerox 公司的 Palo Alto Research Center(PARC)中，它以无源电缆作为总线来传送数据，在 1000 m 的电缆上连接了 100 多台计算机，并以历史上表示传播电磁波的以太(Ether)来命名，这就是如今以太网的鼻祖。以太网的发展如表 1-2 所示。

表 1-2 以太网的发展

标准及重大事件	时　间	内容（速度）
Xerox 公司开始研发	1972 年	——
首次展示初始以太网	1976 年	2.94 Mbit/s
标准 DIX V1.0 发布	1980 年	10 Mbit/s
IEEE 802.3 标准发布	1983 年	基于 CSMA/CD 访问控制
10 Base-T	1990 年	双绞线
交换技术	1993 年	网络交换机
100 Base-T	1995 年	快速以太网（100 Mbit/s）
千兆以太网	1998 年	——
万兆以太网	2002 年	——

    IEEE 802 代表 OSI 7 层参考模型中的一个 IEEE 802.n 标准系列,IEEE 802 介绍了此系列标准协议情况,主要描述了局域网(LAN)/城域网(MAN)系列标准协议概况与结构安排。IEEE 802.n 标准系列已被接纳为 ISO 的标准,其编号命名为 ISO 8802。以太网的主要标准如表 1-3 所示。

表 1-3　以太网的主要标准

标　　准	内 容 描 述
IEEE 802.1	体系结构与网络互联、管理
IEEE 802.2	逻辑链路控制
IEEE 802.3	CSMA/CD 介质访问控制方法与物理层规范
IEEE 802.3i	10 Base-T 基带双绞线访问控制方法与物理层规范
IEEE 802.3j	10 Base-F 光纤访问控制方法与物理层规范
IEEE 802.3u	100 Base-T、FX、TX、T4 快速以太网
IEEE 802.3x	全双工
IEEE 802.3z	千兆以太网
IEEE 802.3ae	10 Gbit/s 以太网标准
IEEE 802.3af	以太网供电
IEEE 802.11	无线局域网访问控制方法与物理层规范
IEEE 802.3az	100 Gbit/s 的以太网技术规范

1.2.2　工业以太网技术

    人们习惯将用于工业控制系统的以太网统称为工业以太网。如果仔细划分,按照 IEC SC65C 的定义,工业以太网是用于工业自动化环境、符合 IEEE 802.3 标准、按照 IEEE 802.1D"介质访问控制网桥"规范和 IEEE 802.1Q"局域网虚拟网桥"规范、对其不进行任何实时扩展而实现的以太网。工业以太网采用减轻以太网负荷、提高网络速度,采用交换式以太网和全双工通信,采用信息优先级和流量控制以及虚拟局域网等技术。到目前为止,工业以太网的实时响应时间为 5～10 ms,相当于现有的现场总线。工业以太网具有相同的通信协议,能实现办公自动化网络和工业控制网络的无缝连接。

    商用以太网与工业以太网的比较如表 1-4 所示。

表 1-4　商用以太网与工业以太网的比较

项　　目	工业以太网设备	商用以太网设备
元器件	工业级	商用级
接插件	耐腐蚀、防尘、防水,如加固型 RJ45、DB-9、航空插头等	一般 RJ45
工作电压	24 V DC	220 V AC
电源冗余	双电源	一般没有
安装方式	DIN 导轨和其他固定安装	桌面、机架等
工作温度	−40～85 ℃或−20～70 ℃	5～40 ℃

项　　目	工业以太网设备	商用以太网设备
电磁兼容性标准	EN 50081-2（工业级 EMC）； EN 50082-2（工业级 EMC）	办公室用 EMC
MTBF 值	至少 10 年	3～5 年

工业以太网是应用于工业控制领域的以太网，它在技术上与商用以太网兼容，但又必须满足工业控制网络通信的需求。在产品设计时，其在材质的选用、产品的强度、可靠性、抗干扰能力、实时性等方面满足工业现场环境的应用。一般而言，工业控制网络应满足以下要求。

（1）具有较好的响应实时性：工业控制网络不仅要求传输速度快，而且在工业自动化控制中要求响应快，即响应实时性好。

（2）可靠性和容错性要求：既能安装在工业控制现场，又能长时间连续、稳定运行，在网络局部链路出现故障的情况下，能在很短时间内重新建立新的网络链路。

（3）力求简洁：减少软硬件开销，从而降低设备成本，同时也可以提高系统的健壮性。

（4）环境适应性要求：包括机械环境适应性（如耐振动、耐冲击）、气候环境适应性（要求工作温度为−40～85 ℃，至少为−20～70 ℃，并要求耐腐蚀、防尘、防水）、电磁环境适应性或电磁兼容性 EMC 应符合 EN50081-2/EN50082-2 标准。

（5）开放性好：由于以太网技术被大多数设备制造商所支持，并且具有标准的接口，系统集成和扩展更加容易。

（6）安全性要求：在易爆可燃的场合，工业以太网产品还需要具有防爆要求，包括隔爆、本质安全。

（7）总线供电要求：要求现场设备网络不仅能传输通信信息，而且能为现场设备提供工作电源。这主要是从线缆铺设和维护方便考虑，同时现场总线供电还能减少线缆，降低了成本。IEEE 802.3af 标准对现场总线供电进行了规范。

（8）安装方便：适应工业环境的安装要求，如采用 DIN 导轨安装。

1.2.3　工业以太网的通信模型

工业以太网在本质上仍基于以太网，在物理层和数据链路层均采用 IEEE 802.3 标准，在网络层和传输层则采用被称为以太网"事实上的标准"的 TCP/IP 协议簇（包括 UDP、TCP、IP、ICMP、IGMP 等协议），它们构成工业以太网的低四层。在高层协议上，工业以太网通常都省略了会话层、表示层，而定义了应用层，有的工业以太网还定义了用户层（如 HSE）。工业以太网的通信模型如图 1-2 所示。

工业以太网与商用以太网相比，具有以下特征。

1. 通信实时性

在工业以太网中，采取通信实时性的措施主要包括采用交换式集线器、使用全双工（full-duplex）通信模式、采用虚拟局域网（VLAN）技术、提高质量服务（QoS）、有效的应用任务的调度等。

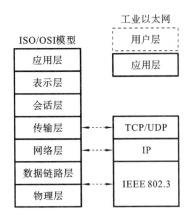

图 1-2 工业以太网的通信模型

2. 环境适应性和安全性

工业现场的振动、粉尘、高温/低温、高湿度等恶劣环境对设备的可靠性提出了更高的要求。工业以太网产品针对机械环境、气候环境、电磁环境等的需求,在线缆、接口、屏蔽等方面做出专门的设计,符合工业环境的要求。

在易燃易爆的场合,工业以太网产品通过包括隔爆和本质安全两种方式来提高设备的生产安全性。

在信息安全方面,工业以太网利用网关构建系统的有效屏障,对经过它的数据包进行过滤。同时,随着加密/解密技术与工业以太网的进一步融合,工业以太网的信息安全也得到了进一步保障。

3. 产品可靠性设计

工业控制的高可靠性通常包含以下三个方面的内容。

(1) 可使用性好,网络自身不易发生故障。

(2) 容错能力强,网络系统局部单元出现故障时不影响整个系统的正常工作。

(3) 可维护性高,网络发生故障后能及时发现和及时处理,通过维修使网络及时恢复。

4. 网络可用性

在工业以太网系统中,通常采用冗余技术来提高网络的可用性,主要有端口冗余、链路冗余、设备冗余和环网冗余。

1.2.4　工业以太网的优势

从以太网发展到工业以太网,从技术方面来看,与现场总线相比,工业以太网具有以下优势。

(1) 应用广泛。工业以太网是目前应用最为广泛的计算机网络,受到广泛的技术支持。几乎所有的编程语言都支持 Ethernet 的应用开发,如 Java、Visual C＋＋、Visual Basic 等。这些编程语言广泛使用,并受到软件开发商的高度重视,具有很好的发展前景。因此,如果采用工业以太网作为现场总线,那么可以保证有多种开发工具、开发环境供用户选择。

(2) 成本低廉。由于工业以太网的应用广泛,其受到硬件开发与生产厂商的高度重视及广泛支持,有多种硬件产品供用户选择,硬件价格也相对低廉。

(3) 通信速率高。目前工业以太网的通信速率为 10 Mbit/s、100 Mbit/s、1000 Mbit/s、10 Gbit/s,其速率比目前市场上的现场总线快得多,工业以太网可以满足对带宽有更高要求的通信的需要。

(4) 开放性和兼容性好,易于信息集成。工业以太网采用由 IEEE 802.3 所定义的数据传输协议,它是一个开放的标准,从而为 PLC 和 DCS 厂家广泛接受。

(5) 控制算法简单。工业以太网没有优先权控制,意味着访问控制算法可以很简单。它不需要管理网络上当前的优先权访问级。没有优先权的网络访问是公平的,任何站访问网络的可能性都与其他站相同,没有哪个站可以阻碍其他站的工作。

(6) 软硬件资源丰富。大量的软件资源和设计经验可以显著降低系统的开发和培训费用,从而可以显著降低系统的整体成本,并大大加快系统的开发和推广速度。

(7) 不需要中央控制站。令牌环网采用了"动态监控"的思想,需要一个站负责管理网络的各种家务。传统令牌环网如果没有动态监测是无法运行的。工业以太网不需要中央控制站,它不需要动态监测。

(8) 可持续发展潜力大。由于工业以太网的广泛使用,使它的发展一直受到广泛的重视和大量的技术投入,由此保证了工业以太网技术持续不断地向前发展。

(9) 易于与 Internet 连接。能实现办公自动化网络与工业控制网络的信息无缝集成。

1.2.5 实时以太网

工业以太网一般应用于通信实时性要求不高的场合。对于响应时间小于 5 ms 的应用,工业以太网已不能胜任。为了满足高实时性能应用的需要,各大公司和标准组织纷纷提出各种提升以太网实时性的技术解决方案。这些方案均建立在 IEEE 802.3 标准的基础上,通过对其与相关标准的实时扩展来提高实时性,并且做到与标准以太网的无缝连接,这就是实时以太网(real time Ethernet,RTE)。

根据 IEC 61784-2-2010 标准定义,所谓实时以太网就是根据工业数据通信的要求和特点,在 ISO/IEC 8802-3 协议的基础上,通过增加以下一些必要的措施,使之具有实时通信能力。

(1) 网络通信在时间上的确定性,即在时间上,任务的行为可以预测。

(2) 实时响应以适应外部环境的变化,包括任务的变化、网络节点的增减、网络失效诊断等。

(3) 减少通信处理延迟,使现场设备间的信息交互在极短的通信延迟时间内完成。

2007 年出版的《IEC 61158 现场总线国际标准》和《IEC 61784-2 实时以太网应用国际标准》收录了以下 10 种实时以太网技术和协议,如表 1-5 所示。

表 1-5 IEC 国际标准收录的工业以太网

技 术 名 称	技 术 来 源	应 用 领 域
Ethernet/IP	美国 Rockwell 公司	过程控制
PROFINET	德国 Siemens 公司	过程控制、运动控制
P-NET	丹麦 Process-Data A/S 公司	过程控制
Vnet/IP	日本 Yokogawa 横河	过程控制
TC-net	东芝公司	过程控制
EtherCAT	德国 Beckhoff 公司	运动控制
POWERLINK	奥地利 B&R 公司	运动控制
EPA	浙江大学、浙江中控技术股份有限公司等	过程控制、运动控制
Modbus/TCP	法国 Schneider-electric 公司	过程控制
SERCOS-Ⅲ	德国 Hilscher 公司	运动控制

1.2.6 实时工业以太网模型分析

实时工业以太网采用不同的实时策略来提高实时性能,根据其提高实时性策略的不同,实现模型可分为 3 种。实时工业以太网实现模型如图 1-3 所示。

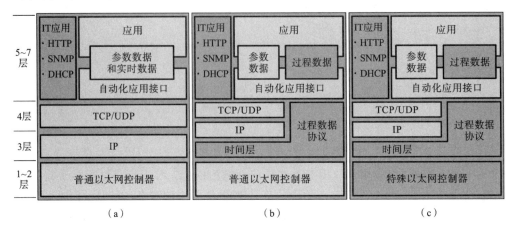

图 1-3 实时工业以太网实现模型

图 1-3(a)基于 TCP/IP 实现,在应用层上进行修改。此类模型通常采用调度法、数据帧优先级机制或使用交换式以太网来滤除商用以太网中的不确定因素。这一类工业以太网的代表有 Modbus/TCP 和 Ethernet/IP。此类模型适用于实时性要求不高的应用。

图 1-3(b)基于标准以太网实现,在网络层和传输层上进行修改。此类模型将采用不同机制进行数据传送,对于过程数据采用专门的协议进行传输,TCP/IP 用于访问商用网络时的数据传送,常用的方法有时间片机制。采用此模型的典型协议包含 Ethernet POWERLINK、EPA 和 PROFINET RT。

图 1-3(c)是基于修改的以太网,基于标准的以太网物理层,对数据链路层进行了修改。此类模型一般采用专门硬件来处理数据,实现高实时性,通过不同的帧类型来提高确定性。基于此结构实现的以太网协议有 EtherCAT、SERCOS Ⅲ 和 PROFINET IRT。

对于实时工业以太网的选取应根据应用场合的实时性要求。

实时工业以太网的三种实现如表 1-6 所示。

表 1-6 实时工业以太网的三种实现

序号	技术特点	说明	应用实例
1	基于 TCP/IP 实现	特殊部分在应用层	Modbus/TCP、Ethernet/IP
2	基于以太网实现	不仅实现了应用层,而且在网络层和传输层进行了修改	Ethernet POWERLINK、PROFINET RT
3	修改以太网实现	不仅在网络层和传输层进行了修改,而且改进了底下两层,需要特殊的网络控制器	EtherCAT、SERCOS Ⅲ、PROFINET IRT

1.2.7 几种实时工业以太网的对比

几种实时工业以太网的对比如表 1-7 所示。

表 1-7 几种实时工业以太网的对比

实时工业以太网	EtherCAT	SERCOS Ⅲ	PROFINET IRT	Ethernet POWERLINK	EPA	Ethernet/IP
管理组织	ETG	IGS	PNO	EPG	EPA 俱乐部	ODVA
通信机构	主/从	主/从	主/从	主/从	C/S	C/S
传输模式	全双工	全双工	半双工	半双工	全双工	全双工
实时特性	100 轴,响应时间为 100 μs	8 轴,响应时间为 32.5 μs	100 轴,响应时间为 1 ms	100 轴,响应时间为 1 ms	—	1～5 ms
拓扑结构	星形、线形、环形、树形、总线型	线形、环形	星形、线形	星形、树形、总线型	树形、星形	星形、树形
同步方法	时间片＋IEEE 1588	主节点＋循环周期	时间槽调度＋IEEE 1588	时间片＋IEEE 1588	IEEE 1588	IEEE 1588
同步精度	100 ns	<1 μs	1 μs	1 μs	500 ns	1 μs

几个实时工业以太网数据传输速率的对比如图 1-4 所示。实验中有 40 轴(每轴 20 B 输入和输出数据),50 个 I/O 站(总计 560 个 EtherCAT 总线端子模块),2000 个数字量,200 个模拟量,总线长 500 m。结果测试得到 EtherCAT 网络循环时间为 276 μs,总线负载为 44%,性能远高于 SERCOSⅢ、PROFINET IRT 和 Ethernet POWERLINK。

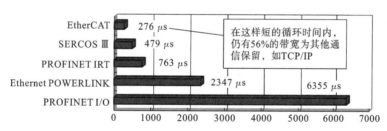

图 1-4 几个实时工业以太网数据传输速率的对比

根据对比分析可以得出,EtherCAT 在实施工业以太网的各方面性能都很突出。EtherCAT 极小的循环时间、高速、高同步性、易用性和低成本使其在机器人控制、机床、CNC 功能、包装机械、测量、超高速金属切割、汽车工业自动化、机器内部通信、焊接、嵌入式系统、变频器、编码器等领域获得了广泛应用。同时因其具有拓扑灵活、无需交换机或集线器、网络结构没有限制、自动连接检测等特点,使其在大桥减振系统、印刷机械、液压/电动冲压机、木材加工设备等领域具有很高的应用价值。

国外很多企业对 EtherCAT 的技术研究比较深入,已经开发出了比较成熟的产品,如德国 BECKHOFF、美国 Kollmorgen(科尔摩根)、意大利 Phase、美国 NI、德国 SEW、英国 TrioMotion、美国 MKS、日本 Omron、美国 CopleyControls 等自动化设备公司都推出了一系列支持 EtherCAT 的驱动设备。国内对 EtherCAT 技术的研究尚处于起步阶段,而且国内的 EtherCAT 市场基本都被国外的企业所占领。

1.3 现场总线简介

目前国际上存在着几十种现场总线,比较流行的主要有 FF、CAN、DeviceNet、Lon-Works、PROFIBUS、HART、INTERBUS、CC-Link、ControlNet、WorldFIP、P-Net、SwiftNet 等现场总线。

1.3.1 FF

基金会现场总线(foundation fieldbus,FF)是在过程自动化领域得到广泛支持和具有良好发展前景的技术。以美国 Fisher Rousemount 公司为首,联合 Foxboro、横河、ABB、西门子等 80 家公司制订的 ISP 协议;以 Honeywell 公司为首,联合欧洲等地的 150 家公司制订的 WorldFIP 协议。1994 年 9 月,制订上述两种协议的多家公司成立了现场总线基金会,致力于开发出国际上统一的现场总线协议。它以 ISO/OSI 模型为基础,取其物理层、数据链路层、应用层为 FF 通信模型的相应层次,并在应用层上增加了用户层。

FF 分为低速 H1 和高速 H2 两种传输速率。H1 的传输速率为 31.25 kbit/s,通信距离可达 1900 m(可加中继器延长),可支持总线供电,支持本质安全防爆环境。H2 的传输速率为 1 Mbit/s 和 2.5 Mbit/s 两种,其通信距离为 750 m 和 500 m。物理传输介质可支持双绞线、光缆和无线发射,协议符合 IEC 1158-2 标准。

FF 物理介质的传输信号采用曼彻斯特编码,每位发送数据的中心位置或是正跳变或是负跳变(正跳变代表 0,负跳变代表 1),从而使串行数据位流中具有足够的定位信息,以保持发送双方的时间同步。接收方既可根据跳变的极性来判断数据的状态,也可根据数据的中心位置精确定位。

为满足用户需要,Honeywell、Ronan 等公司已开发出可完成物理层和部分数据链路层协议的专用芯片,许多仪表公司已开发出符合 FF 协议的产品,H1 总线已通过 α 测试和 β 测试,完成了由 13 个不同厂商提供设备而组成的 FF 工厂试验系统。H2 总线标准也已形成。1996 年 10 月,在芝加哥举行的 ISA96 展览会由现场总线基金会组织实施,向世界展示了来自 40 多家厂商的 70 多种符合 FF 协议的产品,并将这些分布在不同楼层展览大厅不同展台上的 FF 展品采用醒目的橙红色电缆,互联为七段现场总线演示系统,各展台现场设备之间可实地进行现场互操作,展现了 FF 的成就与技术实力。

1.3.2 CAN

控制器局域网(controller area network,CAN)最早由德国 BOSCH 公司提出,用于汽车内部测量与执行部件之间的数据通信。其总线规范现已被 ISO 制订为国际标准,得到了 Motorola、Intel、Philips、Siemens、NEC 等公司的支持,已广泛应用在离散控制领域。

CAN 协议也是建立在国际标准组织的开放系统互联模型基础上的,不过其模型结构只有 3 层,只取 OSI 的物理层、数据链路层和应用层。其信号传输介质为双绞线,在 40 m 的距离时,通信速率最高可达 1 Mbit/s,通信速率为 5 kbit/s 时,直接传输距离最远可达 10 km,挂接设备最多可达 110 个。

CAN 的信号传输采用短帧结构,每一帧的有效字节数为 8 个,因此传输时间短,受干扰的概率低。当节点严重错误时,节点具有自动关闭的功能以切断该节点与总线的联系,使总线上的其他节点及其通信不受影响,具有较强的抗干扰能力。

CAN 支持多主方式工作,网络上的任何节点均可在任意时刻主动向其他节点发送信息,支持点对点、一点对多点和全局广播方式接收/发送信息。它采用总线仲裁技术,当出现几个节点同时在网络上传输信息时,优先级高的节点可继续传输信息,而优先级低的节点则主动停止传输信息,从而避免了总线冲突。

已有多家公司开发了符合 CAN 协议的通信控制器,如 NXP 公司的 SJA1000、Mirochip 公司的 MCP2515、内嵌 CAN 通信控制器的 ARM 和 DSP 等;插在 PC 上的 CAN 总线适配器具有接口简单、编程方便、开发系统价格便宜等优点。

在汽车领域,随着人们对数据传输带宽增加的需求,传统的 CAN 总线由于受带宽的限制而难以满足这种增加的需求。

当今社会,汽车已经成为人们生活中不可缺少的一部分,汽车不仅仅是一种代步工具,还是生活及工作范围的一种延伸。人们希望在汽车上就像待在自己的办公室和家里一样,可以打电话、上网、娱乐和工作。

因此,汽车制造商为了提高产品竞争力,将越来越多的功能集成到了汽车上。电子控制单元(ECU)的大量增加使总线负载率急剧增大,传统的 CAN 总线显得越来越不够用了。

此外,为了缩小 CAN(最大为 1 Mbit/s)网络与 FlexRay(最大为 10 Mbit/s)网络的带宽差距,BOSCH 公司于 2011 年推出了 CAN FD(CAN with Flexible Data-Rate)方案。

1.3.3 DeviceNet

DeviceNet 是一种低成本的通信连接,它将工业设备连接到网络,从而免去了价格昂贵的硬接线。DeviceNet 又是一种简单的网络解决方案,在提供多供货商同类部件间可互换性的同时,减少了配线和安装工业自动化设备的成本与时间。DeviceNet 的直接互连性不仅改善了设备间的通信,而且提供了相当重要的设备级诊断功能,这是通过硬接线 I/O 接口很难实现的。

DeviceNet 是一个开放式网络。其规范和协议都是开放式的,厂商将设备连接到该系统时,无需购买硬件、软件或许可权。任何人都能以少量的复制成本从开放式设备网络供货商协会(ODVA)获得 DeviceNet 规范。任何制造 DeviceNet 产品的公司都可以加入 ODVA,并可以加入对 DeviceNet 规范进行增补的技术工作组。

DeviceNet 规范的购买者将得到不受限制的、真正免费的开发 DeviceNet 产品的许可。寻求开发帮助的公司可以通过任何渠道购买工作简易化的样本源代码、开发工具包和各种开发服务,关键硬件可以从世界上最大的半导体供货商那里获得。

在现代控制系统中,现场设备不仅要完成本地的控制、监视、诊断等任务,还要能通过网络与其他控制设备及 PLC 进行对等通信,因此现场设备多设计成内置智能式。基于这样的现状,美国 Rockwell Automation 公司于 1994 年推出了 DeviceNet 网络,实现了低成本、高性能的工业设备的网络互联。DeviceNet 具有如下特点。

（1）DeviceNet 基于 CAN 总线技术，它可连接开关、光电传感器、阀组、电动机启动器、过程传感器、变频调速设备、固态过载保护装置、条形码阅读器、I/O 和人机界面等，传输速率为 125～500 kbit/s，每个网络的最大节点数是 64 个，干线长度为 100～500 m。

（2）DeviceNet 使用的通信模式是生产者/客户（producer/consumer）模式。该模式允许网络上的所有节点同时存/取同一源数据，网络通信效率高；采用多信道广播信息发送方式，各个客户可在同一时间接收到生产者所发送的数据，网络利用率高。生产者/客户模式与传统的源/目的模式相比，前者采用多信道广播式，网络节点同步化，网络效率更高；后者采用应答式，如果要向多个设备传送信息，则需要对这些设备分别进行"呼""应"通信，即使是同一信息，也需要制造多个信息包，这样就增加了网络的通信量，使网络响应速度受限制，难以满足高速的、对时间苛求的实时控制。

（3）设备可互换性。各个销售商所生产的符合 DeviceNet 网络和行规标准的简单装置（如按钮、电动机启动器、光电传感器、限位开关等）都可以互换，为用户提供灵活性和可选择性。

（4）DeviceNet 网络上的设备可以随时连接或断开，且不会影响网上其他设备的运行，方便维护和减少维修费用，也便于系统的扩充和改造。

（5）DeviceNet 网络上设备的安装比传统的 I/O 安装更加节省费用，尤其是当设备分布在几百米范围内时，更有利于降低布线安装成本。

（6）利用 RS Network for DeviceNet 软件可方便地对网络上的设备进行配置、测试和管理。网络上的设备以图形方式显示工作状态，一目了然。

现场总线技术具有网络化、系统化、开放性等特点，需要多个企业相互支持、相互补充来构成整个网络系统。为便于技术发展和企业之间的协调，统一宣传、推广技术和产品，通常每一种现场总线都由一个组织来统一协调。DeviceNet 总线的组织机构是ODVA。ODVA 是一个独立组织，管理 DeviceNet 技术规范，促进 DeviceNet 在全球的推广与应用。

ODVA 实行会员制，会员分供货商会员和分销商会员。ODVA 现有供货商会员310 个，其中包括 ABB、Rockwell、Phoenix Contact、Omron、Hitachi、Cutler-Hammer等几乎所有世界著名的电器和自动化元件生产商。

ODVA 的作用是帮助供货商会员向 DeviceNet 产品开发者提供技术培训、产品一致性试验工具和试验，支持成员单位对 DeviceNet 协议规范进行改进；出版符合 DeviceNet 协议规范的产品目录，组织研讨会和其他推广活动，帮助用户了解、掌握 DeviceNet 技术；帮助分销商开展 DeviceNet 用户培训和 DeviceNet 专家认证培训，提供设计工具，解决 DeviceNet 系统问题。

DeviceNet 是一个比较年轻的、较晚进入中国的现场总线。但 DeviceNet 价格低、效率高，特别适用于制造业、工业、电力系统等行业的自动化，适用于制造系统的信息化。

2000 年 2 月，上海电器科学研究所与 ODVA 签署合作协议，共同筹建 China ODVA，目的是把 DeviceNet 这一先进技术引入中国，促进我国自动化和现场总线技术的发展。

2002 年 10 月 8 日，DeviceNet 现场总线被批准为国家标准。《低压开关设备和控制设备——控制器-设备接口（CDI）——第 3 部分：DeviceNet》标准编号为 GB/T 18858.3—2002。该标准于 2003 年 4 月 1 日开始实施。

1.3.4　LonWorks

美国 Echelon 公司是全分布式智能控制网络技术 LonWorks 平台的创立者,Lon-Works 控制网络技术可用于各主要工业领域,如工厂厂房自动化、生产过程控制、楼宇与家庭自动化、农业、医疗和运输业等,为实现智能控制网络提供完整的解决方案。例如,中央电视塔美丽夜景的灯光秀是由 LonWorks 控制的,T21/T22 次京沪豪华列车是基于 LonWorks 的列车监控系统控制着整个列车的空调暖通、照明、车门及消防报警等系统。Echelon 公司有四个主要市场——商用楼宇(包括暖通空调、照明、安防、门禁和电梯等子系统)、工业、交通运输系统和家庭领域。

Echelon 公司于 1992 年成功推出了 LonWorks 智能控制网络。局部操作网络(local operating networks,LON)总线也是该公司推出的,Echelon 公司开发了 LonWorks 技术,为 LON 总线设计和成品化提供了一套完整的开发平台。其通信协议 LonTalk 支持 OSI/RM 的所有 7 层模型,这是 LON 总线最突出的特点。LonTalk 协议通过神经元芯片上的硬件和固件实现,提供介质存/取、事务确认和点对点通信服务;还有一些高级服务,如认证、优先级传输、单一/广播/组播消息发送等。网络拓扑结构可以是总线形、星形、环形和混合形,可实现自由组合。另外,通信介质支持双绞线、同轴电缆、光纤、射频、红外线和电力线等。应用程序采用面向对象的设计方法,通过网络变量把网络通信的设计简化为参数设置,大大缩短了产品的开发周期。

高可靠性、安全性、易于实现和互操作性使得 LonWorks 产品应用非常广泛。该产品广泛应用于过程控制、电梯控制、能源管理、环境监视、污水处理、火灾报警、采暖通风、空调控制、交通管理、家庭网络自动化等。LON 总线已成为当前最流行的现场总线之一。

LonWorks 网络协议已成为诸多组织、行业的标准。消费电子制造商协会(CEMA)将 LonWorks 协议作为家庭网络自动化的标准(EIA-709)。1999 年 10 月,ANSI 接纳 LonWorks 网络的基础协议作为一个开放工业标准,包含在 ANSI/EIA709.1 中。国际半导体设备与材料协会(SEMI)明确采纳 LonWorks 网络技术作为其行业标准,还有许多国际行业协会采纳 LonWorks 协议标准,这巩固了 LonWorks 产品在诸行业领域的应用地位,推动了 LonWorks 技术的发展。

LonWorks 使用的开放式通信协议 LonTalk 为设备之间交换控制状态信息建立了一种通用的标准。在 LonTalk 协议的协调下,以往那些相应的系统和产品融为一体,形成一个网络控制系统。LonTalk 协议最大的特点是对 OSI 的 7 层协议的支持,是直接面向对象的网络协议,这是其他现场总线所不支持的。网络变量使节点之间的数据传输通过各个网络变量的绑定便可完成。硬件芯片的支持实现了实时性和接口的直观、简洁的现场总线应用要求。Neuron 芯片是 LonWorks 技术的核心,它不仅是 LON 总线的通信处理器,同时也是作为采集和控制的通用处理器,LonWorks 技术中所有关于网络的操作实际上都是通过它来完成的。按照 LonWorks 标准网络变量来定义数据结构可以解决不同厂家产品的互操作性问题。为了更好地推广 LonWorks 技术,1994 年 5 月,由世界许多大公司(如 ABB、Honeywell、Motorola、IBM、TOSHIBA、HP 等)组成了一个独立的行业协会——LonMark,该协会负责定义、发布、确认产品的互操作性标准。LonMark 是与 Echelon 公司无关的 LonWorks 用户标准化组织,按照 LonMark

规范设计的 LonWorks 产品可以非常容易地集成在一起,用户不必为网络日后的维护和扩展费用担心。LonMark 的成立对推动 LonWorks 技术的推广和发展起到了极大的推动作用。许多公司在其产品上采纳了 LonWorks 技术,如 Honeywell 公司将 Lon-Works 技术用于其楼宇自控系统。因此,LON 总线成为现场总线的主流之一。

2005 年之前,LonWorks 技术的核心是神经元芯片(neuron chip)。神经元芯片主要有 3120 和 3150 两大系列,最早的生产厂家有 Motorola 公司和 TOSHIBA 公司,后来生产神经元芯片的厂家是 TOSHIBA 公司和 Cypress 公司。TOSHIBA 公司生产的神经元芯片型号为 TMPN3120 和 TMPN3150 两个系列。TMPN3120 不支持外部存储器,它本身带有 EEPROM。TMPN3150 支持外部存储器,适合功能较为复杂的应用场合。Cypress 公司生产的神经元芯片型号为 CY7C53120 和 CY7C53150 两个系列。

目前,国内教科书上讲述的 LonWorks 技术仍然采用 TMPN3120 和 TMPN3150 神经元芯片。

2005 年之后,上述神经元芯片不再给用户供货,Echelon 公司主推 FT 智能收发器和神经元处理器。

2018 年 9 月,总部位于美国加州的 Adesto Technologies(简称 Adesto)公司收购了 Echelon 公司。

Adesto 公司是创新的、特定应用的半导体和嵌入式系统的领先供应商,这些半导体和嵌入式系统构成了物联网边缘设备在全球网络上运行的基本组成部分。半导体和嵌入式系统的组合优化了连接物联网的设备,用于工业、通信和医疗等。

通过专家设计、无与伦比的系统专业知识和专有知识产权,Adesto 公司使客户能够在对物联网最重要的地方区分其系统:更高的效率、可靠性和安全性,集成的智能和更低的成本。广泛的产品组合涵盖从物联网边缘服务器、路由器、节点和通信模块到模拟、数字和非易失性存储器(NVM),这些技术产品以标准产品、专用集成电路(ASIC)和 IP 核的形式交付给用户。

Adesto 公司成功推出的 FT 6050 智能收发器和 Neuron 6050 处理器用于现代化和整合智能控制网络的片上系统。

1.3.5　PROFIBUS

PROFIBUS 是作为德国国家标准 DIN19245 和欧洲标准 EN50170 的现场总线,ISO/OSI 模型也是它的参考模型。由 PROFIBUS-DP、PROFIBUS-FMS、PROFIBUS-PA(简称 DP、FMS、PA)组成了 PROFIBUS 系列。

DP 用于分散外部设备之间的高速传输,适用于加工自动化领域。FMS 意为现场信息规范,适用于纺织、楼宇自动化、可编程控制器、低压开关等一般自动化。PA 是用于过程自动化的总线类型,它遵从 IEC 1158-2 标准。PROFIBUS 技术是由以西门子公司为主的十几家德国公司、研究所共同推出的。它采用了 OSI 模型的物理层、数据链路层,由这两部分形成了其标准第一部分的子集,DP 隐去了第 3~7 层,增加了直接数据连接拟合作为用户接口,FMS 只隐去了第 3~6 层,采用了应用层,作为标准的第二部分。PA 的标准目前还处于制定过程中,其传输技术遵从 IEC 1158-2(H1)标准,可实现总线供电与本质安全防爆。

PROFIBUS 支持主-从系统、纯主站系统、多主多从混合系统等几种传输方式。主站具有对总线的控制权,可主动发送信息。对多主站系统来说,主站之间采用令牌方式传输信息,得到令牌的站可在一个事先规定的时间内拥有总线控制权,并事先规定好令牌在各主站中循环一周的最长时间。按 PROFIBUS 的通信规范,令牌在主站之间按地址编号顺序,沿上行方向进行传输。在得到控制权时,主站可以按主-从方式向从站发送或索取信息,实现点对点通信。主站可对所有站广播(不要求应答),或有选择性地向一组站广播。

PROFIBUS 的传输速率为 9.6 kbit/s~12 Mbit/s,最大传输距离在 9.6 kbit/s 时为 1200 m、在 1.5 Mbit/s 时为 200 m,可用中继器延长至 10 km。其传输介质可以是双绞线,也可以是光缆,最多可挂接 127 个站。

1.3.6 CC-Link

1996 年 11 月,以三菱电机为主导的多家公司以"多厂家设备环境、高性能、省配线"理念开发,公布和开放了现场总线 CC-Link,第一次正式向市场推出了 CC-Link 这一全新的多厂家、高性能、省配线的现场网络。并于 1997 年获得日本电机工业会(JE-MA)颁发的杰出技术成就奖。

CC-Link 是 Control & Communication Link(控制与通信链路)的简称,即在工业控制系统中可以将控制和信息数据同时以 10 Mbit/s 高速传输的现场网络。CC-Link 具有性能卓越、应用广泛、使用简单、成本低等突出优点。作为开放式现场总线,CC-Link 是唯一起源于亚洲地区的总线系统,CC-Link 的技术特点尤其适合亚洲人的思维习惯。

1998 年,汽车行业的马自达、五十铃、雅马哈、通用、铃木等成为 CC-Link 的用户,CC-Link 迅速进入中国市场。

为了用户能更方便地选择和配置自己的 CC-Link 系统,2000 年 11 月,CC-Link 协会(CC-Link Partner Association,CLPA)在日本成立。CLPA 主要负责 CC-Link 在全球的普及和推进工作。为了全球化的推广能够统一进行,CLPA 在全球设立了众多的驻点,分布在美国、中国、新加坡、韩国、欧洲等国家或地区,负责在不同地区、在各个方面推广和支持 CC-Link 用户的工作。

CLPA 由 Woodhead、Contec、Digital、NEC、松下电工和三菱电机等 6 个常务理事会员发起。到 2002 年 3 月底,CLPA 在全球拥有 252 家会员公司,其中包括浙江中控技术规范有限公司等中国的会员公司。

CC-Link 是一个技术先进、性能卓越、应用广泛、使用简单、成本较低的开放式现场总线,其在中国的技术发展和应用有着广阔的前景。

1. CC-Link 现场总线的组成与特点

CC-Link 现场总线由 CC-Link、CC-Link/LT、CC-Link Safety、CC-Link IE Control、CC-Link IE Field、SLMP 组成。

CC-Link 协议已经获得许多国际和国家标准认可,如国际化标准组织 ISO15745(应用集成框架),IEC 国际组织 61784/61158(工业现场总线协议的规定),SEMIE54.12,中国国家标准 GB/T 19780,韩国工业标准 KSB ISO 15745-5。

CC-Link 网络层次结构如图 1-5 所示。

(1) CC-Link 是基于 RS485 的现场网络。CC-Link 提供高速、稳定的输入/输出响

图 1-5 CC-Link 网络层次结构

应,并具有优越的灵活扩展潜能。

① 丰富的兼容产品,超过 1500 个品种。

② 轻松、低成本开发网络兼容产品。

③ CC-Link Ver. 2 提供高容量的循环通信。

(2) CC-Link/LT 是基于 RS485 高性能、高可靠性、省配线的开放式网络。它解决了安装现场复杂的电缆配线或不正确的电缆连接,继承了 CC-Link 诸如开放性、高速和抗噪音等优异特点,通过简单的设置和方便的安装步骤来减少工时,适用于小型 I/O 应用场合的低成本网络。

① 能轻松、低成本地开发主站和从站。

② 适用于节省控制柜和现场设备内的配线。

③ 使用专用接口,能通过简单的操作连接或断开通信电缆。

(3) CC-Link IE Control 是基于以太网的千兆控制层网络,采用双工传输路径,稳定、可靠。其核心网络打破了各现场网络或运动控制网络的界限,通过千兆大容量数据传输实现控制层网络的分布式控制,凭借新增的安全通信功能可以在各个控制器之间实现安全数据共享。作为工厂内使用的主干网,实现在大规模分布式控制器系统和独立的现场网络之间协调管理。

① 采用千兆以太网技术,实现超高速、大容量的网络型共享内存通信。

② 冗余传输路径(双回路通信),实现高度可靠的通信。

③ 强大的网络诊断功能。

(4) CC-Link IE Field 是基于以太网的千兆现场层网络。针对智能制造系统设计,它能够在连有多个网络的情况下以千兆传输速度实现对 I/O 的实时控制+分布式控制。为简化系统配置,其增加了安全通信功能和运动通信功能。在一个开放的、无缝的网络环境,它集高速 I/O 控制系统、分布式控制系统于一个网络中,可以随着设备的布局灵活敷设电缆。

① 千兆传输能力和实时性,使控制数据和信息数据之间的沟通畅通无阻。

② 网络拓扑的选择范围广泛。

③ 强大的网络诊断功能。

(5) SLMP 可使用标准帧格式跨网络进行无缝通信,使用 SLMP 实现轻松连接。

CC-Link 是高速的现场网络,它能够同时处理控制和信息数据。在高达 10 Mbit/s 的通信速度时,CC-Link 可以达到 100 m 的传输距离并能连接 64 个逻辑站。CC-Link 的特点如下。

(1) 高速和高确定性的输入/输出响应。

除了能以 10 Mbit/s 的高速通信外,CC-Link 还具有高确定性和实时性等通信优势,使系统设计者能方便地构建稳定的控制系统。

(2) CC-Link 对众多厂商的产品提供兼容性。

CLPA 提供"存储器映射规则",为每一类型的产品定义数据。该定义包括控制信号和数据分布。众多厂商按照这个规则开发 CC-Link 兼容产品。用户不需要改变连接或控制程序,很容易地就将该处产品从一种品牌换成另一种品牌。

（3）传输距离容易扩展。

通信速率为 10 Mbit/s 时,最大传输距离为 100 m。通信速率为 156 kbit/s 时,传输距离可以达到 1.2 km。使用电缆中继器和光中继器可扩展传输距离。CC-Link 支持大规模的应用,并节省了配线和设备安装所需的时间。

（4）省配线。

CC-Link 显著地减少了复杂生产线上所需的控制线缆和电源线缆的数量,减少了配线和安装的费用,减少了完成配线所需的工作量,极大改善了维护工作。

（5）依靠 RAS 功能实现高可靠性。

RAS 的可靠性、可使用性、可维护性是 CC-Link 的另外一个特点,其功能包括备用主站和从站脱离、自动恢复、测试和监控,它提供了高可靠性的网络系统并使网络瘫痪的时间最小化。

（6）CC-Link V2.0 提供更多功能和更优异的性能。

通过 2 倍、4 倍、8 倍等扩展循环设置,CC-Link V2.0 最大可以达到 RX、RY 各 8192 点,RWw、RWr 各 2048 字,每台最多可连接点数（占用 4 个逻辑站时）从 128 位、32 字扩展到 896 位、256 字。

CC-Link 在汽车制造、半导体制造、传送系统和食品生产等各种自动化领域提供简单安装和省配线的优秀产品。

CC-Link 工业网络结构如图 1-6 所示。

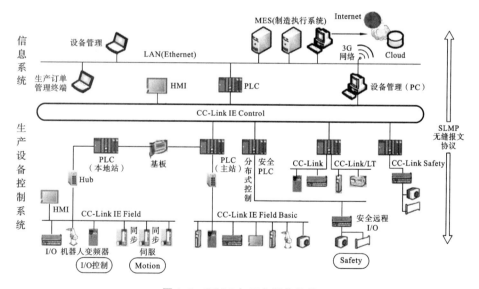

图 1-6 CC-Link 工业网络结构

2. CC-Link Safety 系统构成与特点

CC-Link Safety 构筑最优化的工厂安全系统,取得 GB/Z 29496.1.2.3—2013 控制与通信网络 CC-Link Safety 规范。

CC-Link Safety 系统构成如图 1-7 所示。

CC-Link Safety 系统的特点如下。

图 1-7 CC-Link Safety **系统构成**

（1）高速通信的实现。

CC-Link Safety 实现 10 Mbit/s 的安全通信速率，凭借与 CC-Link 同样的高速通信，可构筑具备高度响应性能的安全系统。

（2）通信异常的检测。

CC-Link Safety 是能实现可靠紧急停止系统的安全网络，具备检测通信延迟或缺损等所有通信出错的安全通信功能，发生异常时能可靠停止系统。

（3）原有资源的有效利用。

CC-Link Safety 可继续利用原有的网络资源，可使用 CC-Link 专用通信电缆，在连接报警灯等设备时可使用原有的 CC-Link 远程站。

（4）RAS 功能。

CC-Link Safety 集中管理网络故障及异常信息，将安全从站的动作状态和出错代码传送至主站管理，可通过安全从站、网络的实时监视解决前期故障。

（5）兼容产品开发的效率化。

CC-Link Safety 兼容产品开发简单，CC-Link Safety 技术已通过安全审查机构审查，可缩短兼容产品的安全审查时间。

1.3.7 ControlNet

1. ControlNet 的历史与发展

工业现场控制网络的许多应用不仅要求在控制器和工业器件之间紧耦合，还应具有确定性和可重复性。在 ControlNet 出现以前，没有一个网络在设备或信息层能有效地实现这样的功能要求。

ControlNet 是由在北美地区工业自动化领域技术和市场占有率稳居第一的美国罗克韦尔自动化(Rockwell Automation)公司于 1997 年推出的一种新的面向控制层的实时性现场总线网络。

ControlNet 是一种目前最现代化的开放网络，它提供如下功能。

（1）在同一链路上同时支持 I/O 信息，控制器实时互锁以及对通信报文传送和编程操作。

（2）对离散和连续过程控制应用场合，均具有确定性和可重复性。

ControlNet 采用了一种全新的开放网络技术解决方案——生产者/消费者模型，它具有精确同步化的功能。ControlNet 是目前世界上增长速度最快的工业控制网络之一(网络节点数年均以 180％的速度增长)。

近年来,ControlNet 广泛应用于交通运输、汽车制造、冶金、矿山、电力、食品、造纸、石油、化工、娱乐等领域的工厂自动化和过程自动化。世界上许多知名的大公司(包括福特汽车公司、通用汽车公司、巴斯夫公司、柯达公司、现代集团公司等)以及美国宇航局等政府机关都是 ControlNet 的用户。

2. ControlNet International-CI 简介

为了促进 ControlNet 技术的发展、推广和应用,1997 年 7 月由 Rockwell Automation 等 22 家公司联合发起并成立了控制网国际组织——ControlNet International-CI (简称 CI)。同时,Rockwell Automation 将 ControlNet 技术转让给了 CI。CI 是一个为用户和供货厂商服务的非营利性的独立组织,它负责 ControlNet 技术规范的管理和发展,并通过开发测试软件提供产品的一致性测试,出版 ControlNet 产品目录,进行 ControlNet 技术培训等,促进世界范围内 ControlNet 技术的推广和应用。因而,ControlNet 是开放的现场总线。CI 在全世界范围内拥有包括 Rockwell Automation、ABB、Honeywell、Toshiba 等 70 家著名厂商组成的成员单位。

CI 的成员可以加入 ControlNet 特别兴趣小组,ControlNet 特别兴趣小组由两个或多个对某类产品有共同兴趣的供货商组成。ControlNet 特别兴趣小组的任务是开发设备行规,目的是让加入 ControlNet 的所有成员对 ControlNet 某类产品的基本标准达成一致意见,这样使得同类的产品可以达到互换性和互操作性。ControlNet 特别兴趣小组开发的成果经过同行们审查后再提交 CI 的技术审查委员会,经过批准,其设备行规将成为 ControlNet 技术规范的一部分。

3. ControlNet 简介

ControlNet 是一个高速的工业控制网络,在同一电缆上同时支持 I/O 信息和报文信息(包括程序、组态、诊断等信息),集中体现了控制网络对控制、组态、采集等信息的完全支持,ControlNet 基于生产者/消费者这一先进的网络模型,该模型为网络提供更高有效性、一致性和柔韧性。

从专用网络到公用标准网络,工业网络开发商给用户带来了许多好处,但同时也带来了许多互不相容的网络。如果将网络的扁平体系和高性能的需要加以考虑的话,就会发现,为了增强网络的性能,有必要在自动化和控制网络这一层引进一种包含市场上所有网络优良性能的一种全新的网络;另外,还应考虑数据的传输时间是可预测的,应保证传输时间不受设备加入或离开网络的影响。所有这些现实问题推动了 ControlNet 的开发和发展,它正是满足不同需要的一种实时的控制层网络。

ControlNet 协议的制定参照了 OSI 的 7 层协议模型,并参照了其中的第 1、2、3、4、7 层,既考虑到网络的效率和实现的复杂程度(没有像 LonWorks 一样采用完整的 7 层),又兼顾到协议技术的向前兼容性和功能完整性,其与一般现场总线相比增加了网络层和传输层。这对与异种网络的互联和网络的桥接功能提供了支持,更有利于大范围的组网。

ControlNet 中,网络层和传输层的任务是建立和维护连接。这一部分协议主要定义了未连接报文管理(UCMM)、报文路由对象和连接管理对象及相应的连接管理服务。

ControlNet 网络上可连接以下典型设备。

(1)逻辑控制器(如可编程逻辑控制器、软控制器等)。

(2)I/O 机架和其他 I/O 设备。

(3)人机界面设备。

(4)操作员界面设备。

(5)电动机控制设备。

(6)变频器。

(7)机器人。

(8)气动阀门。

(9)过程控制设备。

(10)网桥/网关等。

关于具体设备的性能及其生产商,用户可以向 CI 索取 ControlNet 产品目录。

ControlNet 网络上可以连接多种设备,同一网络支持多个控制器,每个控制器拥有自己的 I/O 设备,I/O 机架的输入支持多点传送。

ControlNet 网络提供了市场上任何单一网络不能提供的以下性能。

(1)高速(5 Mbit/s)的控制和 I/O 网络,增强的 I/O 性能和点对点通信能力,多主机支持,同时支持编程和 I/O 通信的网络,可以从任何一个节点,甚至是适配器访问整个网络。

(2)柔性的安装选择。使用可用的多种标准的低价的电缆、可选的媒体冗余,每个子网可支持最多 99 个节点,并且可放在主干网的任何地方。

(3)先进的网络模型,对 I/O 信息实现确定和可重复的传送,介质访问算法能确保传送时间的准确性,生产者/消费者模型最大限度地优化了带宽的利用率,支持多主机、多点传送和点对点的应用关系。

(4)使用软件进行设备组态和编程,并且使用同一网络。

ControlNet 物理介质可以使用电缆和光纤,电缆使用 RG-6/U 同轴电缆(与有线电视电缆相同),其特点是廉价、抗干扰能力强、安装简单,使用标准 BNC 连接器和无源分接器,分接器允许节点放置在网络的任何地方,每个网段可延伸 1000 m,并且可用中继器进行扩展。在户外、危险及高电磁干扰环境下可使用光纤,当与同轴电缆混接时,可延伸到 25 km,其距离仅受光纤质量限制。

介质访问控制使用时间片算法,以保证每个节点之间同步带宽的分配。根据实时数据的特性,带宽预先保留或预订以支持实时数据的传送,余下的带宽用于非实时或未预订数据的传送。实时数据包括 I/O 信息和控制器之间对等信息的互锁,非实时数据包括显性报文和连接的建立。

传统的网络支持 2 类产品(如主机和从机),ControlNet 支持 3 类产品。

(1)设备供电:设备采用外部供电。

(2)网络模型:生产者/消费者。

(3)连接器:标准同轴电缆 BNC。

(4)物理层介质:RG6 同轴电缆、光纤。

（5）网络节点数：99 个最大可编址节点，不带中继器的网段最多 48 个节点。

（6）带中继器最大拓扑：5000 m（同轴电缆），30 km（光纤）。

（7）应用层设计：面向对象设计，包括设备对象模型、类/实例/属性、设备行规。

（8）I/O 数据触发方式：轮询，周期性发送/状态改变发送。

（9）网络刷新时间：可组态 2～100 ms。

（10）I/O 数据点数：无限多个。

（11）数据分组大小：可变长，0～510 字节。

（12）网络和系统特性：可带电插拔，具有可确定性和可重复性，可选本征安全、网络重复节点检测，报文分段传送（块传送）。

1.4 工业以太网简介

1.4.1 EtherCAT

EtherCAT 是由德国 BECKHOFF 公司开发的，并且在 2003 年年底成立了以太网技术组（ethernet technology group，ETG）。EtherCAT 是一个可用于现场级的超高速 I/O 网络，它使用标准的以太网物理层和常规的以太网卡，介质可为双绞线或光纤。

1. 以太网的实时能力

目前，有许多方案力求实现以太网的实时能力。例如，CSMA/CD 介质存取过程方案是禁止高层协议访问过程，而由时间片或轮询方式所取代的一种解决方案。还有一种解决方案是通过专用交换机精确控制时间的方式来分配以太网包。这些方案虽然可以在某种程度上快速、准确地将数据包传送给所连接的以太网节点，但是输出或驱动控制器重定向所需要的时间以及读取输入数据所需要的时间都受制于具体的实现方式。

如果将单个以太网帧用于每个设备，从理论上讲，其可用数据率非常低。例如，最短的以太网帧为 84 字节（包括内部的包间隔 IPG）。如果一个驱动器周期性地发送 4 字节的实际值和状态信息，并相应地同时接收 4 字节的命令值和控制字信息，那么即使当总线负荷为 100% 时，其可用数据率也只能达到 4/84 = 4.8%。如果按照 10 μs 的平均响应时间估计，则速率将下降到 1.9%。对所有发送以太网帧到每个设备（或期望帧来自每个设备）的实时以太网而言，都存在这些限制，但以太网帧内部所使用的协议是例外的。

一般常规的工业以太网的传输方法都采用先接收通信帧，进行分析后再作为数据送入网络中各个模块的通信方式，而 EtherCAT 的以太网协议帧中已经包含网络中各个模块的数据。

数据传输采用移位同步的方法进行，即在网络的模块中得到其相应地址数据的同时，数据帧可以传送到下一个设备，相当于数据帧通过一个模块时输出相应的数据，然后立即转入下一个模块。由于这种数据帧的传送从一个设备到另一个设备的延迟时间仅为微秒级，所以与其他以太网解决方法相比，其性能得到了提高。网络段的最后一个模块结束整个数据传输工作，形成一个逻辑和物理环形结构。所有传输数据与以太网的协议相兼容，同时采用双工传输，提高了传输效率。

2. EtherCAT 的运行原理

EtherCAT 技术突破了其他以太网解决方案的系统限制:通过该项技术,无需接收以太网数据包,将以太网数据包解码之后,再将过程数据复制到各个设备。EtherCAT 从站设备在报文经过其节点时读取相应的编址数据,同样,输入数据也是在报文经过时插入至报文中。整个过程中,报文只有几纳秒的时间延迟。

因为发送和接收的以太网帧压缩了大量的设备数据,所以有效数据率可达 90% 以上。100 Mbit/s TX 的全双工特性完全得以利用,因此,有效数据率可大于 100 Mbit/s。

符合 IEEE 802.3 标准的以太网协议无需附加任何总线即可访问各个设备。耦合设备中的物理层可以将双绞线或光纤转换为 LVDS,以满足电子端子块等模块化设备的需求。这样就可以非常经济地对模块化设备进行扩展。

EtherCAT 通信协议模型如图 1-8 所示。EtherCAT 协议内部可区别传输数据的优先权,组态数据或参数的传输是在确定的时间中通过一个专用的服务通道进行,EtherCAT 系统的以太网功能与传输的 IP 协议兼容。

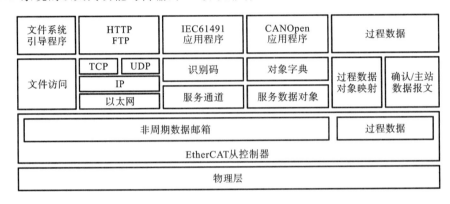

图 1-8 EtherCAT 通信协议模型

3. EtherCAT 的技术特征

EtherCAT 是用于过程数据的优化协议,凭借特殊的以太网类型,它可以在以太网帧内直接传送。EtherCAT 帧可包括几个 EtherCAT 报文,每个报文都服务于一块逻辑过程映像区的特定内存区域,该区域最大可达 4 GB 字节。数据顺序不依赖于网络中以太网端子的物理顺序,可任意编址。从站之间的广播、多播和通信均得以实现。当需要实现最佳性能,且要求 EtherCAT 组件和控制器在同一子网操作时,EtherCAT 直接采用以太网帧传输。

EtherCAT 不限于单个子网的应用。EtherCAT UDP 将 EtherCAT 协议封装为 UDP/IP 数据报文,这意味着任何以太网协议栈的控制均可编址到 EtherCAT 系统之中,甚至通信还可以通过路由器跨接到其他子网中。显然,在这种变体结构中,系统性能取决于控制的实时特性和以太网协议的实现方式。因为 UDP 数据报文仅在第一个站完成解包,所以 EtherCAT 网络自身的响应时间基本不受影响。

另外,根据主/从数据传送原理,EtherCAT 也非常适合主/从控制器之间的通信。自由编址的网络变量可用于过程数据以及参数、诊断、编程和各种远程控制服务,满足广泛的应用需求。主站到从站与主站到主站之间的数据通信接口也相同。

从站到从站的通信有以下两种机制可供选择。

（1）上游设备和下游设备可以在同一周期内实现通信，速度非常快。由于这种方法与拓扑结构相关，因此适用于由设备架构设计所决定的从站到从站的通信，如打印或包装应用等。

（2）自由配置的从站到从站的通信可以采用数据通过主站进行中继的机制。这种机制需要两个周期才能完成，但由于 EtherCAT 的性能卓越，因此该过程耗时仍然比其他方法耗时少。

EtherCAT 仅使用标准的以太网帧，无任何压缩。因此，EtherCAT 以太网帧可以通过任何以太网 MAC 层发送，并可以使用标准工具。

EtherCAT 使网络性能达到一个新境界。借助于从站硬件集成和网络控制器主站的直接内存存取，整个协议的处理过程都在硬件中得以实现，因此，完全独立于协议栈的软件实时运行系统。

超高性能的 EtherCAT 技术可以实现传统现场总线系统难以实现的控制理念。EtherCAT 使通信技术和现代工业 PC 所具有的超强计算能力相适应，总线系统不再是控制理念的瓶颈，分布式 I/O 可能比大多数本地 I/O 接口运行速度更快。EtherCAT 技术原理具有可塑性，并不束缚于 100 Mbit/s 的通信速率，甚至有可能扩展为 1000 Mbit/s 的以太网。

现场总线系统的实际应用经验表明，有效性和试运行时间关键取决于诊断能力。只有快速而准确地检测出故障，并明确标明其所在位置，才能快速排除故障。因此，在 EtherCAT 的研发过程中，特别注重强化诊断特征。

在试运行期间，驱动或 I/O 端子等节点的实际配置需要与指定的配置进行匹配性检查，拓扑结构也需要与配置相匹配。由于整合的拓扑识别过程已延伸至各个端子，因此，这种检查不仅可以在系统启动期间进行，也可以在网络自动读取时进行。

评估 CRC 校验可以有效检测出数据传送期间的位故障。除断线检测和定位以外，EtherCAT 系统的协议层、物理层和拓扑结构还可以对各传输段分别进行品质监视，与错误计数器关联的自动评估还可以对关键的网络段进行精确定位。此外，对于电磁干扰、连接器破损或电缆损坏等一些渐变或突变的错误源而言，即使它们尚未应变到网络自恢复能力的范围，也可对其进行检测与定位。

选择冗余电缆可以满足快速增长的系统可靠性需求，以保证设备更换时不会导致网络瘫痪。这样可以很经济地增加冗余特性，仅需在主站设备端增加一个标准的以太网端口，无需专用网卡或接口，并将单一的电缆从总线形拓扑结构转变为环形拓扑结构。当设备或电缆发生故障时，也仅需一个周期即可完成切换。因此，即使是针对运动控制要求的应用，电缆出现故障时也不会有任何问题。EtherCAT 也支持热备份的主站冗余。当环路中断时，EtherCAT 从站控制器会立刻自动返回数据帧，所以一个设备的失败不会导致整个网络的瘫痪。

为了实现 EtherCAT 安全数据通信，EtherCAT 安全通信协议已经在 ETG 内部公开。EtherCAT 被用作传输安全和非安全数据的单一通道。传输介质被认为是"黑色通道"而不被包括在安全协议中。EtherCAT 过程数据中的安全数据报文包括安全过程数据和所要求的数据备份。这个"容器"在设备的应用层被安全地解析。通信仍然是单一通道的，这符合 IEC 61784-3 附件中的模型 A。

EtherCAT 安全协议已经由德国技术监督协会(TÜV)评估为满足 IEC 61508 定义的 SIL3 等级的安全设备之间传输过程数据的通信协议。在设备上实施 EtherCAT 安全协议必须满足安全目标的需求。

4. EtherCAT 的实施

由于 EtherCAT 无需集线器和交换机,因此,在环境条件允许的情况下,可以节省电源、安装等方面的投资,只需使用标准的以太网电缆和价格低廉的标准连接器即可。如果环境条件有特殊要求,则可以依照 IEC 标准,使用增强密封保护等级的连接器。

EtherCAT 技术是面向经济的设备开发的,如 I/O 端子、传感器和嵌入式控制器等。EtherCAT 使用遵循 IEEE 802.3 标准的以太网帧。这些帧由主站设备发送,从站设备只在以太网帧经过其所在位置时才提取和/或插入数据。因此,EtherCAT 使用标准的以太网 MAC 层,这正是其在主站设备方面智能化的表现。同样,EtherCAT 从站控制器采用 ASIC 芯片,在硬件中处理过程数据协议,确保提供最佳实时性能。

EtherCAT 接线非常简单,并对其他协议开放。传统的现场总线系统已达到极限,而 EtherCAT 则建立了新的技术标准,可选择双绞线或光纤,并利用以太网和因特网技术实现垂直优化集成。使用 EtherCAT 技术,可以用简单的线形拓扑结构替代昂贵的星形以太网拓扑结构,无需昂贵的基础组件。EtherCAT 还可以使用传统的交换机连接方式,以集成其他以太网设备。其他实时以太网方案需要与控制器进行特殊连接,而 EtherCAT 只需要价格低廉的标准以太网卡(NIC)便可实现。

EtherCAT 拥有多种机制,支持主站到从站、从站到从站以及主站到主站之间的通信。EtherCAT 实现了功能安全,采用技术可行且经济实用的方法,使以太网技术可以向下延伸至 I/O 级。EtherCAT 功能优越,可以完全兼容以太网,可将因特网技术嵌入简单设备中,并最大化地利用以太网所提供的巨大带宽,是一种实时性能优越且成本低廉的网络技术。

5. EtherCAT 的应用

EtherCAT 广泛适用于机器人、机床、包装机械、印刷机、塑料制造机器、冲压机、半导体制造机器、试验台、测试系统、抓取机器、电厂、变电站、行李运送系统、舞台控制系统、自动化装配系统、纸浆和造纸机、隧道控制系统、焊接机、起重机、升降机、农场机械、窗户生产设备、楼宇控制系统、风机、家具生产设备、铣床、制药设备、木材加工机器、平板玻璃生产设备、称重系统等。

1.4.2 SERCOS

串行实时通信协议(serial real-time communication specification,SERCOS)是一种用于工业机械电气设备的控制单元和数字伺服装置之间高速串行实时通信的数字交换协议。

1986 年,德国电力电子协会与德国机床协会联合召集了欧洲一些机床、驱动系统和 CNC 设备的主要制造商(Bosch、ABB、AMK、Banmuller、Indramat、Siemens、Pacific Scientific 等)组成了一个联合小组。该小组旨在开发出一种用于数字控制器与智能驱动器之间的开放性通信接口,以实现 CNC 技术与伺服驱动技术的分离,从而使整个数控系统能够模块化、可重构和可扩展,达到低成本、高效率、强适应性地生产数控机床的目的。经过多年的努力,此技术设备终于在 1989 年德国汉诺国际机床博览会上展出,这标志着 SERCOS 总线正式诞生。1995 年,IEC 把 SERCOS 接口采纳为标准 IEC 61491。1998 年,SERCOS 接口被确定为欧洲标准 EN61491。2005 年,基于以太网的 SERCOS Ⅲ 面世,并于 2007 年成为国际标准 IEC 61158/61784。迄今为止,SERCOS 已发展了三代,SERCOS 接口协议也已成为当今唯一专门用于开放式运动控制的国际标准,得到了国际大多数数控设备供应商的认可,已有 200 多万个 SERCOS 站在工业实际中使用,超过 50 个控制器制造厂和 30 个驱动器制造厂推出了基于 SERCOS 的产品。

SERCOS 接口技术是构建 SERCOS 通信的关键技术,经 SERCOS 协会组织和协调,推出了一系列 SERCOS 接口控制器,通过它们能方便地在数控设备之间建立起 SERCOS 通信。

SERCOS 目前已经发展到了 SERCOS Ⅲ,继承了 SERCOS 协议在驱动控制领域的优良实时和同步特性,是基于以太网的驱动总线,物理传输介质也从仅仅支持光纤扩展到了以太网线 CAT5e,拓扑结构也支持线性结构。借助于新一代的通信控制芯片 netX 使用标准的以太网硬件,将运行速率提高到 100 Mbit/s。在第一、二代时,SERCOS 只有实时通道,通信智能在主站和从站之间进行。SERCOS Ⅲ 扩展了非实时的 IP 通道,在进行实时通信的同时可以传送普通的 IP 报文,主站和主站、从站和从站之间可以直接通信,在保持服务通道的同时,还增加了 SERCOS 消息协议(SERCOS messaging protocol,SMP)。

自 SERCOS 接口成为国际标准以来,已经得到了广泛应用。至今全世界有多家公司拥有 SERCOS 接口产品(包括数字伺服驱动器、控制器、输入/输出组件、接口组件、控制软件等)及技术咨询和产品设计服务。SERCOS 接口已经广泛应用于机床、印刷、食品加工和包装、机器人、自动装配等领域。2000 年,ST 公司开发出了 SERCON816 ASIC 控制器,将传输速率提高到了 16 Mbit/s,大大提高了 SERCOS 接口能力。

SERCOS 总线的众多优点使得它在数控加工中心、数控机床、精密齿轮加工机械、印刷机械、装配线和装配机器人等运动控制系统中获得了广泛应用。目前,很多厂商(如西门子、伦茨等公司)的伺服系统都具有 SERCOS 总线接口。国内 SERCOS 接口用户有多家,包括清华大学、沈阳第一机床厂、华中数控集团、北京航空航天大学、上海大众汽车厂、上海通用汽车厂等。

1. SERCOS 总线的技术特性

SERCOS 接口规范使控制器和驱动器间的数据传送格式及从站数量等进行组态配置。在初始化阶段,接口的操作根据控制器和驱动器的性能特点来具体确定,所以控制器和驱动器都可以执行速度、位置或扭矩控制方式。灵活的数据格式使得 SERCOS 接口能用于多种控制结构和操作模式,控制器可以通过指令值和反馈值的周期性数据传送来达到与环上所有驱动器精确同步,其通信周期可在 $62.5~\mu s$、$125~\mu s$、$250~\mu s$ 和 $250~\mu s$ 的整数倍间进行选择。在 SERCOS 接口中,控制器与驱动器之间的数据传送分为周期性数据传送和非周期性数据传送(服务通道数据传送)两种。周期性数据传送主要用于传送指令值和反馈值,数据在每个通信周期传送一次。非周期数据传送用于自控制器和驱动器之间参数的交互,独立于任何制造厂商,它提供了高级的运动控制能力,内含用于 I/O 控制的功能,使机器制造商不需要使用单独的 I/O 总线。

SERCOS 技术发展到了第三代——基于实时以太网技术,其应用从工业现场扩展到了管理办公环境,其由于采用了以太网技术,不仅降低了组网成本,还增加了系统柔性,在缩短最少循环时间(31.25 μs)的同时采用新的同步机制,提高了同步精度(小于 20 ns),实现了网上各个站的直接通信。

SERCOS 采用环形结构,使用光纤作为传输介质,是一种高速、高确定性的总线,16 Mbit/s 的接口数据通信速率已接近于以太网。当采用普通光纤为介质时,环的传输距离可达 40 m,最多可连接 254 个节点。实际连接的驱动器数目取决于通信周期时间、通信数据量和通信速率。系统确定性由 SERCOS 的机械和电气结构特性决定,与传输速率无关,系统可以保证精确度为毫秒级的同步。

SERCOS 总线协议具有如下技术特性。

(1) 标准性。

SERCOS 标准是唯一的有关运动控制的国际通信标准。SERCOS 所有的底层操作、通信、调度等都按照国际标准的规定设计,具有统一的硬件接口、通信协议、命令码 IDN 等。SERCOS 提供给用户的开发接口、应用接口、调试接口等都符合 SERCOS 国际通信标准 IEC 61491。

(2) 开放性。

SERCOS 技术是由国际上很多知名的研究运动控制技术的厂家和组织共同开发的,SERCOS 的体系结构、技术细节等都是向世界公开的,SERCOS 标准的制定是 SERCOS 开放性的一个重要方面。

(3) 兼容性。

因为所有的 SERCOS 接口都是按照国际标准设计的,所以其支持不同厂家的应用程序,也支持用户自己开发的应用程序。接口的功能与具体操作系统、硬件平台无关,不同的接口之间可以相互替代,移植花费的代价很小。

(4) 实时性。

SERCOS 接口的国际标准中规定 SERCOS 总线采用光纤作为传输环路,支持 2 Mbit/s、4 Mbit/s、8 Mbit/s、16 Mbit/s 的传输速率。

(5) 扩展性。

每一个 SERCOS 接口可以连接 8 个节点,如果需要更多的节点,则可以通过 SERCOS 接口的级联方式扩展。通过级联,每一个光纤环路上最多可以有 254 个节点。

另外,SERCOS 总线接口还具有抗干扰性能好、即插即用等优点。

2. SERCOS Ⅲ 总线

1) SERCOS Ⅲ 总线概述

SERCOS Ⅲ 是 SERCOS Ⅱ 技术的一个变革。与以太网结合以后,SERCOS 技术已经从专用的伺服接口向广泛的实时以太网转变。原来优良的实时特性仍然保持,新的协议内容和功能扩展了 SERCOS 在工业领域的应用范围。

在数据传输上,硬件连接既可以用光缆,也可以用 CAT5e 电缆;在报文结构方面,为了应用以太网的硬实时环境,SERCOS Ⅲ 增加了一个与非实时通道同时运行的实时通道。该通道用来传输 SERCOS Ⅲ 报文,也就是传输命令值和反馈值;参数化的非实时通道与实时通道一起传输以太网信息和基于 IP 协议的信息,包括 TCP/IP 和 UDP/IP。数据采用标准的以太网帧来传输,这样实时通道和非实时通道可以根据实际情况进行配置。

SERCOS Ⅲ 系统是基于环形拓扑结构的。其支持全双工以太网的环形拓扑结构，可以处理冗余;线形拓扑结构的系统不能处理冗余，但在较大的系统中能节省很多电缆。由于 SERCOS Ⅲ 系统是全双工数据传输，当环上的一处电缆发生故障时，通信不会被中断，此时利用诊断功能可以确定故障地点，并且能够在不影响其他设备正常工作的情况下得到维护。SERCOS Ⅲ 不使用星形的以太网结构，数据不经过路由器或转换器，从而可以使传输延时减到最短。安装 SERCOS Ⅲ 网络不需要特殊的网络参数。在 SERCOS Ⅲ 系统领域内，连接标准的以太网设备和其他第三方部件的以太网端口可以交换使用，如 P1 与 P2。Ethernet 协议或者 IP 协议内容皆可进入设备并且不影响实时通信。

SERCOS Ⅲ 协议是建立在已被工业实际验证的 SERCOS 协议之上的，它继承了 SERCOS 在伺服驱动领域的高性能、高可靠性，同时将 SERCOS 协议搭载到以太网的通信协议 IEEE 802.3 之上，使 SERCOS Ⅲ 迅速成为基于实时以太网的应用于驱动领域的总线。前两代 SERCOS Ⅲ 的主要特点如下。

(1) 高的传输速率，达到全双工 100 Mbit/s。

(2) 采用时间槽技术，避免了以太网的报文冲突，提高了报文的利用率。

(3) 向下兼容，兼容以前 SERCOS 总线的所有协议。

(4) 降低了硬件成本。

(5) 集成了 IP 协议。

(6) 使从站与从站之间可以交叉通信(cross communication,CC)。

(7) 支持多个运动控制器的同步，控制对控制(control to control,C2C)。

(8) 扩展了对 I/O 等控制的支持。

(9) 支持与安全相关的数据的传输。

(10) 增加了通信冗余、容错能力和热插拔功能。

2) SERCOS Ⅲ 系统特性

SERCOS Ⅲ 系统具有如下特性。

(1) 实时通道的实时数据的循环传输。

在 SERCOS 主站与从站或从站与从站之间，可以利用服务通道进行通信设置、参数和诊断数据交换。为了保持兼容性，服务通道在 SERCOS Ⅰ、SERCOS Ⅱ 中仍然存在。在实时通道和非实时通道之间，循环通信和 100 Mbit/s 的带宽能够满足各种用户的需求。这为 SERCOS Ⅲ 的应用提供了更广阔的空间。

(2) 为集中式和分布式驱动控制提供了很好的方案。

SERCOS Ⅲ 的传输速率为 100 Mbit/s，最小循环时间是 31.25 μs，对应 8 轴 6 字节。当循环时间为 1 ms 时，对应 254 轴 12 字节。可见在一定条件下支持的轴数足够多，这就为分布式控制提供了良好的环境。分布式控制在驱动控制单元中的所有控制环都是封闭的;集中式控制仅仅在当前驱动单元中的控制环是封闭的，中心控制器用来控制各轴对应的控制环。

(3) 从站与从站或主站与主站之间皆可以通信。

在前两代 SERCOS 技术中，由于光纤连接的数据传输是单向性的，站与站之间不能够直接地进行数据传送。SERCOS Ⅲ 中数据传输采用的是全双工的以太网结构，不但从站与从站之间可以直接通信,而且主站与主站之间也可以直接通信,通信的数据包括参数、轴的命令值和实际值,保证了在硬件实时系统层控制器的同步。

(4) SERCOS 安全。

在工厂的生产中,为了减少人机的损害,SERCOS Ⅲ增加了系统安全功能。2005年 11 月,SERCOS 安全方案通过了 TUV Rheinland 认证,并达到了 IEC 61508 的 SL3 标准,带有安全功能的系统于 2007 年底面世。与安全相关的数据和实时数据或其他标准的以太网协议数据在同一个物理层介质上传输。在传输过程中最多可以有 64 位安全数据植入 SERCOS Ⅲ 数据报文中,同时安全数据也可以在从站与从站之间进行通信。由于安全功能独立于传输层,除了 SERCOS Ⅲ 以外,其他物理层介质也可以应用,这种传输特性为系统向安全等级底层的网络扩展提供了便利条件。

(5) IP 通道。

利用 IP 通信时,可以无控制系统和 SERCOS Ⅲ 系统的通信,这对调试前设备的参数设置相当方便。IP 通道为以下操作提供了灵活和透明的大容量数据传输:设备操作、调试和诊断、远程维护、程序下载和上传,以及度量来自传感器等的记录数据和数据质量。

(6) SERCOS Ⅲ 硬件模式和 I/O。

随着 SERCOS Ⅲ 系统的面世,新的硬件在满足该系统的条件下支持更多的驱动、控制装置以及 I/O 模块,这些装置将逐步被定义和标准化。

为了使 SERCOS Ⅲ 系统的功能在工程中得到很好的应用,欧洲很多自动化生产商开始对系统的主站卡和从站卡进行了开发,各项功能得到了不断的完善。一种方案采用了 FPGA(现场可编程门阵列)技术,目前产品有 Spartan-3 和 Cyclone Ⅱ。另一种方案是 SERCOS Ⅲ 控制器集成在一个可以支持大量协议的标准的通用控制器(GPCC)上,目前投入试用的是 netX 的芯片。其他产品也将逐步面世。SERCOS Ⅲ 的数据结构和系统特性表明该系统更好地实现了伺服驱动单元与 I/O 单元的实时性、开放性,以及有很高的经济价值、实用价值和潜在的竞争价值。基于 SERCOS Ⅲ 的系统将在未来的工业领域中占有十分重要的地位。

1.4.3 POWERLINK

POWERLINK 是由奥地利 B&R 公司开发的。2002 年 4 月,该公司公布了 POWERLINK 标准,其主攻方向是同步驱动和特殊设备的驱动要求。POWERLINK 通信协议模型如图 1-9 所示。

POWERLINK 通信协议对第 3 层和第 4 层的 TCP(UDP)/IP 栈进行了实时扩展,增加的基于 TCP(UDP)/IP 的 Async 中间件用于异步数据传输,Isochron 等中间件用于快速、周期的数据传输。POWERLINK 栈控制着网络上的数据流量。POWERLINK 避免网络上数据冲突的方法是采用时间片通信网络管理(slot communication network management,SCNM)机制。SCNM 能够做到无冲突的数据传输,专用的时间片用于调度等时同步传输的实时数据,共享的时间片用于异步的数据传输。在网络上,只能指定一个站为管理站,它为所有网络上的其他站建立一个配置表和分配的时间片,只有管理站能接收和发送数据,其他站只有在管理站授权的情况下才能发送数据,因此,POWERLINK 需要采用基于 IEEE 1588 的时间同步。

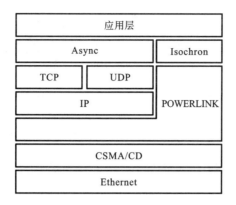

图 1-9 POWERLINK 通信协议模型

1. POWERLINK 通信模型

POWERLINK 是 IEC 国际标准,同时也是中国的国家标准(GB/T 27960)。

POWERLINK 的 OSI 模型如图 1-10 所示。POWERLINK 是一个 3 层的通信网络,它规定物理层、数据链路层和应用层,这 3 层包含 OSI 模型中规定的 7 层协议。

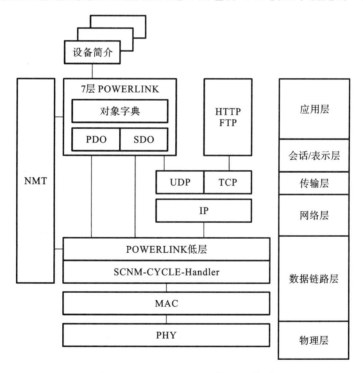

图 1-10 POWERLINK 的 OSI 模型

POWERLINK 通信模型的层次如图 1-11 所示,具有 3 层协议软件的 POWER-LINK 在 CANopen 应用层上可以连接各种设备,例如 I/O、阀门、驱动器等。在物理层之下连接了 Ethernet 控制器,用来收发数据。由于以太网控制器的种类很多,不同的以太网控制器需要不同的驱动程序,因此在"Ethernet 控制器"和"POWERLINK 传输"之间有一层"Ethernet 驱动器"。

2. POWERLINK 网络拓扑结构

由于 POWERLINK 的物理层采用标准的以太网,因此以太网支持的所有拓扑结

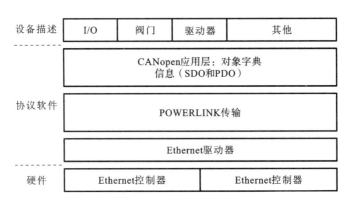

图 1-11 POWERLINK 通信模型的层次

构它都支持,而且可以使用 HUB 和 Switch 等标准的网络设备,这使得用户可以非常灵活地组网,如菊花链、树形、星形、环形和其他任意结构组合。

因为逻辑与物理无关,所以用户在编写程序的时候无需考虑拓扑结构。网络中的每个节点都有一个节点号,POWERLINK 通过节点号来寻址节点,而不是通过节点的物理位置来寻址节点。

由于协议具有独立的拓扑配置功能,POWERLINK 的网络拓扑与机器的功能无关,因此,POWERLINK 的用户无需考虑任何与网络相关的需求,只需专注满足设备制造的需求。

3. POWERLINK 的功能和特点

1) 一"网"到底

POWERLINK 物理层采用普通以太网的物理层,因此可以使用工厂中现有的以太网布线,从机器设备的基本单元到整台设备、生产线,再到办公室,都可以使用以太网,从而实现一"网"到底。

(1)多路复用。

网络中不同的节点具有不同的通信周期,兼顾快速设备和慢速设备,使网络设备达到最优。

一个 POWERLINK 周期中既包含同步通信阶段,也包括异步通信阶段。同步通信阶段即周期性通信,用于周期性传输通信数据;异步通信阶段即非周期性通信,用于传输非周期性通信数据。

因此,POWERLINK 网络可以适用于各种设备,POWERLINK 网络系统如图 1-12 所示。

(2)大数据量通信。

POWERLINK 中每个节点的发送和接收分别采用独立的数据帧,每个数据帧最大为 1490 字节,与一些采用集束帧的协议相比,其通信量提高数百倍。在集束帧协议里,网络中所有节点的发送和接收共用一个数据帧,这种机制无法满足大数据量传输的场合。

在过程控制中,网络的节点数多,每个节点传输的数据量大,因而 POWERLINK 很受欢迎。

(3)故障诊断。

组建一个网络,网络启动后可能会由于网络中的某些节点配置错误或者节点号冲

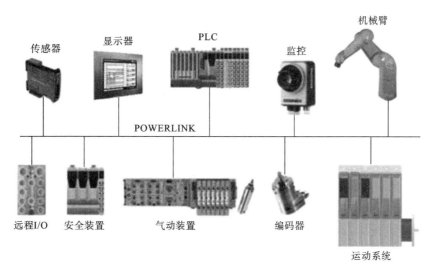

图 1-12 POWERLINK 网络系统

突等导致网络异常。因此,需要一些手段来诊断网络的通信状况,找出故障的原因和故障点,从而修复网络异常。

POWERLINK 的诊断有两种工具:Wireshark 和 Omnipeak。

诊断的方法是将待诊断的计算机接入 POWERLINK 网络中,由 Wireshark 或 Omnipeak 自动抓取通信数据包,分析并诊断网络的通信状况及时序。这种诊断不占用任何宽带,并且是标准的以太网诊断工具,只需要一台带有以太网接口的计算机即可。

(4)网络配置。

POWERLINK 使用开源的网络配置工具——openCONFIGURATOR,用户可以单独使用该工具,也可以将该工具的代码集成到自己的软件中,成为软件的一部分。使用该软件可以方便地组建、配置 POWERLINK 网络。

2)节点的寻址

POWERLINKMAC 的寻址遵循 IEEE 802.3,每个设备的地址都是唯一的,称为节点 ID。因此新增一个设备就意味着引入一个新地址。节点 ID 可以通过设备上的拨码开关手动设置,也可以通过软件设置,拨码 FF 默认为软件配置地址。此外,还有三种可选方法。POWERLINK 也可以支持标准 IP 地址。因此,POWERLINK 设备可以通过万维网随时随地寻址。

3)热插拔

POWERLINK 支持热插拔,而且不会影响整个网络的实时性。根据这个属性,可以实现网络的动态配置,即可以动态地增加或减少网络中的节点。

在实时总线上,热插拔能力带给用户两个重要好处:当模块增加或替换时,无需重新配置;在运行的网络中替换或激活一个新模块不会导致网络瘫痪,系统会继续工作,不管是不断的扩展还是本地的替换,其实时能力不受影响。在某些场合中,系统不能断电,如果系统不支持热插拔,则会造成即使小机器一部分被替换,也不可避免地导致系统停机。

配置管理是 POWERLINK 系统中最重要的一部分。它能在本地保存自己和系统中所有其他设备的配置数据,并在系统启动时加载。这个特性可以实现即插即用,这使得初始安装和设备替换非常简单。

POWERLINK 允许无限制地即插即用,因为该系统集成了 CANopen 机制。新设备只需插入就可立即工作。

4) 冗余

POWERLINK 的冗余包括双网冗余、环网冗余和多主冗余 3 种。

1.4.4 PROFINET

PROFINET 是由 PROFIBUS 国际(PROFIBUS international,PI)组织提出的基于实时以太网技术的自动化总线标准,将工厂自动化和企业信息管理层 IT 技术有机地融为一体,同时又完全保留了 PROFIBUS 现有的开放性。

PROFINET 支持除星形、总线型和环形之外的拓扑结构。为了减少布线费用,并保证高度的可用性和灵活性,PROFINET 提供了大量的工具帮助用户方便地实现 PROFINET 的安装。特别设计的工业电缆和耐用连接器满足 EMC 和温度的要求,并且在 PROFINET 框架内形成标准,保证了不同制造商设备之间的兼容性。

PROFINET 满足了实时通信的要求,可应用于运动控制。它具有 PROFIBUS 和 IT 标准的开放、透明通信功能,支持从现场级到工厂管理层通信的连续性,从而增加了生产过程的透明度,优化了公司的系统运作。作为开放和透明的概念,PROFINET 亦适用于 Ethernet 和任何其他现场总线系统之间的通信,可实现与其他现场总线的无缝集成。PROFINET 同时实现了分布式自动化,提供了独立于制造商的通信、自动化和工程模型,将通信系统、以太网转换为适应于工业应用的系统。

PROFINET 提供标准化的独立于制造商的工程接口。它能够方便地把各个制造商的设备和组件集成到单一系统中。设备之间的通信连接以图形形式组态,无需编程。PROFINET 最早建立自动化工程系统与微软操作系统及其软件的接口标准,使得自动化行业的工程应用能够被 Windows NT/2000 所接收,将工程系统、实时系统以及 Windows 操作系统组成为一个整体。PROFINET 的系统结构如图 1-13 所示。

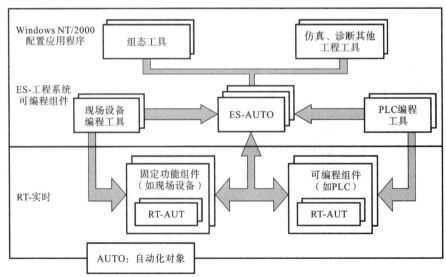

图 1-13 PROFINET 的系统结构

　　PROFINET 为自动化通信领域提供了一种完整的网络解决方案,包括诸如实时以太网、运动控制、分布式自动化、故障安全以及网络安全等当前自动化领域的热点问题的方案。PROFINET 包括 8 大主要模块,分别为实时通信、分布式现场设备、运动控制、分布式自动化、网络安装、IT 标准集成与信息安全、故障安全和过程自动化。同时,PROFINET 也实现了从现场级到管理层的纵向通信集成,一方面,管理层方便获取现场级的数据,另一方面,原本在管理层存在的数据安全性问题也延伸到了现场级。为了保证现场网络控制数据的安全,PROFINET 提供了特有的安全机制,使用专用的安全模块,可以保护自动化控制系统,使自动化通信网络的安全风险最小化。

　　PROFINET 是一种整体解决方案,PROFINET 的通信模型如图 1-14 所示。

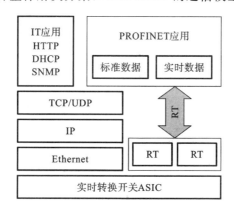

图 1-14　PROFINET 的通信模型

　　RT 实时通道能够实现循环数据、时间控制信号和报警信号的高性能传输。PROFINET 使用了 TCP/IP 和 IT 标准,并符合基于工业以太网的实时自动化体系,覆盖了自动化技术的所有要求,能够实现与现场总线的无缝集成。更重要的是,PROFINET 中的所有事情都在一条总线电缆里完成,IT 服务和 TCP/IP 开放性没有任何限制,它可以用于所有客户从高性能到等时同步伸缩的实时通信需要的统一通信。

1.4.5　EPA

　　2004 年 5 月,由浙江大学牵头、重庆邮电大学作为第 4 核心成员制定的新一代现场总线标准——《用于工业测量与控制系统的 EPA 系统结构与通信规范》(简称 EPA 标准)成为我国第一个拥有自主知识产权并被 IEC 认可的工业自动化领域国际标准。

　　EPA(ethernet for plant automation)系统是一种分布式系统,它是利用 ISO/IEC 8802-3、IEEE 802.11、IEEE 802.15 等协议定义的网络,将分布在现场的若干设备、小系统,以及控制、监视设备连接起来,使所有设备一起运作,共同完成工业生产过程和操作过程中的测量和控制工作。EPA 系统可以用于工业自动化控制环境。

　　EPA 标准定义了基于 ISO/IEC 8802-3、IEEE 802.11、IEEE 802.15、RFC 791、RFC 768 和 RFC 793 等协议的 EPA 系统结构、数据链路层协议、应用层服务定义与协议规范和基于 XML 的设备描述规范。

1. EPA 技术与标准

　　EPA 根据 IEC 61784-2 的定义,在 ISO/IEC 8802-3 协议的基础上,进行了针对通信确定性和实时性的技术改造,EPA 通信协议模型如图 1-15 所示。

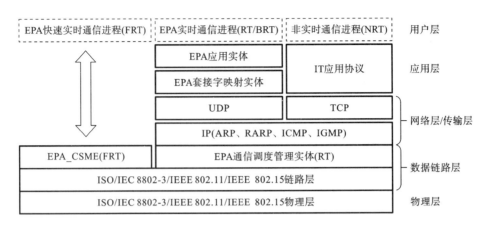

图 1-15 EPA 通信协议模型

除了 ISO/IEC 8802-3、IEEE 802.11、IEEE 802.15、TCP(UDP)/IP 以及 IT 应用协议等组件外,EPA 通信协议还包括 EPA 实时通信进程、EPA 快速实时通信进程、EPA 应用实体和 EPA 通信调度管理实体。针对不同的应用需求,EPA 确定性通信协议簇中包含以下几个部分。

(1) 非实时(no real time,NRT)通信协议。

非实时通信是指基于 HTTP、FTP 以及其他 IT 应用协议的通信方式,如 HTTP 服务应用进程、电子邮件应用进程、FTP 应用进程等进程运行时进行的通信。在实际 EPA 应用中,非实时通信部分应与实时通信部分利用网桥进行隔离。

(2) 实时(real time,RT)通信协议。

实时通信是指满足普通工业领域实时性需求的通信方式,一般针对流程控制领域。利用 EPA_CSME 通信调度管理实体,对各设备进行周期数据的分时调度,以及对非周期数据按优先级进行调度。

(3) 快速实时(fast real time,FRT)通信协议。

快速实时通信是指满足强实时控制领域实时性需求的通信方式,一般针对运动控制领域。FRT 快速实时通信协议部分在 RT 实时通信协议上进行了修改,包括协议栈的精简和数据复合传输,以此满足如运动控制领域等强实时性控制领域的通信需求。

(4) 块状数据实时(block real time,BRT)通信协议。

块状数据实时通信是指对部分大数据量类型的成块数据进行传输,以满足其实时性需求的通信方式,一般指流媒体(如音频流、视频流等)数据。在 EPA 协议栈中,针对此类数据的通信需求定义了块状数据实时通信协议及块状数据的传输服务。

EPA 标准体系包括 EPA 国际标准和 EPA 国家标准两部分。

EPA 国际标准包括一个核心技术国际标准和四个 EPA 应用技术标准。以 EPA 为核心的系列国际标准为新一代控制系统提供了高性能现场总线完整解决方案,可广泛应用于过程自动化、工厂自动化(包括数控系统、机器人系统运动控制等)、汽车电子等,可将工业与企业综合自动化系统网络平台统一到开放的以太网上。

基于 EPA 的 IEC 国际标准体系有如下协议。

(1) EPA 现场总线协议(IEC 61158/Type 14)在不改变以太网结构的前提下,定义了专利的确定性通信协议,避免工业以太网通信的报文碰撞,确保了通信的确定性,同时也保证了通信过程中不丢包,它是 EPA 标准体系的核心协议,该标准于 2007 年 12 月 14 日正式发布。

(2) EPA 分布式冗余协议(distributed redundancy protocol,DRP)(IEC 62439-6-14)针对工业控制以及网络的高可用性要求,DRP 采用专利设备并行数据传输管理和环网链路并行主动故障探测与恢复技术,实现了故障的快速定位与快速恢复,保证了网络的高可靠性。

(3) EPA 功能安全通信协议 EPASafety(IEC 61784-3-14)是针对工业数据通信中存在的数据破坏、重传、丢失、插入、乱序、伪装、超时、寻址错误等风险的通信协议。EPASafety 功能安全通信协议采用专用的工业数据加解密方法、工业数据传输多重风险综合评估与复合控制技术,将通信系统的安全完整性水平提高到 SIL3 等级,并通过德国莱茵 TÜV 进行认证。

(4) EPA 实时以太网应用技术协议(IEC 61784-2/CPF 14)定义了三个应用技术行规,即 EPA-RT、EPA-FRT 和 EPA-nonRT。EPA-RT 用于过程自动化,EPA-FRT 用于工业自动化,EPA-nonRT 用于一般工业场合。

(5) EPA 线缆与安装标准(IEC 61784-5-14)定义了基于 EPA 的工业控制系统在设计、安装和工程施工中的要求。从安装计划、网络规模设计,到线缆和连接器的选择、存储、运输、保护、路由以及具体安装的实施等各个方面提出了明确的要求。

EPA 国家标准包括《用于工业测量与控制系统的 EPA 系统结构与通信规范》《EPA 协议一致性测试规范》《EPA 互可操作测试规范》《EPA 功能块应用规范》《EPA 实时性能测试规范》《EPA 网络安全通用技术条件》等。

2. EPA 确定性通信机制

为提高工业以太网通信的实时性,一般采取以下措施。

(1) 提高通信速率。

(2) 减小系统规模,控制网络负荷。

(3) 采用以太网的全双工交换技术。

(4) 采用基于 IEEE 802.3p 的优先级技术。

采取上述措施可以使不确定性问题得到相当程度的缓解,但不能从根本上解决以太网通信不确定性的问题。

EPA 采用分布式网络结构,并在原有以太网协议栈的数据链路层增加了通信调度子层——EPA 通信调度管理实体(EPA_CSME),定义了宏周期,并将工业数据划分为周期数据和非周期数据,对各设备的通信时段(包括发送数据的起始时刻、发送数据所占用的时间片)和通信顺序进行了严格划分,以此实现分时调度。通过 EPA_CSME 实现的分时调度确保了各网段在各设备的发送时间内无碰撞发生的可能,以此满足确定性通信的要求。

3. EPA-FRT 强实时通信技术

EPA-RT 标准是根据流程控制需求制定的,其性能完全满足流程控制对实时、确定通信的需求,但没有考虑到其他控制领域的需求,如运动控制、飞行器姿态控制等强实时性领域就提出了比流程控制领域更为精确的时钟同步要求和实时性要求,且其报文特征更为明显。

（1）高同步精度的要求。由于一个控制系统中存在多个伺服和多个时钟基准，为了保证所有伺服协调一致的运动，必须保证运动指令在各个伺服中同时执行。因此，高性能运动控制系统必须有精确的同步机制，一般要求同步偏差小于 $1\,\mu s$。

（2）强实时性的要求。在带有多个离散控制器的运动控制系统中，伺服驱动器的控制频率取决于通信周期。高性能运动控制系统中，一般要求通信周期小于 $1\,ms$，周期抖动小于 $1\,\mu s$。

EPA-RT 系统的同步精度为微秒级，通信周期为毫秒级，虽然可以满足大多数工业环境的应用需求，但对高性能运动控制领域的应用却有所不足，而 EPA-FRT 系统的技术指标可以满足高性能运动控制领域的需求。

针对这些领域的需求，对其报文特点进行分析，EPA 给出了对通信实时性的性能提高方法，其中最重要的两个方面为协议栈的精简和对数据的符合传输，以此解决特殊应用领域的实时性要求。如在运动控制领域中，EPA 就针对其报文周期短、数据量小且交互频繁的特点提出了 EPA-FRT 扩展协议，满足了运动控制领域的需求。

4. EPA 的技术特点

EPA 具有以下技术特点。

（1）确定性通信。

以太网由于采用载波侦听多路访问/冲突检测（CSMA/CD）介质访问控制机制，因此具有通信不确定性，并成为其应用于工业数据通信网络的主要障碍。虽然以太网交换技术、全双工通信技术以及 IEEE 802.1P&Q 规定的优先级技术在一定程度上避免了碰撞，但也存在着一定的局限性。

（2）"E"网到底。

EPA 是应用于工业现场设备间通信的开放网络技术，采用分段化系统结构和确定性通信调度控制策略，解决了以太网通信的不确定性问题，使以太网、无线局域网、蓝牙等广泛应用于工业/企业管理层、过程监控层网络的商业现成（commercial off-the-shelf，COTS）技术直接应用于变送器、执行机构、远程 I/O、现场控制器等现场设备间的通信。采用 EPA 网络，可以实现工业/企业综合自动化智能工厂系统中从底层的现场设备层到上层的控制层与管理层的通信网络平台基于以太网技术的统一，即所谓的"'E'网到底"。

（3）互操作性。

EPA 标准除了解决实时通信问题外，还为用户层应用程序定义了应用层服务与协议规范，包括系统管理服务、域上载/下载服务、变量访问服务、事件管理服务等。对于 ISO/OSI 通信模型中的会话层、表示层等中间层，为降低设备的通信处理负荷，可以省略，而在应用层直接定义与 TCP/IP 协议的接口。

为支持来自不同厂商的 EPA 设备之间的互操作性，EPA 标准采用可扩展标记语言（extensible markup language，XML）。扩展标记语言为 EPA 设备描述语言，规定了设备资源、功能块及其参数接口的描述方法。用户可采用 Microsoft 提供的通用 DOM 技术对 EPA 设备描述文件进行解释，而无需专用设备描述文件编译和解释工具。

（4）开放性。

EPA 标准完全兼容 IEEE 802.3、IEEE 802.1P&Q、IEEE 802.1D、IEEE 802.11、IEEE 802.15 以及 UDP(TCP)/IP 等协议，采用 UDP 协议传输 EPA 协议报文，以节省

协议处理时间,提高报文传输的实时性。

(5) 分层的安全策略。

对于采用以太网等技术所带来的网络安全问题,EPA 标准规定了企业信息管理层、过程监控层和现场设备层三个层次,采取分层化的网络安全管理措施。

(6) 冗余。

EPA 支持网络冗余、链路冗余和设备冗余,并规定了相应的故障检测和故障恢复措施,如设备冗余信息的发布、冗余状态的管理、备份的自动切换等。

习　题　1

1. 什么是现场总线?
2. 什么是工业以太网? 它有哪些优势?
3. 简述 5 种现场总线的特点。
4. 工业以太网的主要标准有哪些?
5. 画出工业以太网的通信模型。与商用以太网相比,工业以太网具有哪些特征?
6. 画出实时工业以太网实现模型,并对实现模型进行说明。

2

CAN 现场总线

20 世纪 80 年代初,德国的 BOSCH 公司提出了采用控制器局域网(controller area network,CAN)来解决汽车内部的复杂硬信号接线。目前,其应用范围已不再局限于汽车工业,已向过程控制、纺织机械、农用机械、机器人、数控机床、医疗器械及传感器等领域发展。CAN 总线以其设计独特、成本低、可靠性高、实时性强、抗干扰能力强等特点得到了广泛的应用。

本章首先介绍了 CAN 的特点和 CAN 的技术规范,然后详述了经典的 CAN 独立通信控制器 SJA1000 和 CAN 总线收发器,最后讲述了 CAN 总线节点的设计实例。

2.1　CAN 的特点

1993 年 11 月,ISO 正式颁布了道路交通运输工具、数据信息交换、高速通信控制器局域网国际标准(ISO 11898:1993 和 ISO 11519:1993),这为控制器局域网的标准化、规范化铺平了道路。CAN 具有如下特点。

(1) CAN 采用多主方式工作,网络上任一节点均可以在任意时刻主动地向网络上其他节点发送信息,而不分主从,通信方式灵活,且无需站地址等节点信息。利用这一特点可方便构成多机备份系统。

(2) CAN 网络上的节点信息可分成不同的优先级,可满足不同的实时性要求,高优先级的数据可在 $134~\mu s$ 内得到传输。

(3) CAN 采用非破坏性总线仲裁技术。当多个节点同时向总线发送信息时,优先级较低的节点会主动退出发送,而优先级较高的节点可不受影响地继续传输数据,从而大大节省了总线冲突仲裁时间,即使在网络负载很重的情况下也不会出现网络瘫痪的情况(以太网则有可能)。

(4) CAN 通过报文滤波即可实现点对点、一点对多点及全局广播等几种方式传输/接收数据,无需专门的"调度"。

(5) CAN 的直接通信距离最远可达 10 km(速率为 5 kbit/s 以下);通信速率最高可达 1 Mbit/s(此时通信距离最长为 40 m)。

(6) CAN 上的节点数主要取决于总线驱动电路,目前可达 110 个;报文标识符可达 2032 种(CAN 2.0A),而扩展标准(CAN 2.0B)的报文标识符几乎不受限制。

(7) 采用短帧结构,传输时间短,受干扰概率低,具有极好的检错效果。

（8）CAN 的每帧信息都采取 CRC 校验及其他检错措施，数据出错率极低。

（9）CAN 的通信介质可为双绞线、同轴电缆或光纤，选择灵活。

（10）CAN 节点在错误严重的情况下会自动关闭输出功能，使总线上其他节点的操作不受影响。

2.2　CAN 的技术规范

CAN 为串行通信协议，能有效地支持具有很高安全等级的分布式实时控制。CAN 的应用范围很广，从高速的网络到低价位的多路接线都可以使用 CAN。汽车电子行业使用 CAN 连接发动机控制单元、传感器、防刹车系统等，其传输速度可达 1 Mbit/s。同时，可以将 CAN 安装在卡车本体的电子控制系统中，如车灯组、电气车窗等可用来代替接线、配线装置。

制定技术规范是为了在任何两个 CAN 仪器之间建立兼容性。可是，兼容性有不同的方面，如电气特性和数据转换的解释。为了达到设计透明度以及实现柔韧性，CAN 可细分为不同的层次：对象层、传输层、物理层。

对象层和传输层包括所有由 ISO/OSI 模型定义的数据链路层的服务和功能。对象层的作用范围包括查找被发送的报文、确定实际要使用的传输层接收哪一个报文、为应用层相关硬件提供接口。

在这里，定义对象处理较为灵活，传输层的作用主要是传输规则，也就是控制帧结构、执行仲裁、错误检测、出错标定、故障界定。总线上什么时候开始发送新报文以及什么时候开始接收报文均在传输层里确定。位定时的一些普通功能也可以看作是传输层的一部分。传输层的修改是受到限制的。

物理层的作用是在不同节点之间根据所有的电气属性进行位信息的实际传输。当然，同一网络内，物理层对所有的节点必须是相同的。

2.2.1　CAN 的基本概念

1. 报文

总线上的信息以不同格式的报文发送，但长度有限制。当总线开放时，任何连接的单元均可开始发送一个新报文。

2. 信息路由

在 CAN 系统中，一个 CAN 节点不使用有关系统结构的任何信息（如站地址）。这时包含如下重要概念。

系统灵活性：节点可在不要求所有节点及其应用层改变任何软件或硬件的情况下被接于 CAN 网络。

报文通信：一个报文的内容由其标识符 ID 命名。ID 并不指出报文的目的，但描述数据的含义，以便网络中的所有节点有可能借助报文滤波决定该数据是否让它们激活。

成组：由于系统采用报文滤波，因此所有节点均可接收报文，并同时被相同的报文激活。

数据相容性：在 CAN 网络中，可以确保报文同时被所有节点或者没有节点接收，因此，系统的数据相容性是借助于成组和出错处理达到的。

3. 位速率

CAN 的位速率在不同的系统中是不同的,而在一个给定的系统中,此速率是唯一的,并且是固定的。

4. 优先权

在总线访问期间,标识符定义了一个报文静态的优先权。

5. 远程数据请求

系统发送一个远程帧,需要数据的节点请求另一个节点发送一个相应的数据帧,该数据帧与对应的远程帧以相同的标识符 ID 命名。

6. 多主站

当总线开放时,任何单元均可开始发送报文,发送具有最高优先权报文的单元可以赢得总线访问权。

7. 仲裁

当总线开放时,任何单元均可开始发送报文,若同时有两个或更多的单元开始发送报文,则总线访问冲突运用逐位仲裁规则,再通过标识符 ID 解决。这种仲裁规则可以使信息和时间均无损失。若具有相同标识符的一个数据帧和一个远程帧同时发送,则数据帧优先于远程帧。仲裁期间,每一个发送器都将发送位电平与总线上检测到的电平进行比较,若相同,则该单元可继续发送;若发送一个"隐性"电平,而在总线上检测为"显性"电平,则该单元退出仲裁,并不再传输后续位。

8. 故障界定

CAN 节点有能力识别永久性故障和短暂扰动,可自动关闭故障节点。

9. 连接

CAN 串行通信链路是一条众多单元均可被连接的总线。理论上,单元数目是无限的,实际上,单元总数受限于延迟时间和(或)总线的电气负载。

10. 单通道

单通道是由单一进行双向位传输的通道组成的总线,借助数据重同步来实现信息传输。在 CAN 技术规范中,实现这种通道的方法不是固定的,如可以是单线(加接地线)、两条差分连线、光纤等。

11. 总线数值表示

总线上有两种互补逻辑数值:显性电平和隐性电平。在显性位与隐性位同时发送期间,总线数值是显性位。例如,在总线的"线与"操作情况下,显性位由逻辑"0"表示,隐性位由逻辑"1"表示。CAN 技术规范中未给出表示这种逻辑电平的物理状态(如电压、光、电磁波等)。

12. 应答

所有接收器均对接收报文的相容性进行检查,应答一个相容报文,并标注一个不相容报文。

2.2.2　CAN 的分层结构

CAN 遵从 OSI 模型。按照 OSI 模型,CAN 结构划分为两层:数据链路层和物理层。数据链路层又包括逻辑链路控制(LLC)层和介质访问控制(MAC)层,而在 CAN 技术规范 2.0A 的版本中,数据链路层的 LLC 层和 MAC 层的服务和功能被描述为目标层和传输层。CAN 的分层结构和功能如图 2-1 所示。

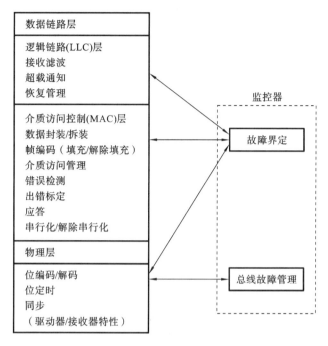

图 2-1 CAN 的分层结构和功能

LLC 层的主要功能是为数据传输和远程数据请求提供服务,确认由 LLC 层接收的报文实际已被接收,并为恢复管理和超载通知提供信息。在定义目标处理时,存在许多灵活性。MAC 层的功能主要是传输规则,即控制帧结构、执行仲裁、错误检测、出错标定和故障界定。为开始一次新的发送,MAC 层要确定总线是否开放或者是否马上开始接收。位定时特性也是 MAC 层的一部分。MAC 层特性不存在修改的灵活性。

物理层的功能是有关全部电气特性在不同节点间的实际传输。自然,在一个网络内,物理层的所有节点必须是相同的,然而,在选择物理层时存在很大的灵活性。

CAN 技术规范 2.0B 定义了数据链路层中的 MAC 层和 LLC 层的一部分,并描述与 CAN 有关的外层。物理层定义信号怎样发送,因此,物理层涉及位定时、位编码和同步的描述。在这部分技术规范中,未定义物理层中的驱动器/接收器特性,以便允许根据具体应用,对发送介质和信号电平进行优化。MAC 层是 CAN 协议的核心,它用于描述由 LLC 层接收到的报文和对 LLC 层发送的认可报文。MAC 层可响应报文帧、仲裁、应答、错误检测和出错标定。MAC 层由称为故障界定的一个管理实体监控,它具有识别永久故障或短暂扰动的自检机制。LLC 层的主要功能是接收滤波、超载通知和恢复管理。

2.2.3 报文传输和帧结构

在进行数据传输时,发出报文的单元称为该报文的发送器。该单元在总线空闲或丢失仲裁前恒为发送器。如果一个单元不是报文发送器,并且总线不处于空闲状态,则该单元为接收器。

对于报文发送器和接收器,报文的实际有效时刻是不同的。对于发送器而言,如果直到帧结束的最后一位一直未出错,则发送器报文有效。如果报文受损,则允许按照优先权顺序自动重发送。为了能同其他报文进行总线访问竞争,总线一旦空闲,重发送就立即开始。对于接收器而言,如果直到帧结束的最后一位一直未出错,则接收器报文有效。

构成一帧的帧起始、仲裁场、控制场、数据场和 CRC 序列均借助位填充规则进行编码。发送器在发送的位流中检测到 5 位连续的相同数值时,将自动地在实际发送的位流中插入一个补码位。数据帧和远程帧的其余位场采用固定格式,不进行填充,出错帧和超载帧同样采用固定格式,也不进行位填充。位填充如图 2-2 所示。

未填充位流	100000xyz	011111xyz
填充位流	1000001xyz	0111110xyz

其中:xyz ∈ {0,1}

图 2-2 位填充

报文中的位流按照非归零(NRZ)码方法编码,这意味着一个完整位的位电平要么是显性的,要么是隐性的。

报文传输由 4 种不同类型的帧表示和控制:数据帧携带数据,由发送器发送至接收器;远程帧通过总线单元发送,发送具有相同标识符的数据帧;出错帧由检测出总线错误的任何单元发送;超载帧用于提供当前的和后续的数据帧的附加延迟。

数据帧和远程帧借助帧间空间与当前帧分开。

1. 数据帧

数据帧由 7 个不同的位场组成,即帧起始(SOF)、仲裁场、控制场、数据场、CRC场、应答场和帧结束。数据场长度可为 0。CAN 2.0A 数据帧的组成如图 2-3 所示。

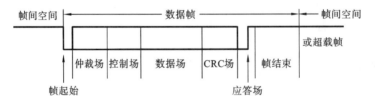

图 2-3 CAN 2.0A 数据帧的组成

在 CAN 2.0B 中存在两种不同的帧格式,其主要区别在于标识符的长度,包括 11 位标识符的帧称为标准帧,包括 29 位标识符的帧称为扩展帧。标准格式和扩展格式的数据帧结构如图 2-4 所示。

为使控制器设计相对简单,报文并不要求执行完全的扩展格式(如以扩展格式发送报文或由报文接收数据),但必须不加限制地执行标准格式。例如,新型控制器至少具有下列特性,才可被认为同 CAN 技术规范兼容:每个控制器均支持标准格式;每个控制器均接收扩展格式报文,即不至于因为它们的格式而破坏扩展帧。

CAN 2.0B 对报文滤波特别加以描述,报文滤波以整个标识符为基准。屏蔽寄存器可用于选择一组标识符,以便映射接收缓存器中,屏蔽寄存器的每一位值都需是可编程的。它的长度可以是整个标识符,也可以仅是其中一部分。

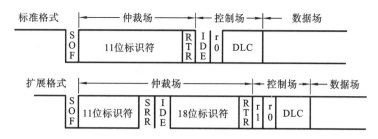

图 2-4　标准格式和扩展格式的数据帧结构

（1）帧起始。标志数据帧和远程帧的起始，它仅由一个显性位构成。只有在总线处于空闲状态时，才允许站开始发送。所有站都必须同步于首先开始发送的那个站的帧起始前沿。

（2）仲裁场。由标识符和远程发送请求（RTR）位组成。仲裁场的组成如图 2-5 所示。

图 2-5　仲裁场的组成

对于 CAN 2.0B 标准，标识符的长度为 11 位，这些位以从高位到低位的顺序发送，最低位为 ID.0，其中最高的 7 位（ID.10～ID.4）不能全为隐性位。

RTR 位在数据帧中必须是显性位，而在远程帧中必须为隐性位。

CAN 2.0B 标准格式和扩展格式的仲裁场格式不同。在标准格式中，仲裁场由 11 位标识符和 RTR 位组成，标识符位为 ID.28～ID.18；而在扩展格式中，仲裁场由 29 位标识符和替代远程请求（SRR）位、标识位和 RTR 位组成，标识符位为 ID.28～ID.0。

为区别标准格式和扩展格式，将 CAN 2.0B 标准中的 r1 改记为 IDE 位。在扩展格式中，先发送基本 ID，其后是 IDE 位和 SRR 位，扩展 ID 在 SRR 位后发送。

SRR 位为隐性位，在扩展格式中，它在标准格式的 RTR 位上发送，并替代标准格式中的 RTR 位。这样，标准格式和扩展格式的冲突因扩展格式的基本 ID 与标准格式的 ID 相同而解决。

IDE 位对于扩展格式属于仲裁场，对于标准格式属于控制场。IDE 在标准格式中为显性电平，而在扩展格式中为隐性电平。

（3）控制场。控制场的组成如图 2-6 所示。

图 2-6　控制场的组成

由图 2-6 可见，控制场包括数据长度码和两个保留位，这两个保留位必须发送显性位，但接收器认可显性位与隐性位的全部组合。

数据长度码（DLC）指出数据场的字节数目。数据长度码为 4 位，在控制场中被发送。数据字节允许使用的数目为0～8,不能使用其他数值。

（4）数据场。数据场由数据帧中被发送的数据组成,它可包括0～8字节,每字节8位。首先发送的是最高有效位。

（5）CRC场。CRC场包括CRC序列,后随CRC界定符。CRC场的组成如图2-7所示。

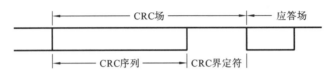

图 2-7　CRC 场的组成

CRC序列由循环冗余码求得的帧检查序列组成,适用于位数小于127（BCH 码）的帧。为实现CRC计算,被除的多项式系数由包括帧起始、仲裁场、控制场、数据场（若存在）在内的无填充的位流给出,其15个最低位的系数为0,此多项式除以发生器产生的下列多项式（系数为模2运算）：

$$X^{15}+X^{14}+X^{10}+X^{8}+X^{7}+X^{4}+X^{3}+1$$

发送/接收数据场的最后一位后,CRC-RG 包含 CRC 序列。CRC 序列后面是 CRC界定符,它只包括一个隐性位。

（6）应答场。应答场为两位,包括应答间隙和应答界定符。应答场的组成如图2-8所示。

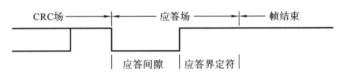

图 2-8　应答场的组成

在应答场中,发送器送出两个隐性位。一个正确地接收到有效报文的接收器在应答间隙将此信息发送一个显性位,并报告给发送器。所有接收到匹配CRC序列的站在应答间隙内将显性位写入发送器的隐性位,以进行报告。

应答界定符是应答场的第二位,并且必须是隐性位。因此,应答间隙被两个隐性位（CRC界定符和应答界定符）包围。

（7）帧结束。每个数据帧和远程帧均由7个隐性位组成的标志序列界定。

2. 远程帧

激活为数据接收器的站可以借助传输一个远程帧来初始化各自源节点数据的发送。远程帧由6个不同分位场组成:帧起始、仲裁场、控制场、CRC 场、应答场和帧结束。

与数据帧相反,远程帧的 RTR 位是隐性位。远程帧不存在数据场。DLC 的数据值是没有意义的,它可以是0～8中的任何数值。远程帧的组成如图2-9所示。

3. 出错帧

出错帧由两个不同的场组成,第一个场由来自各帧的错误标志叠加得到,第二个场是错误界定符。出错帧的组成如图2-10所示。

为了正确地终止出错帧,一种"错误认可"节点可以使总线处于空闲状态至少3个

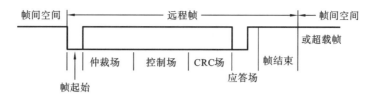

图 2-9　远程帧的组成

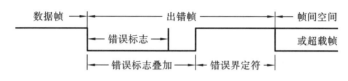

图 2-10　出错帧的组成

位时间(如果"错误认可",则接收器存在本地错误),因而总线不允许被加载至 100%。

错误标志有两种形式:一种是活动错误标志(active error flag),一种是错误认可标志(error passive flag)。活动错误标志由 6 个连续的显性位组成;错误认可标志由 6 个连续的隐性位组成,除非被来自其他节点的显性位冲掉重写。

4. 超载帧

超载帧包括两个位场:超载标志叠加和超载界定符。超载帧的组成如图 2-11 所示。

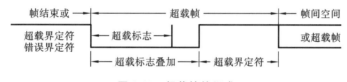

图 2-11　超载帧的组成

存在两个导致发送超载标志的超载条件:一个是要求延迟下一个数据帧或远程帧的接收器的内部条件;另一个是在间歇场检测到显性位。由前一个超载条件引起的超载帧为起点,仅允许从期望间歇场的第一位开始,而由后一个超载条件引起的超载帧从检测到显性位的后一位开始。大多数情况下,为延迟下一个数据帧或远程帧,两种超载帧均可产生。

超载标志由 6 个显性位组成。全部形式对应于活动错误标志形式。超载标志形式破坏了间歇场的固定格式,因此,所有其他站都将检测到一个超载条件,并且从它们开始发送超载标志(在间歇场第三位期间检测到显性位的情况下,节点将不能正确理解超载标志,而将 6 个显性位的第一位理解为帧起始)。第 6 个显性位违背了引起出错条件的位填充规则。

超载界定符由 8 个隐性位组成。超载界定符与错误界定符具有相同的形式。发送超载标志后,站监视总线检测到由显性位到隐性位的发送。在此站点上,总线上的每一个站均送出其超载标志,并且所有站一致开始发送剩余的 7 个隐性位。

5. 帧间空间

数据帧和远程帧称为帧间空间的位场分开。

帧间空间包括间歇场和总线空闲场,对于前面已经发送报文的错误认可站还包含暂停发送场。对于非错误认可或已经完成前面报文的接收器,非错误认可帧间空间如图 2-12 所示;对于已经完成前面报文发送的错误认可站,错误认可帧间空间如图 2-13 所示。

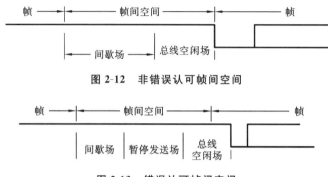

图 2-12　非错误认可帧间空间

图 2-13　错误认可帧间空间

间歇场由 3 个隐性位组成。间歇期间,间歇场不允许启动发送数据帧或远程帧,仅起标注超载条件的作用。

总线空闲场周期可为任意长度。总线是开放的,因此,任何需要发送的站均可访问总线。在其他报文发送期间,暂时被挂起的待发报文紧随间歇场从第一位开始发送。此时总线上的显性位被理解为帧起始。

暂停发送场是指错误认可站发完一个报文后,在开始下一次报文发送或认可总线空闲之前,它紧随间歇场送出 8 个隐性位。如果期间开始一次发送(由其他站引起),那么本站变为报文接收器。

2.2.4　错误类型和界定

1. 错误类型

CAN 总线有以下 5 种错误类型。

(1)位错误。向总线送出一个位的某个单元的同时也在监视总线,若监视到总线位数值与送出的位数值不同,则在该位检测到一个位错误。例外情况是,在仲裁场的填充位流期间或应答间隙送出隐性位而检测到显性位时,不视为位错误;送出错误认可标注的发送器在检测到显性位时,也不视为位错误。

(2)填充错误。使用位填充方法进行编码的报文中出现了 6 个连续相同的位电平时,将检出一个位填充错误。

(3)CRC 错误。CRC 序列是由发送器 CRC 计算结果组成的。接收器以与发送器相同的方法计算 CRC。如果计算结果与接收到的 CRC 序列不相同,则检出一个 CRC 错误。

(4)形式错误。若固定形式的位场中出现一个或多个非法位,则检出一个形式错误。

(5)应答错误。在应答间隙,如果发送器未检测到显性位,则由它检出一个应答错误。

检测到出错条件的站通过发送错误标志进行标定。当任何站检出位错误、填充错误、形式错误或应答错误时,由该站从下一位开始发送出错标志。当检测到 CRC 错误时,出错标志从应答界定符后面那一位开始发送,除非其他出错条件的错误标志已经开始发送。

在 CAN 总线中,任何一个单元可能处于下列三种故障状态之一:错误激活、错误认可和总线关闭。

检测到出错条件的站通过发送出错标志进行标定。对于错误激活节点,其为活动错误标志;而对于错误认可节点,其为错误认可标志。

错误激活单元可以照常参与总线通信,并且当检测到错误时,送出一个活动错误标志。不允许错误认可节点送出活动错误标志,它可参与总线通信,但当检测到错误时,只能送出错误认可标志,并且发送后仍被错误认可,直到下一次发送初始化。总线关闭状态不允许单元对总线有任何影响(如输出驱动器关闭)。

2. 错误界定

为了界定错误,每个总线单元中都设有两种计数:发送出错计数和接收出错计数。

2.2.5 位定时与同步的基本概念

1. 正常位速率

正常位速率为在非重同步情况下,借助理想发送器每秒发出的位数。

2. 正常位时间

正常位时间是正常位速率的倒数。

正常位时间可分为几个互不重叠的时间段。这些时间段包括同步段(SYNC-SEG)、传播段(PROP-SEG)、相位缓冲段 1(PHASE-SEG1)和相位缓冲段 2(PHASE-SEG2)。正常位时间的组成如图 2-14 所示。

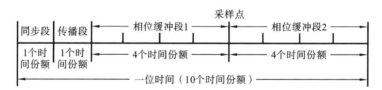

图 2-14 正常位时间的组成

1)同步段

同步段用于同步总线上的各个节点。

2)传播段

传播段用于补偿网络内的传输延迟时间,它是信号在总线上传播时间、输入比较器延迟时间和驱动器延迟时间之和的两倍。

3)相位缓冲段 1 和相位缓冲段 2

相位缓冲段 1 和相位缓冲段 2 用于补偿沿的相位误差,通过重同步,这两个时间段可被延长或缩短。

4)采样点

在采样点上,仲裁电平被读,并被理解为各位的数值,位于相位缓冲段 1 的终点。

5)信息处理时间

信息处理时间是从采样点开始,保留用于计算子序列位电平的时间。

6）时间份额

时间份额是由振荡器周期派生出的一个固定时间单元,存在一个可编程的分度值,其整体数值范围为 1～32。以最小时间份额为起点,时间份额可为

$$时间份额＝m×最小时间份额$$

式中:m 为分度值。

正常位时间中各时间段长度数值:SYNC-SEG 为一个时间份额;PROP-SEG 为 1～8 个时间份额;PHASE-SEG1 为 1～8 个时间份额;PHASE-SEG2 为 PHASE-SEG1 和信息处理时间的最大值;信息处理时间的长度小于或等于 2 个时间份额。在正常位时间中,时间份额的总数必须被编程为 8～25。

3. 硬同步

硬同步后,内部位时间从 SYNC-SEG 重新开始,因此,硬同步强迫由于硬同步引起的沿处于重新开始的位时间同步段之内。

4. 重同步跳转宽度

由于重同步,PHASE-SEG1 可被延长或 PHASE-SEG2 可被缩短。这两个相位缓冲段的延长或缩短的总和上限由重同步跳转宽度给定。重同步跳转宽度可编程为 1～4。

时钟信息可由一位数值到另一位数值的跳转获得。因为总线上出现连续相同位的位数的最大值是确定的,所以这提供了在帧期间重新将总线单元同步于位流的可能性。可被用于重同步的两次跳变之间的最大长度为 29 个位时间。

5. 沿相位误差

沿相位误差由沿相对于 SYNC-SEG 的位置给定,以时间份额度量。相位误差的符号定义如下。

（1）若沿处于 SYNC-SEG 之内,则 $e=0$。

（2）若沿处于采样点之前,则 $e>0$。

（3）若沿处于前一位的采样点之后,则 $e<0$。

6. 重同步

当引起重同步沿的相位误差小于或等于重同步跳转宽度编程值时,重同步的作用与硬同步的作用相同。当相位误差大于重同步跳转宽度且相位误差为正时,PHASE-SEG1 延长总数为重同步跳转宽度。当相位误差大于重同步跳转宽度且相位误差为负时,PHASE-SEG2 缩短总数为重同步跳转宽度。

2.2.6 CAN 总线的位数值表示与通信距离

CAN 总线上使用显性和隐性两个互补的逻辑值表示"0"和"1"。当总线上同时发送显性位和隐性位时,其结果是总线数值为显性(即"0"与"1"的结果为"0")。总线位的数值表示如图 2-15 所示,V_{CAN-H} 和 V_{CAN-L} 为 CAN 总线收发器的两条通信线 (CAN-H 和 CAN-L) 的电压信号,信号以两线之间的"差分"电压形式出现。在隐性状态,V_{CAN-H} 和 V_{CAN-L} 被固定在平均电压电平附近,V_{CAN-H} 和 V_{CAN-L} 之间的差分电压 V_{diff} 近似于 0。在总线空闲或隐性位期间,发送隐性位。显性位以大于最小阈值的差分电压表示。

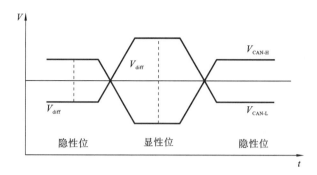

图 2-15　总线位的数值表示

CAN 总线系统上任意两节点之间的最大传输距离与其位速率有关,表 2-1 列举了相关的数据。

表 2-1　CAN 总线系统上任意两节点之间的最大传输距离与其位速率的关系

位速率/(kbit/s)	1000	500	250	125	100	50	20	10	5
最大传输距离/m	40	130	270	530	620	1300	3300	6700	10000

这里的最大传输距离是指在同一条总线上两个节点之间的距离。

2.3　CAN 独立通信控制器 SJA1000

SJA1000 是一种独立通信控制器,用于汽车和一般工业环境中的局域网控制。它是 PHILIPS 公司的 PCA82C200 CAN 控制器(BasicCAN)的替代产品。而且它增加了一种新的工作模式(PeliCAN),这种模式支持具有很多新特点的 CAN 2.0B 协议,SJA1000 具有如下特点。

(1) 与 PCA82C200 CAN 控制器的引脚和电气兼容。

(2) PCA82C200 模式(即默认的 BasicCAN 模式)。

(3) 扩展的接收缓冲器(64 字节、先进先出(FIFO))。

(4) 与 CAN 2.0B 协议兼容(PCA82C200 兼容模式中的无源扩展结构)。

(5) 同时支持 11 位和 29 位标识符。

(6) 位速率可达 1 Mbit/s。

(7) PeliCAN 模式扩展功能。

① 可读/写访问的错误计数器。

② 可编程的错误报警限制。

③ 最近一次错误代码寄存器。

④ 对每一个 CAN 总线错误中断。

⑤ 具有详细位号的仲裁丢失中断。

⑥ 单次发送(无重发)。

⑦ 只听模式(无确认、无激活的出错标志)。

⑧ 支持热插拔(软件位速率检测)。

⑨ 接收过滤器扩展(4B 代码,4B 屏蔽)。

⑩ 自身信息接收(自接收请求)。

⑪ 24 MHz 时钟频率。

⑫ 可以与不同微处理器接口。

⑬ 可编程的 CAN 输出驱动器配置。

⑭ 增强的温度范围(−40～125 ℃)。

2.3.1　SJA1000 内部结构

SJA1000 CAN 控制器主要由以下几部分构成。

1. 接口管理逻辑

接口管理逻辑(IML)来自 CPU 的命令,控制 CAN 寄存器的寻址,向主控制器提供中断信息和状态信息。

2. 发送缓冲器

发送缓冲器(TXB)是 CPU 和位流处理器(BSP)之间的接口,能够存储发送到 CAN 网络上的完整报文。缓冲器为 13 字节,由 CPU 写入,BSP 读出。

3. 接收缓冲器

接收缓冲器(RXB)是接收过滤器和 CPU 之间的接口,用来接收 CAN 总线上的报文,并存储接收到的报文。接收缓冲器(13B)作为接收先入先出缓冲器(RXFIFO,64B)的一个窗口,可被 CPU 访问。CPU 在此 RXFIFO 的支持下,可以在处理报文的时候接收其他报文。

4. 接收过滤器

接收过滤器(ACF)将其中的数据和接收的标识符进行比较,以决定是否接收报文。在纯粹的接收测试中,所有报文都保存在 RXFIFO 中。

5. 位流处理器

位流处理器(BSP)是一个在发送缓冲器、RXFIFO 和 CAN 总线之间控制数据流的序列发生器。它还执行错误检测、仲裁、总线填充和错误处理。

6. 位时序逻辑

位时序逻辑(BTL)用于监视串行 CAN 总线,并处理与总线有关的位定时。在报文开始,BTL 由隐性到显性的变换同步 CAN 总线上的位流(硬同步),接收报文时再次同步下一次传输(软同步)。BTL 还提供了可编程的时间段来补偿传播延迟时间、相位转换(如振荡漂移)、定义采样点和每一位的采样次数。

7. 错误管理逻辑

错误管理逻辑(EML)负责传输层中调制器的错误界定。它接收 BSP 的出错报告,并将错误统计数字通知给 BSP 和 IML。

2.3.2　SJA1000 引脚功能

SJA1000 为 28 引脚 DIP 和 SO 封装,SJA1000 引脚如图 2-16 所示。

SJA1000 引脚功能介绍如下。

AD7～AD0:地址/数据复用总线。

ALE/AS：ALE 输入信号（Intel 模式），AS 输入信号（Motorola 模式）。

$\overline{\text{CS}}$：片选输入，低电平允许访问 SJA1000。

$\overline{\text{RD}}$：微控制器的 $\overline{\text{RD}}$ 信号（Intel 模式）或 E 使能信号（Motorola 模式）。

$\overline{\text{WR}}$：微控制器的 $\overline{\text{WR}}$ 信号（Intel 模式）或 R/$\overline{\text{W}}$ 信号（Motorola 模式）。

CLKOUT：SJA1000 产生的提供给微控制器的时钟输出信号，此时钟信号通过可编程分频器的内部晶振产生；时钟分频寄存器的时钟关闭位可禁止该引脚。

V_{SS1}：接地端。

XTAL1：振荡器放大电路输入，外部振荡信号由此输入。

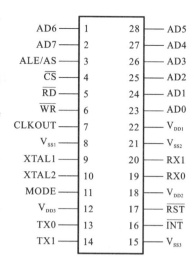

图 2-16　SJA1000 引脚

XTAL2：振荡器放大电路输出，使用外部振荡信号时，此引脚必须保持开路。

MODE：模式选择输入。1=Intel 模式，0=Motorola 模式。

V_{DD3}：输出驱动的 5 V 电压源。

TX0：由输出驱动器 0 到物理线路的输出端。

TX1：由输出驱动器 1 到物理线路的输出端。

V_{SS3}：输出驱动器接地端。

$\overline{\text{INT}}$：中断输出，用于中断微控制器；$\overline{\text{INT}}$ 在内部中断寄存器各位都置位时被激活；$\overline{\text{INT}}$ 是开漏输出，且与系统中的其他 $\overline{\text{INT}}$ 是线或的；此引脚上的低电平可以把 IC 从睡眠模式中激活。

$\overline{\text{RST}}$：复位输入，用于复位 CAN 接口（低电平有效）。

V_{DD2}：输入比较器的 5 V 电压源。

RX0、RX1：从物理总线到 SJA1000 输入比较器的输入端；显性电平会唤醒 SJA1000 的睡眠模式；如果 RX1 比 RX0 的电平高，则读出为显性电平，反之读出为隐性电平；如果时钟分频寄存器的 CBP 位被置位，就忽略 CAN 输入比较器，以减少内部延时（此时连有外部收发电路）；这种情况下只有 RX0 是激活的；隐性电平被认为是高电平，而显性电平被认为是低电平。

V_{SS2}：输入比较器的接地端。

V_{DD1}：逻辑电路的 5 V 电压源。

2.3.3　SJA1000 的工作模式

SJA1000 在软件和引脚上都是与它的前一款——PCA82C200 独立控制器兼容的。在此基础上，它增加了很多新的功能。为了实现软件兼容，SJA1000 增加了以下两种模式。

（1）BasicCAN 模式：PCA82C200 兼容模式。

（2）PeliCAN 模式：扩展特性。

工作模式通过时钟分频寄存器中的 CAN 模式位来选择。复位默认模式是 Basic-

CAN 模式。

在 PeliCAN 模式下,SJA1000 有一个包含很多新功能的重组寄存器。SJA1000 包含了设计在 PCA82C200 中的所有位及一些新功能位,PeliCAN 模式支持 CAN 2.0B 协议规定的所有功能(29 位标识符)。

SJA1000 的主要新功能如下。

(1) 接收、发送标准帧和扩展帧格式信息。

(2) 接收 FIFO(64 字节)。

(3) 用于标准帧和扩展帧的单/双接收过滤器(含屏蔽和代码寄存器)。

(4) 读/写访问错误计数器。

(5) 可编程的错误限制报警。

(6) 最近一次的误码寄存器。

(7) 对每一个 CAN 总线错误中断。

(8) 具有详细位号的仲裁丢失中断。

(9) 一次性发送(当错误或仲裁丢失时不重发)。

(10) 只听模式(CAN 总线监听,无应答,无错误标志)。

(11) 支持热插拔(无干扰软件驱动的位速率检测)。

(12) 硬件禁止 CLKOUT 输出。

2.3.4 BasicCAN 功能介绍

1. BasicCAN 地址分配

相对微控制器而言,SJA1000 是内存管理的 I/O 器件。两器件的独立操作是通过像报文存储器(RAM)一样的片内寄存器修正来实现的。

SJA1000 的地址区包括控制段和报文缓冲器。控制段在初始化加载时,是可被编程来配置通信参数的(如位定时等)。微控制器也是通过这个段来控制 CAN 总线上的通信。在初始化时,CLKOUT 信号可以被微控制器编程指定一个值。

应发送的报文写入发送缓冲器。成功接收报文后,微控制器从接收缓冲器中读出接收的报文,然后释放空间以便下一次使用。

微控制器和 SJA1000 之间状态、控制和命令信号的交换都是在控制段中完成的。初始化程序加载后,接收代码寄存器、接收屏蔽寄存器、总线定时寄存器以及输出控制寄存器就不能改变了。只有控制寄存器的复位值被置高时,才可以再次初始化这些寄存器。

在复位模式和工作模式两种不同的模式中,访问寄存器是不同的。

当硬件复位或控制器掉电时,会自动进入复位模式。工作模式是通过置位控制寄存器的复位请求激活的。

BasicCAN 地址分配如表 2-2 所示。

2. 控制段

1) 控制寄存器

控制寄存器(CR)用于改变 CAN 控制器的状态。这些位可以被微控制器置位或复位,微控制器可以对控制寄存器进行读/写操作。控制寄存器(地址 0)各位的功能如表 2-3 所示。

表 2-2　BasicCAN 地址分配

段	CAN 地址	工 作 模 式		复 位 模 式	
		读	写	读	写
控制	0	控制	控制	控制	控制
	1	FFH	命令	FFH	命令
	2	状态	—	状态	—
	3	中断	—	中断	—
	4	FFH	—	接收代码	接收代码
	5	FFH	—	接收屏蔽	接收屏蔽
	6	FFH	—	总线定时 0	总线定时 0
	7	FFH	—	总线定时 1	总线定时 1
	8	FFH	—	输出控制	输出控制
	9	测试	测试	测试	测试
发送缓冲器	10	标识符(10~3)	标识符(10~3)	FFH	—
	11	标识符(2~0) RTR 和 DLC	标识符(2~0) RTR 和 DLC	FFH	—
	12	数据字节 1	数据字节 1	FFH	—
	13	数据字节 2	数据字节 2	FFH	—
	14	数据字节 3	数据字节 3	FFH	—
	15	数据字节 4	数据字节 4	FFH	—
	16	数据字节 5	数据字节 5	FFH	—
	17	数据字节 6	数据字节 6	FFH	—
	18	数据字节 7	数据字节 7	FFH	—
	19	数据字节 8	数据字节 8	FFH	—
接收缓冲器	20	标识符(10~3)	标识符(10~3)	标识符(10~3)	标识符(10~3)
	21	标识符(2~0) RTR 和 DLC	标识符(2~0) RTR 和 DLC	标识符(2~0) RTR 和 DLC	标识符(2~0) RTR 和 DLC
	22	数据字节 1	数据字节 1	数据字节 1	数据字节 1
	23	数据字节 2	数据字节 2	数据字节 2	数据字节 2
	24	数据字节 3	数据字节 3	数据字节 3	数据字节 3
	25	数据字节 4	数据字节 4	数据字节 4	数据字节 4
	26	数据字节 5	数据字节 5	数据字节 5	数据字节 5
	27	数据字节 6	数据字节 6	数据字节 6	数据字节 6
	28	数据字节 7	数据字节 7	数据字节 7	数据字节 7
	29	数据字节 8	数据字节 8	数据字节 8	数据字节 8
	30	FFH	—	FFH	—
	31	时钟分频器	时钟分频器	时钟分频器	时钟分频器

表 2-3　控制寄存器(地址 0)各位的功能

位	符号	名　称	值	功　能
CR.7	—	—	—	保留
CR.6	—	—	—	保留
CR.5	—	—	—	保留
CR.4	OIE	超载中断使能	1	使能:如果数据超载位置位,则微控制器接收一个超载中断信号(见状态寄存器)
			0	禁止:微控制器不从 SJA1000 接收超载中断信号
CR.3	EIE	错误中断使能	1	使能:如果出错或总线状态改变,则微控制器接收一个错误中断信号(见状态寄存器)
			0	禁止:微控制器不从 SJA1000 接收错误中断信号
CR.2	TIE	发送中断使能	1	使能:当报文被成功发送或发送缓冲器可再次被访问时(如一个夭折发送命令后),SJA1000 向微控制器发送一次中断信号
			0	禁止:SJA1000 不向微控制器发送中断信号
CR.1	RIE	接收中断使能	1	使能:报文被无错误接收时,SJA1000 向微控制器发送一次中断信号
			0	禁止:SJA1000 不向微控制器发送中断信号
CR.0	RR	复位请求	1	常态:SJA1000 检测到复位请求后,忽略当前发送/接收的报文,进入复位模式
			0	非常态:复位请求位接收到一个下降沿后,SJA1000 回到工作模式

2) 命令寄存器

命令寄存器(CMR)命令位初始化 SJA1000 传输层上的动作。相对微控制器来说,命令寄存器是只写存储器。如果去读这个地址,则返回值是"1111 1111"。两条命令之间至少有一个内部时钟周期,内部时钟的频率是外部振荡频率的 1/2。命令寄存器(地址 1)各位的功能如表 2-4 所示。

表 2-4　命令寄存器(地址 1)各位的功能

位	符号	名　称	值	功　能
CMR.7	—	—	—	保留
CMR.6	—	—	—	保留
CMR.5	—	—	—	保留
CMR.4	GTS	睡眠	1	睡眠:如果没有 CAN 中断等待和总线活动,则 SJA1000 进入睡眠模式
			0	唤醒:SJA1000 正常工作模式

续表

位	符号	名　　称	值	功　　能
CMR.3	CDO	清除超载状态	1	清除：清除数据超载状态位
			0	无作用
CMR.2	RRB	释放接收缓冲器	1	释放：接收缓冲器中存放报文的内存空间被释放
			0	无作用
CMR.1	AT	夭折发送	1	常态：如果不是在处理过程中,则等待处理的发送请求被忽略
			0	非常态：无作用
CMR.0	TR	发送请求	1	常态：报文被发送
			0	非常态：无作用

3）状态寄存器

状态寄存器(SR)的内容反映了SJA1000的状态。相对微控制器来说,状态寄存器是只读存储器,状态寄存器(地址2)各位的功能如表2-5所示。

表 2-5　状态寄存器(地址2)各位的功能

位	符号	名　　称	值	功　　能
SR.7	BS	总线状态	1	总线关闭：SJA1000退出总线活动
			0	总线开启：SJA1000进入总线活动
SR.6	ES	出错状态	1	出错：至少出现一个错误计数器满或超过CPU报警限制
			0	正常：两个错误计数器都在报警限制以下
SR.5	TS	发送状态	1	发送：SJA1000正在传输报文
			0	空闲：没有要发送的报文
SR.4	RS	接收状态	1	接收：SJA1000正在接收报文
			0	空闲：没有正在接收的报文
SR.3	TCS	发送完毕状态	1	完成：最近一次发送请求被成功处理
			0	未完成：当前发送请求未处理完毕
SR.2	TBS	发送缓冲器状态	1	释放：CPU可以向发送缓冲器写报文
			0	锁定：CPU不能访问发送缓冲器;有报文正在等待发送或正在发送
SR.1	DOS	数据超载状态	1	超载：报文丢失,因为RXFIFO中没有足够的空间来存储报文
			0	未超载：自最后一次清除数据超载命令执行,无数据超载发生
SR.0	RBS	接收缓冲器状态	1	满：RXFIFO中有可用报文
			0	空：RXFIFO中无可用报文

4）中断寄存器

中断寄存器（IR）允许识别中断源。当寄存器的一位或多位被置位时，$\overline{INT}$（低电位有效）引脚被激活。中断寄存器被微控制器读过之后，所有位被复位，这将导致$\overline{INT}$引脚上的电平漂移。相对微控制器来说，中断寄存器是只读存储器，中断寄存器（地址 3）各位的功能如表 2-6 所示。

表 2-6　中断寄存器（地址 3）各位的功能

位	符号	名　称	值	功　　能
IR.7	—	—	—	保留
IR.6	—	—	—	保留
IR.5	—	—	—	保留
IR.4	WUI	唤醒中断	1	置位：退出睡眠模式时，此位被置位
			0	复位：微控制器的任何读访问将清除此位
IR.3	DOI	数据超载中断	1	置位：当数据超载中断使能位置 1 时，数据超载状态位由低到高跳变，置位此位
			0	复位：微控制器的任何读访问将清除此位
IR.2	EI	错误中断	1	置位：错误中断使能时，错误状态位或总线状态位的变化会置位此位
			0	复位：微控制器的任何读访问将清除此位
IR.1	TI	发送中断	1	置位：发送缓冲器状态从低到高跳变（释放）和发送中断使能时置位此位
			0	复位：微控制器的任何读访问将清除此位
IR.0	RI	接收中断	1	置位：当接收 FIFO 不空和接收中断使能时置位此位
			0	复位：微控制器的任何读访问将清除此位

5）验收代码寄存器

复位请求位被置高（当前）时，验收代码寄存器（ACR）是可以访问（读/写）的。如果一条报文通过了接收过滤器的测试，而且接收缓冲器有空间，那么描述符和数据将被分别顺次写入 RXFIFO 中。当报文被正确接收完毕时，接收状态位置高（满）；接收中断使能位置高（使能），接收中断置高（产生中断）。

验收代码位（AC.7～AC.0）和报文标识符的高 8 位（ID.10～ID.3）必须相等，或者验收屏蔽位（AM.7～AM.0）的所有位为 1，即如果满足方程

$$[(ID.10 \sim ID.3) \equiv (AC.7 \sim AC.0)] \vee (AM.7 \sim AM.0) \equiv 11111111$$

的描述，则予以接收。

验收代码寄存器（地址 4）各位的功能如表 2-7 所示。

表 2-7　验收代码寄存器（地址 4）各位的功能

BIT7	BIT6	BIT5	BIT4	BIT3	BIT2	BIT1	BIT0
AC.7	AC.6	AC.5	AC.4	AC.3	AC.2	AC.1	AC.0

6）验收屏蔽寄存器

如果复位请求位置高（当前），则验收屏蔽寄存器（AMR）可以被访问（读/写）。验收屏蔽寄存器用于定义验收代码寄存器的位对接收过滤器是"相关的"或"无关的"（即可为任意值）。

（1）当 AM.i＝0 时，是"相关的"。

（2）当 AM.i＝1 时，是"无关的"（i＝0,1,…,7）。

验收屏蔽寄存器（地址 5）各位的功能如表 2-8 所示。

表 2-8　验收屏蔽寄存器（地址 5）各位的功能

BIT7	BIT6	BIT5	BIT4	BIT3	BIT2	BIT1	BIT0
AM.7	AM.6	AM.5	AM.4	AM.3	AM.2	AM.1	AM.0

3. 发送缓冲区

发送缓冲区的全部内容如表 2-9 所示。缓冲器是用来存储微控制器要求 SJA1000 发送的报文的，它被分为描述符区和数据区。发送缓冲器的读/写只能由微控制器在工作模式下完成。在复位模式下读出的值总是"FFH"。

表 2-9　发送缓冲区的全部内容

区	CAN地址	名称	位							
			7	6	5	4	3	2	1	0
描述符区	10	标识符字节 1	ID.10	ID.9	ID.8	ID.7	ID.6	ID.5	ID.4	ID.3
	11	标识符字节 2	ID.2	ID.1	ID.0	RTR	DLC.3	DLC.2	DLC.1	DLC.0
数据区	12	TX 数据 1	发送数据字节 1							
	13	TX 数据 2	发送数据字节 2							
	14	TX 数据 3	发送数据字节 3							
	15	TX 数据 4	发送数据字节 4							
	16	TX 数据 5	发送数据字节 5							
	17	TX 数据 6	发送数据字节 6							
	18	TX 数据 7	发送数据字节 7							
	19	TX 数据 8	发送数据字节 8							

1）标识符

标识符（ID）有 11 位（ID0～ID10）。ID10 是最高位，在仲裁过程中最先被发送到总线上。标识符就像报文的名字。它在接收器的接收过滤器中被用到，也在仲裁过程中用来决定总线访问的优先级。标识符的值越低，其优先级越高。这是因为在仲裁时由许多前导显性位所致。

2）远程发送请求

如果远程发送请求（RTR）位置 1，则总线将以远程帧发送数据。这意味着此帧中没有数据字节。然而，必须给出正确的数据长度码，数据长度码由具有相同标识符的数据帧报文决定。

如果 RTR 位没有被置位，数据将以数据长度码规定的长度来传输数据帧。

3）数据长度码

报文数据区的数据字节数根据数据长度码（DLC）编制。在远程帧传输中，因为 RTR 位被置位，所以数据长度码是不被考虑的。这就迫使发送/接收数据字节数为 0。然而，数据长度码必须正确设置，以避免两个 CAN 控制器使用同样的识别机制启动远程帧传输而发生总线错误。数据字节数是 0～8，即

$$数据字节数 = 8 \times DLC.3 + 4 \times DLC.2 + 2 \times DLC.1 + DLC.0$$

为了保持兼容性，数据长度码不超过 8。如果数据长度码超过 8，则按照 DLC 规定，认为其是 8。

4）数据区

传输的数据字节数由数据长度码决定。发送的第一位是地址 12 单元的数据字节 1 的最高位。

4. 接收缓冲区

接收缓冲区的全部列表与发送缓冲区的类似。接收缓冲区是 RXFIFO 中可访问的部分，位于 CAN 地址的 20～29 之间。

标识符、远程发送请求位和数据长度码与发送缓冲器的相同，只不过是它们在 CAN 地址的 20～29。RXFIFO 共有 64 字节的报文空间。在任何情况下，FIFO 中可以存储的报文数取决于各报文的长度。如果 RXFIFO 中没有足够的空间来存储新的报文，CAN 控制器就会产生数据溢出。数据溢出发生时，已部分写入 RXFIFO 的当前报文将被删除。这种情况将通过状态位或数据溢出中断（当中断允许时，即使除了最后一位外，整个数据块被无误接收，接收报文也无效）反映到微控制器。

5. 寄存器的复位值

寄存器检测到有复位请求后，会中止当前接收/发送的报文，进入复位模式。当复位请求位出现从 1 到 0 的变化时，CAN 控制器将返回操作模式。

2.3.5 PeliCAN 功能介绍

相对 CPU 来说，CAN 控制器的内部寄存器是内部片上存储器。因为 CAN 控制器可以工作于不同的模式（操作/复位），所以必须区分两种不同内部地址的定义。从 CAN 地址 32 开始，所有内部 RAM（80 字节）被映射为 CPU 的接口。

必须特别指出的是，在 CAN 的高端地址区的寄存器是重复的，CPU 8 位地址的最高位不参与解码。CAN 地址 128 和地址 0 是连续的。PeliCAN 的详细功能说明可以参考 SJA1000 数据手册。

2.3.6 BasicCAN 和 PeliCAN 的公用寄存器

1. 总线时序寄存器 0

总线时序寄存器 0（BTR0）定义了波特率预置器（baud rate prescaler，BRP）和同步跳转宽度（SJW）的值。当复位模式有效时，这个寄存器是可以被访问（读/写）的。总线时序寄存器 0（地址 6）如表 2-10 所示。

如果选择的是 PeliCAN 模式，则总线时序寄存器 0 在操作模式中是只读的。在

BasicCAN 模式中,此寄存器总是"FFH"。

表 2-10 总线时序寄存器 0(地址 6)

BIT7	BIT6	BIT5	BIT4	BIT3	BIT2	BIT1	BIT0
SJW. 1	SJW. 0	BRP. 5	BRP. 4	BRP. 3	BRP. 2	BRP. 1	BRP. 0

1)波特率预置器位域

波特率预置器位域使得 CAN 系统时钟的周期 t_{SCL} 是可编程的,而 t_{SCL} 决定了各自的位定时。CAN 系统时钟的周期为

$$t_{SCL} = 2t_{CLK} \times (32 \times BRP.5 + 16 \times BRP.4 + 8 \times BRP.3 + 4 \times BRP.2 + 2 \times BRP.1 + BRP.0 + 1)$$

式中:t_{CLK}＝XTAL 的振荡周期＝$1/f_{XTAL}$。

2)同步跳转宽度位域

为了补偿不同总线控制器的时钟振荡器之间的相位漂移,任何总线控制器必须在当前传输的任一相关信号边沿重新同步。同步跳转宽度 t_{SJW} 定义了一个位周期可以被一次重新同步缩短或延长的时钟周期的最大数目,它与位域 SJW 的关系为

$$t_{SJW} = t_{SCL} \times (2 \times SJW.1 + SJW.0 + 1)$$

2. 总线时序寄存器 1

总线时序寄存器 1(BTR1)定义了一个位周期的长度、采样点的位置和在每个采样点的采样数目。总线时序寄存器 1(地址 7)如表 2-11 所示。在复位模式中,此寄存器可以被读/写访问。在 PeliCAN 模式中,此寄存器是只读的。在 BasicCAN 模式中,此寄存器总是"FFH"。

表 2-11 总线时序寄存器 1(地址 7)

BIT7	BIT6	BIT5	BIT4	BIT3	BIT2	BIT1	BIT0
SAM	TSEG2. 2	TSEG2. 1	TSEG2. 0	TSEG1. 3	TSEG1. 2	TSEG1. 1	TSEG1. 0

1)采样位

采样位(SAM)的功能说明如表 2-12 所示。

表 2-12 采样位的功能说明

位	值	功 能
SAM	1	3 次:总线采样 3 次;建议在低/中速总线(A 和 B 级)上使用,这对过滤总线上的毛刺波是有效的
	0	单次:总线采样 1 次;建议在高速总线(SAE C 级)上使用

2)时间段 1 和时间段 2 位域

时间段 1(TSEG1)和时间段 2(TSEG2)决定了每一位的时钟周期数目和采样点的位置。位周期的总体结构如图 2-17 所示。

图 2-17 中各量的计算为

$$t_{SYNCSEG} = 1 \times t_{SCL}$$
$$t_{TSEG1} = t_{SCL} \times (8 \times TSEG1.3 + 4 \times TSEG1.2 + 2 \times TSEG1.0 + 1)$$
$$t_{TSEG2} = t_{SCL} \times (4 \times TSEG2.2 + 2 \times TSEG2.1 + TSEG2.1 + 1)$$

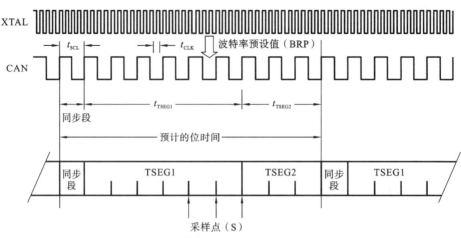

可能值：BRP=000001,TSEG1=0101,TSEG2=010

图 2-17 位周期的总体结构

3. 输出控制寄存器

输出控制寄存器（OCR）允许由软件控制建立不同输出驱动的配置。输出控制寄存器（地址 8）如表 2-13 所示。在复位模式中，此寄存器可被读/写访问。在 PeliCAN 模式中，此寄存器是只读的。在 BasicCAN 模式中，此寄存器总是"FFH"。

表 2-13 输出控制寄存器（地址 8）

BIT7	BIT6	BIT5	BIT4	BIT3	BIT2	BIT1	BIT0
OCTP1	OCTN1	OCPOL1	OCTP0	OCTN0	OCPOL0	OCMODE1	OCMODE0

当 SJA1000 在睡眠模式时，TX0 和 TX1 引脚根据输出控制寄存器的内容输出隐性电平。当复位状态（复位请求＝1）或外部复位引脚 $\overline{RST}$ 被拉低时，输出 TX0 和 TX1 悬空。

发送的输出阶段可以有以下不同的模式。

1）正常输出模式

正常输出模式中位序列（TXD）通过 TX0 和 TX1 输出。输出驱动引脚 TX0 和 TX1 的电平取决于被 OCTPx、OCTNx（悬空、上拉、下拉、推挽）编程的驱动器的特性和被 OCPOLx 编程的输出端极性。

2）时钟输出模式

TX0 引脚在这个模式中与在正常输出模式中是相同的。然而，TX1 上的数据流被发送时钟（TXCLK）取代。发送时钟（非翻转）的上升沿标志着一个位周期的开始。时钟脉冲宽度是 $1 \times t_{SCL}$。

3）双相输出模式

与正常输出模式相反，这里位的表现形式是时间的变量而且会反复。如果总线控制器被发送器从总线上电流退耦，则位流不允许含有直流成分。这一点由下面的方案实现：在隐性位期间所有输出呈现"无效"（悬空），而显性位交替在 TX0 和 TX1 上发送，即第一个显性位在 TX0 上发送，第二个显性位在 TX1 上发送，第三个显性位在

TX0 上发送等,以此类推。

4)测试输出模式

在测试输出模式中,下一次系统时钟的上升沿 RX 上的电平反映到 TXx 上,系统时钟($f_{osc}/2$)与输出控制寄存器中编程定义的极性相对应。

4. 时钟分频寄存器

时钟分频寄存器(CDR)控制输出给微控制器的 CLKOUT 频率,它可以使 CLKOUT 引脚失效。另外,它还控制着 TX1 上的专用接收中断脉冲、接收比较器旁路、BasicCAN 模式与 PeliCAN 模式的选择。硬件复位后,时钟分频寄存器的默认状态是 Motorola 模式(0000 0101,12 分频)和 Intel 模式(0000 0000,2 分频)。

当软件复位(复位请求/复位模式)或总线关闭时,时钟分频寄存器不受影响。

保留位(CDR.4)总是 0。应用软件应向此位写 0,目的是与将来可能使用此位的特性兼容。

2.4 CAN 总线收发器

CAN 作为一种技术先进、可靠性高、功能完善、成本低的远程网络通信控制方式,已广泛应用于汽车电子、自动控制、电力系统、楼宇自控、安防监控、机电一体化、医疗仪器等自动化领域。目前,世界众多著名半导体生产商推出了独立的 CAN 通信控制器,有些半导体生产商(如 INTEL、NXP、Mirochip、Samsung、NEC、ST、TI 等公司)还推出了内嵌 CAN 通信控制器的 MCU、DSP 和 ARM 微控制器。为了组成 CAN 总线通信网络,NXP 和安森美(ON 半导体)等公司推出了 CAN 总线收发器。

2.4.1 PCA82C250/251 收发器

PCA82C250/251 收发器是协议控制器和物理传输线路之间的接口。此器件对总线提供差动发送能力,对 CAN 控制器提供差动接收能力,可以在汽车和一般工业应用上使用。

PCA82C250/251 收发器的主要特点如下。

(1)完全符合 ISO 11898 标准。

(2)高速率(最高达 1 Mbit/s)。

(3)具有抗汽车环境中的瞬间干扰、保护总线的能力。

(4)斜率控制,降低射频干扰(RFI)。

(5)差分收发器,抗宽范围的共模干扰,抗电磁干扰(EMI)。

(6)热保护。

(7)防止电源和地之间发生短路。

(8)低电流待机模式。

(9)未上电的节点对总线无影响。

(10)可连接 110 个节点。

(11)工作温度范围:$-40\sim125$ ℃。

1. 功能说明

PCA82C250/251 收发器的驱动电路内部有限流电路,可防止发送器输出端对电源、地或负载短路。虽然短路出现时功耗增加,但不至于使输出端损坏。若温度超过 160 ℃,则两个发送器输出端极限电流将减小,由于发送器是功耗的主要部分,因此限制了芯片的温升。器件的所有其他部分将继续工作。PCA82C250 收发器采用双线差分驱动,有助于抑制汽车等恶劣电气环境下的瞬变干扰。

引脚 R_s 用于选定 PCA82C250/251 收发器的工作模式。有 3 种不同的工作模式可供选择:高速、斜率控制和待机。

2. 引脚介绍

PCA82C250/251 收发器为 8 引脚(DIP 和 SO 两种封装),如图 2-18 所示。

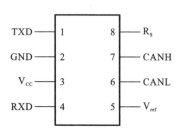

图 2-18 PCA82C250/251
收发器引脚

PCA82C250/251 收发器引脚介绍如下。

TXD:发送数据输入。

GND:接地。

V_{CC}:电源电压(4.5~5.5 V)。

RXD:接收数据输出。

V_{ref}:参考电压输出。

CANL:低电平 CAN 电压输入/输出。

CANH:高电平 CAN 电压输入/输出。

R_s:斜率电阻输入。

PCA82C250/251 收发器是协议控制器和物理传输线路之间的接口,如在 ISO 11898 标准中,它们可以使用高达 1 Mbit/s 的位速率在两条有差动电压的总线电缆上传输数据。

PCA82C250 收发器和 PCA82C251 收发器都可以在额定电源电压分别是 12 V (PCA82C250)和 24 V(PCA82C251)的 CAN 总线系统中使用。它们的功能相同,根据相关的标准,可以在汽车和普通的工业应用上使用,PCA82C250 收发器和 PCA82C251 收发器还可以在同一网络中互相通信。而且,它们的引脚和功能兼容。

3. 应用电路

PCA82C250 收发器的应用电路如图 2-19 所示。SJA1000 CAN 控制器的串行数据输出线(TX)和串行数据输入线(RX)分别通过光电隔离电路连接到 PCA82C250 收发器。PCA82C250 收发器通过有差动发送和接收功能的两个总线终端 CANH 和 CANL 连接到总线电缆。输入 R_s 用于模式控制。参考电压输出(V_{ref})的输出电压是 0.5×额定 V_{CC}。其中,PCA82C250 收发器的额定电源电压是 5 V。

2.4.2 TJA1051 收发器

1. 功能说明

TJA1051 收发器是一款高速 CAN 收发器,是 CAN 控制器和物理总线之间的接口,为 CAN 控制器提供差动发送和接收功能。该收发器专为汽车行业的高速 CAN 收发器设计,传输速率高达 1 Mbit/s。

TJA1051 收发器是高速 CAN TJA1050 收发器的升级版本,改进了电磁兼容

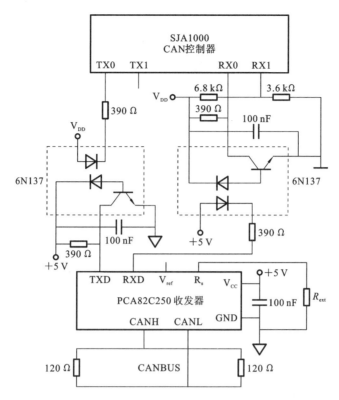

图 2-19 PCA82C250 收发器的应用电路

(EMC)和静电放电(ESD)性能,具有如下特性。

(1)完全符合 ISO 11898-2 标准。

(2)收发器在断电或处于低功耗模式时,在总线上不可见。

(3)TJA1051T/3 和 TJA1051TK/3 的 I/O 口可直接与 3～5 V 的微控制器接口连接。

TJA1051 收发器是高速 CAN 网络节点的最佳选择,TJA1051 收发器不支持总线唤醒的待机模式。

2. 引脚介绍

TJA1051 收发器有 SO8 和 HVSON8 两种封装,TJA1051 收发器引脚如图 2-20 所示。

TJA1051 收发器的引脚介绍如下。

TXD:发送数据输入。

GND:接地。

V_{CC}:电源电压。

RXD:接收数据输出,从总线读出数据。

n.c.:空引脚(仅 TJA1051T)。

$V_{I/O}$:I/O 电平适配(仅 TJA1051T/3 和 TJA1051TK/3)。

CANL:低电平 CAN 总线。

CANH:高电平 CAN 总线。

S:待机模式控制输入。

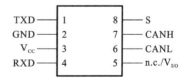

图 2-20 TJA1051 收发器引脚

2.5 CAN 总线节点的设计实例

2.5.1 CAN 总线硬件设计

采用 AT89S52 单片微控制器、独立 CAN 通信控制器 SJA1000、CAN 总线驱动器 PCA82C250 及复位电路 IMP708 的 CAN 应用节点电路如图 2-21 所示。

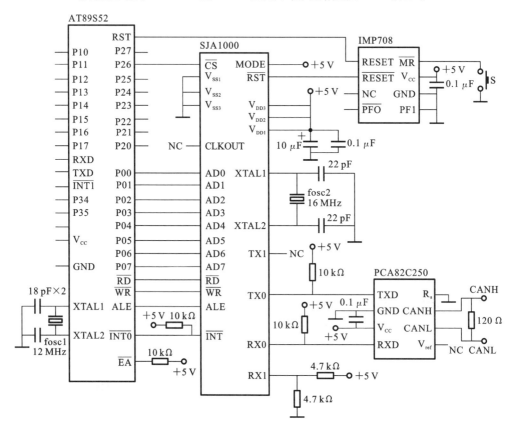

图 2-21 CAN 应用节点电路

在图 2-21 中,IMP708 有两个复位输出 RESET 和 $\overline{\text{RESET}}$,分别接至 AT89S52 单片微控制器和 SJA1000 CAN 通信控制器。当按下按键 S 时,IMP708 为手动复位。

2.5.2 CAN 总线软件设计

CAN 应用节点的程序设计主要分为三部分:初始化子程序、发送子程序、接收子程序。

1) CAN 初始化子程序

CAN 初始化子程序流程图如图 2-22 所示。

CAN 任意两个节点之间的传输距离与其通信波特率有关,当采用 Philips 公司的 SJA1000 CAN 通信控制器,并假设晶振频率为 16 MHz 时,通信距离与通信波特率的关系如表 2-14 所示。

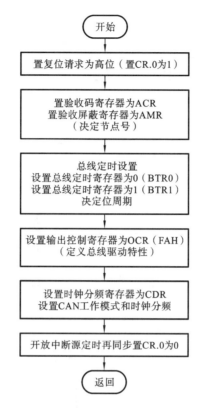

图 2-22 CAN 初始化子程序流程图

表 2-14 通信距离与通信波特率的关系

位 速 率	最大总线长度	总线定时	
		BTR0	BTR1
1 Mbit/s	40 m	00H	14H
500 kbit/s	130 m	00H	1CH
250 kbit/s	270 m	01H	1CH
125 kbit/s	530 m	03H	1CH
100 kbit/s	620 m	43H	2FH
50 kbit/s	1.3 km	47H	2FH
20 kbit/s	3.3 km	53H	2FH
10 kbit/s	6.7 km	67H	2FH
5 kbit/s	10 km	7FH	7FH

2）CAN 接收子程序

CAN 接收子程序流程图如图 2-23 所示。

3）CAN 发送子程序

CAN 发送子程序流程图如图 2-24 所示。

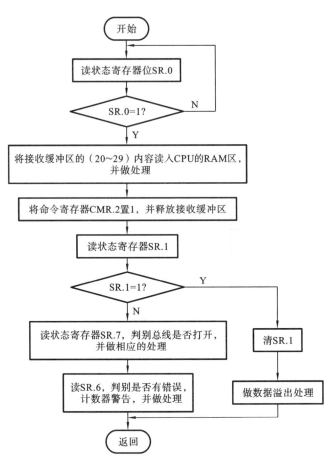

图 2-23 CAN 接收子程序流程图

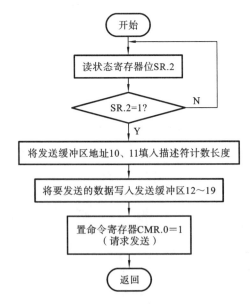

图 2-24 CAN 发送子程序流程图

习 题 2

1. CAN 现场总线有什么主要特点？

2. 什么是位填充技术？

3. BasicCAN 与 PeliCAN 有什么不同？

4. 采用你熟悉的一种单片机或单片微控制器，设计一个 CAN 总线硬件节点电路（使用 SJA1000 独立 CAN 控制器，假设节点号为 26，通信波特率为 250 kbit/s）。

（1）画出硬件电路图；

（2）画出 CAN 初始化程序流程图；

（3）编写 CAN 初始化程序；

（4）编写发送一组 06H、04H、03H、84H、42H、45H、76H、29H 数据的程序。

5. CAN 总线收发器的作用是什么？

6. 常用的 CAN 总线收发器有哪些？

3

CAN FD 现场总线

在汽车领域,随着人们对数据传输带宽增加的需求,传统的 CAN 总线由于受带宽的限制而难以满足这种增加的需求。此外,为了缩小 CAN 网络(最大为 1 Mbit/s)与 FlexRay 网络(最大为 10 Mbit/s)的带宽差距,BOSCH 公司于 2011 年推出了 CAN FD (CAN with flexible data-rate)方案。本章首先介绍 CAN FD 通信协议,然后详细介绍 CAN FD 控制器 MCP2517FD,最后介绍微控制器与 MCP2517FD 的接口电路。

3.1　CAN FD 通信协议

3.1.1　CAN FD 概述

对于中国制造 2025 与汽车产业发展方向,新能源和智能化一直是人们讨论的两个主题。在汽车智能化的过程中,CAN FD 协议因其优越的性能受到了广泛的关注。

CAN FD 是 CAN 总线的升级换代设计,继承了 CAN 总线的主要特性,提高了 CAN 总线的网络通信带宽,改善了错误帧漏检率,还可以保持网络系统大部分软硬件 (特别是物理层)不变。CAN FD 协议充分利用 CAN 总线的保留位判断及区分不同的帧格式。在现有车载网络中应用 CAN FD 协议时,需要加入 CAN FD 控制器,但是 CAN FD 也可以参与到原来的 CAN 通信网络中,提高网络系统的兼容性。

CAN 总线采用双线串行通信协议,基于非破坏性仲裁技术、分布式实时控制、可靠的错误处理和检测机制使 CAN 总线有很高的安全性,但 CAN 总线带宽和数据场长度却受到制约。CAN FD 总线弥补了 CAN 总线带宽和数据场长度的制约,CAN FD 总线与 CAN 总线的区别主要体现在以下两个方面。

1. 可变速率

CAN FD 采用了两种位速率:从控制场中的 BRS(bit rate switch)位到 ACK 场(含 CRC 分界符)为可变速率,其余部分为原 CAN 总线用的速率,即仲裁段和数据控制段使用标准的通信波特率,数据传输段就会切换到更高的通信波特率。两种速率各有一套位时间定义寄存器,它们采用不同的位时间单位,位时间各段的分配比例也可以不同。

在 CAN 中,所有的数据都以固定的帧格式发送。帧类型有五种,其中数据帧包含数据段和仲裁段。

当多个节点同时向总线发送数据时，各个消息的标识符（即 ID 号）进行逐位仲裁，如果某个节点发送的消息仲裁获胜，那么这个节点将获取总线的发送权，仲裁失败的节点立即停止发送并转变为监听（接收）状态。

在同一条 CAN 线上，所有节点的通信速度必须相同。这里所说的通信速度指的就是波特率。也就是说，CAN 在仲裁阶段，用于仲裁 ID 的仲裁段和用于发送数据的数据段，其波特率必须相同。CAN FD 协议对于仲裁段和数据段来说有两个独立的波特率，即在仲裁段采用标准 CAN 位速率通信，在数据段采用高位速率通信，这样就缩短了位时间，从而提高了位速率。

数据段的最大波特率并没有明确的规定，很大程度上取决于网络拓扑和 ECU 系统等。不过 ISO 11898-2：2016 标准中规定，波特率最高可达 5 Mbit/s 的时序要求。汽车厂商正在考虑根据应用软件和网络拓扑将不同的波特率组合。

例如，在诊断和升级应用中，数据段的波特率可以为 5 Mbit/s，而在控制系统中，可以为 500 kbit/s～2 Mbit/s。相对于传统 CAN 报文有效数据场的 8 字节，CAN FD 对有效数据场长度进行了很大的扩充，数据场长度最大可达 64 字节。

2. CAN FD 数据帧

CAN FD 对数据场的长度进行了很大的扩充，DLC 最大支持 64 字节，在 DLC 小于或等于 8 字节时与原 CAN 总线是一样的，大于 8 字节时有一个非线性的增长，所以最大的数据场长度可达 64 字节。

1）CAN FD 数据帧格式

CAN FD 数据帧在控制场新添加 EDL（extended data length）位、BRS 位、ESI（error state indicator）位，采用了新的 DLC 编码方式、新的 CRC 算法（CRC 场扩展到 21 位）。

CAN FD 标准帧格式如图 3-1 所示，CAN FD 扩展帧格式如图 3-2 所示。

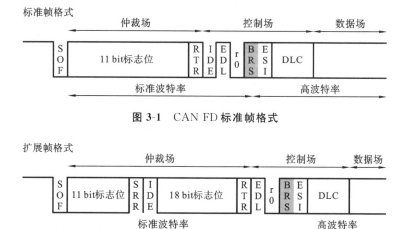

图 3-1 CAN FD 标准帧格式

图 3-2 CAN FD 扩展帧格式

2）CAN FD 数据帧中新添加位

CAN FD 数据帧中新添加位如图 3-3 所示。

EDL 位：原 CAN 数据帧中的保留位 r。该位功能为隐性时表示 CAN FD 报文，采用新的 DLC 编码和 CRC 算法；该功能位为显性时表示 CAN 报文。

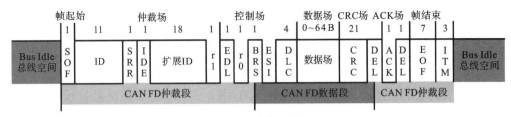

图 3-3 CAN FD 数据帧中新添加位

BRS 位：该功能位为隐性时表示转换可变速率；该功能位为显性时表示不转换可变速率。

ESI 位：该功能位为隐性时表示发送节点处于被动错误状态；该功能位为显性时表示发送节点处于主动错误状态。

EDL 位可以表示 CAN 报文或 CAN FD 报文。BRS 位表示位速率转换，该位为隐性时表示报文 BRS 位到 CRC 界定符之间使用转换速率传输，其余场位使用标准位速率；该位为显性时表示报文以正常的 CAN FD 总线传输速率传输。通过 ESI 位可以方便地获悉当前节点所处的状态。

3）CAN FD 数据帧中新的 CRC 算法

CAN 总线因位填充规则对 CRC 干扰，造成错帧漏检率未达到设计标准。CAN FD 对 CRC 算法进行了改变，即 CRC 以含填充位的位流进行计算。在校验和部分为了避免连续位超过 6 个，就确定在第一位以及以后每 4 位添加一个填充位加以分割，这个填充位的值是上一位的反码，作为格式检查，如果填充位不是上一位的反码，就做出错处理。CAN FD 的 CRC 场扩展到了 21 位。由于数据场长度有很大的变化区间，所以要根据 DLC 大小应用不同的 CRC 生成多项式。CRC-17 适合帧长小于 210 位的帧，CRC-21 适合帧长小于 1023 位的帧。

4）CAN FD 数据帧中新的 DLC 编码

CAN FD 数据帧采用了新的 DLC 编码方式，在数据场长度为 0～8 字节时，采用线性规则，数据场长度为 12～64 字节时，使用非线性编码。

CAN FD 白皮书在论及与原 CAN 总线的兼容性时指出，CAN 总线系统可以逐步过渡到 CAN FD 系统，网络中的所有节点进行 CAN FD 通信时都得有 CAN FD 协议控制器，CAN FD 协议控制器也能参加标准 CAN 总线的通信。

5）CAN FD 位时间转换

CAN FD 有两套位时间配置寄存器，应用于仲裁段的第一套位时间较长，而应用于数据段的第二套位时间较短。首先对 BRS 位进行采样，如果显示隐性位，则在 BRS 采样点转换成较短的位时间机制，并在 CRC 界定符的采样点转换回第一套位时间机制。为保证其他节点同步 CAN FD，选择在采样点进行位时间转换。

3.1.2 CAN 和 CAN FD 报文结构

1. 帧起始

帧起始如图 3-4 所示。

单个显性位之前最多有 11 个隐性位。

2. 总线电平

总线电平如图 3-5 所示。

图 3-4 帧起始   图 3-5 总线电平

显性位"0"或隐性位"1"均可代表一位,当许多发送器同时向总线发送状态位时,显性位始终比隐性位优先占有总线,这就是总线逐位仲裁原则。

3. 总线逐位仲裁机制

总线逐位仲裁机制如图 3-6 所示,控制器 1 发送 ID 为 0x653 的报文,控制器 2 发送 ID 为 0x65B 的报文(图 3-6 中标示的第 3 位),控制器失去总线,会等待总线空闲之后再重新发送。

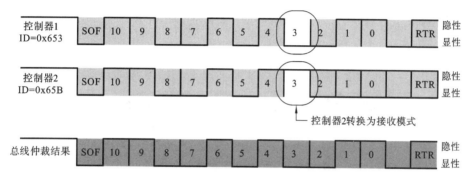

图 3-6 总线逐位仲裁机制

4. 位时间划分

位时间划分如图 3-7 所示。

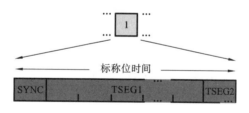

图 3-7 位时间划分

SYNC(同步段):在同步段中产生边沿。

TSEG1(时间段 1):时间段 1 用来补偿网络中的最大信息传输延迟,并可以延长重同步时间。

TSEG2(时间段 2):时间段 2 作为时间保留位可以缩短重同步时间。

CAN 的同步包括硬同步和重同步两种方式,同步规划如下。

(1)一个位时间内只允许一种同步方式。

(2)任何一个跳变边沿都可用于同步。

(3)硬同步发生在帧起始 SOF 部分,所有接收节点调整各自当前位的同步段,使其位于发送的帧起始 SOF 位内。

(4)当跳变沿落在同步段之外时,重同步发生在一个帧的其他位场内。

(5)帧起始到仲裁场有多个节点同时发送的情况下,发送节点对跳变沿不进行重同步,发送器比接收器慢(信号边沿滞后)。

发送器比接收器慢(信号边沿滞后)的情况如图 3-8 所示。

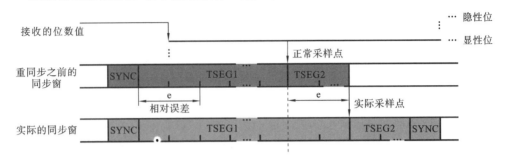

图 3-8 发送器比接收器慢(信号边沿滞后)的情况

发送器比接收器快(信号边沿超前)的情况如图 3-9 所示。

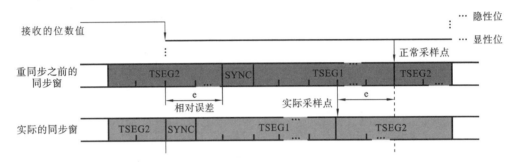

图 3-9 发送器比接收器快(信号边沿超前)的情况

CAN FD 协议对于仲裁段和数据段来说有两个独立的比特率,但其仲裁段比特率与标准的 CAN 帧有相同的位定时时间,而数据段比特率会大于或等于仲裁段比特率且由某一独立的配置寄存器设置。

5. 位填充

CAN 协议规定,CAN 发送器如果检测到连续 5 个极性相同的位,则会自动在实际发送的比特流后面插入一个极性相反的位。接收节点 CAN 控制器如果检测到连续 5 个极性相同的位,则会自动将后面极性相反的填充位去除。位填充如图 3-10 所示。

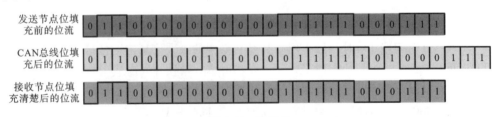

图 3-10 位填充

CAN FD 帧会在 CRC 序列第一个位之前自动插入一个固定的填充位,且独立于前面填充位的位置。CRC 序列中每 4 个位后面会插入一个远程固定填充位。

6. 仲裁段

仲裁段如图 3-11 所示。

RTR(远程帧标志)位:显性(0)=数据帧,隐性(1)=远程帧。

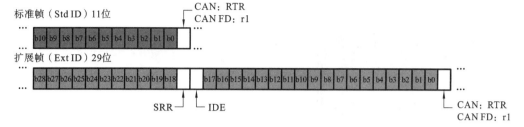

图 3-11 仲裁段

SRR(代替远程帧请求)位:用 RTR 代替 29 位 ID。

IDE(标志位扩展)位:显性(0)=11 位 ID,隐性(1)=29 位 ID。

r1:保留位供未来使用,且 CAN FD 不支持远程帧。

由于显性(逻辑"0")优先级大于隐性(逻辑"1"),所以较小的帧 ID 值会获得较高的优先级,优先占有总线。当同时涉及标准帧(Std ID)与扩展帧(Ext ID)的仲裁时,首先标准帧会与扩展帧中的 11 个最大有效位(b28~b18)进行竞争,若标准帧与扩展帧具有相同的前 11 位 ID,那么标准帧将会因 IDE 位为 0 而优先获得总线。

7. 控制段

CAN Format CAN 帧格式如图 3-12 所示。

CAN FD Format CAN 帧格式如图 3-13 所示。

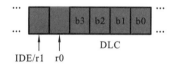

图 3-12 CAN Format CAN 帧格式

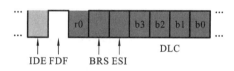

图 3-13 CAN FD Format CAN 帧格式

IDE(标志位扩展)位:CAN FD 帧中不存在。

r0、r1:保留位供未来使用。

FDF(FD 帧结构):FD 帧结构中为隐性。

BRS(比特率转换):CAN FD 数据段以 BRS 采样点作为起始点,显性(0)表示转换速率不可变,隐性(1)表示转换速率可变。

ESI(错误状态指示符):显性(0)表示 CAN FD 节点错误主动状态,隐性(1)表示 CAN FD 节点错误被动状态。

DLC:数据长度代码。

8. CAN FD 数据比特率可调

CAN FD 帧由仲裁段和数据段两段组成,如图 3-14 所示。

配置过程中可以设置数据段比特率比仲裁段比特率高。其中控制段的 BRS 是数据段比特率加速过渡阶段。BRS 阶段前半段为仲裁段,采用标准比特率(假设为 500 kbit/s)传输,脉宽为 2 μs;后半段为数据段,采用高比特率(假设为 1 Mbit/s)传输,脉宽为 1 μs。计算 BRS 整体脉宽分别取两种比特率脉宽的一半,进行累加,计算可得到 BRS 整体脉宽为 1.5 μs,CRC 界定符整体脉宽为 1.5 μs。

FDF(FD 帧结构):FD 帧结构中为隐性。

BRS(比特率转换):CAN FD 数据段以 BRS 采样点作为起始点,显性(0)表示转换

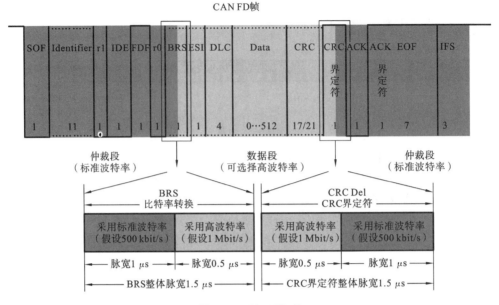

图 3-14 CAN FD 帧

速率不可变,隐性(1)表示转换速率可变。

ESI(错误状态指示符):显性(0)表示 CAN FD 节点错误主动状态,隐性(1)表示 CAN FD 节点错误被动状态。

CRC Del(CRC 界定符):CAN FD 数据段以 CRC 界定符采样点作为结束点,由于段转换的存在,CAN FD 控制器为了使接收位位数达到 2 位,会接收带有 CRC 界定符的帧。

ACK:CAN FD 控制器会接收一个 2 位的 ACK,用于补偿控制器与接收器之间的段选择关系。

9. 循环冗余校验段

CAN 帧 CRC 格式如图 3-15 所示。

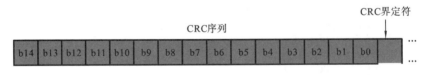

图 3-15 CAN 帧 CRC 格式

CAN FD 帧 CRC 格式如图 3-16 所示。

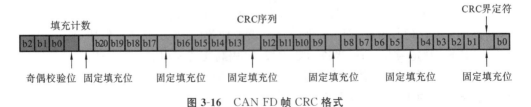

图 3-16 CAN FD 帧 CRC 格式

CAN FD 帧 CRC 格式代码如表 3-1 所示。

表 3-1　CAN FD 帧 CRC 格式代码

填 充 计 数	格 雷 码	奇偶校验码	固定填充位
0	000	0	1
1	001	1	0
2	010	0	1
3	011	1	0
4	100	0	1
5	101	1	0
6	110	0	1
7	111	1	0

CAN 帧的 CRC 段数据如表 3-2 所示。

表 3-2　CAN 帧的 CRC 段数据

数 据 长 度	CRC 长度	CRC 多项式
CAN(0～8 字节)	15	$x^{15}+x^{14}+x^{10}+x^8+x^7+x^4+x^3+1$
CAN FD(0～16 字节)	17	$x^{17}+x^{16}+x^{14}+x^{13}+x^{11}+x^6+x^4+x^3+x^1+1$
CAN FD(17～64 字节)	21	$x^{21}+x^{20}+x^{13}+x^{11}+x^7+x^4+x^3+1$

在 CAN FD 协议标准化的过程中,通信的可靠性也得到了提高。DLC 的长度不同,当 DLC 大于 8 字节时,CAN FD 选择两种新的 BCH 型 CRC 多项式。

10. 错误检测机制

"位检测"导致"位错误":节点检测到的位与自身送出的位数值不同;仲裁或 ACK 位期间送出隐性位,检测到显性位不导致位错误。

"填充检测"导致"填充错误":在使用位填充编码的帧场(帧起始至 CRC 序列)中,不允许出现 6 个连续相同的电平位。

"格式检测"导致"格式错误":固定格式位场(如 CRC 界定符、ACK 界定符、帧结束等)含有一个或更多个非法位。

"CRC 检测"导致"CRC 错误":计算的 CRC 序列与接收到的 CRC 序列不同。

"ACK 检测"导致"ACK 错误":发送节点在 ACK 位期间未检测到显性位。

每一个 CAN 控制器都会有一个接收错误计数器和一个发送错误计数器用于处理检测到的传输错误,然后依据相关协议与规则进行错误数量增加或减少的统计。

CAN FD 控制器在发送错误帧之前会自动选择仲裁段比特率。CAN 控制器如果处于错误主动状态,则产生显性错误帧;如果处于错误被动状态,则产生隐性错误帧。

CAN 控制器错误状态转换如图 3-17 所示。

CAN 控制器接收错误计数器(REC)如图 3-18 所示。

CAN 控制器发送错误计数器(TEC)如图 3-19 所示。

11. 数据段

CAN 和 CAN FD 帧数据长度码如表 3-3 所示。

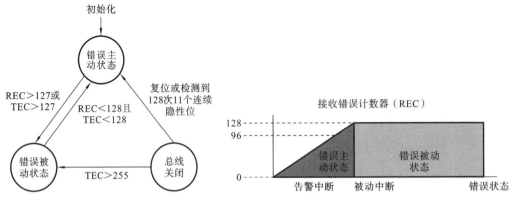

图 3-17 CAN 控制器错误状态转换　　　　图 3-18 CAN 控制器接收错误计数器(REC)

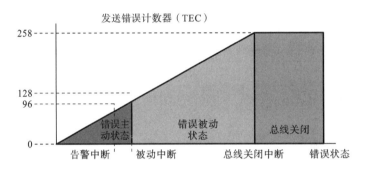

图 3-19 CAN 控制器发送错误计数器(TEC)

表 3-3 CAN 和 CAN FD 帧数据长度码

名称	CAN 和 CAN FD								CAN	CAN FD						
数据字节	0	1	2	3	4	5	6	7	8	8	12	16	20	24	32	48	64
DLC3	0	0	0	0	0	0	0	0	1	1	1	1	1	1	1	1
DLC2	0	0	0	0	1	1	1	1	0/1	0	0	0	0	1	1	1
DLC1	0	0	1	1	0	0	1	1	0/1	0	1	1	0	0	1	1
DLC0	0	1	0	1	0	1	0	1	0/1	1	0	1	0	1	0	1

CAN FD 对数据场的长度进行了很大的扩充,DLC 最大支持 64 字节,当 DLC 小于或等于 8 字节时与原 CAN 总线是一样的,当 DLC 大于 8 字节时有一个非线性的增长,最大的数据场长度可达 64 字节。

12. 主要的错误计数规则

主要的错误计数规则如下。

(1) 在 CAN 控制器复位时,错误计数器初始化归零。

(2) 在 CAN 控制器检测到一次无效传输时,REC 加 1。

(3) 在接收器首次发送错误标志时,REC 加 1。

(4) 在报文成功接收时,REC 减 1。

(5) 在传输过程中检测到错误时,TEC 加 8。

(6) 在报文成功发送时,TEC 减 1。

（7）在 TEC<127，且子序列错误被动状态标记保持隐性的情况下，TEC 加 8。

（8）在 TES>255 的情况下，CAN 控制器与总线断开连接。

在 REC 为 128，以及 REC 或 TEC 为零时，错误计数不会增加。

13. 确认段

确认段如图 3-20 所示。

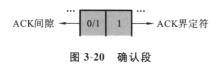

图 3-20 确认段

无论某报文是否应该发送至某一 CAN 节点，该节点凡是接收到一个正确传输，都必须发送一个显性位以示应答，如果没有节点正确地接收到报文，则 ACK 保持隐性。

14. 错误帧详情

当 CAN/CAN FD 节点不允许信息传输时，错误帧详情如图 3-21 所示。

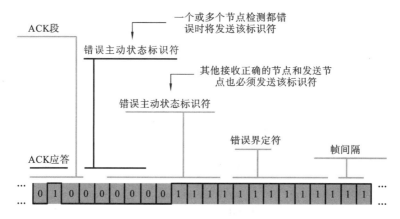

图 3-21 错误帧详情

错误帧详情说明如下。

（1）该情况下假设的是有两个或多个处于错误主动状态的接收器接入总线。

（2）单次发送后，只允许一个接收器发送一个确认标识，如果有多个接收器同时发送确认标识，则接收器会通过发送错误主动标识符拒绝接收后面的帧。

（3）如果所有接收器都发送确认标识，会导致 EOF 帧结束部分 7 个隐性位中检测到 1 个显性位，进而导致格式错误，随后接收器便会发送错误主动标识符。

（4）接收器检测到格式错误时，会随即发出一个错误主动状态标识符，发送器如果检测出格式错误，则在发送一个错误主动状态标识符之后会自动在空闲状态下尝试发送同一报文。

15. 帧结束

帧结束为 7 个隐性位。如果某一位出现 1 个显性电平，则会出现以下两种情况。

（1）第 1~6 位发送器或接收器检测到一个帧结构错误。此时接收器丢弃该帧，同时产生一个错误标记（接收器 CAN 控制器如果处于错误主动状态，则产生显性错误帧；如果处于错误被动状态，则产生隐性错误帧）。如果该帧是显性错误帧，则发送器重新发送该帧。

（2）第 7 位对于接收器有效，但对于发送器无效。如果此位出现显性错误帧，接收器已将报文接收成功，且发送器又重新发送，则该帧就被接收器接收两次，这时就需要由高层协议来处理。

图 3-22　错误主动状态 TX 节点帧间空间

16. 帧间空间

错误主动状态 TX 节点帧间空间如图 3-22 所示。错误被动状态 TX 节点帧间空间如图 3-23 所示。

图 3-23　错误被动状态 TX 节点帧间空间

3.1.3　从传统 CAN 升级到 CAN FD

尽管 CAN FD 继承了绝大部分传统 CAN 的特性，但是从传统 CAN 到 CAN FD 的升级，仍需做很多的工作。

（1）在硬件和工具方面，要使用 CAN FD，首先要选取支持 CAN FD 的 CAN 控制器和收发器，还要选取新的网络调试和监测工具。

（2）在网络兼容性方面，将传统 CAN 网段的部分节点升级到 CAN FD 时要特别注意，由于帧格式不一致，CAN FD 节点可以正常收发传统 CAN 节点报文，但是传统 CAN 节点不能正常收发 CAN FD 节点的报文。

CAN FD 协议是 CAN 总线协议的最新升级，CAN FD 将 CAN 的每帧 8 字节数据提高到 64 字节，波特率从最高的 1 Mbit/s 提高到 8～15 Mbit/s，使得通信效率提高 8 倍以上，大大提升了车辆的通信效率。

3.2　CAN FD 控制器 MCP2517FD

MCP2517FD 是 Microchip 公司生产的一款经济、高效的小尺寸 CAN FD 控制器，可通过串行外设接口（serial peripheral interface，SPI）与微控制器连接。MCP2517FD 支持经典格式（CAN2.0B）和 CAN 灵活数据速率格式（CAN FD）的 CAN 帧，满足 ISO 11898-1:2015 规范。

3.2.1　MCP2517FD 概述

1. 通用

MCP2517FD 具有如下通用特点。

（1）带 SPI 的外部 CAN FD 控制器。

（2）最高 1 Mbit/s 的仲裁波特率。

（3）最高 8 Mbit/s 的数据波特率。

(4) CAN FD 控制器模式。

① CAN2.0B 和 CAN FD 混合模式。

② CAN2.0B 模式。

(5) 符合 ISO 11898-1:2015 规范。

2. 报文 FIFO

(1) 31 个 FIFO,可配置为发送或接收 FIFO。

(2) 1 个发送队列(transmit queue,TXQ)。

(3) 带 32 位时间戳的发送事件 FIFO(transmit event FIFO,TEF)。

3. 报文发送

(1) 报文发送优先级。

① 基于优先级位域。

② 发送队列先发送 ID 最小的报文。

(2) 可编程自动重发尝试:无限制、3 次尝试或禁止。

4. 报文接收

(1) 32 个灵活的过滤器和屏蔽器对象。

(2) 每个对象均可配置为过滤。

① 标准 ID+前 18 个数据位域。

② 扩展 ID。

(3) 32 位时间戳。

5. 特点

(1) V_{DD}:2.7~5.5 V。

(2) 工作电流:最大 20 mA(5.5 V,40 MHz CAN 时钟)。

(3) 休眠电流:10 μA(典型值)。

(4) 报文对象位于 RAM 中,为 2 KB。

(5) 最多 3 个可配置中断引脚。

(6) 总线健康状况诊断和错误计数器。

(7) 收发器待机控制。

(8) 帧起始引脚,用于指示总线上报文的开头。

(9) 温度范围:高温(H)为−40~150 ℃。

6. 振荡器选项

(1) 40 MHz、20 MHz 或 4 MHz 晶振或陶瓷谐振器或外部时钟输入。

(2) 带预分频器的时钟输出。

7. SPI

(1) 最高 20 MHz SPI 时钟速度。

(2) 支持 SPI 模式 0 和模式 3。

(3) 寄存器和位域的排列方式便于通过 SPI 高效访问。

8. 安全关键系统

(1) 带 CRC 的 SPI 命令,用于检测 SPI 上的噪声。

（2）受纠错码（error correction code，ECC）保护的 RAM。

9．其他特性

（1）GPIO 引脚：$\overline{\text{INT0}}$ 和 $\overline{\text{INT1}}$ 可配置为通用 I/O。

（2）漏极开路输出：TXCAN、$\overline{\text{INT}}$、$\overline{\text{INT0}}$ 和 $\overline{\text{INT1}}$ 引脚可配置为推/挽或漏极开路输出。

3.2.2 MCP2517FD 的功能

MCP2517FD 的功能框图如图 3-24 所示。

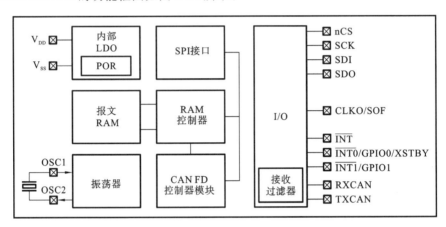

图 3-24　MCP2517FD 的功能框图

MCP2517FD 主要包含以下模块。

（1）CAN FD 控制器模块实现了 CAN FD 协议，并包含 FIFO 和过滤器。

（2）SPI 通过访问 SFR 和 RAM 来控制器件。

（3）RAM 控制器通过仲裁 SPI 和 CAN FD 控制器模块之间的 RAM 来进行访问。

（4）报文 RAM 用于存储报文对象的数据。

（5）振荡器产生 CAN 时钟。

（6）内部 LDO 和 POR 电路。

（7）I/O 控制。

1．I/O 配置

IOCON 寄存器用于配置 I/O 引脚。

CLKO/SOF：选择时钟输出或帧起始。

TXCANOD：TXCAN 可配置为推/挽输出或漏极开路输出。漏极开路输出允许用户将多个控制器连接到一起来构建 CAN 网络，无需使用收发器。

$\overline{\text{INT0}}$ 和 $\overline{\text{INT1}}$：可配置为 GPIO，或者发送和接收中断。

$\overline{\text{INT0}}$/GPIO0/XSTBY：可用于自动控制收发器的待机引脚。

INTOD：中断引脚可配置为漏极开路或推/挽输出。

2．中断引脚

MCP2517FD 包含 3 个不同的中断引脚。

$\overline{\text{INT}}$：CiINT 寄存器中的任何中断发生时置为有效（xIF 和 xIE），包括 RX 和 TX

中断。

$\overline{INT1}$/GPIO1：可配置为 GPIO 或 RX 中断引脚(CiINT. RXIF 和 RXIE)。

$\overline{INT0}$/GPIO0：可配置为 GPIO 或 TX 中断引脚(CiINT. TXIF 和 TXIE)。

所有引脚低电平有效。

3. 振荡器

振荡器系统生成 SYSCLK，用于 CAN FD 控制器模块以及 RAM 访问。关于 CAN FD 社区，建议使用 40 MHz 或 20 MHz SYSCLK。

3.2.3 MCP2517FD 引脚说明

MCP2517FD 引脚有 SOIC14 和 VDFN14 两种封装，分别如图 3-25 和图 3-26 所示。

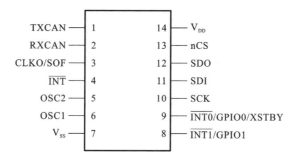

图 3-25 MCP2517FD 引脚(SOIC14)

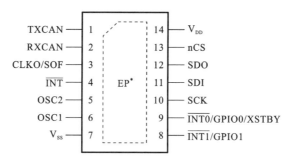

图 3-26 MCP2517FD 引脚(VDFN14)

MCP2517FD 引脚介绍如下。

TXCAN(1)：向 CAN FD 收发器发送输出。

RXCAN(2)：接收来自 CAN FD 收发器的输入。

CLKO/SOF(3)：时钟输出/帧起始输出。

$\overline{INT}$(4)：中断输出(低电平有效)。

OSC2(5)：外部振荡器输出。

OSC1(6)：外部振荡器输入。

V_{SS}(7)：接地。

$\overline{INT1}$/GPIO1(8)：RX 中断输出(低电平有效)/GPIO。

$\overline{INT0}$/GPIO0/XSTBY(9)：TX 中断输出(低电平有效)/GPIO/收发器待机输出。

SCK(10)：SPI 时钟输入。

SDI(11):SPI 数据输入。

SDO(12):SPI 数据输出。

nCS(13):SPI 片选输入。

V_{DD}(14):正电源。

EP*(VDFN14 封装):外漏焊盘,连接至 V_{SS}。

3.2.4 CAN FD 控制器模块

CAN FD 控制器模块框图如图 3-27 所示。

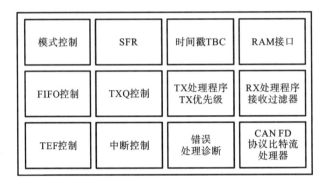

图 3-27 CAN FD 控制器模块框图

1. MCP2517FD 控制器模块的工作模式

MCP2517FD 控制器模块有多种工作模式,具体工作模式如下。

(1) 配置模式。

(2) 正常 CAN FD 模式。

(3) 正常 CAN2.0 模式。

(4) 休眠模式。

(5) 仅监听模式。

(6) 受限工作模式。

(7) 内部和外部环回模式。

2. CAN FD 比特流处理器

CAN FD 比特流处理器(bit stream processor,BSP)实现了 ISO 11898-1:2015 规范中说明的 CAN FD 协议介质访问控制。它可以对比特流进行序列化和反序列化处理、对 CAN FD 帧进行编码和解码,它可用于管理介质访问、应答帧、检测错误和发送错误信号。

3. TX 处理程序

TX 处理程序优先处理 FIFO 请求发送的报文。该处理程序通过 RAM 接口从 RAM 中获取发送数据,并将其提供给 BSP 发送。

4. RX 处理程序

BSP 向 RX 处理程序提供接收到的报文。RX 处理程序使用接收过滤器过滤应存储在接收 FIFO 中的报文。该处理程序通过 RAM 接口将接收到的数据存储到 RAM 中。

5. FIFO

每个 FIFO 都可以配置为发送或接收 FIFO。FIFO 控制持续跟踪 FIFO 头部和尾部,并计算用户地址。在 TX FIFO 中,用户地址指向 RAM 中,用于存储下一个发送报文数据的地址。在 RX FIFO 中,用户地址指向 RAM 中,用于存储即将读取的下一个接收报文数据的地址。用户通过递增 FIFO 的头部/尾部来通知 FIFO 已向 RAM 写入报文或已从 RAM 读取报文。

6. 发送队列

发送队列(TXQ)是一个特殊的发送 FIFO,它根据队列中存储报文的 ID 发送报文。

7. 发送事件 FIFO

发送事件 FIFO(TEF)存储所发送报文的 ID。

8. 自由运行的时基计数器

自由运行的时基计数器用于为接收的报文添加时间戳。TEF 中的报文也可以添加时间戳。

9. CAN FD 控制器模块

CAN FD 控制器模块在接收到新的报文或在成功发送报文时产生中断。

10. 特殊功能寄存器

特殊功能寄存器(SFR)用于控制和读取 CAN FD 控制器模块的状态。

3.2.5 MCP2517FD 存储器的构成

MCP2517FD 存储器映射如图 3-28 所示。

图 3-28 给出了 MCP2517FD 存储器的主要分段及其地址范围,主要包括如下内容。

(1)MCP2517FD 特殊功能寄存器(special function register,SFR)。

(2)CAN FD 控制器模块 SFR。

(3)报文存储器(RAM)。

SFR 的宽度为 32 位。LSB 位于低地址。例如,C1CON 的 LSB 位于地址 0x000,而其 MSB 位于地址 0x003。

3.2.6 MCP2517FD 特殊功能寄存器

MCP2517FD 有 5 个特殊功能寄存器,位于存储器地址 0xE00~0xE13,共占 20 字节。其具体地址分配与功能介绍如下。

1. OSC 振荡器控制寄存器

OSC 振荡器控制寄存器的地址范围为 0xE00~0xE13。

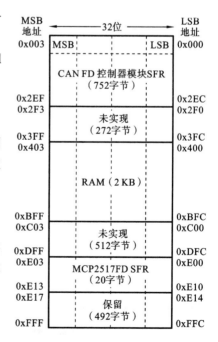

图 3-28 MCP2517FD 存储器映射

OSC 振荡器控制寄存器的功能描述如表 3-4 所示。

表 3-4 OSC 振荡器控制寄存器的功能描述

位	位 名 称	描 述	读/写
0	PLLEN	PLL 使能。 1:系统时钟来自 10x PLL。 0:系统时钟直接来自 XTAL 振荡器。 只能在配置模式下修改该位	R/W
1	保留	—	—
2	OSCDIS	时钟(振荡器)禁止。 1:禁止时钟,器件处于休眠模式。 0:使能时钟。 在休眠模式下,清零 OSCDIS 将唤醒器件,并将其重新置于配置模式	HS/C: 仅由硬件置 1 或清零
3	保留	—	—
4	SCLKDIV	系统时钟分频比。 1:SCLK 2 分频。 0:SCLK 1 分频。 只能在配置模式下修改该位	R/W
5~6	CLKODIV⟨1：0⟩	时钟输出分频比。 11:CLKO 10 分频。 10:CLKO 4 分频。 01:CLKO 2 分频。 00:CLKO 1 分频	R/W
7	保留	—	—
8	PLLRDY	PLL 就绪。 1:PLL 锁定。 0:PLL 未就绪	R
9	保留	—	—
10	OSCRDY	时钟就绪。 1:时钟正在运行且保持稳定。 0:时钟未就绪或已关闭	R
11	保留	—	—
12	SCLKRDY	同步 SCLKDIV 位。 1:SCLKDIV 1。 0:SCLKDIV 0	R
13~31	保留	—	—

2. IOCON 输入/输出控制寄存器

IOCON 输入/输出控制寄存器的地址范围为 0xE04~0xE07。

IOCON 输入/输出控制寄存器的功能描述如表 3-5 所示。

表 3-5 IOCON 输入/输出控制寄存器的功能描述

位	位 名 称	描 述	读/写
0	TRIS0	GPIO0 数据方向。 1:输入引脚。 0:输出引脚。 如果 PM0＝0,则 TRIS0 将被忽略,引脚将为输出	R/W
1	TRIS1	GPIO1 数据方向。 1:输入引脚。 0:输出引脚。 如果 PM1＝0,则 TRIS1 将被忽略,引脚将为输出	R/W
2～5	保留	—	—
6	XSTBYEN	使能收发器待机引脚控制。 1:使能 XSTBY 控制。 0:禁止 XSTBY 控制	R/W
7	保留	—	—
8	LAT0	GPIO0 锁存器。 1:将引脚驱动为高电平。 0:将引脚驱动为低电平	R/W
9	LAT1	GPIO1 锁存器。 1:将引脚驱动为高电平。 0:将引脚驱动为低电平	R/W
10～15	保留	—	—
16	GPIO0	GPIO0 状态。 1:VGPIO0＞VIH。 0:VGPIO0＜VIL	R/W
17	GPIO1	GPIO1 状态。 1:VGPIO0＞VIH。 0:VGPIO0＜VIL	R/W
18～23	保留	—	—
24	PM0	GPIO 引脚模式。 1:引脚用作 GPIO0。 0:中断引脚$\overline{INT0}$,在 CiINT. TXIF 和 TXIE 置 1 时,为有效	R/W
25	PM1	GPIO 引脚模式。 1:引脚用作 GPIO1。 0:中断引脚$\overline{INT1}$,在 CiINT. TXIF 和 TXIE 置 1 时,为有效	R/W
26～27	保留	—	—

位	位 名 称	描 述	读/写
28	TXCANOD	TXCAN 漏极开路模式。 1：漏极开路输出。 0：推/挽输出	R/W
29	SOF	帧起始信号。 1：CLKO 引脚上出现 SOF 信号。 0：CLKO 引脚上出现时钟	R/W
30	INTOD	中断引脚漏极开路模式。 1：漏极开路输出。 0：推/挽输出	R/W
31	保留	—	—

3. CRC 寄存器

CRC 寄存器的地址范围为 0xE08～0xE0B。

CRC 寄存器的功能描述如表 3-6 所示。

表 3-6　CRC 寄存器的功能描述

位	位 名 称	描 述	读/写
0～15	CRC〈15：0〉	自上一次 CRC 不匹配起的循环冗余校验	R
16	CRCERRIF	CRC 错误中断标志。 1：发生 CRC 不匹配。 0：未发生 CRC 错误	HS/C： 仅由硬件置 1 或清零
17	FERRIF	CRC 命令格式错误中断标志。 1："SPI＋CRC"命令发生期间字节数不匹配。 0：未发生 SPI CRC 命令格式错误	HS/C： 仅由硬件置 1 或清零
18～23	保留	—	—
24	CRCERRIE	CRC 错误中断允许	R/W
25	FERRIE	CRC 命令格式错误中断允许	R/W
26～31	保留	—	—

4. ECCCON—ECC 控制寄存器

ECCCON—ECC 控制寄存器的地址范围为 0xE0C～0xE0F。

ECCCON—ECC 控制寄存器的功能描述如表 3-7 所示。

表 3-7　ECCCON—ECC 控制寄存器的功能描述

位	位 名 称	描 述	读/写
0	ECCEN	ECC 使能。 1：使能 ECC。 0：禁止 ECC	R/W
1	SECIE	单个位错误纠正中断允许	
2	DEDIE	双位错误检测中断允许	R/W

续表

位	位　名　称	描　述	读/写
3～7	保留	—	—
8～14	PARITY⟨6：0⟩	禁止 ECC 时,在写入 RAM 期间使用的奇偶校验位	R/W
15～31	保留	—	—

5. ECCSTAT—ECC 状态寄存器

ECCSTAT—ECC 状态寄存器的地址范围为 0xE10～0xE13。

ECCSTAT—ECC 状态寄存器的功能描述如表 3-8 所示。

表 3-8　ECCSTAT—ECC 状态寄存器的功能描述

位	位　名　称	描　述	读/写
0	保留	—	—
1	SECIF	单个位错误纠正中断标志。 1:纠正了单个位错误。 0:未发生单个位错误	HS/C: 仅由硬件置 1 或清零
2	DEDIF	双位错误检测中断标志。 1:检测到双位错误。 0:未检测到双位错误	HS/C: 仅由硬件置 1 或清零
3～15	保留	—	—
16～27	ERRADDR⟨11：0⟩	发生上一个 ECC 错误的地址	R
28～31	保留	—	—

3.2.7　CAN FD 控制器模块 SFR

MCP2517FD 包含的 CAN FD 控制器模块有 5 组特殊功能寄存器,位于存储器地址 0x000～0x2EF,共占 752 字节。具体地址分配与功能介绍如下。

1. 配置寄存器

CAN FD 控制器模块有 6 个配置寄存器,其地址范围为 0x000～0x017,共占 24 字节。每个配置寄存器为 32 位,占用 4 字节。

CAN FD 控制器模块的配置寄存器介绍如下。

(1) CAN 控制寄存器(CiCON)。

(2) 标称位时间配置寄存器(CiNBTCFG)。

(3) 数据位时间配置寄存器(CiDBTCFG)。

(4) 发送器延时补偿寄存器(CiTDC)。

(5) 时基计数器寄存器(CiTBC)。

(6) 时间戳控制寄存器(CiTSCON)。

配置寄存器标识符中显示的"i"表示 CANi,如 CiCON。

CAN FD 控制器模块的配置寄存器功能描述分别如表 3-9～表 3-14 所示。

表 3-9 CiCON—CAN 控制寄存器

位	位 名 称	描 述	读/写
0~4	DNCNT⟨4:0⟩	DeviceNet 过滤器位编号位。 10011~11111:无效选择(最多可将数据的 18 位与 EID 进行比较)。 10010:最多可将数据字节 2 的 bit 6 与 EID17 进行比较。 ⋮ 00001:最多可将数据字节 0 的 bit 7 与 EID0 进行比较。 00000:不比较数据字节	R/W
5	ISOCRCEN	使能 CAN FD 帧中的 ISO CRC 位。 1:CRC 字段中包含填充位计数,使用非零 CRC 初始化向量(符合 ISO 11898-1:2015 规范)。 0:CRC 字段中不包含填充位计数,使用全零 CRC 初始化向量。 只能在配置模式下修改这些位	R/W
6	PXEDIS	协议异常事件检测禁止位。 隐性 FDF 位后的隐性"保留位"称为"协议异常"。 1:协议异常被视为格式错误。 0:如果检测到协议异常,则 CAN FD 控制器模块将进入总线集成状态。 只能在配置模式下修改这些位	R/W
7	保留	—	—
8	WAKFIL	使能 CAN 总线线路唤醒滤波器位。 1:使用 CAN 总线线路滤波器来唤醒。 0:不使用 CAN 总线线路滤波器来唤醒。 只能在配置模式下修改这些位	R/W
9~10	WFT⟨1:0⟩	可选唤醒滤波器时间位。 00:T00FILTER。 01:T01FILTER。 10:T10FILTER。 11:T11FILTER	R/W
11	BUSY	CAN 模块忙状态位。 1:CAN 模块正在发送或接收报文。 0:CAN 模块不工作	R
12	BRSDIS	波特率切换禁止位。 1:无论发送报文对象中的 BRS 状态如何,都禁止波特率切换。 0:根据发送报文对象中的 BRS 进行波特率切换	R/W
13~15	保留	—	—
16	RTXAT	限制重发尝试位。 1:重发尝试受限,使用 CiFIFOCON$_m$.TXAT。 0:重发尝试不受限,CiFIFOCON$_m$.TXAT 将被忽略。 只能在配置模式下修改这些位	R/W

续表

位	位 名 称	描 述	读/写
17	ESIGM	在网关模式下发送 ESI 位。 1:当报文的 ESI 为高电平或 CAN 控制器处于被动错误状态时,ESI 隐性发送。 0:ESI 反映 CAN 控制器的错误状态。 只能在配置模式下修改这些位	R/W
18	SERR2LOM	发生系统错误时,切换到仅监听模式位。 1:切换到仅监听模式。 0:切换到受限工作模式。 只能在配置模式下修改这些位	R/W
19	STEF	存储到发送事件 FIFO 位。 1:将发送的报文保存到 TEF 中,并在 RAM 中预留空间。 0:不将发送的报文保存到 TEF 中。 只能在配置模式下修改这些位	R/W
20	TXQEN	使能发送队列位。 1:使能 TXQ,并在 RAM 中预留空间。 0:不在 RAM 中为 TXQ 预留空间。 只能在配置模式下修改这些位	R/W
21~23	OPMOD〈2:0〉	工作模式状态位。 000:模块处于正常 CAN FD 模式,支持混用 CAN FD 帧和经典 CAN2.0 帧。 001:模块处于休眠模式。 010:模块处于内部环回模式。 011:模块处于仅监听模式。 100:模块处于配置模式。 101:模块处于外部环回模式。 110:模块处于正常 CAN2.0 模式,接收 CAN FD 帧时可能生成错误帧。 111:模块处于受限工作模式	R
24~26	REQOP〈2:0〉	请求工作模式位。 000:设置为正常 CAN FD 模式,支持混用 CAN FD 帧和经典 CAN2.0 帧。 001:设置为休眠模式。 010:设置为内部环回模式。 011:设置为仅监听模式。 100:设置为配置模式。 101:设置为外部环回模式。 110:设置为正常 CAN2.0 模式,接收 CAN FD 帧时可能生成错误帧。 111:设置为受限工作模式	R/W

位	位 名 称	描 述	读/写
27	ABAT	中止所有等待的发送位。 1:通知所有发送 FIFO 中止发送。 0:模块将在所有发送中止时清零该位	R/W
28~31	TXBWS〈3:0〉	发送带宽共用位。 两次连续传输之间的延时(以仲裁位时间为单位)。 0000:无延时。 0001:2。 0010:4。 0011:8。 0100:16。 0101:32。 0110:64。 0111:128。 1000:256。 1001:512。 1010:1024。 1011:2048。 1111~1100:4096	R/W

表 3-10 CiNBTCFG—标称位时间配置寄存器

位	位 名 称	描 述	读/写
0~6	SJW〈6:0〉	同步跳转宽度位。 111 1111:长度为 128xTQ。 ⋮ 000 0000:长度为 1xTQ	R/W
7	保留	—	—
8~14	TSEG2〈6:0〉	时间段 2 位(相位段 2)。 111 1111:长度为 128xTQ。 ⋮ 000 0000:长度为 1xTQ	R/W
15	保留	—	—
16~23	TSEG1〈7:0〉	时间段 1 位(传播段+相位段 1)。 1111 1111:长度为 256xTQ。 ⋮ 0000 0000:长度为 1xTQ	R/W
24~31	BRP〈7:0〉	波特率预分频比位。 1111 1111:TQ=256/Fsys。 ⋮ 0000 0000:TQ=1/Fsys	R/W

表 3-11 CiDBTCFG—数据位时间配置寄存器

位	位 名 称	描 述	读/写
0～3	SJW⟨3：0⟩	同步跳转宽度位。 1111：长度为 16xTQ。 ⋮ 0000：长度为 1xTQ	R/W
4～7	保留	—	—
8～11	TSEG2⟨3：0⟩	时间段 2 位(相位段 2)。 1111：长度为 16xTQ。 ⋮ 0000：长度为 1xTQ	R/W
12～15	保留	—	—
16～20	TSEG1⟨4：0⟩	时间段 1 位(传播段＋相位段 1)。 1 1111：长度为 32xTQ。 ⋮ 0 0000：长度为 1xTQ	R/W
21～23	保留	—	—
24～31	BRP⟨7：0⟩	波特率预分频比位。 1111 1111：TQ＝256/Fsys。 ⋮ 0000 0000：TQ＝1/Fsys	R/W

只能在配置模式下修改该寄存器。

表 3-12 CiTDC—发送器延时补偿寄存器

位	位 名 称	描 述	读/写
0～5	TDCV⟨5：0⟩	发送器延时补偿值位,二次采样点(secondary sample point,SSP)。 11 1111：63xTSYSCLK。 ⋮ 00 0000：0xTSYSCLK	R/W
6～7	保留	—	—
8～14	TDCO⟨6：0⟩	发送器延时补偿偏移位,二次采样点(SSP)二进制补码,偏移可以是正值、零或负值。 011 1111：63xTSYSCLK。 ⋮ 000 0000：0xTSYSCLK。 ⋮ 111 1111：－64xTSYSCLK	R/W
15	保留	—	—

位	位 名 称	描 述	读/写
16~17	TDCMOD〈1：0〉	发送器延时补偿模式位，二次采样点(SSP)。 10~11：自动；测量延时并添加 TDCO。 01：手动；不测量，使用来自寄存器的 TDCV+TDCO。 00：禁止 TDC	R/W
21~23	保留	—	—
24~31	BRP〈7：0〉	波特率预分频比位。 1111 1111：TQ=256/Fsys。 ⋮ 0000 0000：TQ=1/Fsys	R/W

表 3-13　CiTBC—时基计数器寄存器

位	位 名 称	描 述	读/写
0~31	TBC〈31：0〉	时基计数器位。 自由运行的定时器。 当 TBCEN 置 1 时，每经过一个 TBCPRE 时钟递增一次。 当 TBCEN=0 时，TBC 将停止并复位。 对 CiTBC 的任何写操作都会使 TBC 的预分频器计数复位(CiTSCON. TBCPRE 不受影响)	R/W

表 3-14　CiTSCON—时间戳控制寄存器

位	位 名 称	描 述	读/写
0~9	TBCPRE〈9：0〉	时基计数器预分频比位。 1023：每经过 1024 个时钟 TBC 递增一次。 ⋮ 0：每经过 1 个时钟 TBC 递增一次	R/W
10~15	保留	—	—
16	TBCEN	时基计数器使能位。 1：使能 TBC。 0：停止并复位 TBC	R/W
17	TSEOF	时间戳 EOF 位。 1：在帧生效后添加时间戳；在 EOF 的倒数第二位之前 RX 未产生错误，在 EOF 结束之前 TX 未产生错误。 0：在帧"开始"时添加时间戳。 经典帧：在 SOF 的采样点。 FD 帧：请参见 TSRES 位	R/W
18	TSRES	时间戳保留位(仅限 FD 帧)。 1：在 FDF 位后的位的采样点。 0：在 SOF 的采样点	R/W
19~31	保留	—	—

2. 中断和状态寄存器

CAN FD 控制器模块有 7 个中断和状态寄存器,其地址范围为 0x018～0x033,共占 28 字节。每个配置寄存器为 32 位,占用 4 字节。

CAN FD 控制器模块的中断和状态寄存器介绍如下。

(1) 中断代码寄存器(CiVEC)。

(2) 中断寄存器(CiINT)。

(3) 接收中断状态寄存器(CiRXIF)。

(4) 接收溢出中断状态寄存器(CiRXOVIF)。

(5) 发送中断状态寄存器(CiTXIF)。

(6) 发送尝试中断状态寄存器(CiTXATIF)。

(7) 发送请求寄存器(CiTXREQ)。

中断和状态寄存器标识符中显示的"i"表示 CANi,如 CiVEC。

CAN FD 控制器模块的中断和状态寄存器功能描述从略,具体可以参考 MCP2517FD 数据手册。

3. 错误和诊断寄存器

CAN FD 控制器模块有 3 个错误和诊断寄存器,其地址范围为 0x034～0x03B,共占 12 字节。每个错误和诊断寄存器为 32 位,占用 4 字节。

CAN FD 控制器模块的错误和诊断寄存器介绍如下。

(1) 发送/接收错误计数寄存器(CiTREC)。

(2) 总线诊断寄存器 0(CiBDIAG0)。

(3) 总线诊断寄存器 1(CiBDIAG1)。

错误和诊断寄存器标识符中显示的"i"表示 CANi,如 CiTREC。

CAN FD 控制器模块的中断和状态寄存器功能描述从略,具体可以参考 MCP2517FD 数据手册。

4. FIFO 控制和状态寄存器

CAN FD 控制器模块前 6 个 FIFO 控制和状态寄存器的地址范围为 0x040～0x05B,其中地址 0x048～0x04C 保留,共占 24 字节。

FIFO 控制寄存器、FIFO 状态寄存器和 FIFO 用户地址寄存器分别为 31 个寄存器,其地址范围为 0x05C～0x1CF,共占 372 字节。

每个 FIFO 控制和状态寄存器为 32 位,占用 4 字节。

CAN FD 控制器模块的 FIFO 控制和状态寄存器介绍如下。

(1) 发送事件 FIFO 控制寄存器(CiTEFCON)。

(2) 发送事件 FIFO 状态寄存器(CiTEFSTA)。

(3) 发送事件 FIFO 用户地址寄存器(CiTEFUA)。

(4) 发送队列控制寄存器(CiTXQCON)。

(5) 发送队列状态寄存器(CiTXQSTA)。

(6) 发送队列用户地址寄存器(CiTXQUA)。

(7) FIFO 控制寄存器 m(CiFIFOCONm,m 为 1～31)。

(8) FIFO 状态寄存器 m(CiFIFOSTAm,m 为 1～31)。

（9）FIFO 用户地址寄存器 m（CiFIFOUAm，m 为 1～31）。

FIFO 控制和状态寄存器标识符中显示的"i"表示 CANi，如 CiTEFCON。

FIFO 控制和状态寄存器的功能描述从略，具体可以参考 MCP2517FD 数据手册。

5. 过滤器配置和控制寄存器

CAN FD 控制器模块过滤器配置和控制寄存器的地址范围为 0x1D0～0x2EF，共占 288 字节。

（1）过滤器控制寄存器 m（CiFLTCONm，m 为 0～7）。

（2）过滤器对象寄存器 m（CiFLTOBJm，m 为 0～31）。

（3）屏蔽寄存器 m（CiMASKm，m 为 0～31）。

控制寄存器标识符中显示的"i"表示 CANi，如 CiFLTCONm。

CAN FD 控制器模块过滤器配置和控制寄存器的功能描述从略，具体可以参考 MCP2517FD 数据手册。

3.2.8 报文存储器

MCP2517FD 报文存储器的构成如图 3-29 所示。图 3-29 显示了报文对象如何映射到 RAM 中。TEF、TXQ 和每个 FIFO 的报文对象数均可配置。图 1-6 中仅详细显示了 FIFO2 的报文对象。对于 TXQ 和 FIFO 而言，每个报文对象（有效负载）的数据字节数可单独配置。

```
┌─────────────────────────┐
│          TEF            │
├─────────────────────────┤
│          TXQ            │
├─────────────────────────┤
│         FIFO1           │
├─────────────────────────┤
│   FIFO2：报文对象0      │
├─────────────────────────┤
│   FIFO2：报文对象1      │
├─────────────────────────┤
│          ⋮              │
├─────────────────────────┤
│   FIFO2：报文对象n      │
├─────────────────────────┤
│         FIFO3           │
├─────────────────────────┤
│          ⋮              │
├─────────────────────────┤
│        FIFO31           │
└─────────────────────────┘
```

图 3-29 MCP2517FD 报文存储器的构成

FIFO 和报文对象只能在配置模式下配置，配置步骤如下。

（1）分配 TEF 对象。只有当 CiCON.STEF＝1 时，才会保留 RAM 中的空间。

（2）分配 TXQ 对象。只有当 CiCON.TXQEN＝1 时，才会保留 RAM 中的空间。

（3）分配 FIFO1～FIFO31 的报文对象。这种高度灵活的配置可以有效地使用 RAM。

报文对象的地址取决于所选的配置。应用程序不必计算地址。用户地址字段提供要读取或写入的下一个报文对象的地址。

RAM 由 ECC 保护。ECC 逻辑支持单个位错误纠正（single error correction，SEC）和双位错误检测（double error detection，DED）。

除 32 个数据位外，SEC/DED 还需要 7 个奇偶校验位。

1. 使能和禁止 ECC

可以通过将 ECCCON.ECCEN 置 1 来使能 ECC 逻辑。当使能 ECC 逻辑时，将对写入 RAM 的数据进行编码，对从 RAM 读取的数据进行解码。

当禁止 ECC 逻辑时，数据写入 RAM，奇偶校验位取自 ECCCON.PARITY。这使用户能够测试 ECC 逻辑。在读取期间，将剔除奇偶校验位，按原样读取数据。

2. RAM 写入

在 RAM 写入期间，编码器计算奇偶校验位并将奇偶校验位加到输入数据。

3．RAM 读取

MCP2517FD 包含 2 KB RAM,用于存储报文对象。有以下三种不同的报文对象。

（1）TXQ 和 TXFIFO 使用的发送报文对象如表 3-15 所示。

表 3-15　TXQ 和 TXFIFO 使用的发送报文对象

字	位	bit31/23/15/7	bit30/22/14/6	bit29/21/13/5	bit28/20/12/4	bit27/19/11/3	bit26/18/10/2	bit25/17/9/1	bit24/16/8/0
T0	31～24	—	—	SID11	EID〈17：6〉				
	23～16	EID〈12：5〉							
	15～8	EID〈4：0〉				SID〈10：8〉			
	7～0	SID〈7：0〉							
T1	31～24	—	—	—	—	—	—	—	—
	23～16	—	—	—	—	—	—	—	—
	15～8	SEQ〈6：0〉							ESI
	7～0	FDF	BRS	RTR	IDE	DLC〈3：0〉			
T2 (1)	31～24	发送数据字节 3							
	23～16	发送数据字节 2							
	15～8	发送数据字节 1							
	7～0	发送数据字节 0							
T3	31～24	发送数据字节 7							
	23～16	发送数据字节 6							
	15～8	发送数据字节 5							
	7～0	发送数据字节 4							
Ti	31～24	发送数据字节 n							
	23～16	发送数据字节 $n-1$							
	15～8	发送数据字节 $n-2$							
	7～0	发送数据字节 $n-3$							

注：数据字节 0～n：在控制寄存器(CiFIFOCON$_m$.PLSIZE〈2：0〉)中单独配置有效负载大小。

（2）RXFIFO 使用的接收报文对象如表 3-16 所示。

表 3-16　RXFIFO 使用的接收报文对象

字	位	bit31/23/15/7	bit30/22/14/6	bit29/21/13/5	bit28/20/12/4	bit27/19/11/3	bit26/18/10/2	bit25/17/9/1	bit24/16/8/0
R0	31～24	—	—	SID11	EID〈17：6〉				
	23～16	EID〈12：5〉							
	15～8	EID〈4：0〉				SID〈10：8〉			
	7～0	SID〈7：0〉							
R1	31～24	—	—	—	—	—	—	—	—
	23～16	—	—	—	—	—	—	—	—
	15～8	FILHIT〈4：0〉							ESI
	7～0	FDF	BRS	RTR	IDE	DLC〈3：0〉			
R2 (1)	31～24	RXMSGTS〈31：24〉							
	23～16	RXMSGTS〈23：16〉							
	15～8	RXMSGTS〈15：8〉							
	7～0	RXMSGTS〈7：0〉							
R3 (2)	31～24	接收数据字节 3							
	23～16	接收数据字节 2							
	15～8	接收数据字节 1							
	7～0	接收数据字节 0							

续表

字	位	bit31/23/15/7	bit30/22/14/6	bit29/21/13/5	bit28/20/12/4	bit27/19/11/3	bit26/18/10/2	bit25/17/9/1	bit24/16/8/0
R4	31~24	接收数据字节 7							
	23~16	接收数据字节 6							
	15~8	接收数据字节 5							
	7~0	接收数据字节 4							
Ri	31~24	接收数据字节 n							
	23~16	接收数据字节 $n-1$							
	15~8	接收数据字节 $n-2$							
	7~0	接收数据字节 $n-3$							

注：① R2(RXMSGTS)仅存在于 CiFIFOCONm.RXTSEN 置 1 的对象中。

② RXMOBJ：数据字节 $0\sim n$；在 FIFO 控制寄存器(CiFIFOCONm.PLSIZE⟨2：0⟩)中单独配置有效负载大小。

（3）TEF 发送事件 FIFO 对象如表 3-17 所示。

表 3-17　TEF 发送事件 FIFO 对象

字	位	bit31/23/15/7	bit30/22/14/6	bit29/21/13/5	bit28/20/12/4	bit27/19/11/3	bit26/18/10/2	bit25/17/9/1	bit24/16/8/0
TE0	31~24	—	—	SID11	EID⟨17：6⟩				
	23~16	EID⟨12：5⟩							
	15~8	EID⟨4：0⟩				SID⟨10：8⟩			
	7~0	SID⟨7：0⟩							
TE1	31~24	—	—	—	—	—	—	—	—
	23~16	—	—	—	—	—	—	—	—
	15~8	SEQ⟨6：0⟩							ESI
	7~0	FDF	BRS	RTR	IDE	DLC⟨3：0⟩			
TE2 (1)	31~24	TXMSGTS⟨31：24⟩							
	23~16	TXMSGTS⟨23：16⟩							
	15~8	TXMSGTS⟨15：8⟩							
	7~0	TXMSGTS⟨7：0⟩							

注：TE2(TXMSGTS)仅存在于 CiTEFCON.TEFTSEN 置 1 的对象中。

在 RAM 读取期间，解码器检查来自 RAM 输出数据的一致性并删除奇偶校验位。它可以纠正单个位错误并检测双位错误。

表 3-15 中的 T0 字和 T1 字说明如下。

（1）T0 字。

bit30、bit31：保留。

bit29 SID11：在 FD 模式下，标准 ID 可通过 r1 扩展为 12 位。

bit28~11 EID⟨17：0⟩：扩展标识符。

bit10~0 SID⟨10：0⟩：标准标识符。

（2）T1 字。

bit31~16：保留。

bit15~9 SEQ⟨6：0⟩：用于跟踪发送事件 FIFO 中已发送报文的序列。

bit 8 ESI：错误状态指示符。

在 CAN-CAN 网关模式(CiCON.ESIGM=1)下，发送的 ESI 标志为 T1.ESI 与 CAN 控制器被动错误状态的"逻辑或"结果。

在正常模式下,ESI 指示错误状态。

1:发送节点处于被动错误状态。

0:发送节点处于主动错误状态。

bit7 FDF:FD 帧;用于区分 CAN 和 CAN FD 格式。

bit6 BRS:波特率切换;选择是否切换数据波特率。

bit5 RTR:远程发送请求;不适用于 CAN FD。

bit4 IDE:标识符扩展标志;用于区分基本格式和扩展格式。

bit3~0 DLC⟨3:0⟩:数据长度码。

表 3-16 中的 R0 字、R1 字和 R2 字说明如下。

(1) R0 字。

bit30、bit31:保留。

bit29 SID11:在 FD 模式下,标准 ID 可通过 r1 扩展为 12 位。

bit28~11 EID⟨17:0⟩:扩展标识符。

bit10~0 SID⟨10:0⟩:标准标识符。

(2) R1 字。

bit31~16:保留。

bit15~11 FILTHIT⟨4:0⟩:命中的过滤器;匹配的过滤器编号。

bit10~9:保留。

bit8 ESI:错误状态指示符。

1:发送节点处于被动错误状态。

0:发送节点处于主动错误状态。

bit7 FDF:FD 帧;用于区分 CAN 和 CAN FD 格式。

bit6 BRS:波特率切换;指示是否切换数据波特率。

bit5 RTR:远程发送请求,不适用于 CAN FD。

bit4 IDE:标识符扩展标志,用于区分基本格式和扩展格式。

bit3~0 DLC⟨3:0⟩:数据长度码。

(3) R2 字。

bit31~0 RXMSGTS⟨31:0⟩:接收报文时间戳。

表 3-17 中的 TE0 字、TE1 字和 TE2 字说明如下。

(1) TE0 字。

bit30、bit31:保留。

bit29 SID11:在 FD 模式下,标准 ID 可通过 r1 扩展为 12 位。

bit28~11 EID⟨17:0⟩:扩展标识符。

bit10~0 SID⟨10:0⟩:标准标识符。

(2) TE1 字。

bit31~16:保留。

bit15~9 SEQ⟨6:0⟩:用于跟踪已发送报文的序列。

bit8 ESI:错误状态指示符。

1:发送节点处于被动错误状态。

0:发送节点处于主动错误状态。

bit7 FDF:FD 帧;用于区分 CAN 和 CAN FD 格式。

bit6 BRS:波特率切换;选择是否切换数据波特率。

bit5 RTR:远程发送请求;不适用于 CAN FD。

bit4 IDE:标识符扩展标志;用于区分基本格式和扩展格式。

bit3~0 DLC⟨3:0⟩:数据长度码。

（3）TE2 字。

bit31~0 TXMSGTS⟨31:0⟩:发送报文时间戳。

3.2.9　SPI 接口

MCP2517FD 可与大多数微控制器上提供的 SPI 直接相连。微控制器中的 SPI 必须在 8 位工作模式下配置为 00 或 11 模式。

4 种模式的 SPI 相位(CPHA)和极性(CPOL)分别可以为 0 或 1,对应的 4 种组合构成 SPI 的 4 种模式。

模式 0:CPOL=0,CPHA=0。

模式 1:CPOL=0,CPHA=1。

模式 2:CPOL=1,CPHA=0。

模式 3:CPOL=1,CPHA=1。

时钟极性 CPOL:SPI 空闲时,时钟信号 SCLK 的电平(1:空闲时高电平,0:空闲时低电平)。

时钟相位 CPHA:SPI 在 SCLK 第几个边沿开始采样(0:第一个边沿开始,1:第二个边沿开始)。

SFR 和报文存储器(RAM)通过 SPI 指令访问。SPI 指令格式(SPI 模式 0)如图3-30所示。

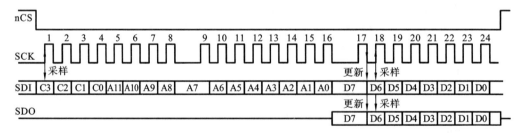

图 3-30　SPI 指令格式(SPI 模式 0)

每条指令均以 nCS 驱动为低电平(nCS 的下降沿)开始。4 位命令和 12 位地址在SCK 的上升沿移入 SDI。在写指令期间,数据位在 SCK 的上升沿移入 SDI。在读指令期间,数据位在 SCK 的下降沿移出 SDO。一条指令可传输一个或多个数据字节。数据位在 SCK 的下降沿更新,在 SCK 的上升沿必须有效。每条指令均以 nCS 驱动为高电平(nCS 的上升沿)结束。

SCK 的频率必须小于或等于 SYSCLK 频率的一半。这可确保 SCK 和 SYSCLK之间能够正常同步。

为了最大限度地降低休眠电流,MCP2517FD 的 SDO 引脚在器件处于休眠模式时不能悬空。这可以通过使能微控制器内与 MCP2517FD(当 MCP2517FD 处于休眠模式时)的 SDO 引脚相连的上拉或下拉电阻来实现。

SPI 指令格式如表 3-18 所示。

表 3-18 SPI 指令格式

名　　称	格　　式	说　　明
RESET	C=0b0000,A=0x000	将内部寄存器复位为默认状态,选择配置模式
READ	C=0b0011,A,D=SDO	从地址 A 读取 SFR/RAM 的内容
WRITE	C=0b0010,A,D=SDI	将 SFR/RAM 的内容写入地址 A
READ_CRC	C=0b1011,A,N,D=SDO,CRC=SDO	从地址 A 读取 SFR/RAM 内容。N 个数据字节。2 字节 CRC。基于 C、A、N 和 D 计算 CRC
WRITE_CRC	C=0b1010,A,N,D=SDI,CRC=SDI	将 SFR/RAM 内容写入地址 A。N 个数据字节。2 字节 CRC。基于 C、A、N 和 D 计算 CRC
WRITE_SAFE	C=0b1100,A,D=SDI,CRC=SDI	将 SFR/RAM 内容写入地址 A,写入前校验 CRC。基于 C、A 和 D 计算 CRC

在表 3-18 中:C 为命令,4 位;A 为地址,12 位;D 为数据,1~n 字节;N 为数据字节数,1 字节;CRC 为校验和,2 字节。

3.2.10 SFR 访问

SFR 访问是面向字节的。可以使用一条指令读取或写入任意数量的数据字节。在每个数据字节后,地址自动递增 1。地址从 0x3FF 计满返回至 0x000,从 0xFFF 计满返回至 0xE00。

以下 SPI 指令仅显示不同的位域及其值。每条指令均遵循通用格式。

1. RESET 指令

RESET 指令如图 3-31 所示。该指令从 nCS 变为低电平开始。命令(C3~C0=0b0000)后是地址(A11~A0=0x000)。该指令在 nCS 变为高电平时结束。

只有在器件进入配置模式后才能发出 RESET 指令。所有 SFR 和状态机都会像上电复位(power-on reset,POR)期间一样复位,器件会立即转换为配置模式。报文存储器不会更改。

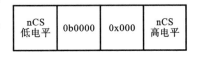

图 3-31 RESET 指令

当 nCS 变为高电平时,实际复位在指令结束时发生。

2. SFR READ 指令

访问 SFR 时的 SFR READ 指令如图 3-32 所示。该指令从 nCS 变为低电平开始。命令(C3~C0=0b0011)后是地址(A11~A0)。然后,来自地址 A(DB[A])的数据字节移出,接着来自地址 A+1(DB[A+1])的数据字节移出。可以读取任意数量的数据字节。该指令在 nCS 变为高电平时结束。

nCS 低电平	0b0011	A11～A0	DB[A]	DB[A+1]	…	DB[A+*n*−1]	nCS 高电平

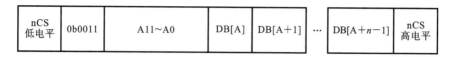

图 3-32 SFR READ 指令

3. SFR WRITE 指令

访问 SFR 时的 SFR WRITE 指令如图 3-33 所示，该指令从 nCS 变为低电平开始。命令(C3～C0＝0b0010)后是地址(A11～A0)。然后，数据字节移入地址 A(DB[A])，接着移入地址 A＋1(DB[A＋1])。可以写入任意数量的数据字节。该指令在 nCS 变为高电平时结束。

nCS 低电平	0b0010	A11～A0	DB[A]	DB[A+1]	…	DB[A+*n*−1]	nCS 高电平

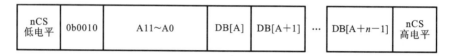

图 3-33 SFR WRITE 指令

数据字节在第 8 个数据位之后的 SCK 下降沿写入寄存器。

3.2.11 报文存储器访问

报文存储器(RAM)访问是面向字的(一次 4 字节)。可以使用一条指令读取或写入大小为 4 个数据字节任意倍数的数据。在每个数据字节后，地址自动递增 1。地址从 0xBFF 计满返回至 0x400。

以下 SPI 指令仅显示不同的位域及其值。每条指令均遵循通用格式。

1. 报文存储器读指令——READ 指令

访问 RAM 时的 READ 指令如图 3-34 所示。该指令从 nCS 变为低电平开始。命令(C3～C0＝0b0011)后跟地址(A11～A0)。然后，来自地址 A(DB[A])的数据字节移出，接着来自地址 A＋1(DB[A＋1])的数据字节移出。该指令在 nCS 变为高电平时结束。

nCS 低电平	0b0011	A11～A0	DW[A]				nCS 高电平
			DB[A]	DB[A+1]	DB[A+2]	DB[A+3]	

图 3-34 READ 指令

从 RAM 读取命令时，读取的大小必须始终为 4 个数据字节的倍数，在地址字段之后以及在 SPI 上每读取 4 个数据字节之后，从 RAM 内部读取字。如果在 SDO 上读取的大小达到 4 个数据字节的倍数之前 nCS 变为高电平，则单片机会丢弃不完整的读取。

2. 报文存储器写指令——WRITE 指令

访问 RAM 时的 WRITE 指令如图 3-35 所示。该指令从 nCS 变为低电平开始。命令(C3～C0＝0b0010)后是地址(A11～A0)。然后，数据字节移入地址 A(DB[A])，接着移入地址 A＋1(DB[A＋1])。该指令在 nCS 变为高电平时结束。

写入命令时写入的大小必须始终为 4 个数据字节的倍数。每 4 个数据字节之后，

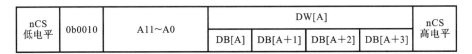

nCS 低电平	0b0010	A11~A0	DW[A]				nCS 高电平
			DB[A]	DB[A+1]	DB[A+2]	DB[A+3]	

图 3-35　报文存储器 WRITE 指令

在 SCK 的下降沿均会写入 RAM 字。如果在 SDI 上接收的大小达到 4 个数据字节的倍数之前 nCS 变为高电平,则有不完整字的数据不会写入 RAM。

3.2.12　带 CRC 的 SPI 命令

为了在 SPI 通信期间检测或避免位错误,可以使用带 CRC 的 SPI 命令。

1. CRC 计算

CRC 计算器与 SPI 移位寄存器并行工作,CRC 计算如图 3-36 所示。

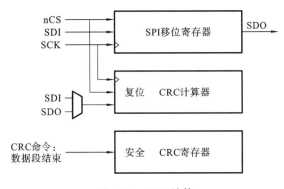

图 3-36　CRC 计算

当 nCS 置为有效时,CRC 计算器复位为 0xFFFF。

CRC 计算的结果在 CRC 命令的数据段之后提供。在检测到 CRC 不匹配的情况下,CRC 计算的结果写入 CRC 寄存器。如果 CRC 不匹配,则 CRC. CRCERRIF 置 1。

MCP2517FD 使用以下发生器多项式:CRC-16/USB(0x8005)。CRC-16 可以检测所有单位和双位错误、所有奇数位数的错误、所有长度小于或等于 16 的突发错误,以及大多数更长的突发错误。这可以极好地检测系统中可能发生的 SPI 通信错误,即使是在噪声环境下,也可以极大地降低错误通信的风险。

读取和写入 TX 或 RX 报文对象时,使用最大数量的数据位。具有 64 字节数据+12 字节 ID 和时间戳的 RX 报文对象包含 76 字节(即 608 位)。相比之下,USB 数据包最多包含 1024 位。CRC-16 的汉明距离为 4~1024 位。

2. 带 CRC 的 SFR 读指令——READ_CRC 指令

访问 SFR 时的 READ_CRC 指令如图 3-37 所示。该指令从 nCS 变为低电平开始。命令(C3~C0=0b1011)后是地址(A11~A0)以及数据字节数(N7~N0)。然后,来自地址 A(DB[A])的数据字节移出,接着来自地址 A+1(DB[A+1])的数据字节移出。可以读取任意数量的数据字节。接下来,CRC 移出(CRC15~CRC0)。该指令在 nCS 变为高电平时结束。

系统将 CRC 提供给单片机,单片机校验 CRC。在 MCP2517FD 内的 READ_CRC 命令期间,CRC 不匹配时不生成中断。

nCS 低电平	0b1011	A11～A0	N7～N0	DB[A]	DB[A+1]	…

DB[A+n−1]	CRC15～CRC8	CRC7～CRC0	nCS 高电平

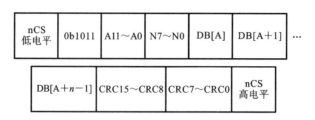

图 3-37 READ_CRC 指令

如果在 CRC 的最后一个字节移出之前 nCS 变为高电平，则会生成 CRC 格式错误中断：CRC. FERRIF。

3. 带 CRC 的 SFR 写指令——WRITE_CRC 指令

访问 SFR 时的 WRITE_CRC 指令如图 3-38 所示。该指令从 nCS 变为低电平开始。命令（C3～C0＝0b1010）后是地址（A11～A0）以及数据字节数（N7～N0）。然后，数据字节移入地址 A（DB[A]），接着移入地址 A+1（DB[A+1]）。可以写入任意数量的数据字节。接下来，CRC 移入（CRC15～CRC0）。该指令在 nCS 变为高电平时结束。

nCS 低电平	0b1010	A11～A0	N7～N0	DB[A]	DB[A+1]	…

DB[A+n−1]	CRC15～CRC8	CRC7～CRC0	nCS 高电平

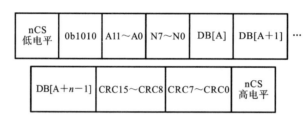

图 3-38 WRITE_CRC 指令

数据字节移入 SDI 后，在 SCK 的下降沿，SFR 会写入寄存器。数据字节在 CRC 校验前写入寄存器。

CRC 校验在写访问结束时进行。如果 CRC 不匹配，则会生成 CRC 错误中断：CRC. CRCERRIF。

如果在 CRC 的最后一个字节移入之前 nCS 变为高电平，则会生成 CRC 格式错误中断：CRC. FERRIF。

4. 带 CRC 的 SFR 安全写指令——WRITE_SAFE 指令

WRITE_SAFE 指令确保只将正确的数据写入 SFR。

访问 SFR 时的 WRITE_SAFE 指令如图 3-39 所示。该指令从 nCS 变为低电平开始。命令（C3～C0＝0b1100）后是地址（A11～A0）。然后，一个数据字节移入地址 A（DB[A]）。接下来，CRC（CRC15～CRC0）移入。该指令在 nCS 变为高电平时结束。

nCS 低电平	0b1100	A11～A0	DB[A]	CRC15～CRC8	CRC7～CRC0	nCS 高电平

图 3-39 WRITE_SAFE 指令

仅在 CRC 校验后且发生匹配时,数据字节才写入 SFR。

如果 CRC 不匹配,则数据字节不会写入 SFR,且会生成 CRC 错误中断:CRC. CRCERRIF。

如果在 CRC 的最后一个字节移入之前 nCS 变为高电平,则会生成 CRC 格式错误中断:CRC. FERRIF。

5. 带 CRC 的报文存储器读指令——READ_CRC 指令

访问 RAM 时的 READ_CRC 指令如图 3-40 所示。该指令从 nCS 变为低电平开始。命令(C3~C0=0b1011)后是地址(A11~A0)以及数据字数(N7~N0)。然后,来自地址 A(DB[A])的数据字节移出,接着来自地址 A+1(DB[A+1])的数据字节移出。最后,CRC(CRC15~CRC0)移出。该指令在 nCS 变为高电平时结束。

nCS 低电平	0b1011	A11~A0	N7~N0	DW[A]				CRC15~CRC8	CRC7~CRC0	nCS 高电平
				DB[A]	DB[A+1]	DB[A+2]	DB[A+3]			

图 3-40　READ_CRC 指令

读取命令时读取的大小应始终为 4 个数据字节的倍数。在"N"字段之后以及在 SPI 上每读取 4 个数据字节之后,从 RAM 内部读取字。如果在 SDO 上读取的大小达到 4 个数据字节的倍数之前 nCS 变为高电平,则单片机会丢弃不完整的读取。

系统将 CRC 提供给单片机,单片机校验 CRC。在 MCP2517FD 内的 READ_CRC 命令期间,CRC 不匹配时不生成中断。

如果在 CRC 的最后一个字节移出之前 nCS 变为高电平,则会生成 CRC 格式错误中断:CRC. FERRIF。

6. 带 CRC 的报文存储器写指令——WRITE_CRC 指令

访问 RAM 时的 WRITE_CRC 指令如图 3-41 所示。该指令从 nCS 变为低电平开始。命令(C3~C0=0b1010)后是地址(A11~A0)以及数据字数(N7~N0)。然后,数据字节移入地址 A(DB[A]),接着移入地址 A+1(DB[A+1])。最后,CRC(CRC15~CRC0)移入。该指令在 nCS 变为高电平时结束。

nCS 低电平	0b1010	A11~A0	N7~N0	DW[A]				CRC15~CRC8	CRC7~CRC0	nCS 高电平
				DB[A]	DB[A+1]	DB[A+2]	DB[A+3]			

图 3-41　WRITE_CRC 指令

写入命令时写入的大小必须始终为 4 个数据字节的倍数。每 4 个数据字节之后,在 SCK 的下降沿均会写入 RAM。如果在 SDI 上接收的大小达到 4 个数据字节的倍数之前 nCS 变为高电平,则具有不完整字的数据不会写入 RAM。

CRC 校验在写访问结束时进行。如果 CRC 不匹配,则会生成 CRC 中断:CRC. CRCERRIF。

如果在 CRC 的最后一个字节移入之前 nCS 变为高电平,则会生成 CRC 中断: CRC. FERRIF。

7. 带 CRC 的报文存储器安全写指令——WRITE_SAFE 指令

WRITE_SAFE 指令确保只将正确的数据写入 RAM。

访问 RAM 时的 WRITE_SAFE 指令如图 3-42 所示。该指令从 nCS 变为低电平开始。命令(C3～C0＝0b1100)后是地址(A11～A0)。然后，数据字节移入地址 A(DB[A])，接着移入地址 A＋1(DB[A＋1])、A＋2(DB[A＋2])和 A＋3(DB[A＋3])。最后，CRC(CRC15～CRC0＞)移入。该指令在 nCS 变为高电平时结束。

nCS 低电平	0b1100	A11~A0	DW[A]				CRC15~CRC8	CRC7~CRC0	nCS 高电平
			DB[A]	DB[A+1]	DB[A+2]	DB[A+3]			

图 3-42　WRITE_SAFE 指令

仅在 CRC 校验后且发生匹配时，数据字才写入 RAM。

如果 CRC 不匹配，则数据字不会写入 RAM，且会生成 CRC 错误中断：CRC. CRCERRIF。

如果在 CRC 的最后一个字节移入之前 nCS 变为高电平，则会生成 CRC 中断：CRC. FERRIF。

3.3　微控制器与 MCP2517FD 的接口电路

微控制器采用 ST 公司生产的 STM32F103，STM32F103 微控制器与 MCP2517FD 的接口电路如图 3-43 所示。

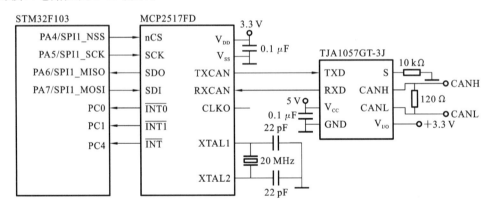

图 3-43　STM32F103 微控制器与 MCP2517FD 的接口电路

习　题　3

1. CAN FD 总线与 CAN 总线的主要区别是什么？
2. 说明 CAN FD 帧的组成。
3. 说明 CAN FD 数据帧格式。
4. 从传统的 CAN 升级到 CAN FD 需要做哪些工作？
5. CAN FD 控制器 MCP2517FD 有什么特点？
6. 简述 MCP2517FD 的功能。
7. 说明 CAN FD 控制器模块的组成。
8. MCP2517FD 控制器模块有哪些工作模式？

9. 说明 MCP2517FD 的存储器构成。

10. MCP2517FD 有哪几个特殊功能寄存器？简述其功能。

11. 说明 MCP2517FD 报文存储器构成。

12. 说明 MCP2517FD 的 FIFO 和报文对象的配置步骤。

13. 画出微控制器与 MCP2517FD 的接口电路图。

4

CAN FD 应用系统设计

CAN FD 现场总线比 CAN 现场总线具有更高的通信速率。设计 CAN FD 应用系统应该遵守相关的技术规范。本章首先讲述了 CAN FD 硬件实现的 CiA601 工作草案,包括 CAN FD 物理接口的实现、CAN FD 主机控制器接口的实现和 CAN FD 系统设计规范。然后讲述了 CAN FD 高速收发器和 CAN FD 收发器隔离器件。最后详述了 MCP2517FD 的应用程序,主要包括 MCP2517FD 初始化程序、MCP2517FD 接收报文程序和 MCP2517FD 发送报文程序。

4.1 CiA601 工作草案

CiA601 工作草案阐述了 CAN FD 硬件实现的方法,包括以下 3 部分。

第 1 部分:CAN FD 设备设计规范。

第 2 部分:CAN FD 主机控制器接口介绍。

第 3 部分:CAN FD 系统设计规范。

4.1.1 CAN FD 物理接口的实现

第 1 部分提供了有关汽车电子控制单元和非汽车设备的物理层接口设计的规范和指南,这些设计支持 ISO 11898-1 中定义的 CAN FD 数据链路层和协调的 ISO 11898-2 标准中定义的 CAN 高速物理层。其中包括具有低功耗模式(以前称为 ISO 11898-5)和/或具有选择性唤醒功能(以前称为 ISO 11898-6)的高速收发器规范。

1. 引用标准

CAN FD 物理接口的实现引用标准如下。

ISO 11898-1:2015,道路车辆-控制器局域网——第 1 部分:数据链路层和物理信号。

ISO 11898-2:2004,道路车辆-控制器局域网——第 2 部分:高速媒体访问单元。

ISO 11898-5:201?,道路车辆-控制器局域网——第 5 部分:低功耗模式的高速媒体访问单元。

ISO 11898-6:2014,道路车辆-控制器局域网——第 6 部分:具有选择性唤醒功能的高速媒体访问单元。

2．符号和缩写术语

符号和缩写术语如下。

CAN：控制器局域网。

SP：采样点。

SSP：第二采样点。

TDC：发送机延迟补偿。

TLD：收发器环路延迟。

TQ：时间量或时间量子。

3．工作原理

运行增强 CAN 数据链路层协议的网络物理接口应包括符合 ISO 11898-2 的 CAN 收发器。它可能也符合 ISO 11898-5 或 ISO 11898-6。CAN 节点的标称内部电容应为 20 pF，标称差分内部电容应为 10 pF。当然，这些值可以为零。最大容差值由位时序和其他参数（如电缆引入长度）确定。如果发生的电缆反射波未将主差分电压（V_{diff}）抑制在 0.9 V 以下，并且在每个单独的 CAN 节点上未将隐性差分电压增加在 0.5 V 以上，则可以保证功能正常运行。

除了内部电容限制外，总线接口还应具有尽可能低的电感。这对于较高的波特率来说十分重要。

CAN FD 典型的物理层接口实现如图 4-1 所示。

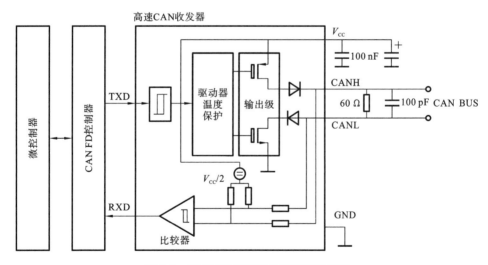

图 4-1   CAN FD 典型的物理层接口实现

对于非汽车应用，可以考虑 CAN FD 采用光电隔离的物理层接口实现，如图 4-2 所示。

CAN FD 数据链路层协议需要两种位定时设置：一种用于仲裁段，另一种用于数据段。仲裁段的波特率取决于网络长度，限制为 1 Mbit/s。数据段的波特率取决于总线拓扑和收发器性能。为了避免出现数据段的后续时序错误，在仲裁段和数据段的两种位定时设置中使用完全相同的时间量子（TQ）。

为了在数据段覆盖更高的波特率，必须更详细地指定收发器的动态参数，以实现可靠的通信。

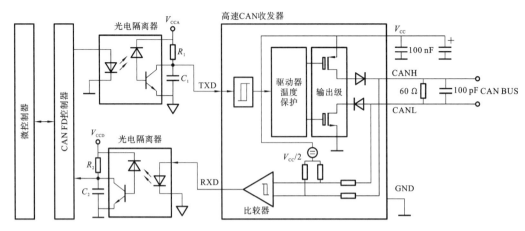

图 4-2 CAN FD 采用光电隔离的物理层接口实现

4. 容差 CAN FD 的部分网络收发器

ISO 11898-6 中定义的某些具有选择性唤醒功能的 CAN 收发器尚未准备好处理 CAN FD 帧。对于这种收发器,CAN FD 帧是错误的帧,最晚在 33 个 CAN FD 帧之后引起不必要的唤醒。

为了此类收发器以正确的方式管理 CAN FD 帧,需要实现 CAN FD 容差。如果此 CAN FD 容差总线收发器检测到 FDF 位,则选择性唤醒单元停止读取帧,并开始检测帧间空间。由于 SOF 开头的下一帧可能是基本帧格式的唤醒帧(WUF),因此需要正确读取以 SOF 开头的下一帧。

5. 内置终端电阻

某些非汽车设备提供标称值为 120 Ω 的内置终端电阻(最小值为 100 Ω,最大值为 130 Ω)。最小功耗为 220 mW。该值基于最大差分总线电压 5 V 计算,该电压与电源系统无关。

终端电阻越小,网络中的节点数越少,这是由所有接收节点连接到总线上的内部差分电阻所致。该终端仅适用于最长 40 m 且为短接线的总线拓扑。对于更长的总线,建议使用更高的电阻。根据拓扑的不同,波特率和转换速率与 120 Ω 的偏差有时是适用的。

4.1.2 CAN FD 主机控制器接口的实现

第 2 部分描述了实现 CAN FD 数据链路层协议的协议控制器与包含必要配置寄存器的主机控制器之间的推荐接口。

1. 引用标准

CAN FD 主机控制器接口的实现引用标准如下。

CiA 601,具有灵活数据速率的 CAN ——第 1 部分:物理层实现。

ISO 11898-1,道路车辆-控制器局域网——第 1 部分:数据链路层和物理信令。

2. 符号和缩写术语

符号和缩写术语如下。

BRP:波特率预分频器。

DLC:数据长度码。

ECU：电子控制单元。

FE：功能元素。

3. 工作原理

CAN 控制器和主机控制器之间的接口会对底层驱动程序软件产生影响。CPU 接口的 FE 包括可配置的接收缓冲区、发送缓冲区以及可配置的接收滤波器。另外，CPU 接口提供了中断源寄存器。

CAN FD 数据链路层协议需要两种位定时设置：一种用于仲裁段，另一种用于数据段。它们可以通过一组寄存器进行配置。

具有 CAN FD 功能的 CAN 控制器应能够传输经典 CAN 帧和 CAN FD 帧。

CAN 控制器支持的操作模式应符合 Autosar 规范。

4. 接收和发送报文缓冲区

缓冲区长度的配置和缓冲区处理的类型（如 FIFO、动态管理的邮箱等）取决于应用程序，因此应可配置。

关于 Autosar 应用程序，需要支持动态管理的邮箱（根据其 CAN-ID 优先级发送多个挂起的报文）。

1）缓冲组织

建议最小缓冲区有效负载容量为 1024 字节（最多可存储 16 个 64 字节报文）。

2）报文缓冲区配置

报文缓冲区配置详细信息是由制造商决定的。建议可以配置以下常规报文缓冲区大小要求：最少 16 个可配置报文缓冲区，每个接收报文缓冲区应提供 DLC。

3）报文标记

具有 CAN FD 功能的控制器应支持允许标记报文的报文标记功能。这意味着任何报文都可获得"标签"。例如，此功能允许应用程序评估发送了哪个报文。

"标签"是 CAN 控制器的内部信息。例如，从基于 CAN 的更高层协议的协议栈的角度出发，它可以更好地处理 CAN 报文。

5. 控制和状态接口

下面描述了 CAN 控制器和主机控制器之间的控制和状态接口。

1）中断源

控制和状态接口应提供以下中断及其中断源。

（1）CAN 数据/远程帧发送成功。

（2）CAN 数据/远程帧接收成功。

（3）CAN 数据/远程帧传输中止。

（4）CAN 控制器处于错误激活状态（总线断开后）。

（5）CAN 控制器处于错误警告状态（发送或接收错误计数器大于 96）。

（6）处于总线关闭状态的 CAN 控制器。

（7）未处理的报文被覆盖（丢失）/缓冲区溢出。

2）接收邮件缓冲区的接收滤波器

控制和状态接口应提供所有配置为接收数据/远程帧的报文缓冲区，一个可配置的接收滤波器和一个相关的接收滤波器掩码，用于 11 位或 29 位标识符以及可选的数据前两个字节区域。

3）其他寄存器

控制和状态接口应为每个接收到的数据/远程帧提供一个 32 位时间戳寄存器。此外，它应为每个传输的数据/远程帧提供一个 32 位的时间戳寄存器。

CAN 模块需要一个输入（如 16 位大小）作为外部时基。此输入样式可能是特定于应用程序的。时间戳的采样通常在 SOF 位的采样点进行，因为时间点通常是网络中最一致的。

控制和状态接口还应提供一个寄存器，CAN 控制器能够在该寄存器中指示报文已成功传输或传输已中止，从而为每个邮箱指示传输请求是否挂起（1＝挂起，0＝未挂起），或者说，如果接收到的报文已经被处理，则为 1，否则为 0。

4）远程帧行为

控制和状态接口应支持关闭对收到的远程帧的自动响应能力。

5）TX 报文缓冲区行为

如果在多个报文缓冲区中有待处理的传输请求，并且 TX 报文缓冲区被实现为动态管理的邮箱，则应按照报文的优先级顺序（内部传输报文仲裁）处理待处理的传输请求，以避免内部优先级倒置。如果 TX 报文缓冲区是根据 FIFO 进行组织的，则挂起的报文将按照 FIFO 填充的顺序进行发送。在错误激活状态下，报文的发送应在帧间间隔之后立即开始，以避免外部优先级倒置。

另外，可以取消挂起的发送请求。为了简化对挂起发送请求的扫描，应该有一个附加寄存器，其中每个位代表邮箱。

6）RX 报文缓冲区行为

所有 RX 报文缓冲区均应提供上述指定的接收滤波功能。如果一个接收到的数据/远程帧通过多个滤波器，则应将其仅存储在一个缓冲区中。

每个控制器至少有一个接收 FIFO，其深度至少为两个条目。因此，根据 FIFO 的性质，将按照接收顺序处理报文。另外，在接收报文缓冲区中可能同时支持动态管理报文邮箱，将收到的报文与滤波器列表进行比较。如果有匹配滤波器，则按照匹配滤波器中的配置，将报文存储到该报文邮箱中。

一种实现接收滤波的方法是将接收到的报文的 CAN-ID 与在接收报文缓冲区的接收滤波器中配置的 CAN-ID 进行比较。一旦报文缓冲区的配置 ID 匹配，报文就会存储到该缓冲区，即使其他报文缓冲区提供相同的 ID。若要实现这一方法，应先选中动态托管报文框。如果没有与接收到的 CAN 报文的 CAN ID 匹配的滤波器掩码，则应将接收到的报文存储到全局报文接收报文缓冲区中。

4.1.3 CAN FD 系统设计规范

第 3 部分描述了实现 CAN FD 数据链路层协议的协议控制器与包含必要配置寄存器的主机控制器之间的推荐接口。这种统一的界面能使低级驱动程序软件适应不同实现的工作。

第 3 部分指定并建议如何设计 CAN FD 网络。此外，还讨论了仅支持经典 CAN 协议的节点与支持 CAN FD 协议的节点在同一网络系统中共存的情况。

CAN FD 系统设计规范引用标准如下。

ISO 11898-1,道路车辆-控制器局域网——第 1 部分:数据链路层和物理信令。

ISO 11898-2,道路车辆-控制器局域网——第 2 部分:高速媒体访问单元。

ISO 11898-5,道路车辆-控制器局域网——第 5 部分:低功耗模式的高速媒体访问单元。

ISO 11898-6,道路车辆-控制器局域网——第 6 部分:具有选择性唤醒功能的高速媒体访问单元。

CiA 601,具有灵活数据速率的 CAN ——第 1 部分:物理层实现。

1. 工作原理

使用 CAN FD 协议设计 CAN 网络系统需要考虑本文档中给出的一般设计规则。这包括仲裁段和数据段。如果在单个 CAN 网段中仅连接支持 CAN FD 协议的节点,则它们可以使用经典 CAN 或 CAN FD 帧进行通信。如果并非所有网络参与者都使用 CAN FD 框架(如基于经典 CAN 控制器的旧设备)进行操作,则 CAN FD 帧的使用会在 CAN 网络中引起严重的错误行为。系统设计者有责任注意避免这种情况。避免这种情况的一种方法是在应用中区分传统的基于 CAN 的系统和基于 CAN FD 的系统。两个系统之间的信息交换可以通过 CAN 桥接器或 CAN 路由器来实现。另一个选择是在传输 CAN FD 帧之前关闭那些不支持 CAN FD 协议的节点。在这种情况下,可以不关闭电源,还可以将这些设备设置为睡眠模式或 CAN FD 容差模式(如总线监视模式)。

2. 总线拓扑结构和终端电阻

本设计仅考虑总线拓扑结构,总线的两端接终端电阻。电阻大小取决于总网络长度和所选的电缆横截面。对少于 64 B 的总线拓扑,建议使用表 4-1 所示的推荐值。

表 4-1　总线拓扑的直流参数推荐值

母线长度/m	总线电缆(注意)		终端电阻/Ω
	长度相关电阻/(mΩ/m)	截面/mm²	
0～40	70	0.25～0.34	124
40～300	<60	0.34～0.6	150～300
300～600	<40	0.5～0.6	150～300
600～1000	<26	0.75～0.8	150～300
建议的电缆交流参数:120 Ω 阻抗和 5 ns/m 的特定线路延迟			

大多数情况下,短接线横截面积为 0.25～0.34 mm² 可能是合适的选择。

在计算电压降时,除电缆阻抗外,还应考虑连接器的实际阻抗。一个连接器的传输电阻应在 2.5～10 mΩ 的范围内。

总线拓扑中的两个终端电阻均应在干线电缆的两端。标称电阻应为 120 Ω,该值基于最大差分总线电压 5 V 计算,该电压与电源系统无关。如果需要考虑总线上朝向电源的短路,则最小所需功耗会根据假定的最大短路总线电压的增加而增加。

3. 位定时

下面描述针对汽车和非汽车应用的使用 ISO 11898-1 中标准化的 CAN FD 协议的

CAN 网络的两种位定时设置。在这两种使用情况下,已实现的位定时设置选项均与所选的网络拓扑无关。网络设计者负责为所需的网络拓扑选择适当的位定时设置。

1) CAN 控制器时钟频率建议

对于 CAN FD 网络,重要的是所有 CAN 控制器的时钟频率必须彼此相等或为倍数关系。允许在所有 CAN 节点中使用完全相同的位定时配置,从而实现最高的鲁棒性。

建议使用 20 MHz 或 40 MHz 或 80 MHz 的频率为 CAN 控制器提供时钟。应该选择尽可能高的频率,允许以高分辨率配置短比特时间(高波特率)。本书仅考虑以这三种频率作为时钟源的 CAN 控制器。

2) 数据相位波特率

时间段的最小配置范围 ISO 11898-1 是 CiA 建议的子集,并启用长度为 4~25 TQ 的位时间。

3) 非汽车设备的指定波特率

CANopen 之类的实现标准化高层协议的设备应使用表 4-2 中指定的一种或多种仲裁波特率以及一种或多种相关的数据相位波特率。

表 4-2　非汽车设备的波特率(适用于 20 MHz)

仲裁波特率/(kbit/s)	数据相位波特率/(Mbit/s)
1000	1、2 或 4
500	0.5、1、2 或 4
250	0.25、0.5、1 或 2
125	0.125、0.25、0.5 或 1

4) 位时序配置建议

位时序配置建议在所有连接的节点中使用完全相同的位定时设置。这意味着 CAN 控制器的时钟频率彼此相等或为倍数关系。

位时序配置建议旨在实现较大的振荡器容差,因为这是 CAN 通信鲁棒性的一种度量。

位时序配置建议如下。

(1) 设置 BRPData≤BRPArbitration。

(2) 选择尽可能低的 BRPA 和 BRPD。

(3) 将所有 CAN 节点配置为具有相同的仲裁段采样点和数据段主要采样点。

(4) 选择 SJW_Arbitration,其尽可能大。

(5) 选择 SJW_Data,其大小取决于使用的振荡器(时钟源)。

在仲裁段,SJW 用于补偿时钟偏差和仲裁丢失时的相位跳变,但在数据段,仅时钟偏差需要补偿。

5) 总线拓扑的位定时要求

可实现的仲裁波特率取决于总线的总长度。终止的干线电缆长度取决于几个假设以及所选的物理介质组件和元素。

建议使用短接线的总线拓扑的电缆长度如表 4-3 所示。在给定的仲裁波特率下,这有效地使最大干线电缆长度减少实际累积电缆接线长度的总和。

表 4-3 总线拓扑的电缆长度

仲裁波特率 /(kbit/s)	最高数据相位波特率 /(Mbit/s)	干线长度 /m	最大单根 长度/m	最高累积 长度/m
1000	8	25	1	5
500	4	100	2	10
250	2	200	4	20
125	1	400	8	40

4. 从经典 CAN 到 CAN FD 的迁移

当使用符合 ISO 11898-6 的 ECU 或设备时,可以将那些节点设置为睡眠模式,当接收到 CAN FD 格式的帧时,将发送 CAN 错误帧。这实际上允许在开始 CAN FD 数据帧通信之前断开此类节点的连接。建议使用专用经典 CAN 数据帧来命令此类节点转换为睡眠模式。此外,建议使用本节中指定的专用经典 CAN 数据帧来有选择性地唤醒节点。

4.2 CAN FD 高速收发器

4.2.1 TJA1057 高速 CAN 收发器

1. 概述

TJA1057 是 NXP 公司 Mantis 系列的高速 CAN 收发器,它可在控制器局域网协议控制器和物理双线式 CAN 总线之间提供接口。该收发器专门设计用于汽车行业的高速 CAN 应用,可以为微控制器中的 CAN 协议控制器提供发送和接收差分信号的功能。

TJA1057 的特性集经过优化可用于 12 V 汽车应用,相对于 NXP 的第一代和第二代 CAN 收发器(如 TJA1050),TJA1057 在性能上有明显提升,它有着极其优异的电磁兼容性(EMC)。在断电时,TJA1057 还可以展现 CAN 总线理想的无源性能。

TJA1057GT(K)/3 型号上的 V_{IO} 引脚允许与 3.3 V 和 5 V 供电的微控制器直连。

TJA1057 采用了 ISO 11898-2:2016 和 SAEJ2284-1 至 SAEJ2284-5 标准定义下的 CAN 物理层。TJA1057T 型号的数据传输速率可达 1 Mbit/s,为其他变量指定了定义回路延迟对称性的其他时序参数,在 CAN FD 的快速段中,仍能保持高达 5 Mbit/s 的通信传输速率的可靠性。

当 HS-CAN 网络仅需要基本 CAN 功能时,以上这些特性使得 TJA1057 成为绝佳选择。

2. TJA1057 特点及优势

1)基本功能

TJA1057 完全符合 ISO 11898-2:2016 和 SAEJ2284-1 至 SAEJ2284-5 标准。

(1)为 12 V 汽车系统使用提供优化。

(2)EMC 性能满足 1.3 版的"LIN、CAN 和 FlexRay 接口在汽车应用中的硬件要求"。

（3）TJA1057x/3 型号中的 V_{IO} 输入引脚允许其与 3～5 V 供电的微控制器直连。对于没有 V_{IO} 引脚的型号，只要微控制器 I/O 的容限电压为 5 V，就可以与 3.3 V 和 5 V 供电的微控制器连接。

（4）有无 V_{IO} 引脚的型号都提供 SO8 封装和 HVSON8（3.0 mm×3.0 mm）无铅封装，HVSON8 具有更好的自动光学检测（AOI）能力。

2）可预测和故障保护行为

（1）在所有电源条件下的功能行为均可预测。

（2）收发器会在断电（零负载）时与总线断开。

（3）发送数据（TXD）的显性超时功能。

（4）TXD 和 S 输入引脚的内部偏置。

3）保护措施

（1）总线引脚拥有高 ESD 处理能力（8 kV IEC 和 HBM）。

（2）在汽车应用环境下，总线引脚具有瞬态保护功能。

（3）V_{CC} 和 V_{IO} 引脚具有欠压保护功能。

（4）过热保护。

4）TJA1057 CAN FD 适用于除 TJA1057T 型号外的所有型号

（1）时序保证数据传输速率可达 5 Mbit/s。

（2）改进 TXD 至 RXD 的传输延迟，降为 210 ns。

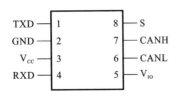

图 4-3 TJA1057 高速 CAN
收发器引脚分配

3. TJA1057 引脚分配

TJA1057 高速 CAN 收发器引脚分配如图 4-3 所示。引脚功能介绍如下。

TXD：传输输入数据。

GND：地。

V_{CC}：电源电压。

V_{IO}：TJA1057T、TJA1057GT、TJA1057GTK 型号不连接；TJA1057GT/3 和 TJA1057GTK/3 型号连接 I/O 电平适配器的电源电压。

CANL：低电平的 CAN 总线。

CANH：高电平的 CAN 总线。

S：静默模式控制输入。

4. TJA1057 高速 CAN 收发器功能说明

1）操作模式

TJA1057 支持两种操作模式：正常模式和静默模式。操作模式由 S 引脚进行选择。在正常供电情况下，TJA1057 的操作模式如表 4-4 所示。

（1）正常模式。

S 引脚上的低电平选择正常模式。在正常模式下，收发器通过总线 CANH 和 CANL 发送和接收数据。差分信号接收器将总线上的模拟信号转换成由 RXD 引脚输出的数字信号，总线上输出信号的斜率在内部进行控制，并以确保最低可能的 EME 方式进行优化。

表 4-4　TJA1057 的操作模式

模　式	输　入		输　出	
	S 引脚	TXD 引脚	CAN 驱动器	RXD 引脚
正常模式	低电平	低电平	显性	低电平
		高电平	隐性	总线显性时低电平
				总线隐性时高电平
静默模式	高电平	x	偏置至隐性	总线显性时低电平
				总线隐性时高电平

（2）静默模式。

S 引脚上的高电平选择静默模式。在静默模式下,收发器被禁用,释放总线引脚并置于隐性状态。其他所有(包括接收器)IC 功能像在正常模式下一样继续运行。静默模式可以防止 CAN 控制器的故障扰乱整个网络通信。

2）故障保护特性

（1）TXD 的显性超时功能。

只有当 TXD 引脚为低电平时,TXD 显性超时定时器才会启动。如果该引脚上低电平的持续时间超过 $t_{\text{to(dom)TXD}}$,那么收发器会被禁用,释放总线并置于隐性状态。此功能使得硬件与软件应用错误不会驱动总线置于长期显性的状态而阻挡所有网络通信。当 TXD 引脚为高电平时,复位 TXD 显性超时定时器。TXD 显性超时定时器也规定了大约 25 kbit/s 的最小比特率。

（2）TXD 和 S 输入引脚的内部偏置。

TXD 和 S 引脚被内部上拉至 V_{CC}(在 TJA1057GT(K)/3 型号下是 V_{IO})来保证设备处在一个安全、确定的状态下,防止这两个引脚的一个或多个悬空的情况发生。上拉电流在所有状态下都流经这些引脚。在静默模式下,这两个引脚应该置高电平以使供电电流尽可能小。

（3）V_{CC} 和 V_{IO} 引脚上的欠电压检测(TJA1057GT(K)/3)。

如果 V_{CC} 或 V_{IO} 电压降至欠电压检测阈值 $V_{\text{uvd}(V_{CC})}$/$V_{\text{uvd}(V_{IO})}$ 以下,则收发器会关闭并从总线(零负载、总线引脚悬空)上断开,直至供电电压恢复。一旦 V_{CC} 和 V_{IO} 都重新回到正常工作范围,输出驱动器就会重新启动,TXD 也会复位为高电平。

（4）过热保护。

保护输出驱动器免受过热故障的损害。如果节点的实际温度超过节点的停机温度 $T_{j(sd)}$,那么两个输出驱动器都会被禁用。当节点的实际温度重新降至 $T_{j(sd)}$ 以下,TXD 引脚置高电平后(要等待 TXD 引脚置于高电平,以防由于温度的微小变化导致输出驱动器振荡),输出驱动器便会重新启用。

（5）V_{IO} 供电引脚(TJA1057x/3 型号)。

V_{IO} 引脚应该与微控制器供电电压相连,TXD、RXD 和 S 引脚上信号的电平会被调整至微控制器的 I/O 电平,允许接口直连而不用额外的胶连逻辑。

对于 TJA1057 系列中没有 V_{IO} 引脚的型号,V_{IO} 输入引脚与 V_{CC} 在内部相连。TXD、RXD 和 S 引脚上信号的电平被调整至兼容 5 V 供电的微控制器的电平。

4.2.2　MCP2561/2FD 高速 CAN 灵活数据速率收发器

1. 概述

MCP2561/2FD 是 Microchip 公司的第二代高速 CAN 收发器,它包含 MCP2561/2 所具备的功能,并保证回路延迟对称性,以支持 CAN FD 达到更高数据传输速率的要求。降低最大传输延迟以支持更长的总线长度。

设备满足 CAN FD 比特率超过 2 Mbit/s、低静态电流的汽车设计要求,同时也满足电磁兼容(EMC)和静电放电(ESD)方面的要求。

MCP2561/2FD 是一款高速 CAN 器件,同时也是一款容错器件。作为 CAN 协议控制器和物理总线间的接口,MCP2561/2FD 设备为 CAN 协议控制器提供差分信号发送和接收的功能,完全满足 ISO 11898-2 和 ISO 11898-5 标准。

回路延迟对称性可以保证设备支持 CAN FD 高达 5 Mbit/s 的传输速率(灵活数据速率)。降低最大传输延迟以支持更长的总线长度。

2. MCP2561/2FD 高速 CAN 收发器的特点

(1) 针对 2 Mbit/s,5 Mbit/s 和 8 Mbit/s 的 CAN FD(灵活数据速率)进行了优化。

① 最大传输延迟:120 ns。

② 回路延迟对称性:−10%~10%(2 Mbit/s)。

(2) 满足 ISO 11898-2 和 ISO 11898-5 标准的物理层要求。

(3) 极低的待机电流(一般为 5 μA)。

(4) V_{IO} 供电引脚与 CAN 控制器直连,或者与 1.8~5.5 V I/O 接口的微控制器直连。

(5) 在偏置的差分端接方案中,SPLIT 输出引脚用来稳定共模电压。

(6) 当器件断电时,CAN 总线引脚会断开连接。无源节点或欠压事件不会加载 CAN 总线。

(7) 地线故障检测。

① TXD 引脚上总是检测到显性状态。

② 总线引脚上总是检测到显性状态。

(8) V_{DD} 引脚上电复位和电压欠压保护。

(9) 防止短路情况造成的损坏(正/负电源电压)。

(10) 汽车环境下的瞬态高压保护。

(11) 全自动过热保护。

(12) 适用于 12 V 和 24 V 系统。

(13) 满足或超过严格的汽车设计要求,包括 2012 年 5 月发布的"LIN、CAN 和 FlexRay 接口在汽车应用中的硬件需求"1.3 版。

① 有共模电感(CMC)的电磁辐射:2 Mbit/s。

② 有 CMC 的 DPI:2 Mbit/s。

(14) CANH 和 CANL 引脚上具有高强度的 ESD 保护,满足 IEC 61000-4-2 高达 ±14 kV 的要求。

(15) 产品封装:PDIP-8L、SOIC-8L 和 3×3DFN-8L。

(16) 温度范围。

① 长期工作温度(E):−40~125 ℃。

② 瞬时最高工作温度(H):－40～150 ℃。

3. MCP2561/2FD 高速 CAN 收发器引脚分配

MCP2561FD 引脚分配如图 4-4 所示。MCP2562FD 引脚分配如图 4-5 所示。

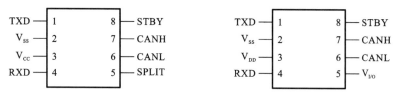

图 4-4 MCP2561FD 引脚分配   图 4-5 MCP2562FD 引脚分配

引脚功能介绍如下。

TXD:发送数据输入。

V_{SS}:电源地。

V_{DD}:电源电压。

RXD:接收数据输出。

SPLIT:稳定共模电压,只适用于 MCP2561FD。

V_{IO}:数字 I/O 供电引脚,只适用于 MCP2562FD。

CANL:低电平的 CAN 总线。

CANH:高电平的 CAN 总线。

STBY:待机模式输入。

只有 MCP2561FD 拥有 SPLIT 引脚,只有 MCP2562FD 拥有 V_{IO} 引脚,在 MCP2561FD 中数字 I/O 的供电在内部与 V_{DD} 相连。

4. 模式控制模块

MCP2561/MCP2562FD 支持两种运行模式:正常模式,待机模式。

MCP2561/MCP2562FD 操作模式描述如表 4-5 所示。

表 4-5 MCP2561/MCP2562FD 操作模式描述

模　　式	STBY 引脚	RXD 引脚	
		低电平	高电平
正常模式	低电平	总线处于显性状态	总线处于隐性状态
待机模式	高电平	检测到唤醒请求	未检测到唤醒请求

(1)正常模式。

STBY 引脚处于低电平时可以进入正常模式,运行驱动模块驱动总线引脚,优化 CANH 和 CANL 上输出信号的斜率,以产生最小的电磁辐射(EME)。

(2)待机模式。

STBY 引脚处于高电平时可能会进入待机模式。在待机模式下,发送器和接收器的高速部分禁用,以降低功耗。低功耗接收器和唤醒滤波器启用,以监视总线活动。由于唤醒滤波器所起的作用,接收引脚(RXD)会与 CAN 总线存在一定的延迟。

5. 发送器功能

CAN 总线有两种状态:显性状态,隐性状态。

当 CANH 和 CANL 上的差压信号大于 $V_{DIFF(D)(I)}$ 时,总线处于显性状态;当差压信号小于 $V_{DIFF(D)(I)}$ 时,总线处于隐性状态。显/隐性状态分别与 TXD 输入引脚上的低/高电平一致,但需要注意,由另一个 CAN 节点初始化的显性状态会覆盖该 CAN 总线上的隐性状态。

6. 接收器功能

在正常模式下,RXD 输出引脚信号反映了 CANH 和 CANL 间的总线差压信号,RXD 上的低/高电平分别与 CAN 总线的显/隐性状态一致。

7. 内部保护

CANH 和 CANL 具有防止电池短路和保护 CAN 总线上可能发生的电气瞬变的功能。此功能可防止在此类故障下变送器输出级损坏。此器件还可以防止由过热保护电路产生的大电流负载,过热保护的机制是当节点温度超过 175 ℃ 的正常限制时禁用输出驱动,芯片的所有其他部分保持工作状态,由于变送器输出中的功耗降低,所以芯片温度下降。内部保护对于防止总线短路引起的损坏至关重要。

4.3 CAN FD 收发器隔离器件

4.3.1 HCPL-772X 和 HCPL-072X 高速光耦合器

1. HCPL-772X/HCPL-072X 概述

HCPL-772X/HCPL-072X 是 Avago 公司(现为 BROADCOM 公司)生产的高速光耦合器,分别采用 8 引脚 DIP 和 SO-8 封装,采用最新的 CMOS 芯片技术,以极低的功耗实现卓越的性能。HCPL-772X/HCPL-072X 只需要两个旁路电容就可以实现 CMOS 的兼容性。

HCPL-772X/HCPL-072X 的基本架构主要由 CMOS LED 驱动芯片、高速 LED 和 CMOS 检测芯片组成。CMOS 逻辑输入信号控制 LED 驱动芯片为 LED 提供电流。检测芯片集成了一个集成光电二极管、一个高速传输放大器和一个带输出驱动器的电压比较器。

2. HCPL-772X/HCPL-072X 的特点

HCPL-772X/HCPL-072X 光耦合器具有如下特点。

(1) 5 V CMOS 兼容性。

(2) 最高传播延迟差:20 ns。

(3) 高速:25 Mbit/s。

(4) 最高传播延迟:40 ns。

(5) 最低 10 kV/μs 的共模抑制。

(6) 工作温度范围:−40～85 ℃。

(7) 安全规范认证:UL 认证、IEC/EN/DIN EN 60747-5-5。

3. HCPL-772X/HCPL-072X 的功能图

HCPL-772X/HCPL-072X 的功能图如图 4-6 所示。

引脚 3 是内部 LED 的阳极,不能连接任何电路;引脚 7 没有连接芯片内部电路。

引脚 1 和引脚 4、引脚 5 和引脚 8 之间必须连接一个 0.1 μF 的旁路电容。

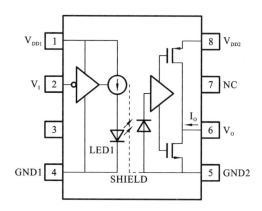

图 4-6 HCPL-772X/HCPL-072X 的功能图

HCPL-772X/HCPL-072X 真值表正逻辑如表 4-6 所示。

表 4-6 HCPL-772X/HCPL-072X **真值表正逻辑**

V_I	LED1	V_O输出
高	灭	高
低	亮	低

4. HCPL-772X/HCPL-072X **的应用领域**

HCPL-772X/HCPL-072X 主要应用在如下领域。

(1) 数字现场总线隔离：CAN FD、CC-Link、DeviceNet、PROFIBUS 和 SDS。

(2) 交流等离子显示屏电平变换。

(3) 多路复用数据传输。

(4) 计算机外设接口。

(5) 微处理器系统接口。

5. **带光电隔离的** CAN FD **接口电路设计**

带光电隔离的 CAN FD 接口电路如图 4-7 所示。

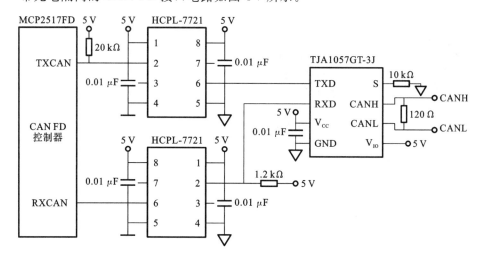

图 4-7 **带光电隔离的** CAN FD **接口电路**

4.3.2 CTM3MFD/CTM5MFD 隔离 CAN FD 收发器

CTM3MFD/CTM5MFD 是 ZLG 公司生产的隔离型 CAN FD 收发器。CTM3MFD 的电源电压为 3.3 V,CTM5MFD 的电源电压为 5 V,两者传输波特率均为 40 kbit/s~ 5 Mbit/s。

CTM3MFD/CTM5MFD 的外形如图 4-8 所示。

1. CTM3MFD/CTM5MFD 的特性

CTM3MFD/CTM5MFD 具有如下特性。

(1) 符合 ISO 11898-2 标准。

(2) 最高速率为 5 Mbit/s。

(3) 未上电节点不影响总线。

(4) 单网络最多可连接 110 个节点。

(5) 具有较低的电磁辐射和较高的抗电磁干扰。

(6) 高温、低温特性均好,满足工业级产品要求。

2. CTM3MFD/CTM5MFD 的应用领域

(1) 仪器仪表。

(2) 石油化工。

(3) 电力监控。

(4) 工业控制。

(5) 轨道交通。

(6) 汽车电子。

(7) 智能家居等。

3. CTM3MFD/CTM5MFD 引脚分配

CTM3MFD/CTM5MFD 引脚分配如图 4-9 所示。

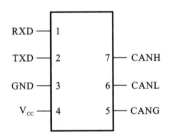

图 4-8　CTM3MFD/CTM5MFD 的外形　　图 4-9　CTM3MFD/CTM5MFD 引脚分配

各引脚功能介绍如下。

RXD(1):接收脚。

TXD(2):发送脚。

GND(3):输入电源地。

V_{CC}(4):输入电源正。

CANG(5):隔离输出电源地。

CANL(6):CAN 总线的 CANL 端。

CANH(7):CAN 总线的 CANH 端。

4. CTM3MFD/CTM5MFD 电路设计与应用

1）典型连接电路

CTM3MFD/CTM5MFD 系列模块的最大通信速率为 5 Mbit/s,CAN 接口满足 ISO 11898-2 标准,同时模块的最小通信速率为 40 kbit/s,向下可完全兼容传统的 CAN 物理层要求,CTM5MFD 典型连接电路图如图 4-10 所示。

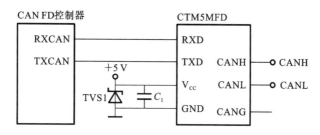

图 4-10 CTM5MFD 典型连接电路图

2）推荐应用电路

CTM5MFD 推荐应用电路 1 如图 4-11 所示。

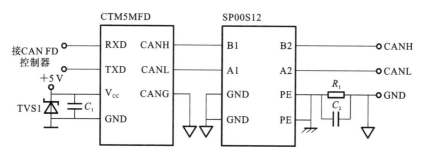

图 4-11 CTM5MFD 推荐应用电路 1

一些应用场合要求高的浪涌防护等级,配合 ZLG 公司的 SP00S12 信号浪涌抑制器,CAN 节点可满足 IEC/EN 61000-4-5 标准 ± 4 kV 浪涌等级。SP00S12 与 CTM3MFD/CTM5MFD 之间的连接简单,使用方便,且其体积与 CTM3MFD/CTM5MFD 一致,只需占用极小体积,即可提高 CAN 节点的浪涌防护等级。

CTM5MFD 配合 SP00S12 使用的 CTM5MFD 推荐应用电路 2 如图 4-12 所示。

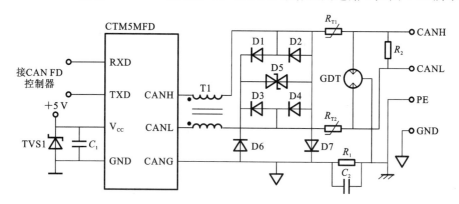

图 4-12 CTM5MFD 推荐应用电路 2

CTM5MFD 模块应用在户外等恶劣的现场环境时,容易遭受大能量的雷击,此时需要对 CAN 信号端口添加更高等级的防护电路,以保证 CTM5MFD 模块不被损坏及总线的可靠通信。图 4-12 提供了一个针对大能量雷击浪涌的推荐防护电路接线图,电路防护等级与所选的防护器件相关。

CTM5MFD 推荐应用电路 2 的推荐参数如表 4-7 所示,应用时可根据实际情况进行调整。

表 4-7　CTM5MFD 推荐应用电路 2 的推荐参数

标　　号	型　　号	标　　号	型　　号
C_1	10 μF,25 V 电解电容	TVS1	SMBJ5.0A,TVS 二极管
R_{T1},R_{T2}	JK250-180T 自恢复保险丝	D5	SMBJ12CA,TVS 二极管
R_1	1 MΩ,1206 电阻	GDT	B3D090L 陶瓷气体放电管
C_2	2 kV,102 高压瓷片电容	T1	B82793S0513N201 共模电感
D1,D2,D3, D4,D6,D7	HFM107,1000V/1A 超快恢复二极管	R_2	120 Ω,1206CAN 总线终端电阻

3)注意事项

(1)使用 CAN 总线组网时,无论节点数多少、距离远近、工作速率高低,都需要在总线上加终端电阻。

(2)CAN 控制器逻辑电平需与 CTM 隔离 CAN 收发模块相对应。

(3)组网时,总线通信距离与通信速率及现场应用相关,可根据实际应用和相关参考标准设计,通信线缆选择屏蔽双绞线并尽量远离干扰源。远距离通信时,终端电阻值需根据通信距离、线缆阻抗和节点数量选择合适的值。

4.4　MCP2517FD 的应用程序

MCP2517FD 的应用程序主要由以下 3 部分组成。

(1)MCP2517FD 初始化程序。包括复位 MCP2517FD、使能 ECC 并初始化 RAM、配置 CAN 控制寄存器、设置 TX FIFO 和 RX FIFO、设置接收过滤器、设置接收掩码、链接 FIFO 和过滤器、设置波特率、设置发送与接收中断和运行模式选择。

(2)MCP2517FD 接收报文程序。通过 SPI 串行通信接收报文,将接收到的报文存放到接收报文缓冲区中。

(3)MCP2517FD 发送报文程序。通过 SPI 串行通信发送报文。发送报文缓冲区的大小可以自由设置,最大不能超过 64 字节。

4.4.1　MCP2517FD 初始化程序

在函数 APP_CANFDSPI_Init 中进行 MCP2517FD 初始化,初始化的主要任务如下。

(1)复位 MCP2517FD、使能 ECC、初始化 RAM,并将准备好的数据写入 RAM。

(2)配置 CiCON—CAN 控制寄存器。在配置前,需要先将 CiCON—CAN 控制寄存器的配置对象重置。

(3)设置 TX FIFO:配置 CiFIFOCONm—FIFO 控制寄存器 2 为发送 FIFO。

(4)设置 RX FIFO:配置 CiFIFOCONm—FIFO 控制寄存器 1 为接收 FIFO。

（5）设置接收过滤器：配置 CiFLTOBJm—过滤器对象寄存器 0。

（6）设置接收掩码：配置 CiMASKm—屏蔽寄存器 0。

（7）连接过滤寄存器和 FIFO。

（8）设置波特率。

（9）设置发送和接收中断。

（10）设置运行模式。

（11）初始化发送报文对象。

MCP2517FD 初始化函数的流程图如图 4-13 所示。

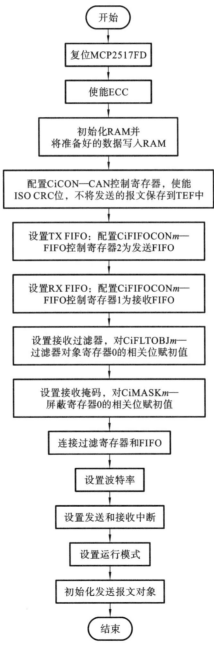

图 4-13 MCP2517FD 初始化函数的流程图

MCP2517FD初始化程序如下。

```
/********************************************************************
* 函数名：  APP_CANFDSPI_Init
* 功能：    初始化 MCP2517FD，包括复位 MCP2517FD、使能 ECC、初始化 RAM、配置
           CiCON—CAN 控制寄存器、设置 TX FIFO 和 RX FIFO、设置接收过滤器、设置
           接收掩码、连接 FIFO 和过滤寄存器、设置波特率、设置发送和接收中断、设置
           运行模式。
* 入口参数：uint8_t  NODE_ID 为节点 ID；
           CAN_BITTIME_SETUP  NODE_BPS 为节点波特率。
* 返回值：  无。
******************************************************************** /
void APP_CANFDSPI_Init(uint8_t NODE_ID, CAN_BITTIME_SETUPNODE_BPS)
{
    //复位设备
    DRV_CANFDSPI_Reset(NODE_ID);

    //使能 ECC 并初始化 RAM
    DRV_CANFDSPI_EccEnable(NODE_ID);
    DRV_CANFDSPI_RamInit(NODE_ID, 0xff);

    //配置设备：配置 CiCON—CAN 控制寄存器
    DRV_CANFDSPI_ConfigureObjectReset(&config);
    config.IsoCrcEnable=1;//CRC 字段中包含填充位计数，使用非零 CRC 初始化向量
    config.StoreInTEF=0;//不将发送的报文保存到 TEF 中

    DRV_CANFDSPI_Configure(NODE_ID, &config);

    //设置 TX FIFO：配置 CiFIFOCONm——FIFO 控制寄存器 m(m=1～31)
    DRV_CANFDSPI_TransmitChannelConfigureObjectReset(&txConfig);
    txConfig.FifoSize=7;
    txConfig.PayLoadSize=CAN_PLSIZE_64;
    txConfig.TxPriority=1;

    DRV_CANFDSPI_TransmitChannelConfigure(NODE_ID,APP_TX_FIFO,
&txConfig);

    //设置 RX FIFO：配置 CiFIFOCONm—FIFO 控制寄存器 m(m=1～31)
    DRV_CANFDSPI_ReceiveChannelConfigureObjectReset(&rxConfig);
    rxConfig.FifoSize=15;
    rxConfig.PayLoadSize=CAN_PLSIZE_64;

    DRV_CANFDSPI_ReceiveChannelConfigure(NODE_ID,APP_RX_FIFO,
&rxConfig);

    //设置接收过滤器：配置 CiFLTOBJm—过滤器对象寄存器 m(m=0～31)
    fObj.word=0;                    //所有配置初始化为 0
```

```
fObj.bF.SID=0xda;                    //标准标识符过滤位
fObj.bF.EXIDE=0;                      //仅匹配带有标准标识符的报文
fObj.bF.EID=0x00;                     //扩展标识符过滤位

DRV_CANFDSPI_FilterObjectConfigure(NODE_ID, CAN_FILTER0, &fObj.bF);

//设置接收掩码:配置 CiMASKm—屏蔽寄存器 m(m=0~31)
mObj.word=0;
mObj.bF.MSID=0x0;
mObj.bF.MIDE=1;                       //只允许标准 ID
mObj.bF.MEID=0x0;

DRV_CANFDSPI_FilterMaskConfigure(NODE_ID, CAN_FILTER0, &mObj.bF);

//连接 FIFO 和过滤器
DRV_CANFDSPI_FilterToFifoLink(NODE_ID, CAN_FILTER0, APP_RX_FIFO,
true);

//设置比特率
//DRV_CANFDSPI_BitTimeConfigure(NODE_ID,NODE_BPS,CAN_SSP_MODE_AUTO,
CAN_SYSCLK_20M);
//DRV_CANFDSPI_BitTimeConfigure(NODE_ID,NODE_BPS,CAN_SSP_MODE_AUTO,
CAN_SYSCLK_40M);
DRV_CANFDSPI_BitTimeConfigure(NODE_ID,NODE_BPS,CAN_SSP_MODE_AUTO,
CAN_SYSCLK_40M);//程序默认波特率仲裁域为 1 Mbit/s,数据域为 8 Mbit/s

//设置接收中断
DRV_CANFDSPI_GpioModeConfigure(NODE_ID,GPIO_MODE_INT, GPIO_MODE_
INT);
DRV_CANFDSPI_ReceiveChannelEventEnable(NODE_ID,APP_RX_FIFO, CAN_RX_
FIFO_NOT_EMPTY_EVENT);
DRV_CANFDSPI_ModuleEventEnable(NODE_ID,CAN_TX_EVENT | CAN_RX_EVENT);
/* 选择普通模式,使用 CAN FD 时选择 CAN_NORMAL_MODE,普通 CAN 2.0 时选择 CAN_
CLASSIC_MODE* /
DRV_CANFDSPI_OperationModeSelect(NODE_ID, CAN_NORMAL_MODE);
//DRV_CANFDSPI_OperationModeSelect(NODE_ID, CAN_CLASSIC_MODE);
txObj.word[0]=0;
txObj.word[1]=0;

txObj.bF.id.SID=TX_RESPONSE_ID;
txObj.bF.id.EID=0;

txObj.bF.ctrl.BRS=1;
txObj.bF.ctrl.DLC=CAN_DLC_64;
txObj.bF.ctrl.FDF=1;
txObj.bF.ctrl.IDE=0;
```

```
    }
```

APP_CANFDSPI_Init 函数入口参数说明如下。

（1）NODE_ID 为 MCP2517FD 节点 ID。

（2）NODE_BPS 为节点波特率。

NODE_BPS 参数类型是枚举 CAN_BITTIME_SETUP。

枚举 CAN_BITTIME_SETUP 定义的程序如下。

```
typedef enum {
    CAN_500K_1M,
    CAN_500K_2M,
    CAN_500K_3M,
    CAN_500K_4M,
    CAN_500K_5M,
    CAN_500K_6M7,
    CAN_500K_8M,
    CAN_500K_10M,
    CAN_250K_500K,
    CAN_250K_833K,
    CAN_250K_1M,
    CAN_250K_1M5,
    CAN_250K_2M,
    CAN_250K_3M,
    CAN_250K_4M,
    CAN_1000K_4M,
    CAN_1000K_8M,
    CAN_125K_500K
} CAN_BITTIME_SETUP;
```

在函数 APP_CANFDSPI_Init 中，对 MCP2517FD 进行初始化。

MCP2517FD 初始化的主要任务如下。

（1）复位 MCP2517FD、使能 ECC 和初始化 RAM。

（2）配置 CiCON—CAN 控制寄存器，在配置前需要先将 CiCON—CAN 控制寄存器的配置对象重置。

将 CiCON—CAN 控制寄存器配置对象重置后，主要执行两个操作：一是将 config.IsoCrcEnable 置 1，使能 CAN FD 帧中的 ISO CRC 位；二是将 config.StoreInTEF 置 0，将发送的报文不保存到 TEF 中，然后将配置好的值赋给寄存器的相关位。

（3）设置 TX FIFO：配置 CiFIFOCONm—FIFO 控制寄存器 2 为发送 FIFO。

先将 FIFO 控制寄存器 2 的配置对象重置，令 txConfig.FifoSize＝7（即 FIFO 深度为 7 个报文），txConfig.PayLoadSize＝CAN_PLSIZE_64（即有效负载大小位为 64 个数据字节），txConfig.TxPriority＝1（即报文发送优先级位为 1）；然后将配置好的值赋给寄存器的相关位。

（4）设置 RX FIFO：配置 CiFIFOCONm—FIFO 控制寄存器 1 为接收 FIFO。

先将 FIFO 控制寄存器 1 的配置对象复位，令 rxConfig.FifoSize＝15（即 FIFO 深度为 15 个报文），rxConfig.PayLoadSize＝CAN_PLSIZE_64（即有效负载大小位为 64

个数据字节);然后将配置好的值赋给寄存器的相关位。

(5) 设置接收过滤器:配置 CiFLTOBJm—过滤器对象寄存器 0。

令 fObj. word＝0,fObj. bF. SID＝0xda,fObj. bF. EXIDE＝0,fObj. bF. EID＝0x00;然后将配置好的值赋给寄存器的相关位。

(6) 设置接收掩码:配置 CiMASKm—屏蔽寄存器 0。

令 mObj. word＝0,mObj. bF. MSID＝0x0,mObj. bF. MIDE＝1,mObj. bF. MEID＝0x0;然后将配置好的值赋给寄存器的相关位。

(7) 连接过滤寄存器和 FIFO。

通过函数 DRV_CANFDSPI_FilterToFifoLink 连接 FIFO。

(8) 设置波特率。

过滤器通过函数 DRV_CANFDSPI_BitTimeConfigure 设置波特率,程序默认波特率仲裁域为 1 Mbit/s,数据域为 8 Mbit/s。

(9) 设置发送和接收中断。

通过函数 DRV_CANFDSPI_GpioModeConfigure 设置发送和接收中断。

(10) 设置运行模式。

通过函数 DRV_CANFDSPI_OperationModeSelect 进行 MCP2517FD 运行模式选择。本例选择了普通模式,使用 CAN FD 时选择 CAN_NORMAL_MODE,使用普通 CAN2.0 时选择 CAN_CLASSIC_MODE。

(11) 初始化发送报文对象。

初始化发送报文对象相关位,令 txObj. bF. ctrl. BRS＝1、txObj. bF. ctrl. DLC＝CAN_DLC_64、txObj. bF. ctrl. FDF＝1 和 txObj. bF. ctrl. IDE＝0,主要是设置发送报文长度码,此处设置为 CAN_DLC_64,在发送函数中会和发送数据长度进行比较,如果发送报文长度大于发送报文对象长度码,则返回错误。

DRV_CANFDSPI_TransmitChannelConfigure 函数中用到的宏定义如下。

//发送通道,设置 TX FIFO 时,使用的寄存器是 CiFIFOCONm—FIFO 控制寄存器 2。

```
# define APP_TX_FIFO CAN_FIFO_CH2
```

//接收通道,设置 RX FIFO 时,使用的寄存器是 CiFIFOCONm—FIFO 控制寄存器 1。

```
# define APP_RX_FIFO CAN_FIFO_CH1
```

从函数 DRV_CANFDSPI_FilterObjectConfigure(NODE_ID, CAN_FILTER0, &fObj. bF)的入口参数 CAN_FILTER0 可以看出,设置接收过滤器时使用的寄存器是 CiFLTOBJm—过滤器对象寄存器 0。

从函数 DRV_CANFDSPI_FilterMaskConfigure(NODE_ID, CAN_FILTER0, &mObj. bF)的入口参数 CAN_FILTER0 可以看出,设置接收掩码时使用的寄存器是 CiMASKm—屏蔽寄存器 0。

MCP2517FD 初始化程序所调用的函数如表 4-8 所示。

表 4-8 MCP2517FD 初始化程序所调用的函数

序号	函　　数	功　　能
1	DRV_CANFDSPI_Reset	重置器件 MCP2517FD

序号	函　　数	功　　能
2	DRV_CANFDSPI_EccEnable	使能 ECC
3	DRV_CANFDSPI_RamInit	初始化 RAM
4	DRV_CANFDSPI_ConfigureObjectReset	重置 CiCON—CAN 控制寄存器
5	DRV_CANFDSPI_Configure	配置 CiCON—CAN 控制寄存器
6	DRV_CANFDSPI_TransmitChannelConfigureObjectReset	重置 CiFIFOCONm—FIFO 控制寄存器 m（$m=1\sim31$）
7	DRV_CANFDSPI_TransmitChannelConfigure	配置 CiFIFOCONm—FIFO 控制寄存器 m（$m=1\sim31$）
8	DRV_CANFDSPI_ReceiveChannelConfigureObjectReset	重置 CiFIFOCONm—FIFO 控制寄存器 m（$m=1\sim31$）
9	DRV_CANFDSPI_ReceiveChannelConfigure	配置 CiFIFOCONm—FIFO 控制寄存器 m（$m=1\sim31$）
10	DRV_CANFDSPI_FilterObjectConfigure	配置 CiFLTOBJm—过滤器对象寄存器 m（$m=0\sim31$）
11	DRV_CANFDSPI_FilterMaskConfigure	配置 CiMASKm—屏蔽寄存器 m（$m=0\sim31$）
12	DRV_CANFDSPI_FilterToFifoLink	连接 FIFO 和过滤器
13	DRV_CANFDSPI_BitTimeConfigure	设置波特率
	DRV_CANFDSPI_BitTimeConfigureNominal20MHz	根据波特率的值，配置标称波特率，配置寄存器的相关位
	DRV_CANFDSPI_BitTimeConfigureData20MHz	根据波特率的值，配置数据波特率，配置寄存器和发送器延时补偿寄存器的相关位
14	DRV_CANFDSPI_GpioModeConfigure	设置 GPIO 模式
15	DRV_CANFDSPI_TransmitChannelEventEnable	读取发送 FIFO 中断使能标志，计算更改后将新的使能状态写入
16	DRV_CANFDSPI_ReceiveChannelEventEnable	读取接收 FIFO 中断使能标志，计算更改后将新的使能状态写入
17	DRV_CANFDSPI_ModuleEventEnable	读取中断使能寄存器的中断使能标志，计算更改后将新的使能状态写入
18	DRV_CANFDSPI_OperationModeSelect	运行模式选择

1. MCP2517FD 复位函数

```
/****************************************************************
* 函数名：  DRV_CANFDSPI_Reset。
* 功能：    重置器件 MCP2517FD。
* 入口参数：uint8_t NODE_ID 为节点 ID。
* 返回值：  spiTransferError 为 SPI 发送错误。
**************************************************************** /
```

```
int8_t DRV_CANFDSPI_Reset(uint8_t NODE_ID)
{
    uint16_t spiTransferSize=2;
    int8_t spiTransferError=0;

    //组成命令
    spiTransmitBuffer[0]=(uint8_t) (cINSTRUCTION_RESET<<4);
    spiTransmitBuffer[1]=0;

    spiTransferError=DRV_SPI_TransferData(NODE_ID, spiTransmitBuffer,
spiReceiveBuffer, spiTransferSize);

    return spiTransferError;
}
```

发送 SPI 指令 cINSTRUCTION_RESET,将内部寄存器重置为默认状态。在程序中将 SPI 发送缓冲区 spiTransmitBuffer[0]和 spiTransmitBuffer[1]都配置为 0 后,通过函数 DRV_SPI_TransferData 发送命令将内部寄存器重置,获取 spiTransferError,最后返回 spiTransferError 的值。

SPI 指令宏定义如下。

```
# define cINSTRUCTION_RESET          0x00
# define cINSTRUCTION_READ           0x03
# define cINSTRUCTION_READ_CRC       0x0B
# define cINSTRUCTION_WRITE          0x02
# define cINSTRUCTION_WRITE_CRC      0x0A
# define cINSTRUCTION_WRITE_SAFE     0x0C
```

SPI 发送缓冲区如下。

```
uint8_t spiTransmitBuffer[SPI_DEFAULT_BUFFER_LENGTH];
```

SPI 接收缓冲区如下。

```
uint8_t spiReceiveBuffer[SPI_DEFAULT_BUFFER_LENGTH];
```

2. 使能 ECC 函数

```
/********************************************************************
* 函数名:   DRV_CANFDSPI_EccEnable。
* 功能:     使能 ECC。
* 入口参数:uint8_t  NODE_ID 为节点 ID。
* 返回值:   使能 ECC 成功返回 0;如果操作得到的 spiTransferError 为 1,则程序返回
-1;如果操作得到的 spiTransferError 为 1,则程序返回-2。
******************************************************************** /
int8_t DRV_CANFDSPI_EccEnable(uint8_t NODE_ID)
{
    int8_t spiTransferError=0;
    uint8_t d=0;
```

```
//读
spiTransferError=DRV_CANFDSPI_ReadByte(NODE_ID, cREGADDR_ECCCON, &d);
if (spiTransferError) {
    return -1;
}

//更改
d |=0x01;

//写
spiTransferError=DRV_CANFDSPI_WriteByte(NODE_ID, cREGADDR_ECCCON, d);
if (spiTransferError) {
    return -2;
}

return 0;
}
```

RAM 由 ECC 保护。ECC 逻辑支持单个位错误纠正(single error correction,SEC)和双位错误检测(double error detection,DED)。

可以通过将 ECCCON.ECCEN 置 1 来使能 ECC。当使能 ECC 时,对写入 RAM 的数据进行编码,对从 RAM 读出的数据进行解码。

通过函数 DRV_CANFDSPI_ReadByte 进行读操作(如果得到的 spiTransferError 为 1,则程序返回-1),将变量 d 更改为 1,通过函数 DRV_CANFDSPI_WriteByte 进行写操作(如果得到的 spiTransferError 为 1,则程序返回-2),使能 ECC,成功返回 0。

3. 初始化 RAM 函数

```
/*********************************************************************
* 函数名:    DRV_CANFDSPI_RamInit。
* 功能:      初始化 RAM,将准备好的数据写入 RAM。
* 入口参数:  uint8_t   NODE_ID 为节点 ID;
            uint8_t d 为数据。
* 返回值:    spiTransferError 为 SPI 发送错误。
********************************************************************* /
int8_t DRV_CANFDSPI_RamInit(uint8_t NODE_ID, uint8_t d)
{
    uint8_t txd[SPI_DEFAULT_BUFFER_LENGTH];
    uint32_t k;
    int8_t spiTransferError=0;

    //准备数据
    for (k=0; k<SPI_DEFAULT_BUFFER_LENGTH; k++ ) {
        txd[k]=d;
    }

    uint16_t a=cRAMADDR_START;
```

```
    for (k=0; k<(cRAM_SIZE / SPI_DEFAULT_BUFFER_LENGTH); k++ ) {
        spiTransferError=DRV_CANFDSPI_WriteByteArray(NODE_ID, a, txd,
SPI_DEFAULT_BUFFER_LENGTH);
        if (spiTransferError)
        {
            return-1;
        }
        a+=SPI_DEFAULT_BUFFER_LENGTH;
    }

    return spiTransferError;
}
```

将入口参数 uint8_t d 放入数组 uint8_t txd[SPI_DEFAULT_BUFFER_LENGTH]进行数据准备,通过函数 DRV_CANFDSPI_WriteByteArray 写入字节数组(如果得到的 spiTransferError 为 1,则程序返回－1),并将 RAM 地址按写入的缓冲区长度逐渐增加,最后程序返回 spiTransferError 的值。

4. 重置 CAN 控制寄存器函数

```
/****************************************************************
* 函数名:    DRV_CANFDSPI_ConfigureObjectReset。
* 功能:      重置 CiCON—CAN 控制寄存器。
* 入口参数:  CAN_CONFIG* config 为 CAN_CONFIG 类型的结构体指针。
* 返回值:    返回 0。
**************************************************************** /
int8_t DRV_CANFDSPI_ConfigureObjectReset(CAN_CONFIG* config)
{
    REG_CiCON ciCon;
    ciCon.word=canControlResetValues[cREGADDR_CiCON / 4];

    config->DNetFilterCount=ciCon.bF.DNetFilterCount;
    config->IsoCrcEnable=ciCon.bF.IsoCrcEnable;
    config-> ProtocolExpectionEventDisable= ciCon.bF. ProtocolException-
EventDisable;
    config->WakeUpFilterEnable=ciCon.bF.WakeUpFilterEnable;
    config->WakeUpFilterTime=ciCon.bF.WakeUpFilterTime;
    config->BitRateSwitchDisable=ciCon.bF.BitRateSwitchDisable;
    config->RestrictReTxAttempts=ciCon.bF.RestrictReTxAttempts;
    config->EsiInGatewayMode=ciCon.bF.EsiInGatewayMode;
    config->SystemErrorToListenOnly=ciCon.bF.SystemErrorToListenOnly;
    config->StoreInTEF=ciCon.bF.StoreInTEF;
    config->TXQEnable=ciCon.bF.TXQEnable;
    config->TxBandWidthSharing=ciCon.bF.TxBandWidthSharing;

    return 0;
```

```
    }
```

将 CAN 控制寄存器的相关位赋初值,最后返回 0。

程序用到的结构体或联合体定义如下。

联合体 REG_CiCON 定义如下。

```
typedef union _REG_CiCON {
    struct {
        uint32_t DNetFilterCount : 5;
```
/* Device Net 过滤器编号位。10011~11111=无效选择(最多可将数据的 18 位与 EID
进行比较);10010=最多可将数据字节 2 的 bit 6 与 EID17 进行比较;…;00001=最多可将
数据字节 0 的 bit 7 与 EID0 进行比较;00000=不比较数据字节 * /
```
        uint32_t IsoCrcEnable : 1;
```
/* 使能 CAN FD 帧中的 ISO CRC 位。1=CRC 字段中包含填充位计数,使用非零 CRC 初始化
向量(符合 ISO 11898-1:2015 规范);0=CRC 字段中不包含填充位计数,使用全零 CRC 初
始化向量 * /
```
        uint32_t ProtocolExceptionEventDisable : 1;
```
/* 协议异常事件检测禁止位;隐性 FDF 位后的隐性"保留位"称为"协议异常";1=协议异常
被视为格式错误;0= 如果检测到协议异常,则 CAN FD 控制器模块将进入总线集成状
态。* /
```
        uint32_t unimplemented1 : 1;          //未实现,读为 0
        uint32_t WakeUpFilterEnable : 1;
```
/* 使能 CAN 总线线路唤醒滤波器位。1=使用 CAN 总线线路滤波器来唤醒;0=不使用 CAN
总线线路滤波器来唤醒 * /
```
        uint32_t WakeUpFilterTime : 2;
```
/* 可选唤醒滤波器时间位。00 = T00FILTER;01 = T01FILTER;10 = T10FILTER;11 =
T11FILTER * /
```
        uint32_t unimplemented2 : 1;          //未实现,读为 0
        uint32_t BitRateSwitchDisable : 1;
```
/* 波特率切换禁止位。1=无论发送报文对象中的 BRS 状态如何,都禁止波特率切换;0=
根据发送报文对象中的 BRS 进行波特率切换 * /
```
        uint32_t unimplemented3 : 3;          //未实现,读为 0
        uint32_t RestrictReTxAttempts : 1;
```
/* 限制重发尝试。1=重发尝试受限,使用 CiFIFOCONm.TXAT;0=重发尝试次数不受限,
CiFIFOCONm.TXAT 将被忽略 * /
```
        uint32_t EsiInGatewayMode : 1;
```
/* 在网关模式下发送 ESI 位。1=当报文的 ESI 为高电平或 CAN 控制器处于被动错误状
态时,ESI 隐性发送;0=ESI 反映 CAN 控制器的错误状态 * /
```
        uint32_t SystemErrorToListenOnly : 1;
```
/* 发生系统错误时切换到仅监听模式位。1=切换到仅监听模式;0=切换到受限工作模
式 * /
```
        uint32_t StoreInTEF : 1;
```
/* 存储到发送事件 FIFO 位。1=将发送的报文保存到 TEF 并在 RAM 中预留空间;0=不将
发送的报文保存到 TEF 中 * /
```
        uint32_t TXQEnable : 1;
```
/* 使能发送队列位。1=使能 TXQ 并在 RAM 中预留空间;0=不在 RAM 中为 TXQ 预留空
间 * /

```
        uint32_t OpMode : 3;
```
/* 工作模式状态位。000=模块处于正常 CAN FD 模式;支持混用 CAN FD 帧和经典 CAN 2.0
帧;001=模块处于休眠模式;010=模块处于内部环回模式;011=模块处于仅监听模式;100
=模块处于配置模式;101=模块处于外部环回模式;110=模块处于正常 CAN 2.0 模式;接收
CAN FD 帧时可能生成错误帧;111=模块处于受限工作模式* /

```
        uint32_t RequestOpMode : 3;
```
/* 请求工作模式位。000=设置为正常 CAN FD 模式;支持混用 CAN FD 帧和经典 CAN 2.0
帧;001=设置为休眠模式;010=设置为内部环回模式;011=设置为仅监听模式;100=设置
为配置模式;101=设置为外部环回模式;110=设置为正常 CAN 2.0 模式;接收 CAN FD 帧时
可能生成错误帧;111=设置为受限工作模式* /

```
        uint32_t AbortAllTx : 1;
```
/* 中止所有等待的发送位;1=通知所有发送 FIFO 中止发送;0=模块将在所有发送中止时
清零该位* /

```
        uint32_t TxBandWidthSharing : 4;
```
/* 发送带宽共用位。两次连续传输之间的延时 (以仲裁位时间为单位);0000 = 无延时;
0001=2;0010=4;0011=8;0100=16;0101=32;0110=64;0111=128;1000=256;1001=
512;1010=1024;1011=2048;1111~1100=4096 * /

```
    } bF;
    uint32_t word;
    uint8_t byte[4];
} REG_CiCON;
```

结构体 CAN_CONFIG 定义如下。

```
typedef struct _CAN_CONFIG {
    uint32_t DNetFilterCount : 5;              //DeviceNet 过滤器位编号位
    uint32_t IsoCrcEnable : 1;                 //使能 CAN FD 帧中的 ISO CRC 位
    uint32_t ProtocolExpectionEventDisable : 1;  //协议异常事件检测禁止位
    uint32_t WakeUpFilterEnable : 1;           //使能 CAN 总线线路唤醒滤波器位
    uint32_t WakeUpFilterTime : 2;             //可选唤醒滤波器时间位
    uint32_t BitRateSwitchDisable : 1;         //波特率切换禁止位
    uint32_t RestrictReTxAttempts : 1;         //限制重发尝试位
    uint32_t EsiInGatewayMode : 1;             //在网关模式下发送 ESI 位
    uint32_t SystemErrorToListenOnly : 1;      //发生系统错误时切换到仅监听模式位
    uint32_t StoreInTEF : 1;                   //存储到发送事件 FIFO 位
    uint32_t TXQEnable : 1;                    //使能发送队列位
    uint32_t TxBandWidthSharing : 4;           //发送带宽共用位
} CAN_CONFIG;
```

5. 配置 CAN 控制寄存器

```
/********************************************************************
* 函数名:     DRV_CANFDSPI_Configure。
* 功能:       对 CiCON—CAN 控制寄存器的相关位进行配置。
* 入口参数:   uint8_t NODE_ID 为节点 ID;
             CAN_CONFIG* config 为 CAN_CONFIG 类型的结构体指针。
* 返回值:     spiTransferError 为 SPI 发送错误。
******************************************************************** /
```

```
int8_t DRV_CANFDSPI_Configure(uint8_t NODE_ID, CAN_CONFIG* config)
{
    REG_CiCON ciCon;
    int8_t spiTransferError=0;

    ciCon.word=canControlResetValues[cREGADDR_CiCON / 4];

    ciCon.bF.DNetFilterCount=config->DNetFilterCount;
    ciCon.bF.IsoCrcEnable=config->IsoCrcEnable;
    ciCon.bF.ProtocolExceptionEventDisable = config-> ProtocolExpection-
EventDisable;
    ciCon.bF.WakeUpFilterEnable=config->WakeUpFilterEnable;
    ciCon.bF.WakeUpFilterTime=config->WakeUpFilterTime;
    ciCon.bF.BitRateSwitchDisable=config->BitRateSwitchDisable;
    ciCon.bF.RestrictReTxAttempts=config->RestrictReTxAttempts;
    ciCon.bF.EsiInGatewayMode=config->EsiInGatewayMode;
    ciCon.bF.SystemErrorToListenOnly=config->SystemErrorToListenOnly;
    ciCon.bF.StoreInTEF=config->StoreInTEF;
    ciCon.bF.TXQEnable=config->TXQEnable;
    ciCon.bF.TxBandWidthSharing=config->TxBandWidthSharing;

    spiTransferError = DRV_CANFDSPI_WriteWord(NODE_ID, cREGADDR_CiCON,
ciCon.word);
    if (spiTransferError) {
        return -1;
    }

    return spiTransferError;
}
```

将 CAN 控制寄存器的相关位进行配置,调用函数 DRV_CANFDSPI_WriteWord, 如果得到的 spiTransferError 为 1,则返回 -1;最后返回 spiTransferError 的值。

联合体 REG_CiCON 的定义同重置 CAN 控制寄存器函数的联合体 REG_CiCON 的定义。

结构体 CAN_CONFIG 的定义同重置 CAN 控制寄存器函数的结构体 CAN_CON-FIG 的定义。

6. 重置 FIFO 控制寄存器(发送通道)

```
/**********************************************************************
 * 函数名:    DRV_CANFDSPI_TransmitChannelConfigureObjectReset。
 * 功能:      重置 CiFIFOCONm——FIFO 控制寄存器 m(m=1~31)。
 * 入口参数:  CAN_TX_FIFO_CONFIG* config 为 CAN_TX_FIFO_CONFIG 类型的结构体
指针。
 * 返回值:    返回 0。
 ********************************************************************** /
int8_t DRV_CANFDSPI_TransmitChannelConfigureObjectReset (CAN_TX_FIFO_
```

```
CONFIG* config)
{
    REG_CiFIFOCON ciFifoCon;
    ciFifoCon.word=canFifoResetValues[0];

    config->RTREnable=ciFifoCon.txBF.RTREnable;
    config->TxPriority=ciFifoCon.txBF.TxPriority;
    config->TxAttempts=ciFifoCon.txBF.TxAttempts;
    config->FifoSize=ciFifoCon.txBF.FifoSize;
    config->PayLoadSize=ciFifoCon.txBF.PayLoadSize;

    return 0;
}
```

将 FIFO 控制寄存器的相关位赋初值,最后返回 0。

结构体 CAN_TX_FIFO_CONFIG 定义如下。

```
typedef struct _CAN_TX_FIFO_CONFIG
{
    uint32_t RTREnable : 1;          //自动 RTR 使能位
    uint32_t TxPriority : 5;         //报文发送优先级位
    uint32_t TxAttempts : 2;         //重发尝试位
    uint32_t FifoSize : 5;           //FIFO 大小位
    uint32_t PayLoadSize : 3;        //有效负载大小位
} CAN_TX_FIFO_CONFIG;
```

联合体 REG_CiFIFOCON 定义如下。

```
typedef union _REG_CiFIFOCON {
    //接收 FIFO
      struct {
          uint32_t RxNotEmptyIE : 1;
```
/* 接收 FIFO 非空中断允许位 (仅当 TxEnable=0,即 FIFO 配置为接收 FIFO 时,该位生效)。1=允许在 FIFO 非空时产生中断;0=禁止在 FIFO 非空时产生中断* /
```
          uint32_t RxHalfFullIE : 1;
```
/* 接收 FIFO 半满中断允许位 (仅当 TxEnable=0,即 FIFO 配置为接收 FIFO 时,该位生效)。接收 FIFO 半满中断允许;1=允许在 FIFO 半满时产生中断;0=禁止在 FIFO 半满时产生中断* /
```
          uint32_t RxFullIE : 1;
```
/* 接收 FIFO 满中断允许位 (仅当 TxEnable=0,即 FIFO 配置为接收 FIFO 时,该位生效)。1=允许在 FIFO 满时产生中断;0=禁止在 FIFO 满时产生中断* /
```
          uint32_t RxOverFlowIE : 1;
```
/* 溢出中断允许位。1=允许在发生溢出事件时产生中断;0=禁止在发生溢出事件时产生中断* /
```
          uint32_t unimplemented1 : 1;      //未实现,读为 0
          uint32_t RxTimeStampEnable : 1;
```
/* 接收的报文时间戳使能位。1=捕捉 RAM 中接收到的报文对象的时间戳;0=不捕捉时间戳* /

```
        uint32_t unimplemented2 : 1;        //未实现,读为 0
        uint32_t TxEnable : 1;     // TX/RX FIFO 选择位;1=发送 FIFO;0=接收 FIFO
        uint32_t UINC : 1;
```
    /* 递增头部或尾部位(仅当 TxEnable=0,即 FIFO 配置为接收 FIFO 时,该位生效)。
当该位置 1 时,FIFO 尾部递增一个报文。* /
```
        uint32_t unimplemented3 : 1;        //未实现,读为 0
        uint32_t FRESET : 1;
```
    /* FIFO 复位位。1=当该位置 1 时,FIFO 复位;当 FIFO 复位时,该位由硬件清零。用
户在采取任何操作前应等待该位清零;0=无影响* /
```
        uint32_t unimplemented4 : 13;        //未实现,读为 0
        uint32_t FifoSize : 5;
```
    /* FIFO 大小位。000000=FIFO 深度为 1 个报文;000001=FIFO 深度为 2 个报文;
000010=FIFO 深度为 3 个报文;… ;111111=FIFO 深度为 32 个报文* /
```
        uint32_t PayLoadSize : 3;
```
    /* 有效负载大小位。000=8 个数据字节;001=12 个数据字节;010=16 个数据字节;
011=20 个数据字节;100=24 个数据字节;101=32 个数据字节;110=48 个数据字节;111
=64 个数据字节* /
```
    } rxBF;

    //发送 FIFO
    struct {
        uint32_t TxNotFullIE : 1;
```
    /* 发送 FIFO 不满中断允许位(仅当 TxEnable=1,即 FIFO 配置为发送 FIFO 时,该
位生效)。发送 FIFO 不满中断允许;1=允许在 FIFO 未满时产生中断;0=禁止在 FIFO 未
满时产生中断* /
```
        uint32_t TxHalfFullIE : 1;
```
    /* 发送 FIFO 半满中断允许位(仅当 TxEnable=1,即 FIFO 配置为发送 FIFO 时,该
位生效)。1=允许在 FIFO 半空时产生中断;0=禁止在 FIFO 半空时产生中断* /
```
        uint32_t TxEmptyIE : 1;
```
    /* 发送 FIFO 空中断允许位(仅当 TxEnable=1,即 FIFO 配置为发送 FIFO 时,该位
生效)。1=允许在 FIFO 为空时产生中断;0=禁止在 FIFO 为空时产生中断* /
```
        uint32_t unimplemented1 : 1;/* 未实现,读为 0 * /
        uint32_t TxAttemptIE : 1;/* 超过发送尝试次数中断允许位;1=允许中断;
```
0=禁止中断* /
```
        uint32_t unimplemented2 : 1;/* 未实现,读为 0 * /
        uint32_t RTREnable : 1;
```
    /* 自动 RTR 使能位。1=接收到远程发送时,TxRequest 置 1;0=接收到远程发送时,
TxRequest 不受影响* /
```
        uint32_t TxEnable : 1;/*  TX/RX FIFO 选择位。1=发送 FIFO;0=接收
```
FIFO * /
```
        uint32_t UINC : 1;
```
    /* 递增头部或尾部位(仅当 TxEnable=1,即 FIFO 配置为发送 FIFO 时,该位生效)。
当该位置 1 时,FIFO 头部递增一个报文。* /
```
        uint32_t TxRequest : 1;
```
    /* 报文发送请求位(仅当 TxEnable=1,即 FIFO 配置为发送 FIFO 时,该位生效)。1
=请求发送报文;在成功发送 FIFO 中排队的所有报文之后,该位会自动清零;0=在该位置 1

的情况下清零且该位将请求中止报文。* /

```
            uint32_t FRESET : 1;
```

　　/* FIFO 复位位。1=当该位置 1 时,FIFO 复位;当 FIFO 复位时,该位由硬件清零。用
户在采取任何操作前应等待该位清零;0=无影响* /

```
            uint32_t unimplemented3 : 5;/* 未实现,读为 0 * /
            uint32_t TxPriority : 5;
```

　　/* 报文发送优先级位。00000=最低报文优先级;…;11111=最高报文优先级* /

```
            uint32_t TxAttempts : 2;
```

　　/* 重发尝试位。CiCON.RTXAT 置 1 时使能该功能;00=禁止重发尝试;01=3 次重发
尝试;10=重发尝试次数不受限制;11=重发尝试次数不受限制* /

```
            uint32_t unimplemented4 : 1;/* 未实现,读为 0 * /
            uint32_t FifoSize : 5;
```

　　/* FIFO 大小位。000000=FIFO 深度为 1 个报文;000001=FIFO 深度为 2 个报文;
000010=FIFO 深度为 3 个报文;…;101111=FIFO 深度为 32 个报文* /

```
            uint32_t PayLoadSize : 3;
```

　　/* 有效负载大小位。000=8 个数据字节;001=12 个数据字节;010=16 个数据字节;
011=20 个数据字节;100=24 个数据字节;101=32 个数据字节;110=48 个数据字节;111
=64 个数据字节* /

```
        } txBF;
    uint32_t word;
    uint8_t byte[4];
} REG_CiFIFOCON;
```

7. 配置 FIFO 控制寄存器(发送通道)

```
/************************************************************************
* 函数名:      DRV_CANFDSPI_TransmitChannelConfigure。
* 功能:        对 CiFIFOCONm—FIFO 控制寄存器 m(m=1~31)的相关位进行配置。
* 入口参数:    uint8_t NODE_ID 为节点 ID;
              CAN_FIFO_CHANNEL channel 为 FIFO 通道;
              CAN_TX_FIFO_CONFIG*  config 为 CAN_TX_FIFO_CONFIG 类型的结构体
指针。
* 返回值:      spiTransferError 为 SPI 发送错误。
*********************************************************************** /
int8_t DRV_CANFDSPI_TransmitChannelConfigure(uint8_t NODE_ID,
        CAN_FIFO_CHANNEL channel, CAN_TX_FIFO_CONFIG*  config)
{
    int8_t spiTransferError=0;
    uint16_t a=0;

    //设置 FIFO
    REG_CiFIFOCON ciFifoCon;
    ciFifoCon.word=canFifoResetValues[0];
    ciFifoCon.txBF.TxEnable=1;
    ciFifoCon.txBF.FifoSize=config->FifoSize;
    ciFifoCon.txBF.PayLoadSize=config->PayLoadSize;
    ciFifoCon.txBF.TxAttempts=config->TxAttempts;
```

```
        ciFifoCon.txBF.TxPriority=config->TxPriority;
        ciFifoCon.txBF.RTREnable=config->RTREnable;

        a=cREGADDR_CiFIFOCON + (channel*CiFIFO_OFFSET);

        spiTransferError=DRV_CANFDSPI_WriteWord(NODE_ID, a, ciFifoCon.word);

        return spiTransferError;
    }
```

将 FIFO 控制寄存器的相关位进行配置，调用函数 DRV_CANFDSPI_WriteWord，得到 spiTransferError；最后返回 spiTransferError 的值。

联合体 REG_CiFIFOCON 的定义同重置 FIFO 控制寄存器（发送通道）函数的联合体 REG_CiFIFOCON 的定义。

8. 重置 FIFO 控制寄存器（接收通道）

```
    /************************************************************************
    * 函数名:     DRV_CANFDSPI_ReceiveChannelConfigureObjectReset。
    * 功能:       重置 CiFIFOCONm——FIFO 控制寄存器 m(m=1～31)。
    * 入口参数:   CAN_RX_FIFO_CONFIG* config 为 CAN_RX_FIFO_CONFIG 类型的结构体
    指针。
    * 返回值:     返回 0。
    ************************************************************************ /
    int8_t DRV_CANFDSPI_ReceiveChannelConfigureObjectReset(CAN_RX_FIFO_CON-
    FIG* config)
    {
        REG_CiFIFOCON ciFifoCon;
        ciFifoCon.word=canFifoResetValues[0];

        config->FifoSize=ciFifoCon.rxBF.FifoSize;
        config->PayLoadSize=ciFifoCon.rxBF.PayLoadSize;
        config->RxTimeStampEnable=ciFifoCon.rxBF.RxTimeStampEnable;

        return 0;
    }
```

将 FIFO 控制寄存器的相关位赋初值，最后返回 0。

结构体 CAN_RX_FIFO_CONFIG 定义如下。

```
    typedef struct _CAN_RX_FIFO_CONFIG {
        uint32_t RxTimeStampEnable : 1;
        uint32_t FifoSize : 5;
        uint32_t PayLoadSize : 3;
    } CAN_RX_FIFO_CONFIG;
```

联合体 REG_CiFIFOCON 的定义同重置 FIFO 控制寄存器（发送通道）函数的联合体 REG_CiFIFOCON 的定义。

9. 配置 FIFO 控制寄存器(接收通道)

```
/**********************************************************
* 函数名:     DRV_CANFDSPI_ReceiveChannelConfigure。
* 功能:       对 CiFIFOCONm—FIFO 控制寄存器 m(m=1~31)的相关位进行配置。
* 入口参数:   uint8_t NODE_ID 为节点 ID;
             CAN_FIFO_CHANNEL channel 为 FIFO 通道;
             CAN_RX_FIFO_CONFIG* config 为 CAN_RX_FIFO_CONFIG 类型的结构体
指针。
* 返回值:     spiTransferError 为 SPI 发送错误。
********************************************************** /
int8_t DRV_CANFDSPI_ReceiveChannelConfigure(uint8_t NODE_ID,
        CAN_FIFO_CHANNEL channel, CAN_RX_FIFO_CONFIG* config)
{
    int8_t spiTransferError=0;
    uint16_t a=0;

//# define CAN_TXQUEUE_CH0  CAN_FIFO_CH0
    if (channel ==CAN_TXQUEUE_CH0) {
        return  - 100;
    }

    //设置 FIFO
    REG_CiFIFOCON ciFifoCon;
    ciFifoCon.word=canFifoResetValues[0];

    ciFifoCon.rxBF.TxEnable=0;
    ciFifoCon.rxBF.FifoSize=config->FifoSize;
    ciFifoCon.rxBF.PayLoadSize=config->PayLoadSize;
    ciFifoCon.rxBF.RxTimeStampEnable=config->RxTimeStampEnable;

    a=cREGADDR_CiFIFOCON+ (channel*CiFIFO_OFFSET);

    spiTransferError=DRV_CANFDSPI_WriteWord(NODE_ID, a, ciFifoCon.word);

    return spiTransferError;
}
```

如果 (channel == CAN_TXQUEUE_CH0),则返回−100。将 FIFO 控制寄存器的相关位进行配置,调用函数 DRV_CANFDSPI_WriteWord,得到 spiTransferError;最后返回 spiTransferError 的值。

联合体 CAN_RX_FIFO_CONFIG 的定义同重置 FIFO 控制寄存器(接收通道)函数的联合体 CAN_RX_FIFO_CONFIG 的定义。

联合体 REG_CiFIFOCON 的定义同重置 FIFO 控制寄存器(发送通道)函数的联合体 REG_CiFIFOCON 的定义。

10. 配置过滤器对象寄存器

```
/*******************************************************************
* 函数名:        DRV_CANFDSPI_FilterObjectConfigure。
* 功能:          对 CiFLTOBJm—过滤器对象寄存器 m(m=0~31)的相关位进行配置。
* 入口参数:      uint8_t NODE_ID 为节点 ID;
                CAN_FILTER filter 为过滤器通道;
                CAN_FILTEROBJ_ID* id 为 CAN_FILTEROBJ_ID 类型的结构体指针。
* 返回值:        spiTransferError 为 SPI 发送错误。
*******************************************************************/
int8_t DRV_CANFDSPI_FilterObjectConfigure(uint8_t NODE_ID,
        CAN_FILTER filter, CAN_FILTEROBJ_ID* id)
{
    uint16_t a;
    REG_CiFLTOBJ fObj;
    int8_t spiTransferError=0;

    //设置
    fObj.word=0;
    fObj.bF=*id;
    a=cREGADDR_CiFLTOBJ+ (filter*CiFILTER_OFFSET);

    spiTransferError=DRV_CANFDSPI_WriteWord(NODE_ID, a, fObj.word);

    return spiTransferError;
}
```

将过滤器对象寄存器的相关位进行配置,调用函数 DRV_CANFDSPI_WriteWord,得到 spiTransferError;最后返回 spiTransferError 的值。

枚举 CAN_FILTER 定义如下。

```
typedef enum {
    CAN_FILTER0,
    CAN_FILTER1,
    CAN_FILTER2,
    CAN_FILTER3,
    CAN_FILTER4,
    CAN_FILTER5,
    CAN_FILTER6,
    CAN_FILTER7,
    CAN_FILTER8,
    CAN_FILTER9,
    CAN_FILTER10,
    CAN_FILTER11,
    CAN_FILTER12,
    CAN_FILTER13,
    CAN_FILTER14,
    CAN_FILTER15,
```

```
    CAN_FILTER16,
    CAN_FILTER17,
    CAN_FILTER18,
    CAN_FILTER19,
    CAN_FILTER20,
    CAN_FILTER21,
    CAN_FILTER22,
    CAN_FILTER23,
    CAN_FILTER24,
    CAN_FILTER25,
    CAN_FILTER26,
    CAN_FILTER27,
    CAN_FILTER28,
    CAN_FILTER29,
    CAN_FILTER30,
    CAN_FILTER31,
    CAN_FILTER_TOTAL,
} CAN_FILTER;
```

结构体 CAN_FILTEROBJ_ID 定义如下。

```
typedef struct _CAN_FILTEROBJ_ID {
    uint32_t SID : 11;                //标准标识符过滤位
    uint32_t EID : 18;                //扩展标识符过滤位
    uint32_t SID11 : 1;               //标准标识符过滤位
    uint32_t EXIDE : 1;               //扩展标识符使能位
    uint32_t unimplemented1 : 1;      //未实现,读为 0
} CAN_FILTEROBJ_ID;
```

11. 配置屏蔽寄存器

```
/*******************************************************************
* 函数名:      DRV_CANFDSPI_FilterMaskConfigure。
* 功能:        对 CiMASKm—屏蔽寄存器 m(m=0～31)的相关位进行配置。
* 入口参数:    uint8_t NODE_ID 为节点 ID;
              CAN_FILTER filter 为过滤器通道;
              CAN_MASKOBJ_ID* mask 为 CAN_MASKOBJ_ID 类型的结构体指针。
* 返回值:      spiTransferError 为 SPI 发送错误。
******************************************************************* /
int8_t DRV_CANFDSPI_FilterMaskConfigure(uint8_t NODE_ID,
        CAN_FILTER filter, CAN_MASKOBJ_ID* mask)
{
    uint16_t a;
    REG_CiMASK mObj;
    int8_t spiTransferError=0;

    //设置
    mObj.word=0;
```

```
        mObj.bF=* mask;
        a=cREGADDR_CiMASK+ (filter*CiFILTER_OFFSET);

        spiTransferError=DRV_CANFDSPI_WriteWord(NODE_ID, a, mObj.word);

        return spiTransferError;
    }
```

将屏蔽寄存器的相关位进行配置,调用函数 DRV_CANFDSPI_WriteWord 进行写操作,得到 spiTransferError;最后返回 spiTransferError 的值。

结构体 CAN_MASKOBJ_ID 定义如下。

```
typedef struct _CAN_MASKOBJ_ID {
    uint32_t MSID : 11;              //标准标识符屏蔽位
    uint32_t MEID : 18;             //扩展标识符屏蔽位
    uint32_t MSID11 : 1;            //标准标识符屏蔽位
    uint32_t MIDE : 1;/* 标识符接收模式位。1=只匹配与过滤器中 EXIDE 位对应的报
文类型(标准 ID 或扩展 ID);0=如果过滤器匹配,则同时匹配标准报文帧和扩展报文帧* /
    uint32_t unimplemented1 : 1;     //未实现,读为 0
} CAN_MASKOBJ_ID;
```

12. 链接 FIFO 和过滤器函数

```
/***********************************************************************
 * 函数名:    DRV_CANFDSPI_FilterToFifoLink。
 * 功能:      将 FIFO 通道与过滤器的缓冲区指针连接。
 * 入口参数:  uint8_t NODE_ID 为节点 ID;
             CAN_FILTER filter 为过滤器通道;
             CAN_FIFO_CHANNEL channel 为 FIFO 通道;
             bool enable 为 true 或 false。
 * 返回值:    spiTransferError 为 SPI 发送错误。
 *********************************************************************** /
int8_t DRV_CANFDSPI_FilterToFifoLink(uint8_t NODE_ID,
        CAN_FILTER filter, CAN_FIFO_CHANNEL channel, bool enable)
{
    uint16_t a;
    REG_CiFLTCON_BYTE fCtrl;         //过滤器控制寄存器
    int8_t spiTransferError=0;

    //使能
    if (enable) {
        fCtrl.bF.Enable=1;
    } else {
        fCtrl.bF.Enable=0;
    }

    //链接
    fCtrl.bF.BufferPointer=channel;
```

```
        a=cREGADDR_CiFLTCON + filter;

    spiTransferError=DRV_CANFDSPI_WriteByte(NODE_ID, a, fCtrl.byte);

    return spiTransferError;
}
```

如果 enable 的值为 1,则将 fCtrl. bF. Enable 置 1,否则置 0。将 FIFO 通道与过滤器的缓冲区指针连接,调用函数 DRV_CANFDSPI_WriteByte 进行写操作,得到 spiTransferError;最后返回 spiTransferError 的值。

联合体 REG_CiFLTCON_BYTE 定义如下。

```
typedef union _REG_CiFLTCON_BYTE {
    struct {
        uint32_t BufferPointer : 5;
        uint32_t unimplemented1 : 2;
        uint32_t Enable : 1;
    } bF;
    uint8_t byte;
} REG_CiFLTCON_BYTE;
```

13. 设置波特率函数

```
/*********************************************************************
 * 函数名:      DRV_CANFDSPI_BitTimeConfigure。
 * 功能:        解码 clk,根据 clk 的值设置波特率。
 * 入口参数:    uint8_t NODE_ID 为节点 ID;
 *              CAN_BITTIME_SETUP  NODE_BPS 为节点波特率;
 *              CAN_SSP_MODE sspMode 为二次采样点模式;
 *              CAN_SYSCLK_SPEED clk 为系统时钟速度。
 * 返回值:      spiTransferError:SPI 发送错误。
 ********************************************************************* /
int8_t DRV_CANFDSPI_BitTimeConfigure(uint8_t NODE_ID,
        CAN_BITTIME_SETUP NODE_BPS, CAN_SSP_MODE sspMode,
        CAN_SYSCLK_SPEED clk)
{
    int8_t spiTransferError=0;

    //解码 clk
    switch (clk) {
      case CAN_SYSCLK_40M:
            spiTransferError=DRV_CANFDSPI_BitTimeConfigureNominal40MHz
(NODE_ID, bitTime);
            if (spiTransferError) return spiTransferError;

            spiTransferError = DRV_CANFDSPI_BitTimeConfigureData40MHz
(NODE_ID, bitTime, sspMode);
            break;
```

```
            case CAN_SYSCLK_20M:
                spiTransferError=DRV_CANFDSPI_BitTimeConfigureNominal20MHz
(NODE_ID, bitTime);
                if (spiTransferError) return spiTransferError;

                spiTransferError=DRV_CANFDSPI_BitTimeConfigureData20MHz
(NODE_ID, bitTime, sspMode);
                break;
            case CAN_SYSCLK_10M:
                spiTransferError=DRV_CANFDSPI_BitTimeConfigureNominal10MHz
(NODE_ID, bitTime);
                if (spiTransferError) return spiTransferError;

                spiTransferError=DRV_CANFDSPI_BitTimeConfigureData10MHz
(NODE_ID, bitTime, sspMode);
                break;
            default:
                spiTransferError=- 1;
                break;
        }

        return spiTransferError;
    }
```

通过 switch 语句解码 clk。

clk＝CAN_SYSCLK_40M,调用函数 DRV_CANFDSPI_BitTimeConfigureNominal 40 MHz,如果得到的 spiTransferError 为 1,则返回 spiTransferError。调用函数 DRV_CANFDSPI_BitTimeConfigureData 40 MHz,得到 spiTransferError。

clk＝CAN_SYSCLK_20M,调用函数 DRV_CANFDSPI_BitTimeConfigureNominal 20 MHz,如果得到的 spiTransferError 为 1,则返回 spiTransferError。调用函数 DRV_CANFDSPI_BitTimeConfigureData 20 MHz,得到 spiTransferError。

clk＝CAN_SYSCLK_10M,调用函数 DRV_CANFDSPI_BitTimeConfigureNominal 10 MHz,如果得到的 spiTransferError 为 1,则返回 spiTransferError。调用函数 DRV_CANFDSPI_BitTimeConfigureData 10 MHz,得到 spiTransferError。

默认模式:spiTransferError＝－1。

最后返回 spiTransferError 的值。

枚举 CAN_BITTIME_SETUP 定义如下。

```
typedef enum {
    CAN_500K_1M,
    CAN_500K_2M,
    CAN_500K_3M,
    CAN_500K_4M,
    CAN_500K_5M,
    CAN_500K_6M7,
```

```
    CAN_500K_8M,
    CAN_500K_10M,
    CAN_250K_500K,
    CAN_250K_833K,
    CAN_250K_1M,
    CAN_250K_1M5,
    CAN_250K_2M,
    CAN_250K_3M,
    CAN_250K_4M,
    CAN_1000K_4M,
    CAN_1000K_8M,
    CAN_125K_500K
} CAN_BITTIME_SETUP;
```

枚举 CAN_SSP_MODE 定义如下。

```
CAN_SSP_MODE
typedef enum {
    CAN_SSP_MODE_OFF,
    CAN_SSP_MODE_MANUAL,
    CAN_SSP_MODE_AUTO
} CAN_SSP_MODE;
```

枚举 CAN_SYSCLK_SPEED 定义如下。

```
typedef enum {
    CAN_SYSCLK_40M,
    CAN_SYSCLK_20M,
    CAN_SYSCLK_10M
} CAN_SYSCLK_SPEED;
```

(1) 设置波特率函数中,调用的波特率配置标称 20 MHz 函数如下。

```
/************************************************************************
* 函数名:     DRV_CANFDSPI_BitTimeConfigureNominal20MHz。
* 功能:       根据波特率的值配置标称波特率配置寄存器的相关位。
* 入口参数:   uint8_t NODE_ID 为节点 ID;
              CAN_BITTIME_SETUP  NODE_BPS 为节点波特率。
* 返回值:     spiTransferError 为 SPI 发送错误。
************************************************************************ /
int8_t DRV_CANFDSPI_BitTimeConfigureNominal20MHz(uint8_t NODE_ID,
        CAN_BITTIME_SETUP NODE_BPS)
{
    int8_t spiTransferError=0;
    REG_CiNBTCFG ciNbtcfg;              //标称波特率配置寄存器

    ciNbtcfg.word=canControlResetValues[cREGADDR_CiNBTCFG / 4];
```

```
//仲裁波特率
switch (bitTime) {
        // All 500K
    case CAN_500K_1M:
    case CAN_500K_2M:
    case CAN_500K_4M:
    case CAN_500K_5M:
    case CAN_500K_6M7:
    case CAN_500K_8M:
    case CAN_500K_10M:
        ciNbtcfg.bF.BRP=0;      //BRP<7:0>:波特率预分频比位
        ciNbtcfg.bF.TSEG1=30;   //TSEG1<7:0>:时间段1位(传播段+相位段1)
        ciNbtcfg.bF.TSEG2=7;    //TSEG2<6:0>:时间段2位(相位段2)
        ciNbtcfg.bF.SJW=7;      //SJW<6:0>:同步跳转宽度位
        break;

        //All 250K
    case CAN_250K_500K:
    case CAN_250K_833K:
    case CAN_250K_1M:
    case CAN_250K_1M5:
    case CAN_250K_2M:
    case CAN_250K_3M:
    case CAN_250K_4M:
        ciNbtcfg.bF.BRP=0;      //BRP<7:0>:波特率预分频比位
        ciNbtcfg.bF.TSEG1=62;   //TSEG1<7:0>:时间段1位(传播段+相位段1)
        ciNbtcfg.bF.TSEG2=15;   //TSEG2<6:0>:时间段2位(相位段2)
        ciNbtcfg.bF.SJW=15;     //SJW<6:0>:同步跳转宽度位
        break;

    case CAN_1000K_4M:
    case CAN_1000K_8M:
        ciNbtcfg.bF.BRP=0;      //BRP<7:0>:波特率预分频比位
        ciNbtcfg.bF.TSEG1=14;   //TSEG1<7:0>:时间段1位(传播段+相位段1)
        ciNbtcfg.bF.TSEG2=3;    //TSEG2<6:0>:时间段2位(相位段2)
        ciNbtcfg.bF.SJW=3;      //SJW<6:0>:同步跳转宽度位
        break;

    case CAN_125K_500K:
        ciNbtcfg.bF.BRP=0;      //BRP<7:0>:波特率预分频比位
        ciNbtcfg.bF.TSEG1=126;  //TSEG1<7:0>:时间段1位(传播段+相位段1)
        ciNbtcfg.bF.TSEG2=31;   //TSEG2<6:0>:时间段2位(相位段2)
        ciNbtcfg.bF.SJW=31;     //SJW<6:0>:同步跳转宽度位
        break;

    default:
```

```
            return-1;
            break;
    }

    //写波特率寄存器
    spiTransferError = DRV_CANFDSPI_WriteWord(NODE_ID, cREGADDR_CiNBTCFG,
ciNbtcfg.word);
    if(spiTransferError) {
        return -2;
    }

    return spiTransferError;
}
```

使用 switch 语句仲裁波特率 NODE_BPS 的值,根据波特率的值配置标称波特率配置寄存器的相关位,默认情况时程序返回—1;调用函数 DRV_CANFDSPI_Write-Word 写波特率寄存器(如果得到的 spiTransferError 为 1,则程序返回—2);最后返回 spiTransferError 的值。

联合体 REG_CiNBTCFG 定义如下。

```
typedef union _REG_CiNBTCFG {
    struct {
        uint32_t SJW : 7;
/* SJW< 6:0>:同步跳转宽度位。111 1111=长度为 128 x T_Q;…;000 0000=长度为 1 x T_Q* /
        uint32_t unimplemented1 : 1;
        uint32_t TSEG2 : 7;
/* TSEG2< 6:0> :时间段 2 位 (相位段 2)。111 1111=长度为 128 x T_Q;…;000 0000=长
度为 1 x T_Q* /
        uint32_t unimplemented2 : 1;
        uint32_t TSEG1 : 8;
/* TSEG1<7:0>:时间段 1 位 (传播段+ 相位段 1)。1111 1111=长度为 256 x T_Q;…;
0000 0000=长度为 1 x T_Q* /
        uint32_t BRP : 8;
/* BRP<7:0>:波特率预分频比位。1111 1111=T_Q=256/Fsys;…;0000 0000=T_Q=1/Fsys* /

    } bF;
    uint32_t word;
    uint8_t byte[4];
} REG_CiNBTCFG;
```

(2) 在设置波特率函数中,调用的波特率配置数据 20 MHz 函数如下。

```
/*******************************************************************
* 函数名:  DRV_CANFDSPI_BitTimeConfigureData20 MHz。
* 功能:     根据波特率的值配置数据波特率,配置寄存器和发送器延时补偿寄存器的相关位。
* 入口参数:uint8_t NODE_ID 为节点 ID;
            CAN_BITTIME_SETUP  NODE_BPS 为节点波特率;
            CAN_SSP_MODE sspMode 为二次采样点模式。
```

```
* 返回值:   spiTransferError 为 SPI 发送错误。
********************************************************************** /
int8_t DRV_CANFDSPI_BitTimeConfigureData20MHz(uint8_t NODE_ID,
        CAN_BITTIME_SETUP NODE_BPS, CAN_SSP_MODE sspMode)
{
    int8_t spiTransferError=0;
    REG_CiDBTCFG ciDbtcfg;                      //数据波特率配置寄存器
    REG_CiTDC ciTdc;                            //发送器延时补偿寄存器
    //sspMode;

    ciDbtcfg.word=canControlResetValues[cREGADDR_CiDBTCFG / 4];
    ciTdc.word=0;

    //配置波特率和采样点
    ciTdc.bF.TDCMode=CAN_SSP_MODE_AUTO;
    uint32_t tdcValue=0;

    //数据波特率和 SSP(二次采样点)
    switch (NODE_BPS) {
        case CAN_500K_1M:
            ciDbtcfg.bF.BRP=0;              //BRP<7:0>:波特率预分频比位
            ciDbtcfg.bF.TSEG1=14;           //TSEG1<7:0>:时间段 1 位 (传播段+相
                                                位段 1)
            ciDbtcfg.bF.TSEG2=3;            //TSEG2<6:0>:时间段 2 位 (相位段 2)
            ciDbtcfg.bF.SJW=3;              //SJW<6:0>:同步跳转宽度位
            //SSP
            ciTdc.bF.TDCOffset=15;          //TDCO<6:0>:发送器延时补偿偏移位,
                                                二次采样点 (SSP)
            ciTdc.bF.TDCValue=tdcValue;     //TDCV<5:0>:发送器延时补偿值位,二
                                                次采样点 (SSP)
            break;

        case CAN_500K_2M:
            //Data BR
            ciDbtcfg.bF.BRP=0;              //BRP<7:0>:波特率预分频比位
            ciDbtcfg.bF.TSEG1=6;            //TSEG1<7:0>:时间段 1 位 (传播段+相
                                                位段 1)
            ciDbtcfg.bF.TSEG2=1;            //TSEG2<6:0>:时间段 2 位 (相位段 2)
            ciDbtcfg.bF.SJW=1;              //SJW<6:0>:同步跳转宽度位
            //SSP
            ciTdc.bF.TDCOffset=7;           //TDCO<6:0>:发送器延时补偿偏移位,
                                                二次采样点 (SSP)
            ciTdc.bF.TDCValue=tdcValue;     //TDCV<5:0>:发送器延时补偿值位,二
                                                次采样点 (SSP)
            break;
```

```
case CAN_500K_4M:
case CAN_1000K_4M:
    //Data BR
    ciDbtcfg.bF.BRP=0;              //BRP<7:0>:波特率预分频比位
    ciDbtcfg.bF.TSEG1=2;            //TSEG1<7:0>:时间段 1 位(传播段+相
                                      位段 1)
    ciDbtcfg.bF.TSEG2=0;            //TSEG2<6:0>:时间段 2 位(相位段 2)
    ciDbtcfg.bF.SJW=0;             //SJW<6:0>:同步跳转宽度位
    //SSP
    ciTdc.bF.TDCOffset=3;          //TDCO<6:0>:发送器延时补偿偏移位,
                                      二次采样点(SSP)
    ciTdc.bF.TDCValue=tdcValue;    //TDCV<5:0>:发送器延时补偿值位,二
                                      次采样点(SSP)
    break;

case CAN_500K_5M:
    //Data BR
    ciDbtcfg.bF.BRP=0;              //BRP<7:0>:波特率预分频比位
    ciDbtcfg.bF.TSEG1=1;            //TSEG1<7:0>:时间段 1 位(传播段+相
                                      位段 1)
    ciDbtcfg.bF.TSEG2=0;            //TSEG2<6:0>:时间段 2 位(相位段 2)
    ciDbtcfg.bF.SJW=0;             //SJW<6:0>:同步跳转宽度位
    //SSP
    ciTdc.bF.TDCOffset=2;          //TDCO<6:0>:发送器延时补偿偏移位,
                                      二次采样点(SSP)
    ciTdc.bF.TDCValue=tdcValue;    //TDCV<5:0>:发送器延时补偿值位,二
                                      次采样点(SSP)
    break;

case CAN_500K_6M7:
case CAN_500K_8M:
case CAN_500K_10M:
case CAN_1000K_8M:
    return -1;
    break;

case CAN_250K_500K:
case CAN_125K_500K:
    ciDbtcfg.bF.BRP=0;              //BRP<7:0>:波特率预分频比位
    ciDbtcfg.bF.TSEG1=30;           //TSEG1<7:0>:时间段 1 位(传播段+相
                                      位段 1)
    ciDbtcfg.bF.TSEG2=7;            //TSEG2<6:0>:时间段 2 位(相位段 2)
    ciDbtcfg.bF.SJW=7;             //SJW<6:0>:同步跳转宽度位
    //SSP
ciTdc.bF.TDCOffset=31;             //TDCO<6:0>:发送器延时补偿偏移位,
                                      二次采样点(SSP)
```

```
                ciTdc.bF.TDCValue=tdcValue; //TDCV<5:0>:发送器延时补偿值位,二
                                                        次采样点(SSP)
            //TDCMOD<1:0>:发送器延时补偿模式位,二次采样点(secondary sample
        point,SSP)
                ciTdc.bF.TDCMode=CAN_SSP_MODE_OFF;
                break;

            case CAN_250K_833K:
                ciDbtcfg.bF.BRP=0;              //BRP<7:0>:波特率预分频比位
                ciDbtcfg.bF.TSEG1=17;           //TSEG1<7:0>:时间段1位(传播段+相
                                                        位段1)
                ciDbtcfg.bF.TSEG2=4;            //TSEG2<6:0>:时间段2位(相位段2)
                ciDbtcfg.bF.SJW=4;              //SJW<6:0>:同步跳转宽度位
                //SSP
                ciTdc.bF.TDCOffset=18;          //TDCO<6:0>:发送器延时补偿偏移位,
                                                        二次采样点(SSP)
                ciTdc.bF.TDCValue=tdcValue; //TDCV<5:0>:发送器延时补偿值位,二
                                                        次采样点(SSP)
            //TDCMOD<1:0>:发送器延时补偿模式位,二次采样点(secondary sample
        point,SSP)
                ciTdc.bF.TDCMode=CAN_SSP_MODE_OFF;
                break;

            case CAN_250K_1M:
                ciDbtcfg.bF.BRP=0;              //BRP<7:0>:波特率预分频比位
                ciDbtcfg.bF.TSEG1=14;           //TSEG1<7:0>:时间段1位(传播段+相
                                                        位段1)
                ciDbtcfg.bF.TSEG2=3;            //TSEG2<6:0>:时间段2位(相位段2)
                ciDbtcfg.bF.SJW=3;              //SJW<6:0>:同步跳转宽度位
                //SSP
                ciTdc.bF.TDCOffset=15;          //TDCO<6:0>:发送器延时补偿偏移位,
                                                        二次采样点(SSP)
                ciTdc.bF.TDCValue=tdcValue; //TDCV<5:0>:发送器延时补偿值位,二
                                                        次采样点(SSP)
                break;

            case CAN_250K_1M5:
                ciDbtcfg.bF.BRP=0;              //BRP<7:0>:波特率预分频比位
                ciDbtcfg.bF.TSEG1=8;            //TSEG1<7:0>:时间段1位(传播段+相
                                                        位段1)
                ciDbtcfg.bF.TSEG2=2;            //TSEG2<6:0>:时间段2位(相位段2)
                ciDbtcfg.bF.SJW=2;              //SJW<6:0>:同步跳转宽度位
                //SSP
                ciTdc.bF.TDCOffset=9;           //TDCO<6:0>:发送器延时补偿偏移位,
                                                        二次采样点(SSP)
                ciTdc.bF.TDCValue=tdcValue; //TDCV<5:0>:发送器延时补偿值位,二
```

次采样点 (SSP)

```
            break;

        case CAN_250K_2M:
            ciDbtcfg.bF.BRP=0;          //BRP<7:0>:波特率预分频比位
            ciDbtcfg.bF.TSEG1=6;        //TSEG1<7:0>:时间段 1 位 (传播段+相
                                        位段 1)
            ciDbtcfg.bF.TSEG2=1;        //TSEG2<6:0>:时间段 2 位 (相位段 2)
            ciDbtcfg.bF.SJW=1;          //SJW<6:0>:同步跳转宽度位
            //SSP
            ciTdc.bF.TDCOffset=7;       //TDCO<6:0>:发送器延时补偿偏移位,
                                        二次采样点 (SSP)
            ciTdc.bF.TDCValue=tdcValue; //TDCV<5:0>:发送器延时补偿值位,二
                                        次采样点 (SSP)
            break;

        case CAN_250K_3M:
            return -1;
            break;

        case CAN_250K_4M:
            //Data BR
            ciDbtcfg.bF.BRP=0;          //BRP<7:0>:波特率预分频比位
            ciDbtcfg.bF.TSEG1=2;        //TSEG1<7:0>:时间段 1 位 (传播段+相
                                        位段 1)
            ciDbtcfg.bF.TSEG2=0;        //TSEG2<6:0>:时间段 2 位 (相位段 2)
            ciDbtcfg.bF.SJW=0;          //SJW<6:0>:同步跳转宽度位
            //SSP
            ciTdc.bF.TDCOffset=3;       //TDCO<6:0>:发送器延时补偿偏移位,
                                        二次采样点 (SSP)
            ciTdc.bF.TDCValue=tdcValue; //TDCV<5:0>:发送器延时补偿值位,二
                                        次采样点 (SSP)
            break;

        default:
            return -1;
            break;
    }

    //写波特率寄存器
    spiTransferError=DRV_CANFDSPI_WriteWord(NODE_ID, cREGADDR_CiDBTCFG,
ciDbtcfg.word);
    if (spiTransferError) {
        return -2;
    }
```

```
                    //写发送器延时补偿
# ifdef REV_A
    ciTdc.bF.TDCOffset=0;                    //TDCO<6:0>:发送器延时补偿偏移位,
                                               二次采样点(SSP)
    ciTdc.bF.TDCValue=0;                     //TDCV<5:0>:发送器延时补偿值位,二
                                               次采样点(SSP)
# endif

    spiTransferError=DRV_CANFDSPI_WriteWord(NODE_ID,cREGADDR_CiTDC,
ciTdc.word);
    if (spiTransferError) {
        return -3;
    }

    return spiTransferError;
}
```

配置波特率和采样点,用 switch 语句判断波特率 NODE_BPS 的值,根据波特率的值配置数据波特率配置寄存器和发送器延时补偿寄存器的相关位,默认情况下程序返回 −1。调用函数 DRV_CANFDSPI_WriteWord(如果得到的 spiTransferError 为 1,则程序返回 −2);调用函数 DRV_CANFDSPI_WriteWord 写发送器延时补偿(如果得到的 spiTransferError 为 1,则程序返回 −3);最后返回 spiTransferError 的值。

联合体 REG_CiDBTCFG 定义如下。

```
typedef union _REG_CiDBTCFG {
    struct {
        uint32_t SJW : 4;
//同步跳转宽度位。1111=长度为 16 x TQ;…;0000=长度为 1 x TQ
        uint32_t unimplemented1 : 4;
        uint32_t TSEG2 : 4;
//时间段 2 位(相位段 2)。1111=长度为 16 x TQ;…;0000=长度为 1 x TQ
        uint32_t unimplemented2 : 4;
        uint32_t TSEG1 : 5;
//时间段 1 位(传播段 + 相位段 1)。1 1111=长度为 32 x TQ ;…;0 0000=长度为 1 x TQ
        uint32_t unimplemented3 : 3;
        uint32_t BRP : 8;
//波特率预分频比位。1111 1111=TQ=256/Fsys ;…;0000 0000=TQ=1/Fsys
    } bF;
    uint32_t word;
    uint8_t byte[4];
} REG_CiDBTCFG;
```

联合体 REG_CiTDC 定义如下。

```
typedef union _REG_CiTDC {
    struct {
//发送器延时补偿值位,二次采样点(SSP)。11 1111= 63 x TSYSCLK ;…; 00 0000=0
x TSYSCLK
```

```
        uint32_t TDCValue : 6;
        uint32_t unimplemented1 : 2;
        uint32_t TDCOffset : 7;
```
/* 发送器延时补偿偏移位,二次采样点(SSP)。二进制补码;偏移可以是正值、零或负值;
011 1111=63 x TSYSCLK;…;000 0000=0 x TSYSCLK;…;111 1111=-64 x TSYSCLK */
```
        uint32_t unimplemented2 : 1;
        uint32_t TDCMode : 2;
```
/* 发送器延时补偿模式位,二次采样点(SSP)。10～11=自动;测量延时并添加 TDCO;01
=手动;不测量,使用来自寄存器的 TDCV + TDCO;00=禁止 TDC */
```
        uint32_t unimplemented3 : 6;
        uint32_t SID11Enable : 1;
```
/* 使能 CAN FD 基本格式报文中的 12 位 SID 位。1=RRS 用作 CAN FD 基本格式报文中的
SID11:SID< 11:0> ={SID〈10：0〉, SID11};0= 不使用 RRS;SID〈10：0〉符合 ISO
11898-1:2015 规范* /
```
        uint32_t EdgeFilterEnable : 1;
```
/* 使能在总线集成状态下边沿滤波位。1=根据 ISO 11898-1:2015 标准使能边沿滤波;0
=禁止边沿滤波* /
```
        uint32_t unimplemented4 : 6;
    } bF;
    uint32_t word;
    uint8_t byte[4];
} REG_CiTDC;
```

14. 设置 GPIO 模式

```
/***********************************************************************
* 函数名:     DRV_CANFDSPI_GpioModeConfigure。
* 功能:       设置 GPIO 的引脚模式。
* 入口参数:   uint8_t  NODE_ID 为 SPI 通道索引;
             GPIO_PIN_MODE gpio0 为 GPIO 引脚模式;
             GPIO_PIN_MODE gpio1 为 GPIO 引脚模式。
* 返回值:     spiTransferError 为 SPI 发送错误。
*********************************************************************** /
int8_t DRV_CANFDSPI_GpioModeConfigure(uint8_t NODE_ID,
        GPIO_PIN_MODE gpio0, GPIO_PIN_MODE gpio1)
{
    int8_t spiTransferError=0;
    uint16_t a=0;

    //读
    a=cREGADDR_IOCON + 3;
    REG_IOCON iocon;//IOCON——输入/输出控制寄存器
    iocon.word=0;

spiTransferError=DRV_CANFDSPI_ReadByte(NODE_ID, a, &iocon.byte[3]);
if (spiTransferError) {
        return-1;
    }
```

```
//更改
iocon.bF.PinMode0=gpio0;
iocon.bF.PinMode1=gpio1;

//写
spiTransferError=DRV_CANFDSPI_WriteByte(NODE_ID, a, iocon.byte[3]);
if (spiTransferError) {
    return-2;
}

return spiTransferError;
}
```

通过函数 DRV_CANFDSPI_ReadByte 进行读操作(如果得到的 spiTransferError 为 1,则程序返回 -1),将 iocon. bF. PinMode0 设置为 gpio0,将 iocon. bF. PinMode1 设置为 gpio1,通过函数 DRV_CANFDSPI_WriteByte 进行写操作(如果得到的 spiTransferError 为 1,则程序返回 -2);最后程序返回 spiTransferError 的值。

联合体 REG_IOCON 定义如下。

```
typedef union _REG_IOCON {

    struct {
        uint32_t TRIS0 : 1;//GPIO0 数据方向。1=输入引脚;0=输出引脚
        uint32_t TRIS1 : 1;//GPIO1 数据方向。1=输入引脚;0=输出引脚
        uint32_t unimplemented1 : 2;//未实现,读为 0
        uint32_t ClearAutoSleepOnMatch : 1;
        uint32_t AutoSleepEnable : 1;
//使能收发器待机引脚控制。1=使能 XSTBY 控制;0=禁止 XSTBY 控制
        uint32_t XcrSTBYEnable : 1;
        uint32_t unimplemented2 : 1;//未实现,读为 0
        uint32_t LAT0 : 1;//GPIO0 锁存器。1=将引脚驱动为高电平;0=将引脚驱动
                          为低电平
        uint32_t LAT1 : 1;//GPIO1 锁存器。1=将引脚驱动为高电平;0=将引脚驱动
                          为低电平
        uint32_t unimplemented3 : 5;//未实现,读为 0
        uint32_t HVDETSEL : 1;
        uint32_t GPIO0 : 1;//GPIO0 状态。1=V GPIO0 >  V IH;0=V GPIO0<V IL
        uint32_t GPIO1 : 1;//GPIO1 状态。1=V GPIO1 >  V IH;0=V GPIO1<V IL
        uint32_t unimplemented4 : 6;//未实现,读为 0
//GPIO 引脚模式。1=引脚用作 GPIO0;0=中断引脚 INT0,在 CiINT.TXIF 和 TXIE 置 1
时为有效
        uint32_t PinMode0 : 1;
//GPIO 引脚模式。1=引脚用作 GPIO1;0=中断引脚 INT1,在 CiINT.RXIF 和 RXIE 置 1
时为有效
        uint32_t PinMode1 : 1;
        uint32_t unimplemented5 : 2;//未实现,读为 0
        uint32_t TXCANOpenDrain : 1;//TXCAN 漏极开路模式。1=漏极开路输出;0=
```

推/挽输出

//帧起始信号。1=CLKO 引脚上出现 SOF 信号;0=CLKO 引脚上出现时钟

```
        uint32_t SOFOutputEnable : 1;
        uint32_t INTPinOpenDrain : 1;//中断引脚漏极开路模式。1=漏极开路输出;
```
0=推/挽输出
```
        uint32_t unimplemented6 : 1;//未实现,读为 0
    } bF;
    uint32_t word;
    uint8_t byte[4];
} REG_IOCON;
```

枚举 GPIO_PIN_MODE 定义如下。

```
typedef enum {
    GPIO_MODE_INT,
    GPIO_MODE_GPIO
} GPIO_PIN_MODE;
```

15. 发送 FIFO 中断使能

```
/************************************************************************
* 函数名:      DRV_CANFDSPI_TransmitChannelEventEnable。
* 功能:        读取发送 FIFO 中断使能标志,计算更改后将新的使能状态写入。
* 入口参数:    uint8_t NODE_ID 为节点 ID;
              CAN_FIFO_CHANNEL channel 为 FIFO 通道;
              CAN_TX_FIFO_EVENT flags 为发送 FIFO 事件。
* 返回值:      spiTransferError 为 SPI 发送错误。
************************************************************************ /
int8_t DRV_CANFDSPI_TransmitChannelEventEnable(uint8_t NODE_ID,
        CAN_FIFO_CHANNEL channel, CAN_TX_FIFO_EVENT flags)

{
    int8_t spiTransferError=0;
    uint16_t a=0;

    //读取中断使能
    a=cREGADDR_CiFIFOCON + (channel*CiFIFO_OFFSET);
    REG_CiFIFOCON ciFifoCon;  //CiFIFOCONm—FIFO 控制寄存器 m(m=1~31)
    ciFifoCon.word=0;

    spiTransferError=DRV_CANFDSPI_ReadByte(NODE_ID, a, &ciFifoCon.byte[0]);
    if (spiTransferError) {
        return -1;
    }

    //更改
    ciFifoCon.byte[0] |=(flags & CAN_TX_FIFO_ALL_EVENTS);
```

```
//写
spiTransferError=DRV_CANFDSPI_WriteByte(NODE_ID, a, ciFifoCon.byte[0]);
if (spiTransferError) {
    return-2;
}


return spiTransferError;
}
```

通过函数 DRV_CANFDSPI_ReadByte 读取 CiFIFOCONm—FIFO 控制寄存器 m 的发送 FIFO 中断使能位(ciFifoCon. byte[0]),如果得到的 spiTransferError 为 1,则程序返回 -1。计算并更改 ciFifoCon. byte[0] 的值,通过函数 DRV_CANFDSPI_WriteByte 将新的 ciFifoCon. byte[0] 的值写入(如果得到的 spiTransferError 为 1,则程序返回 -2);最后程序返回 spiTransferError 的值。

联合体 REG_CiFIFOCON 的定义同重置 FIFO 控制寄存器(发送通道)函数的联合体 REG_CiFIFOCON 的定义。

枚举 CAN_TX_FIFO_EVENT 的定义如下。

```
typedef enum {
    CAN_TX_FIFO_NO_EVENT=0,
    CAN_TX_FIFO_ALL_EVENTS=0x17,
    CAN_TX_FIFO_NOT_FULL_EVENT=0x01,
    CAN_TX_FIFO_HALF_FULL_EVENT=0x02,
    CAN_TX_FIFO_EMPTY_EVENT=0x04,
    CAN_TX_FIFO_ATTEMPTS_EXHAUSTED_EVENT=0x10
} CAN_TX_FIFO_EVENT;
```

16. 接收 FIFO 中断使能

```
/*******************************************************************
 * 函数名:     DRV_CANFDSPI_ReceiveChannelEventEnable。
 * 功能:       读取接收 FIFO 中断使能标志,计算更改后将新的使能状态写入。
 * 入口参数:   uint8_t NODE_ID 为节点 ID;
 *             CAN_FIFO_CHANNEL channel 为 FIFO 通道;
 *             CAN_RX_FIFO_EVENT flags 为接收 FIFO 事件。
 * 返回值:     spiTransferError 为 SPI 发送错误。
 ******************************************************************* /
int8_t DRV_CANFDSPI_ReceiveChannelEventEnable(uint8_t NODE_ID,
        CAN_FIFO_CHANNEL channel, CAN_RX_FIFO_EVENT flags)
{
    int8_t spiTransferError=0;
    uint16_t a=0;

    if (channel ==CAN_TXQUEUE_CH0) return -100;

    //读取中断使能
    a=cREGADDR_CiFIFOCON +  (channel*CiFIFO_OFFSET);
```

```
REG_CiFIFOCON ciFifoCon;      //CiFIFOCONm—FIFO 控制寄存器 m(m=1~31)
ciFifoCon.word=0;

spiTransferError=DRV_CANFDSPI_ReadByte(NODE_ID, a, &ciFifoCon.byte[0]);
if (spiTransferError) {
    return -1;
}

//更改
ciFifoCon.byte[0] |=(flags & CAN_RX_FIFO_ALL_EVENTS);

//写
spiTransferError=DRV_CANFDSPI_WriteByte(NODE_ID, a, ciFifoCon.byte[0]);
if (spiTransferError) {
    return -2;
}

return spiTransferError;
}
```

如果 channel== CAN_TXQUEUE_CH0,则返回-100。

通过函数 DRV_CANFDSPI_ReadByte 读取 CiFIFOCONm—FIFO 控制寄存器 m 的接收 FIFO 中断使能位(ciFifoCon. byte[0]),如果得到的 spiTransferError 为 1,则程序返回-1。计算并更改 ciFifoCon. byte[0] 的值,通过函数 DRV_CANFDSPI_ WriteByte 将新的 ciFifoCon. byte[0] 的值写入(如果得到的 spiTransferError 为 1,则程序返回-2),最后程序返回 spiTransferError 的值。

联合体 REG_CiFIFOCON 的定义同重置 FIFO 控制寄存器(发送通道)函数的联合体 REG_CiFIFOCON 的定义。

17. 模块事件使能

```
/*********************************************************************
* 函数名:    DRV_CANFDSPI_ModuleEventEnable。
* 功能:      读取中断使能寄存器的中断使能标志,计算更改后将新的使能状态写入。
* 入口参数:  uint8_t NODE_ID 为节点 ID;
             CAN_MODULE_EVENT flags 为 CAN 模块事件(中断)。
* 返回值:    spiTransferError 为 SPI 发送错误。
********************************************************************* /
int8_t DRV_CANFDSPI_ModuleEventEnable(uint8_t NODE_ID,
     CAN_MODULE_EVENT flags)
{
    int8_t spiTransferError=0;
    uint16_t a=0;

    //读取中断使能
    a=cREGADDR_CiINTENABLE;
    REG_CiINTENABLE intEnables;//中断使能寄存器
```

```
        intEnables.word=0;

        spiTransferError=DRV_CANFDSPI_ReadHalfWord(NODE_ID, a, &intEnables.word);
        if (spiTransferError) {
            return-1;
        }

        //更改
        intEnables.word |=(flags & CAN_ALL_EVENTS);

        //写
        spiTransferError=DRV_CANFDSPI_WriteHalfWord(NODE_ID, a, intEnables.word);
        if (spiTransferError) {
            return-2;
        }

        return spiTransferError;
    }
```

通过函数 DRV_CANFDSPI_ReadHalfWord 读取中断使能寄存器的中断使能位（intEnables. word），如果得到的 spiTransferError 为 1，则程序返回－1；计算并更改 intEnables. word 的值，通过函数 DRV_CANFDSPI_WriteHalfWord 进行写操作（如果得到的 spiTransferError 为 1，则程序返回－2）；最后程序返回 spiTransferError 的值。

联合体 REG_CiINTENABLE 定义如下。

```
    typedef union _REG_CiINTENABLE {
        CAN_INT_ENABLES IE;
        uint16_t word;
        uint8_t byte[2];
    } REG_CiINTENABLE;
```

结构体 CAN_INT_ENABLES 定义如下。

```
    typedef struct _CAN_INT_ENABLES {
        uint32_t TXIE : 1;              //发送 FIFO 中断
        uint32_t RXIE : 1;              //接收 FIFO 中断
        uint32_t TBCIE : 1;             //时基计数器溢出中断
        uint32_t MODIE : 1;             //工作模式改变中断
        uint32_t TEFIE : 1;             //发送事件 FIFO 中断
        uint32_t unimplemented2 : 3;    //未实现,读为 0

        uint32_t ECCIE : 1;             //ECC 错误中断
        uint32_t SPICRCIE : 1;          //SPI CRC 错误中断
        uint32_t TXATIE : 1;            //发送尝试中断允许位
        uint32_t RXOVIE : 1;            //接收 FIFO 溢出中断
        uint32_t SERRIE : 1;            //系统错误中断
        uint32_t CERRIE : 1;            //CAN 总线错误中断
        uint32_t WAKIE : 1;             //总线唤醒中断
```

```
        uint32_t IVMIE : 1;              //出现无效报文中断
    } CAN_INT_ENABLES;
```

枚举 CAN_MODULE_EVENT 定义如下。

```
typedef enum {
    CAN_NO_EVENT=0,
    CAN_ALL_EVENTS=0xFF1F,
    CAN_TX_EVENT=0x0001,
    CAN_RX_EVENT=0x0002,
    CAN_TIME_BASE_COUNTER_EVENT=0x0004,
    CAN_OPERATION_MODE_CHANGE_EVENT=0x0008,
    CAN_TEF_EVENT=0x0010,

    CAN_RAM_ECC_EVENT=0x0100,
    CAN_SPI_CRC_EVENT=0x0200,
    CAN_TX_ATTEMPTS_EVENT=0x0400,
    CAN_RX_OVERFLOW_EVENT=0x0800,
    CAN_SYSTEM_ERROR_EVENT=0x1000,
    CAN_BUS_ERROR_EVENT=0x2000,
    CAN_BUS_WAKEUP_EVENT=0x4000,
    CAN_RX_INVALID_MESSAGE_EVENT=0x8000
} CAN_MODULE_EVENT;
```

18. 运行模式选择

```
/********************************************************************
* 函数名:      DRV_CANFDSPI_OperationModeSelect。
* 功能:        MCP2517FD 的运行模式选择。
* 入口参数:    uint8_t NODE_ID 为节点 ID;
               CAN_OPERATION_MODE opMode 为运行模式。
* 返回值:      spiTransferError 为 SPI 发送错误。
******************************************************************** /
int8_t DRV_CANFDSPI_OperationModeSelect(uint8_t NODE_ID,
        CAN_OPERATION_MODE opMode)
{
    uint8_t d=0;
    int8_t spiTransferError=0;

    //读
    spiTransferError=DRV_CANFDSPI_ReadByte(NODE_ID, cREGADDR_CiCON+3, &d);
    if (spiTransferError) {
        return-1;
    }

    //更改
    d &=~0x07;
    d |=opMode;
```

```
//写
spiTransferError=DRV_CANFDSPI_WriteByte(NODE_ID, cREGADDR_CiCON+3, d);
if (spiTransferError) {
    return-2;
}

return spiTransferError;
}
```

通过函数 DRV_CANFDSPI_ReadByte 进行读操作(如果得到的 spiTransferError 为 1,则程序返回 -1),更改变量 d 的值;通过函数 DRV_CANFDSPI_WriteByte 进行写操作(如果得到的 spiTransferError 为 1,则程序返回 -2);最后程序返回 spiTransferError 的值。

枚举 CAN_OPERATION_MODE 定义如下。

```
typedef enum {
    CAN_NORMAL_MODE=0x00,              //设置为正常 CAN FD 模式
    CAN_SLEEP_MODE=0x01,               //设置为休眠模式
    CAN_INTERNAL_LOOPBACK_MODE=0x02,   //设置为内部环回模式
    CAN_LISTEN_ONLY_MODE=0x03,         //设置为仅监听模式
    CAN_CONFIGURATION_MODE=0x04,       //设置为配置模式
    CAN_EXTERNAL_LOOPBACK_MODE=0x05,   //设置为外部环回模式
    CAN_CLASSIC_MODE=0x06,             //设置为正常 CAN 2.0 模式
    CAN_RESTRICTED_MODE=0x07,          //设置为受限工作模式
    CAN_INVALID_MODE=0xFF
} CAN_OPERATION_MODE;
```

4.4.2　MCP2517FD 接收报文程序

MCP2517FD 接收报文程序主要是通过 SPI 串行通信接收报文,如果接收到中断 APP_RX_INT(),则调用 MCP2517FD 接收报文程序,通过获得相应的寄存器信息、要读取的字节数分配报文头和报文数据,设置 UINC ,将从 MCP2517FD 接收到的报文存放到接收报文缓冲区中。

接收报文缓冲区为 uint8_t RX_MSG_BUFFER [RX_MSG_BUFFER_SIZE]。

接收报文缓冲区大小可以自由设置,最大不能超过 64 字节,通过如下宏定义来定义接收报文缓冲区的大小。

```
# define RX_MSG_BUFFER_SIZE   64
```

MCP2517FD 接收程序用到的寄存器包括 FIFO 控制寄存器(判断是否接收 FIFO)、FIFO 状态寄存器和 FIFO 用户地址寄存器(获得要读取的下一报文的地址)。

MCP2517FD 接收报文程序主要包括如下函数。

(1) DRV_CANFDSPI_ReadWordArray:实现读取字数组中数据的功能。

(2) spi_master_transfer:实现 SPI 主站发送和接收数据的功能。

MCP2517FD 接收函数的流程图如图 4-14 所示。

图 4-14 中的返回(return)值说明如下。

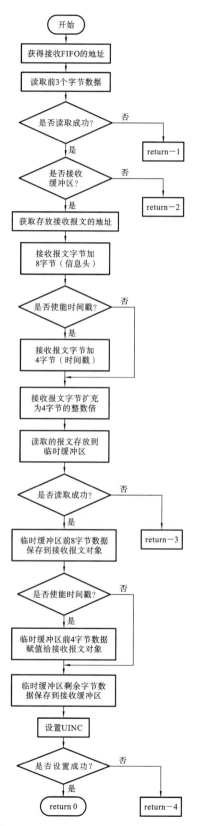

图 4-14 MCP2517FD 接收函数的流程图

（1）返回 0：成功接收。

（2）返回－1：获取寄存器状态失败。

（3）返回－2：不是接收缓冲区。

（4）返回－3：SPI 读取失败。

（5）返回－4：设置 UINC 失败。

具体接收函数介绍如下。

```
/*******************************************************************
 * 函数名：      DRV_CANFDSPI_ReceiveMessageGet。
 * 功能：        获取收到的报文。
 * 入口参数：    uint8_t NODE_ID 为节点 ID；
               CAN_FIFO_CHANNEL channel 为 FIFO 通道；
               CAN_RX_MSGOBJ*  rxObj 为 CAN_RX_MSGOBJ 类型的结构体指针；
               uint8_t * RX_MSG_BUFFER 为接收报文缓冲区；
               uint8_t nBytes 为接收报文字节数。
 * 返回值：      返回 0 为成功接收；返回-1 为获取寄存器状态失败；返回-2 为不是接收缓
               冲区；
               返回-3 为 SPI 读取失败；返回-4 为设置 UINC 失败。
 ******************************************************************* /
int8_t DRV_CANFDSPI_ReceiveMessageGet(uint8_t NODE_ID,
        CAN_FIFO_CHANNEL channel, CAN_RX_MSGOBJ*  rxObj,
        uint8_t * RX_MSG_BUFFER , uint8_t nBytes)
{
    uint8_t n=0;
    uint8_t i=0;
    uint16_t a;
    uint32_t fifoReg[3];
    REG_CiFIFOCON ciFifoCon;//CiFIFOCONm—FIFO 控制寄存器 m(m=1～31)
    REG_CiFIFOSTA ciFifoSta;//CiFIFOSTAm—FIFO 状态寄存器 m(m=1～31)
    REG_CiFIFOUA ciFifoUa;//CiFIFOUAm—FIFO 用户地址寄存器 m(m=1～31)
    int8_t spiTransferError=0;

    //获得 FIFO 寄存器
    a=cREGADDR_CiFIFOCON+ (channel*CiFIFO_OFFSET);

    spiTransferError=DRV_CANFDSPI_ReadWordArray(NODE_ID, a, fifoReg, 3);
    if (spiTransferError) {
        return-1;
    }

    //检查它是否是接收缓冲区
    ciFifoCon.word=fifoReg[0];
    if (ciFifoCon.txBF.TxEnable) {
        return-2;
    }
```

```
    //获得状态
    ciFifoSta.word=fifoReg[1];

    //获得地址
    ciFifoUa.word=fifoReg[2];

# ifdef USERADDRESS_TIMES_FOUR
    a=4*ciFifoUa.bF.UserAddress;
# else
    a=ciFifoUa.bF.UserAddress;
# endif
    a+=cRAMADDR_START;

    //要读取的字节数
    n=nBytes+8;      //添加 8 个头字节

    if(ciFifoCon.rxBF.RxTimeStampEnable) {
        n+=4;      //添加 4 个时间戳字节
    }

    //确保我们从 RAM 中读取 4 字节的倍数
    if (n % 4) {
        n=n+4-(n % 4);
    }
}

    //使用一个访问权限读取 rxObj
    uint8_t ba[MAX_MSG_SIZE];

    if (n > MAX_MSG_SIZE) {
        n=MAX_MSG_SIZE;
    }

    spiTransferError=DRV_CANFDSPI_ReadByteArray(NODE_ID, a, ba, n);
    if (spiTransferError) {
        return-3;
    }

    //分配报文头
    REG_t myReg;      //通用 32 位寄存器

    myReg.byte[0]=ba[0];
    myReg.byte[1]=ba[1];
    myReg.byte[2]=ba[2];
    myReg.byte[3]=ba[3];
    rxObj-> word[0]=myReg.word;
```

```
myReg.byte[0]=ba[4];
myReg.byte[1]=ba[5];
myReg.byte[2]=ba[6];
myReg.byte[3]=ba[7];
rxObj->word[1]=myReg.word;

if (ciFifoCon.rxBF.RxTimeStampEnable)
{
        myReg.byte[0]=ba[8];
        myReg.byte[1]=ba[9];
        myReg.byte[2]=ba[10];
        myReg.byte[3]=ba[11];
        rxObj-> word[2]=myReg.word;

        //分配报文数据
        for (i=0; i<nBytes; i++ ) {
            RX_MSG_BUFFER [i]=ba[i+12];
            }
} else
{
        rxObj-> word[2]=0;

        //分配报文数据
        for (i=0; i<nBytes; i++ ) {
            RX_MSG_BUFFER [i]=ba[i+8];
        }
}

// UINC 通道(UINC:递增头部/尾部位)
spiTransferError=DRV_CANFDSPI_ReceiveChannelUpdate(NODE_ID, channel);
    if (spiTransferError) {
        return-4;
    }
    return spiTransferError;
}
```

接收函数包括以下重要变量。

(1) 接收 FIFO:APP_RX_FIFO。

(2) 接收报文对象:CAN_RX_MSGOBJ rxObj。

(3) 接收报文缓冲区:uint8_t RX_MSG_BUFFER [RX_MSG_BUFFER_SIZE]。

MCP2517FD 接收函数实现的功能如下。

(1) 通过函数 DRV_CANFDSPI_ReadWordArray 进行读操作(如果得到的 spi-TransferError 为 1,则程序返回−1),从中获得相应的寄存器信息。主要寄存器信息包括 FIFO 控制寄存器(判断是否接收 FIFO)、FIFO 状态寄存器和 FIFO 用户地址寄存器(获得要读取的下一报文的地址,如果宏定义了 USERADDRESS_TIMES_FOUR,

则地址为 4 * ciFifoUa. bF. UserAddress＋cRAMADDR_START,否则地址为 ciFif-oUa. bF. UserAddress＋cRAMADDR_START)。其中,DRV_CANFDSPI_ReadWor-dArray 函数基于 SPI 通信协议的底层代码以字节为单位进行读取。

(2)扩展读取字节大小,加上 8 字节的头信息,如果 ciFifoCon. rxBF. RxTimeS-tampEnable 为 1,则再加上 4 个时间戳字节,通过运算确保从 RAM 中读取的是 4 字节的倍数,如果字节数超过 MAX_MSG_SIZE,则将其限幅为 MAX_MSG_SIZE。读取读报文对象和写入写报文对象时的最大数据长度为 76 字节(64 字节数据＋8 字节 ID＋4字节时间戳)。宏定义♯define MAX_MSG_SIZE 76 来定义读报文对象和写报文对象的最大传输数据长度。

(3)通过函数 DRV_CANFDSPI_ReadByteArray 进行读操作。分配报文头和报文数据,将前 12 字节的数据保存到读报文对象 rxObj 中,后 64 字节的数据保存到 RX_MSG_BUFFER 缓冲区中。

(4)调用函数 DRV_CANFDSPI_ReceiveChannelUpdate,设置 UINC(FIFO 尾部递增一个报文,通过递增 FIFO 尾部来通知 FIFO 已从 RAM 读取报文),最后程序返回spiTransferError 的值。

联合体 REG_CiFIFOCON 的定义同重置 FIFO 控制寄存器(发送通道)函数的联合体 REG_CiFIFOCON 的定义。

联合体 REG_CiFIFOSTA 的定义如下。

```
typedef union _REG_CiFIFOSTA {
//接收 FIFO
    struct {

        uint32_t RxNotEmptyIF : 1;
/* 接收 FIFO 非空中断标志位 (仅当 TxEnable=0,即 FIFO 配置为接收 FIFO 时,该位生
效)。1=FIFO 非空,至少包含一个报文;0=FIFO 为空* /
        uint32_t RxHalfFullIF : 1;
/* 接收 FIFO 半满中断标志位 (仅当 TxEnable=0,即 FIFO 配置为接收 FIFO 时,该位生
效)。1=FIFO≥半满;0=FIFO<半满* /
        uint32_t RxFullIF : 1;
/* 接收 FIFO 满中断标志位 (仅当 TxEnable=0,即 FIFO 配置为接收 FIFO 时,该位生
效)。1=FIFO 为空;0=FIFO 未满* /
        uint32_t RxOverFlowIF : 1;
/* 接收 FIFO 溢出中断标志 (仅当 TxEnable=0,即 FIFO 配置为接收 FIFO 时,该位生
效)。1=发生了溢出事件;0=未发生溢出事件* /
        uint32_t unimplemented1 : 4;        //未实现,读为 0
        uint32_t FifoIndex : 5;
/* FIFO 报文索引位 (仅当 TxEnable=0,即 FIFO 配置为接收 FIFO 时,该位生效)。读取
该位域将返回一个索引,FIFO 使用该索引保存下一个报文。* /
        uint32_t unimplemented2 : 19;        //未实现,读为 0
    } rxBF;

//发送 FIFO
    struct {
```

```
        uint32_t TxNotFullIF : 1;
```
/* 发送 FIFO 不满中断标志位(仅当 TxEnable= 1,即 FIFO 配置为发送 FIFO 时,该位生效)。1= FIFO 未满;0= FIFO 已满* /
```
        uint32_t TxHalfFullIF : 1;
```
/* 发送 FIFO 半满中断标志位(仅当 TxEnable= 1,即 FIFO 配置为发送 FIFO 时,该位生效)。1= FIFO≤半满;0= FIFO> 半满* /
```
        uint32_t TxEmptyIF : 1;
```
/* 发送 FIFO 空中断标志(仅当 TxEnable= 1,即 FIFO 配置为发送 FIFO 时,该位生效)。1= FIFO 为空;0= FIFO 非空;至少有一个报文在排队等待发送* /
```
        uint32_t unimplemented1 : 1;        //未实现,读为 0
        uint32_t TxAttemptIF : 1;
```
/* 超过发送尝试次数中断待处理位(仅当 TxEnable= 1,即 FIFO 配置为发送 FIFO 时,该位生效)。1= 中断待处理;0= 中断未处于待处理状态* /
```
        uint32_t TxError : 1;
```
//在发送过程中检测到错误位。1= 发送报文时发生总线错误;0= 发送报文时未发生总线错误
```
        uint32_t TxLostArbitration : 1;
```
//报文仲裁失败状态位。1= 报文发送期间仲裁失败;0= 报文发送期间仲裁未失败
```
        uint32_t TxAborted : 1;                //报文中止状态位;1= 报文中止;0=
```
成功完成报文发送
```
        uint32_t FifoIndex : 5;
```
/* FIFO 报文索引位(仅当 TxEnable= 1,即 FIFO 配置为发送 FIFO 时,该位生效)。读取该位域将返回一个索引,该索引指向 FIFO 下一次尝试发送的报文。* /
```
        uint32_t unimplemented2 : 19;        //未实现,读为 0
    } txBF;
    uint32_t word;
    uint8_t byte[4];
} REG_CiFIFOSTA;
```

联合体 REG_CiFIFOUA 定义如下。

```
typedef union _REG_CiFIFOUA {

    struct {
        uint32_t UserAddress : 12;
        uint32_t unimplemented1 : 20;
    } bF;
    uint32_t word;
    uint8_t byte[4];
} REG_CiFIFOUA;
```

联合体 REG_t 定义如下。

```
typedef union _REG_t {
    uint8_t byte[4];
    uint32_t word;
} REG_t;
```

1. 字节数组数据转换成字数组函数

```
/**********************************************************************
* 函数名：      DRV_CANFDSPI_ReadWordArray。
* 功能：        将字节数组数据转换成字数组函数。
* 入口参数：    uint8_t NODE_ID 为节点 ID；
               uint16_t address 为地址；
               uint32_t * rxd 为接收的数据；
               uint16_t nWords 为数据的字节数。
* 返回值：      spiTransferError 为 SPI 发送错误。
********************************************************************** /
int8_t DRV_CANFDSPI_ReadWordArray(CANFDSPI_MODULE_ID NODE_ID, uint16_t
address,
        uint32_t * rxd, uint16_t nWords)
{
    uint16_t i, j, n;
    REG_t w;
    uint16_t spiTransferSize=nWords*4+2;
    int8_t spiTransferError=0;

    //组成命令
    spiTransmitBuffer[0]=(cINSTRUCTION_READ <<4)+((address >>8) & 0xF);
    spiTransmitBuffer[1]=address & 0xFF;

    //清空数据
    for (i=2; i<spiTransferSize; i++) {
        spiTransmitBuffer[i]=0;
    }

     spiTransferError = spi_master_transfer (spiTransmitBuffer, spiRe-
ceiveBuffer, spiTransferSize);
    if(spiTransferError) {
        return spiTransferError;
    }

    //将字节数组转换成字数组
    n=2;
    for (i=0; i<nWords; i++ ) {
        w.word=0;
        for (j=0; j<4; j++ , n++ ) {
            w.byte[j]=spiReceiveBuffer[n];
        }
        rxd[i]=w.word;
    }

    return spiTransferError;
}
```

2. SPI 通信函数

```
/*********************************************************************
 * 函数名：     spi_master_transfer。
 * 功能：       SPI 主站发送数据和接收数据。
 * 入口参数：   uint8_t * SpiTxData 为通过 SPI2 外设发送的字节；
 *              uint8_t * SpiRxData 为从 SPI 总线读取的字节；
 *              uint16_t spiTransferSize 为发送数据的大小。
 * 返回值：     返回 0。
 ********************************************************************* /
int8_t spi_master_transfer(uint8_t * SpiTxData, uint8_t * SpiRxData,
uint16_t spiTransferSize)
{
    uint16_t pos=0;

      SPI_FLASH_CS_LOW();

    while(pos<spiTransferSize)
    {
        //DR 寄存器不为空时循环
        while (SPI_I2S_GetFlagStatus(SPI1, SPI_I2S_FLAG_TXE) ==RESET);

        //通过 SPI2 外设发送字节
        SPI_I2S_SendData(SPI1, SpiTxData[pos]);

        //等待接收一个字节
        while (SPI_I2S_GetFlagStatus(SPI1, SPI_I2S_FLAG_RXNE) ==RESET);

        //返回从 SPI 总线读取的字节
        SpiRxData[pos] =  SPI_I2S_ReceiveData(SPI1);

        pos++ ;
    }
    SPI_FLASH_CS_HIGH();

    return 0;
}
```

4.4.3 MCP2517FD 发送报文程序

MCP2517FD 发送报文程序通过 SPI 串行通信发送报文，发送报文的过程如下。

（1）通过函数 APP_TransmitMessageQueue 检查 FIFO 是否已满，如果未满，则添加报文以发送 FIFO。本函数中还需要调用如下函数。

① 函数 DRV_CANFDSPI_TransmitChannelEventGet 实现获取发送 FIFO 事件的功能，更新数据 * flags（发送 FIFO 事件结构体指针）。

② 函数 DRV_CANFDSPI_ErrorCountStateGet 实现获取错误计数状态（读取错

误,更新数据)的功能。

③ 函数 DRV_CANFDSPI_DlcToDataBytes 实现将数据长度码转换为数据字节的功能。

(2) 通过函数 DRV_CANFDSPI_TransmitChannelLoad 获得相应的寄存器信息,将要发送的报文存放到发送报文缓冲区中,设置发送 FIFO 的 UINC 和 TXREQ,然后发送报文。本函数中还需要调用如下函数。

① 函数 DRV_CANFDSPI_TransmitChannelUpdate 实现设置发送 FIFO 的 UINC 和 TXREQ 的功能。

② 函数 DRV_CANFDSPI_WriteByteArray 实现写字节数组的功能。

发送报文缓冲区为 uint8_t TX_MSG_BUFFER [TX_MSG_BUFFER_SIZE]。

发送报文缓冲区大小可以自由设置,最大不能超过 64 字节,通过如下宏定义来定义发送报文缓冲区的大小。

```
# define TX_MSG_BUFFER_SIZE  64
```

用到的寄存器包括 FIFO 控制寄存器(判断是否发送 FIFO)、FIFO 状态寄存器和 FIFO 用户地址寄存器(获得要发送的下一报文的地址)。

1. 检查 FIFO 是否已满

函数 APP_TransmitMessageQueue 流程图如图 4-15 所示。

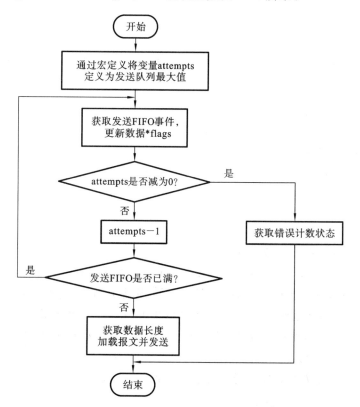

图 4-15 函数 APP_TransmitMessageQueue 流程图

```
/*******************************************************************
 * 函数名：    APP_TransmitMessageQueue。
 * 功能：      检查 FIFO 是否已满,如果未满,则添加报文以发送 FIFO。
 * 入口参数：  uint8_t NODE_ID 为节点 ID。
 * 返回值：    无。
 ****************************************************************** /
void APP_TransmitMessageQueue(uint8_t  NODE_ID)
{
    uint8_t attempts=MAX_TXQUEUE_ATTEMPTS;

    //检查 FIFO 是否已满
    Do
    {
        DRV_CANFDSPI_TransmitChannelEventGet(NODE_ID,APP_TX_FIFO, &txFlags);
        if (attempts ==0)
        {
            Nop();
            Nop();
            DRV_CANFDSPI_ErrorCountStateGet(NODE_ID,&tec,&rec, &errorFlags);
            return;
        }
        attempts--;
    }
    while (! (txFlags & CAN_TX_FIFO_NOT_FULL_EVENT));


    //加载报文并发送
    uint8_t n=DRV_CANFDSPI_DlcToDataBytes(txObj.bF.ctrl.DLC);//将数据长
度码转换为数据字节
    DRV_CANFDSPI_TransmitChannelLoad(NODE_ID, APP_TX_FIFO, &txObj, txd,
n, true);

}
```

MCP2517 发送队列函数过程如下。

(1) 定义变量 attempts,通过宏定义将其定义为发送队列最大值。

(2) 检查 FIFO 是否已满。如果 FIFO 已满,则循环等待,每次循环 attempts 减 1,当 attempts=0 时,通过函数 DRV_CANFDSPI_ErrorCountStateGet 获取错误计数状态。如果 FIFO 未满,则获取数据长度,并通过函数 DRV_CANFDSPI_TransmitChannelLoad 加载报文并发送。

MCP2517 发送队列函数用到的宏定义如下。

```
# define MAX_TXQUEUE_ATTEMPTS  50
```

(1) 发送 FIFO 事件函数。

```
/*******************************************************************
```

```
 * 函数名：      DRV_CANFDSPI_TransmitChannelEventGet。
 * 功能：        获取发送 FIFO 事件,更新数据* flags。
 * 入口参数：    uint8_t NODE_ID 为节点 ID；
               CAN_FIFO_CHANNEL channel 为 FIFO 通道；
               CAN_TX_FIFO_EVENT* flags 为 CAN_TX_FIFO_EVENT 类型的结构体指针。
 * 返回值：      spiTransferError 为 SPI 发送错误。
 *********************************************************************** /
int8_t DRV_CANFDSPI_TransmitChannelEventGet(uint8_t NODE_ID,
       CAN_FIFO_CHANNEL channel, CAN_TX_FIFO_EVENT* flags)
{
    int8_t spiTransferError=0;
    uint16_t a=0;

    //读取中断标志
    REG_CiFIFOSTA ciFifoSta;//CiFIFOSTAm—FIFO 状态寄存器 m(m=1～31)
    ciFifoSta.word=0;
    a=cREGADDR_CiFIFOSTA+(channel*CiFIFO_OFFSET);

    spiTransferError=DRV_CANFDSPI_ReadByte(NODE_ID, a, &ciFifoSta.byte[0]);
    if (spiTransferError)
    {
        return-1;
    }

    //更新数据
    * flags=(CAN_TX_FIFO_EVENT) (ciFifoSta.byte[0]&CAN_TX_FIFO_ALL_EVENTS);

    return spiTransferError;
}
```

联合体 REG_CiFIFOSTA 的定义同 MCP2517FD 接收报文程序的联合体 REG_ CiFIFOSTA 的定义。

（2）获取错误计数状态函数。

```
 /*********************************************************************
 * 函数名：      DRV_CANFDSPI_ErrorCountStateGet。
 * 功能：        获取错误计数状态(读取错误,更新数据)。
 * 入口参数：    uint8_t NODE_ID 为节点 ID；
               uint8_t* tec 为发送错误计数；
               uint8_t* rec 为接收错误计数；
               CAN_ERROR_STATE* flags 为 CAN_ERROR_STATE 类型的结构体指针。
 * 返回值：      spiTransferError 为 SPI 发送错误。
 *********************************************************************** /
int8_t DRV_CANFDSPI_ErrorCountStateGet(uint8_t NODE_ID,
       uint8_t* tec, uint8_t* rec, CAN_ERROR_STATE* flags)
{
    int8_t spiTransferError=0;
```

```
uint16_t a=0;

//读取错误
a=cREGADDR_CiTREC;
REG_CiTREC ciTrec;//CiTREC—发送/接收错误计数寄存器
ciTrec.word=0;

spiTransferError=DRV_CANFDSPI_ReadWord(NODE_ID, a, &ciTrec.word);
if (spiTransferError)
{
    return-1;
}

//更新数据
* tec=ciTrec.byte[1];
* rec=ciTrec.byte[0];
* flags=(CAN_ERROR_STATE) (ciTrec.byte[2] & CAN_ERROR_ALL);

return spiTransferError;
}
```

获取错误计数状态函数用到联合体和结构体。联合体 REG_CiTREC 定义如下。

```
typedef union _REG_CiTREC {
    struct {
        uint32_t RxErrorCount : 8;          //接收错误计数器位
        uint32_t TxErrorCount : 8;          //发送错误计数器位
        uint32_t ErrorStateWarning : 1;     //发送器或接收器处于警告错误状
                                              态位
        uint32_t RxErrorStateWarning : 1;   //接收器处于警告错误状态位(128>
                                              REC> 95)
        uint32_t TxErrorStateWarning : 1;   //发送器处于警告错误状态位(128>
                                              TEC> 95)
        uint32_t RxErrorStatePassive : 1;   //接收器处于被动错误状态位(REC>
                                              127)
        uint32_t TxErrorStatePassive : 1;   //发送器处于被动错误状态位(TEC>
                                              127)
        uint32_t TxErrorStateBusOff : 1;    //发送器处于离线状态位(TEC> 255)
        uint32_t unimplemented1 : 10;       //未实现,读为 0
    } bF;
    uint32_t word;
    uint8_t byte[4];
} REG_CiTREC;
```

枚举 CAN_ERROR_STATE 定义如下。

```
typedef enum {
    CAN_ERROR_FREE_STATE=0,
```

```
        CAN_ERROR_ALL=0x3F,
        CAN_TX_RX_WARNING_STATE=0x01,
        CAN_RX_WARNING_STATE=0x02,
        CAN_TX_WARNING_STATE=0x04,
        CAN_RX_BUS_PASSIVE_STATE=0x08,
        CAN_TX_BUS_PASSIVE_STATE=0x10,
        CAN_TX_BUS_OFF_STATE=0x20
    } CAN_ERROR_STATE;
```

（3）数据长度码转换为数据字节函数。

```
/**************************************************************
 * 函数名：      DRV_CANFDSPI_DlcToDataBytes。
 * 功能：        将数据长度码转换为数据字节。
 * 入口参数：    CAN_DLC NODE_DLC 为 CAN 数据长度码。
 * 返回值：      dataBytesInObject 为数据字节。
 **************************************************************/
uint32_t DRV_CANFDSPI_DlcToDataBytes(CAN_DLC NODE_DLC)
{
    uint32_t dataBytesInObject=0;

    Nop();
    Nop();

    if (NODE_DLC<CAN_DLC_12)
    {
        dataBytesInObject=NODE_DLC;
    } else
    {
        switch (NODE_DLC)
        {
            case CAN_DLC_12:
                dataBytesInObject=12;
                break;
            case CAN_DLC_16:
                dataBytesInObject=16;
                break;
            case CAN_DLC_20:
                dataBytesInObject=20;
                break;
            case CAN_DLC_24:
                dataBytesInObject=24;
                break;
            case CAN_DLC_32:
                dataBytesInObject=32;
                break;
            case CAN_DLC_48:
```

```
                dataBytesInObject=48;
                break;
            case CAN_DLC_64:
                dataBytesInObject=64;
                break;
            default:
                break;
        }
    }

    return dataBytesInObject;
}
```

数据长度码转换为数据字节函数用到的枚举如下。

```
typedef enum {
    CAN_DLC_0,
    CAN_DLC_1,
    CAN_DLC_2,
    CAN_DLC_3,
    CAN_DLC_4,
    CAN_DLC_5,
    CAN_DLC_6,
    CAN_DLC_7,
    CAN_DLC_8,
    CAN_DLC_12,
    CAN_DLC_16,
    CAN_DLC_20,
    CAN_DLC_24,
    CAN_DLC_32,
    CAN_DLC_48,
    CAN_DLC_64
} CAN_DLC;
```

2. 加载报文并发送函数

加载报文并发送函数主要通过 SPI 串行通信发送报文,将发送缓冲区 TX_MSG_BUFFER 中的报文发送出去。加载报文并发送函数的流程图如图 4-16 所示。

图 4-16 中的返回值说明如下。

(1) 返回 0:成功接收。

(2) 返回−1:获取寄存器状态失败。

(3) 返回−2:不是发送缓冲区。

(4) 返回−3:DLC 大于发送报文长度。

(5) 返回−4:SPI 发送失败。

(6) 返回−5:设置 UINC 和 TXREQ 失败。

```
/*****************************************************************
 * 函数名:   DRV_CANFDSPI_TransmitChannelLoad。
```

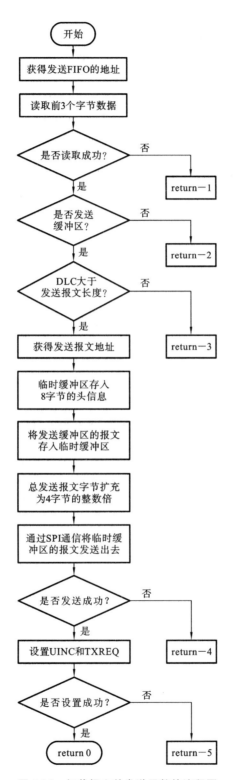

图 4-16 加载报文并发送函数的流程图

* 功能：　　　获得状态和地址,加载报文并发送。
* 入口参数：　uint8_t NODE_ID 为节点 ID;

　　　　　　　CAN_FIFO_CHANNEL channel 为 FIFO 通道;

　　　　　　　CAN_TX_MSGOBJ* txObj 为 CAN_TX_MSGOBJ 类型的结构体指针;

　　　　　　　uint8_t * TX_MSG_BUFFER 为发送的报文;

　　　　　　　uint32_t txdNumBytes 为发送报文字节数;

　　　　　　　bool flush:true 或 false 为设置报文发送请求位。
* 返回值：　　返回 0 为成功发送;返回-1 为获取寄存器状态失败;返回-2 为不是发送缓
冲区;返回-3 为 DLC 大于发送报文长度;返回-4 为 SPI 发送失败;返回-5 为设置 UINC 和
TXREQ 失败。
***/

```
int8_t DRV_CANFDSPI_TransmitChannelLoad(uint8_t NODE_ID,
        CAN_FIFO_CHANNEL channel, CAN_TX_MSGOBJ*txObj,
        uint8_t*txd, uint32_t txdNumBytes, bool flush)
{
    uint16_t a;
    uint32_t fifoReg[3];
    uint32_t dataBytesInObject;
    REG_CiFIFOCON ciFifoCon;   //CiFIFOCONm——FIFO 控制寄存器 m(m=1~31)
    REG_CiFIFOSTA ciFifoSta;   //CiFIFOSTAm——FIFO 状态寄存器 m(m=1~31)
    REG_CiFIFOUA ciFifoUa;     //CiFIFOUAm——FIFO 用户地址寄存器 m(m=1~31)
    int8_t spiTransferError=0;

    //获得 FIFO 寄存器
    a=cREGADDR_CiFIFOCON+(channel*CiFIFO_OFFSET);

    spiTransferError=DRV_CANFDSPI_ReadWordArray(NODE_ID, a, fifoReg,3);
    if (spiTransferError)
    {
        return-1;
    }

    //检查是否是发送缓冲区
    ciFifoCon.word=fifoReg[0];
    if (! ciFifoCon.txBF.TxEnable)
    {
        return-2;
    }

    //检查 DLC 是否足够大以容纳报文
    dataBytesInObject=DRV_CANFDSPI_DlcToDataBytes((CAN_DLC) txObj->bF.
ctrl.DLC);
    if (dataBytesInObject<txdNumBytes)
    {
        return-3;
    }
```

```
    //获得状态
    ciFifoSta.word=fifoReg[1];

    //获得地址
    ciFifoUa.word=fifoReg[2];
#ifdef USERADDRESS_TIMES_FOUR
    a=4*ciFifoUa.bF.UserAddress;
#else
    a=ciFifoUa.bF.UserAddress;
#endif
    a+=cRAMADDR_START;

    uint8_t txBuffer[MAX_MSG_SIZE];

    txBuffer[0]=txObj->byte[0];
    txBuffer[1]=txObj->byte[1];
    txBuffer[2]=txObj->byte[2];
    txBuffer[3]=txObj->byte[3];

    txBuffer[4]=txObj->byte[4];
    txBuffer[5]=txObj->byte[5];
    txBuffer[6]=txObj->byte[6];
    txBuffer[7]=txObj->byte[7];

    uint8_t i;
    for (i=0; i<txdNumBytes; i++ )
    {
        txBuffer[i+8]=txd[i];
    }

    //确保写入RAM的是4字节的倍数
    uint16_t n=0;
    uint8_t j=0;

    if (txdNumBytes% 4)
    {
        //需要添加字节
        n=4-(txdNumBytes% 4);
        i=txdNumBytes+8;

        for (j=0; j<n; j++)
        {
            txBuffer[i+8+j]=0;
        }
    }
```

```
        spiTransferError=DRV_CANFDSPI_WriteByteArray(NODE_ID, a, txBuffer,
    txdNumBytes+8+n);
        if (spiTransferError)
        {
            return-4;
        }

        //设置 UINC(递增头部/尾部位)和 TXREQ(报文发送请求位)
        spiTransferError=DRV_CANFDSPI_TransmitChannelUpdate(NODE_ID, chan-
    nel, flush);
        if (spiTransferError)
        {
            return-5;
        }

        return spiTransferError;
    }
```

发送函数中包括以下重要变量。

(1) 发送 FIFO:APP_TX_FIFO。

(2) 发送报文对象:CAN_TX_MSGOBJ txObj。

(3) 发送缓冲区:uint8_t TX_MSG_BUFFER [TX_MSG_BUFFER_SIZE]。

对于发送缓冲区,本程序通过宏定义♯define TX_MSG_BUFFER_SIZE 64 来定义发送缓冲区大小,也可以自由设置缓冲区大小(最大不能超过 64 字节)。

加载报文并发送函数的功能如下。

(1) 通过函数 DRV_CANFDSPI_ReadWordArray 进行读操作(如果得到的 spi-TransferError 为 1,则程序返回−1),从中获得相应的寄存器信息,主要寄存器信息包括 FIFO 控制寄存器(判断是否是发送 FIFO)、FIFO 状态寄存器和 FIFO 用户地址寄存器(获得要读取的下一报文的地址,如果宏定义了 USERADDRESS_ TIMES_FOUR,则地址为 4 *ciFifoUa. bF. UserAddress+cRAMADDR_START,否则地址为 ciFifoUa. bF. UserAddress+ cRAMADDR_START)。其中,DRV_CANFDSPI_ReadWordArray 函数基于 SPI 通信协议的底层代码以字节为单位进行数据读取,这里不做详细讲解。

(2) 通过函数 DRV_CANFDSPI_DlcToDataBytes 将数据长度码 DLC 转换为数据字节,检查配置的数据长度码 DLC 是否小于发送缓冲区大小,如果 dataBytesInObject <txdNumBytes,则程序返回−3。

(3) 先从发送报文对象中取 8 字节的数据作为头信息放入发送缓冲区,再把要发送的报文存入发送缓冲区,通过运算确保写入 RAM 的是 4 字节的倍数。通过函数 DRV_CANFDSPI_WriteByteArray 进行写操作(如果得到的 spiTransferError 为 1,则程序返回−4)。

(4) 调用函数 DRV_CANFDSPI_TransmitChannelUpdate 设置 UINC(FIFO 头部递增一个报文,通过递增 FIFO 的头部来通知 FIFO 已向 RAM 写入报文)和 TXREQ(报文发送请求位,通过将该位置 1 请求发送报文,在成功发送 FIFO 中排队的所有报文之后，该位会自动清零）；最后程序返回 spiTransferError 的值。

联合体 REG_CiFIFOCON 的定义同重置 FIFO 控制寄存器（发送通道）函数的联合体 REG_CiFIFOCON 的定义。

联合体 REG_CiFIFOSTA 的定义同 MCP2517FD 接收报文程序中的联合体 REG_CiFIFOSTA 的定义。

联合体 CAN_TX_MSGOBJ 的定义如下。

```
typedef union _CAN_TX_MSGOBJ {

    struct {
        CAN_MSGOBJ_ID id;
        CAN_TX_MSGOBJ_CTRL ctrl;
        CAN_MSG_TIMESTAMP timeStamp;
    } bF;
    uint32_t word[3];
    uint8_t byte[12];
} CAN_TX_MSGOBJ;
```

（1）发送 FIFO 更新函数。

```
/*************************************************************
 * 函数名:     DRV_CANFDSPI_TransmitChannelUpdate。
 * 功能:       设置发送 FIFO 的 UINC 和 TXREQ。
 * 入口参数:   uint8_t NODE_ID 为节点 ID;
 *             CAN_FIFO_CHANNEL channel 为 FIFO 通道;
 *             bool flus 为 true 或 false。
 * 返回值:     spiTransferError 为 SPI 发送错误。
 ************************************************************* /
int8_t DRV_CANFDSPI_TransmitChannelUpdate(CANFDSPI_MODULE_ID NODE_ID,
        CAN_FIFO_CHANNEL channel, bool flush)
{
    uint16_t a;
    REG_CiFIFOCON ciFifoCon;
    int8_t spiTransferError=0;

    //设置 UINC
    a=cREGADDR_CiFIFOCON+ (channel*CiFIFO_OFFSET)+1;// 包含 FRESET 的字节
    ciFifoCon.word=0;
    ciFifoCon.txBF.UINC=1;

    //设置 TXREQ
    if (flush) {
        ciFifoCon.txBF.TxRequest=1;
    }

    spiTransferError=DRV_CANFDSPI_WriteByte(NODE_ID, a, ciFifoCon.byte
[1]);
```

```
        if (spiTransferError) {
            return-1;
        }

        return spiTransferError;
    }
```

（2）写字节数组函数。

```
/**********************************************************************
* 函数名:    DRV_CANFDSPI_WriteByteArray。
* 功能:      写字节数组。
* 入口参数:  uint8_t NODE_ID 为 SPI 通道索引;
            uint16_t address 为地址;
            uint8_t*txd 为发送的报文;
            uint16_t nBytes 为报文字节数。
* 返回值:    spiTransferError 为 SPI 发送错误。
********************************************************************** /
int8_t DRV_CANFDSPI_WriteByteArray(uint8_t NODE_ID, uint16_t address,
        uint8_t*txd, uint16_t nBytes)
{
    uint16_t i;
    uint16_t spiTransferSize=nBytes+2;
    int8_t spiTransferError=0;

    //组成命令
    spiTransmitBuffer[0]=(uint8_t) ((cINSTRUCTION_WRITE<<4)+((address
>>8) & 0xF));
    spiTransmitBuffer[1]=(uint8_t) (address & 0xFF);

    //添加数据
    for (i=2; i<spiTransferSize; i++) {
        spiTransmitBuffer[i]=txd[i-2];
    }

     spiTransferError = spi_master_transfer (spiTransmitBuffer, spiRe-
ceiveBuffer, spiTransferSize);

    return spiTransferError;
    }
```

函数 spi_master_transfer 的定义同 SPI 通信函数的定义。

4.4.4 MCP2517FD 通信程序应用实例

MCP2517FD 通信程序应用实例的主要代码介绍如下。

```
#define APP_RX_FIFO CAN_FIFO_CH1
#define APP_TX_FIFO CAN_FIFO_CH2
```

```
int main (void)
{
uint8_t TX_MSG_BUFFER[TX_MSG_BUFFER_SIZE];
uint8_t RX_MSG_BUFFER[RX_MSG_BUFFER_SIZE];
uint8_t   NODE_ID;
CAN_BITTIME_SETUP NODE_BPS;
uint8_t   MAX_DATA_BYTES;
CAN_TX_MSGOBJ txObj;     //发送报文对象
CAN_RX_MSGOBJ rxObj;     //接收报文对象
uint8_t * rxd;
uint8_t * txd;

//初始化 STM32 的 GPIO 和 SPI 等程序(略)

//MCP2517FD 初始化
APP_CANFDSPI_Init(NODE_ID, NODE_BPS);

while (1)
{
    if (APP_RX_INT())
    {
    // MCP2517FD 接收报文
    DRV_CANFDSPI_ReceiveMessageGet(uint8_t NODE_ID, APP_RX_FIFO, &rxObj,
rxd, MAX_DATA_BYTES);

    …(其他任务程序)

    txObj.bF.ctrl.DLC=rxObj.bF.ctrl.DLC;
    txObj.bF.ctrl.IDE=rxObj.bF.ctrl.IDE;
    txObj.bF.ctrl.BRS=rxObj.bF.ctrl.BRS;
    txObj.bF.ctrl.FDF=rxObj.bF.ctrl.FDF;
    for(i=0; i<MAX_DATA_BYTES; i++ ) txd[i]=rxd[i];

    // MCP2517FD 发送报文
    APP_TransmitMessageQueue(uint8_t NODE_ID);
    }
  }
}
```

宏定义了如下发送通道和接收通道。

发送通道:设置 TX FIFO 时使用的寄存器是 CiFIFOCON$_m$—FIFO 控制寄存器 2。

```
#define APP_TX_FIFO CAN_FIFO_CH2
```

接收通道:设置 RX FIFO 时使用的寄存器是 CiFIFOCON$_m$—FIFO 控制寄存器 1。

```
#define APP_RX_FIFO CAN_FIFO_CH1
```

在主程序中,对一些变量进行如下定义。

（1）uint8_t TX_MSG_BUFFER〔TX_MSG_BUFFER_SIZE〕为发送报文缓冲区。

（2）uint8_t RX_MSG_BUFFER〔RX_MSG_BUFFER_SIZE〕为接收报文缓冲区。

（3）uint8_t NODE_ID 为节点 ID。

（4）CAN_BITTIME_SETUP NODE_BPS 为节点波特率。

（5）uint8_t MAX_DATA_BYTES 为数据字节数。

（6）CAN_TX_MSGOBJ txObj 为发送报文对象。

（7）CAN_RX_MSGOBJ rxObj 为接收报文对象。

（8）uint8_t ＊rxd 为收到的数据。

（9）uint8_t ＊txd 为发送的数据。

然后主程序调用了 MCP2517FD 初始化程序 APP_CANFDSPI_Init，初始化 MCP2517FD（包括复位 MCP2517FD）、使能 ECC、初始化 RAM、配置 CAN 控制寄存器、设置 TX FIFO 和 RX FIFO、设置接收过滤器、设置接收掩码、连接 FIFO 和过滤器、设置波特率、设置发送和接收中断、设置运行模式。

在 while 循环中判断是否接收到中断 APP_RX_INT( )，如果接收到中断，则调用 MCP2517FD 接收报文程序 DRV_CANFDSPI_ReceiveMessageGet，获得相应的寄存器信息、要读取的字节数、分配报文头和报文数据，设置 UINC，将从 MCP2517FD 接收到的报文存放到接收报文缓冲区。

将接收报文对象的相关位赋值给发送报文对象的对应位，将收到的数据放到要发送的数据中，通过调用 MCP2517FD 发送报文程序 APP_TransmitMessageQueue 将接收到的数据发送出去。

习　题　4

1. CiA601 由哪几部分组成？

2. CAN FD 高速收发器有哪些？

3. CAN FD 收发器隔离器件有哪几种？

4. MCP2517FD 的应用程序设计主要由几部分组成？简述各自的实现功能。

5

PROFIBUS-DP 现场总线

过程现场总线(process field bus,PROFIBUS)是一种国际化的、开放的、不依赖于设备生产商的现场总线标准。它广泛应用于制造业自动化领域,流程工业自动化领域,楼宇、交通、电力等其他自动化领域。本章首先概述了 PROFIBUS,然后讲述了 PROFIBUS 的协议结构、PROFIBUS-DP 现场总线系统、PROFIBUS-DP 的通信模型、PROFIBUS-DP 的总线设备类型和数据通信及 PROFIBUS 通信用 ASICs,再详细讲述了 PROFIBUS-DP 从站通信控制器 SPC3,同时介绍了主站通信控制器 ASPC2 与网络接口卡,最后讲述了 PROFIBUS-DP 从站的设计。

5.1 PROFIBUS 概述

PROFIBUS 的发展经历了如下过程。

1987 年,由德国 SIEMENS 公司等 13 家企业和 5 家研究机构联合开发。

1989 年,成为德国工业标准 DIN19245。

1996 年,成为欧洲标准 EN50170 V.2(PROFIBUS-FMS-DP)。

1998 年,PROFIBUS-PA 纳入 EN50170V.2。

1999 年,PROFIBUS 成为国际标准 IEC 61158 的组成部分(TYPE Ⅲ)。

2001 年,成为中国的机械行业标准 JB/T 10308.3—2001。

PROFIBUS 由以下三个兼容部分组成。

PROFIBUS-DP:用于传感器和执行器级的高速数据传输,它以 DIN19245 的第 1 部分为基础,根据其所要达到的目标对通信功能进行扩充,PROFIBUS-DP 的传输速率可达 12 Mbit/s,一般构成单主站系统,主站、从站间采用循环数据传输方式工作。它的设计可用于设备一级的高速数据传输。在这一级,中央控制器(如 PLC/PC)通过高速串行线同分散的现场设备(如 I/O、驱动器、阀门等)进行通信。它同这些分散的设备进行数据交换时,大多数是周期性的。

PROFIBUS-PA:对于安全性要求较高的场合,制定了 PROFIBUS-PA 协议,这由 DIN19245 的第 4 部分描述。PROFIBUS-PA 具有本质安全特性,用于实现 IEC1158-2 规定的通信规程。PROFIBUS-PA 是 PROFIBUS 的过程自动化解决方案,PROFIBUS-PA 将自动化系统、过程控制系统与现场设备,如压力、温度和液位变送器等连接起来,代替了 4~20 mA 模拟信号传输技术,在现场设备的规划、电缆敷设、调试、运行投入和维修等方面可节约 40％的成本,并大大提高了系统的功能和安全可靠性,因此 PROFIBUS-PA 尤其适用于石油、化工、冶金等行业的过程自动化控制系统。

PROFIBUS-FMS:它的设计是为了解决车间一级通用性通信问题。PROFIBUS-FMS 提供大量的通信服务,用以完成以中等传输速率进行的循环和非循环的通信任务。由于它用来完成控制器和智能现场设备之间的通信以及控制器之间的信息交换任务,因此它考虑的主要是系统的功能而不是系统的响应时间,应用过程通常需要的是随机的信息交换(如改变设定参数等)。强有力的 FMS 服务向人们提供了广泛的应用范围和更大的灵活性,可用于大范围和复杂的通信系统。

为了满足苛刻的实时要求,PROFIBUS 协议具有如下特点。

(1) 不支持长信息段(大于 235B,实际的最大长度为 255 B,数据最大长度为 244 B,典型长度为 120 B)。

(2) 不支持短信息组块功能。由许多短信息组成的长信息包不符合短信息的要求,因此,PROFIBUS 不提供这一功能(实际使用中可通过应用层或用户层的制定或扩展来克服这一约束)。

(3) 本规范不提供由网络层支持运行的功能。

(4) 除规定的最小组态外,根据应用需求可以建立任意的服务子集。这对小系统(如传感器等)尤其重要。

(5) 其他功能是可选的,如口令保护方法等。

(6) 网络拓扑是总线型,两端带终端器或不带终端器。

(7) 介质、距离、站点数取决于信号特性,如对屏蔽双绞线,单段长度小于或等于 1.2 km,不带中继器,每段 32 个站点(网络规模:双绞线,最大长度为 9.6 km;光纤:最大长度为 90 km;最大站数为 127 个)。

(8) 传输速率取决于网络拓扑和总线长度,为 9.6 kbit/s～12 Mbit/s。

(9) 可选第二种介质(冗余)。

(10) 传输时,使用半双工、异步、滑差保护同步(无位填充)。

(11) 报文数据的完整性,用海明距离(HD＝4)、同步滑差检查和特殊序列,以避免数据的丢失和增加。

(12) 地址定义范围:0～127(对广播和群播而言,127 是全局地址),对区域地址、段地址的服务存取地址(服务存取点 LSAP)的扩展,每个 6 bit。

(13) 使用两类站:主站(主动站,具有总线存取控制权)和从站(被动站,没有总线存取控制权)。如果对实时性要求不苛刻,则最多可用 32 个主站,总站数可达 127 个。

(14) 总线存取基于混合、分散、集中三种方式:主站与主站之间用令牌传输,主站与从站之间用主-从方式传输。令牌在由主站组成的逻辑令牌环中循环。如果系统中仅有一主站,则不需要令牌传输。这是一个单主站、多从站的系统。最小的系统配置由一个主站和一个从站或两个主站组成。

(15) 数据传输服务有以下两类。

① 非循环的:有/无应答要求的发送数据;有应答要求的发送和请求数据。

② 循环的(轮询):有应答要求的发送和请求数据。

PROFIBUS 的典型应用如图 5-1 所示。

工厂管理级
总线循环时间
<1000 ms
车间级
总线循环时间
<100 ms
现场级
总线循环时间
<10 ms
工厂管理系统
MMS,TCP/IP Backbone
网关
CNC
PC
PROFIBUS-FMS
PC
PLC
PLS
PROFIBUS-DP
PROFIBUS-PA
现场设备
远程I/O设备
传感器
M
传动装置
变送器
现场设备

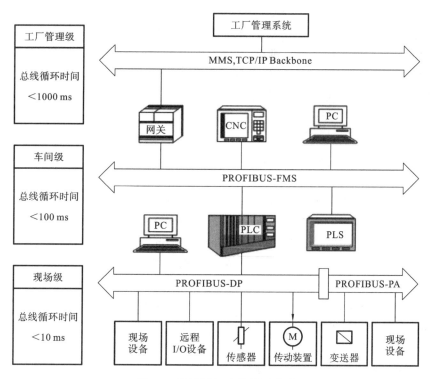

图 5-1 PROFIBUS 的典型应用

5.2 PROFIBUS 的协议结构

PROFIBUS 的协议结构如图 5-2 所示。

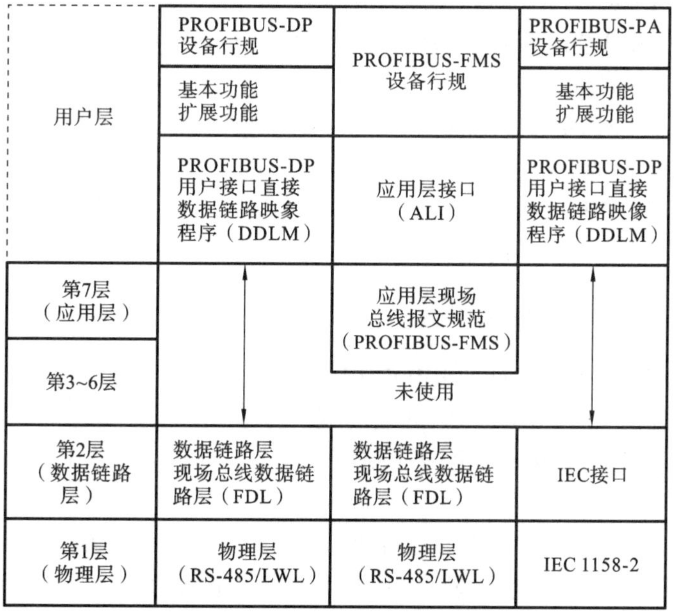

用户层
PROFIBUS-DP 设备行规
基本功能 扩展功能
PROFIBUS-FMS 设备行规
PROFIBUS-PA 设备行规
基本功能 扩展功能
PROFIBUS-DP 用户接口直接数据链路映象程序（DDLM）
应用层接口（ALI）
PROFIBUS-DP 用户接口直接数据链路映像程序（DDLM）
第7层（应用层）
应用层现场总线报文规范（PROFIBUS-FMS）
第3~6层
未使用
第2层（数据链路层）
数据链路层 现场总线数据链路层（FDL）
数据链路层 现场总线数据链路层（FDL）
IEC接口
第1层（物理层）
物理层（RS-485/LWL）
物理层（RS-485/LWL）
IEC 1158-2

图 5-2 PROFIBUS 的协议结构

从图 5-2 可以看出，PROFIBUS 协议采用 ISO/OSI 模型中的第 1 层、第 2 层，必要时还采用第 7 层。第 1 层和第 2 层的导线和传输协议依据的是美国标准 EIA RS-485、国际标准 IEC 870-5-1 和欧洲标准 EN 60870-5-1。总线存取程序、数据传输和管理服务基于 DIN 19241 标准的第 1 部分到第 3 部分和 IEC 955 标准。管理功能（FMA7）采用 ISO DIS 7498-4（管理框架）的概念。

5.2.1　PROFIBUS-DP 的协议结构

PROFIBUS-DP 使用第 1 层、第 2 层和用户接口层，第 3 层到第 7 层未使用，这种精简的结构可确保高速数据传输。物理层采用 RS-485 标准，规定了传输介质、物理连接和电气等特性。PROFIBUS-DP 的数据链路层称为现场总线数据链路层（fieldbus data link layer，FDL），包括与 PROFIBUS-FMS、PROFIBUS-PA 兼容的总线介质访问控制（MAC）以及现场总线链路控制（fieldbus link control，FLC），FLC 向上层提供服务存取点的管理和数据的缓存。第 1 层和第 2 层的现场总线管理（fieldbus management layer 1 and 2，FMA1/2）完成第 2 层待定总线参数的设定和第 1 层参数的设定，还完成这两层出错信息的上传。PROFIBUS-DP 的用户层包括直接数据链路映射（direct data link mapper，DDLM），PROFIBUS-DP 的基本功能、扩展功能以及设备行规。DDLM 提供了方便访问 FDL 的接口，PROFIBUS-DP 设备行规是对用户数据含义的具体说明，规定了各种应用系统和设备的行为特性。

这种为高速传输用户数据而优化的 PROFIBUS 协议特别适用于可编程控制器与现场级分散 I/O 设备之间的通信。

5.2.2　PROFIBUS-FMS 的协议结构

PROFIBUS-FMS 使用了第 1 层、第 2 层和第 7 层。应用层（第 7 层）包括现场总线报文规范（PROFIBUS-FMS）和低层接口（LLI）。PROFIBUS-FMS 包含应用协议和提供的通信服务。LLI 建立各种类型的通信关系，并给 PROFIBUS-FMS 提供不依赖于设备的对第 2 层的访问。

PROFIBUS-FMS 处理单元级（PLC 和 PC）的数据通信。功能强大的 PROFIBUS-FMS 服务可在广泛的应用领域内使用，并为复杂的通信任务提供了很大的灵活性。

PROFIBUS-DP 和 PROFIBUS-FMS 使用相同的传输技术和总线存取协议，因此，它们可以在同一根电缆上同时运行。

5.2.3　PROFIBUS-PA 的协议结构

PROFIBUS-PA 使用扩展的 PROFIBUS-DP 协议进行数据传输。此外，它执行规定现场设备特性的 PROFIBUS-PA 设备行规。传输技术依据 IEC 1158-2 标准，为确保本质安全，通过总线对现场设备供电。使用段耦合器可将 PROFIBUS-PA 设备很容易地集成到 PROFIBUS-DP 网络之中。

PROFIBUS-PA 是为过程自动化工程中的高速、可靠的通信要求而特别设计的。使用 PROFIBUS-PA 可以把传感器和执行器连接到通常的现场总线（段）上，即使在防爆区域的传感器和执行器也可如此。

5.3 PROFIBUS-DP 现场总线系统

由于 Siemens 公司在离散自动化领域有较深的影响,并且 PROFIBUS-DP 在国内有广大的用户,因此本节以 PROFIBUS-DP 为例介绍 PROFIBUS 现场总线系统。

5.3.1 PROFIBUS-DP 的三个版本

PROFIBUS-DP 经过功能扩展,一共有 DP-V0、DP-V1 和 DP-V2 三个版本,有时将 DP-V1 简写为 DPV1。

1. DP-V0 的基本功能

1) 总线存取方法

各主站与主站之间为令牌传输,主站与从站之间为主-从循环传输,支持单主站或多主站系统,总线上最多有 126 个站。可以采用点对点用户数据通信、广播(控制指令)方式和循环主-从用户数据通信。

2) 循环数据交换

DP-V0 可以实现中央控制器(PLC、PC 或过程控制系统)与分布式现场设备(从站,如 I/O、阀门、变送器和分析仪等)之间的快速循环数据交换,主站发出请求报文,从站收到后返回响应报文。这种循环数据交换是在被称为 MS0 的连接上进行的。

总线循环时间应小于中央控制器的循环时间(约为 10 ms),DP 的传输时间与网络中站的数量和传输速率有关。每个从站可以传输 224 B 的输入或输出数据。

3) 诊断功能

经过扩展的 PROFIBUS-DP 诊断,能对站级、模块级、通道级这三级故障进行诊断和快速定位,诊断信息在总线上传输并由主站采集。

本站诊断操作:对本站设备的一般操作状态的诊断,如温度过高、压力过低。

模块诊断操作:对站点内部某个具体的 I/O 模块的故障定位。

通道诊断操作:对某个输入/输出通道的故障定位。

4) 保护功能

所有信息的传输按海明距离(HD=4)进行。对 DP 从站的输出进行存取保护,DP 主站使用监控定时器(又称看门狗定时器)监视与从站的通信,对每个从站都有独立的监控定时器。在规定的监视时间间隔内,如果没有执行用户数据传输,就会使监控定时器超时,通知用户程序进行处理。如果参数"Auto_Clear"为 1,则 DPM1 退出运行模式,并将所有有关从站的输出置于故障安全状态,然后进入清除状态。

DP 从站使用监控定时器检测与主站的数据传输,如果在设置的时间内没有完成数据通信,则从站自动地将输出切换到故障安全状态。

在多主站系统中,从站输出操作的访问保护是必要的。这样可以保证只有授权的主站才能直接访问,其他从站可以读取其输入的映像,但是不能直接访问。

5) 通过网络的组态功能与控制功能

通过网络可以实现下列功能:动态激活或关闭 DP 从站,对 DP 主站(DPM1)进行配置,可以设置站点的数目、DP 从站的地址、输入/输出数据的格式、诊断报文的格式等,以及检查 DP 从站的组态。控制命令可以同时发送给所有的从站或部分从站。

6）同步与锁定功能

主站可以发送命令给一个从站或一组从站。接收到主站的同步命令后，从站进入同步模式。这些从站的输出被锁定在当前状态。在这之后的用户数据传输中，输出数据存储在从站，但是它的输出状态保持不变。同步模式使用"UNSYNC"命令来解除。

锁定（Freeze）命令使指定的从站组进入锁定模式，即将各从站的输入数据锁定在当前状态，直到主站发送下一个锁定命令才可以刷新。使用"UNFreeze"命令来解除锁定模式。

7）DPM1 和 DP 从站之间的循环数据传输

DPM1 与 DP 从站之间的用户数据传输是由 DPM1 按照确定的递归顺序自动进行的。当对总线系统进行组态时，用户定义 DP 从站与 DPM1 的关系，确定哪些 DP 从站被纳入信息交换的循环。

DMP1 和 DP 从站之间的数据传输分为 3 个阶段：参数化、组态和数据交换。在前 2 个阶段进行检查，每个从站将自己的实际组态数据与从 DPM1 接收到的组态数据进行比较。设备类型、格式、信息长度与输入/输出的个数都应一致，以防止由于组态过程中的错误造成系统的检查错误。

只有系统检查通过后，DP 从站才进入用户数据传输阶段。在 DP 从站自动进行用户数据传输的同时，用户也可以根据需要向 DP 从站发送用户定义的参数。

8）DPM1 和系统组态设备间的循环数据传输

PROFIBUS-DP 允许主站与主站之间的数据交换，即 DPM1 和 DPM2 之间的数据交换。该功能使组态和诊断设备通过总线对系统进行组态，以改变 DPM1 的操作方式，动态地允许或禁止 DPM1 与某些从站之间交换数据。

2. DP-V1 的扩展功能

1）非循环数据交换

除了具备 DP-V0 的功能外，DP-V1 最主要的特征是具有主站与从站之间的非循环数据交换功能，它可以进行参数设置、诊断和报警处理。非循环数据交换与循环数据交换是并行执行的，但是优先级较低。

1 类主站 DPM1 可以通过非循环数据通信读/写从站的数据块，数据传输在 DPM1 建立的 MS1 连接上进行，可以使用主站来组态从站和设置从站的参数。

在启动非循环数据通信之前，DPM2 使用初始化服务来建立 MS2 连接。MS2 用于读/写服务和数据传输服务。一个从站可以同时保持几个激活的 MS2 连接，但是连接的数量受到从站资源的限制。DPM2 与从站建立或中止非循环数据通信连接，读/写从站的数据块。数据传输功能向从站非循环地写指定的数据，如果需要，可以在同一周期读数据。

对数据寻址时，PROFIBUS 假设从站的物理结构是模块化的，即从站由称为模块的逻辑功能单元构成。在基本 DP 功能中，这种模型也用于数据的循环传输。每一模块的输入/输出字节数为常数，在用户数据报文中按固定的位置来传输。寻址过程基于标识符，用它来表示模块的类型，包括输入、输出或二者的结合，所有标识符的集合产生了从站的配置。在系统启动时由 DPM1 对标识符进行检查。循环数据通信也是建立在这一模型基础上的。所有能被读/写访问的数据块都被认为属于这些模块，它们可以用槽号和索引来寻址。槽号用来确定模块的地址，索引号用来确定指定给模块数据块的地址,每个数据块最多为 244 B。读/写服务寻址如图 5-3 所示。

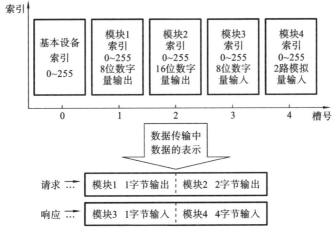

图 5-3 读/写服务寻址

对于模块化的设备,模块被指定槽号,从 1 号槽开始,槽号按顺序递增,0 号留给设备本身。紧凑型设备被视为虚拟模块的一个单元,也可以用槽号和索引来寻址。

在读/写请求中,通过长度信息可以对数据块的一部分进行读/写操作。如果读/写数据块成功,DP 从站发送正常的读/写响应;反之将发送否定的响应,并对问题进行分类。

2) 工程内部集成的 EDD 与 FDT

在工业自动化中,由于历史的原因,电子设备数据(GSD)文件使用得较多,它适用于较简单的应用;电子设备描述(electronic device description,EDD)适用于中等复杂程序的应用;现场设备工具(field device tool,FDT)、设备类型管理(device type manager,DTM)是独立于现场总线的"万能"接口,适用于复杂的应用场合。

3) 基于 IEC 61131-3 的软件功能块

为了实现与制造商无关的系统行规,应为现存的通信平台提供应用程序接口(API),即标准功能块。PROFIBUS 用户组织(PNO)推出了基于 IEC 61131-3 的通信与代理功能块。

4) 故障安全通信

故障安全通信(PROFIsafe)定义了与故障安全有关的自动化任务,以及故障-安全设备怎样用故障-安全控制器在 PROFIBUS 上通信。PROFIsafe 考虑了在串行总线通信中可能发生的故障,如数据的延迟、丢失、重复,不正确的时序、地址和数据的损坏。

PROFIsafe 采取的补救措施:输入报文帧的超时及其确认;发送者与接收者之间的标识符(口令);附加的数据安全措施(CRC 校验)。

5) 扩展的诊断功能

DP 从站通过诊断报文将突发事件(报警信息)传输给主站,主站收到后发送确认报文给从站,从站收到后只能发送新的报警信息,这样可以防止多次重复发送同一报警报文。状态报文由从站发送给主站,不需要主站确认。

3. DP-V2 的扩展功能

1) 从站与从站之间的通信

在 2001 年发布的 PROFIBUS 协议功能扩充版本 DP-V2 中,广播式数据交换实现

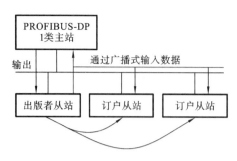

图 5-4 从站与从站的数据交换

了从站与从站之间的通信。从站作为出版者，不经过主站直接将信息发送给作为订户的从站。这样从站可以直接读入别的从站的数据。这种方式最多可以减少 90％ 的总线响应时间。从站与从站的数据交换如图 5-4 所示。

2）同步模式功能

同步模式功能激活主站与从站之间的同步，误差小于 1 ms。通过"全局控制"广播报文，所有有关设备被周期性地同步到总线主站的循环。

3）时钟控制与时间标记

通过用于时钟同步的新的连接 MS3，实时时间主站将时间标记发送给所有从站，将从站的时钟同步到系统时间，误差小于 1 ms。利用这一功能可以实现高精度的事件追踪。定时功能对有大量主站的网络特别有用。主站与从站之间的时钟控制通过 MS3 服务来进行。

4）上载与下载（区域加载）

这一功能允许用少量的命令加载任意现场设备中任意大小的数据区。例如，不需要人工加载就可以更新程序或更换设备。

5）功能请求

功能请求服务用于 DP 从站的程序控制（启动、停止、返回或重新启动）和功能调用。

6）从站冗余

在很多应用场合，要求现场设备的通信具有冗余功能。冗余的从站有两个 PROFIBUS 接口：一个是主接口，另一个是备用接口。它们可能是单独的设备，也可能分散在两个设备中。这些设备有两个带有特殊的冗余扩展的独立的协议堆栈，冗余通信在两个协议堆栈之间进行，可能是在一个设备内部，也可能是在两个设备之间。

正常情况下，通信只发送给被组态的主要从站。有时，它也发送给后备从站。当主要从站出现故障时，后备从站接管它的功能。可能是后备从站自己检查到故障，或主站请求它这样做。主站监视所有的从站，发现故障时立即发送诊断报文给后备从站。

冗余从站设备可以在一条 PROFIBUS 总线或两条冗余的 PROFIBUS 总线上运行。

5.3.2 PROFIBUS-DP 系统组成和总线访问控制

1. PROFIBUS-DP 系统组成

PROFIBUS-DP 系统设备包括主站（主动站，有总线访问控制权，包括 1 类主站和 2 类主站）和从站（被动站，无总线访问控制权）。当主站获得总线访问控制权（令牌）时，它能占用总线，可以传输报文，从站仅能应答所接收的报文或在收到请求后传输数据。

1）1 类主站

1 类主站能够对从站设置参数，检查从站的通信接口配置，读取从站诊断报文，并根据已经定义好的算法与从站进行用户数据交换。1 类主站还能使用一组功能与 2 类主站进行通信。所以 1 类主站在 PROFIBUS-DP 系统中既可作为数据的请求方（与从站通信),也可作为数据的响应方(与 2 类主站通信)。

2) 2 类主站

在 PROFIBUS-DP 系统中,2 类主站是一个编程器或一个管理设备,可以执行一组 PROFIBUS-DP 系统的管理与诊断功能。

3) 从站

从站是 PROFIBUS-DP 系统通信中的响应方,它不能主动发出数据请求。DP 从站可以与 2 类主站(对其设置参数并完成其通信接口的配置)或 1 类主站进行数据交换,并向主站报告本地诊断信息。

2. PROFIBUS-DP 系统结构

一个 PROFIBUS-DP 系统既可以是一个单主站结构,也可以是一个多主站结构。主站和从站采用统一编址方式,可选用 0~127 共 128 个地址,其中 127 为广播地址。一个 PROFIBUS-DP 网络最多可以有 127 个主站,当应用实时性要求较高时,主站个数一般不超过 32 个。

单主站结构是指网络中只有一个主站,且该主站为 1 类主站,网络中的从站都隶属于这个主站,主站与从站进行主-从数据交换。

多主站结构是指在一条总线上连接几个主站,主站与主站之间采用令牌传输方式获得总线控制权,获得令牌的主站与其控制的从站之间进行主-从数据交换。总线上的主站与其各自控制的从站构成多个独立的主-从结构子系统。

典型 PROFIBUS-DP 系统的组成结构如图 5-5 所示。

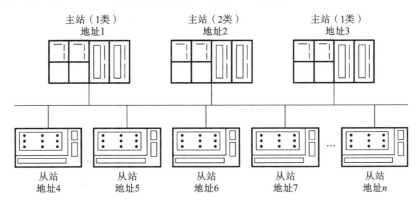

图 5-5 典型 PROFIBUS-DP 系统的组成结构

3. 总线访问控制

PROFIBUS-DP 系统的总线访问控制要保证两个方面的需求:一方面,总线主站节点必须在确定的时间范围内获得足够的机会来处理它自己的通信任务;另一方面,主站与从站之间的数据交换必须是快速的且有很少的协议开销。

PROFIBUS-DP 系统支持使用混合总线访问控制机制,主站与主站之间采取令牌控制方式,令牌在主站与主站之间传输,拥有令牌的主站拥有总线访问控制权;主站与从站之间采取主-从的控制方式,主站具有总线访问控制权,从站仅在主站要求它发送时才可以使用总线。

当一个主站获得了令牌,它就可以执行主站功能,与其他主站节点或所控制的从站节点进行通信。总线上的报文用节点地址来组织,每个 PROFIBUS 主站节点和从站节点都有一个地址,而且此地址在整个总线上必须是唯一的。

在 PROFIBUS-DP 系统中,这种混合总线访问控制方式允许有如下的系统配置。

(1) 纯主-主系统(执行令牌传输过程)。

(2) 纯主-从系统(执行主-从数据通信过程)。

(3) 混合系统(执行令牌传输和主-从数据通信过程)。

1) 令牌传输过程

连接到 PROFIBUS-DP 网络的主站按节点地址的升序组成一个逻辑令牌环,逻辑令牌环控制令牌按顺序从一个主站传输到下一个主站。令牌提供访问总线的权力,并通过特殊的令牌帧在主站与主站之间传输。具有最高站地址(highest address station, HAS)的主站将令牌传输给具有最低总线地址的主站,以使逻辑令牌环闭合。

令牌经过所有主站节点轮转一次所需的时间称为令牌循环时间。现场总线系统中,令牌轮转一次所允许的最大时间称为目标令牌时间,其值是可调整的。

在系统启动总线初始化阶段,总线访问控制通过辨认主站地址来建立逻辑令牌环,并将主站地址都记录在活动主站表(list of active master stations, LAS)中。对于令牌管理而言,有两个地址概念特别重要:前驱站(previous station, PS)地址,即传输令牌给自己站的地址;后继站(next station, NS)地址,即传输令牌的目的站地址。在系统运行期间,为了从逻辑令牌环中去掉有故障的主站或在令牌环中添加新的主站而不影响总线上的数据通信,需要修改 LAS。纯主-主系统中的令牌传输过程如图 5-6 所示。

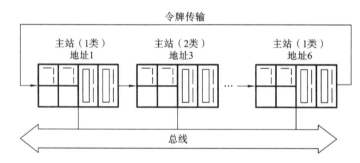

图 5-6　纯主-主系统中的令牌传输过程

2) 主-从数据通信过程

一个主站在得到令牌后,可以主动发起与从站的数据交换。主-从访问过程允许主站访问主站所控制的从站设备,主站可以发送信息给从站或从从站获取信息。主-从数据通信过程如图 5-7 所示。

如果一个 PROFIBUS-DP 系统中有若干个从站,而它的逻辑令牌环只包含一个主站,这样的系统称为纯主-从系统。

5.3.3　PROFIBUS-DP 系统工作过程

下面以图 5-8 所示的 PROFIBUS-DP 系统实例为例,介绍 PROFIBUS-DP 系统的工作过程。这是一个由多个主站和多个从站组成的 PROFIBUS-DP 系统,包括 2 个 1 类主站、1 个 2 类主站和 4 个从站。2 号从站和 4 号从站受控于 1 号主站,5 号从站和 9 号从站受控于 6 号主站,主站在得到令牌后对其控制的从站进行数据交换。通过用户设置,2 类主站可以对 1 类主站或从站进行管理监控。上述系统搭建过程可以通过特定的组态软件(如 Step7)组态而成。由于篇幅有限,这里只讨论 1 类主站和从站的通信过程,不讨论 2 类主站的通信过程。

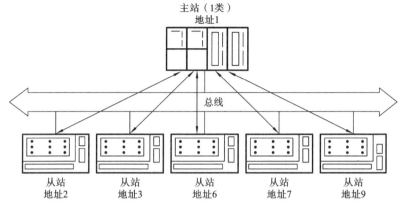

图 5-7　主-从数据通信过程

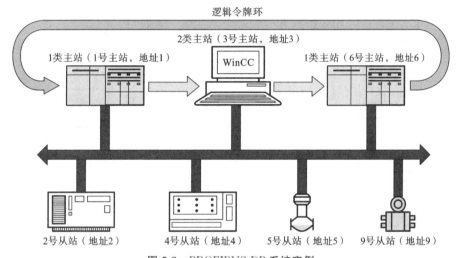

图 5-8　PROFIBUS-DP 系统实例

系统从上电到进入正常数据交换工作状态的整个过程可以概括为以下四个工作阶段。

1. 主站和从站的初始化

上电后,主站和从站进入 Offline 状态,执行自检。当所需要的参数都被初始化后(主站需要加载总线参数集,从站需要加载相应的诊断响应信息等),主站开始监听总线令牌,从站开始等待主站对其设置参数。

2. 总线上逻辑令牌环的建立

主站准备好进入总线逻辑令牌环,处于听令牌状态。在一定时间内,主站如果没有收到总线上有信号要传输,就开始自己生成令牌并初始化逻辑令牌环。然后,该主站做一次对全体主站地址的状态询问,根据收到应答的结果确定活动主站表和本主站所辖站地址范围 GAP。GAP 是指从本站地址(this station,TS)到逻辑令牌环中的后继站地址 NS 之间的地址范围。LAS 的形成即标志着逻辑令牌环初始化的完成。

3. 主站与从站通信的初始化

PROFIBUS-DP 系统的工作过程如图 5-9 所示。在主站可以与 DP 从站设备交换用户数据之前,主站必须设置 DP 从站的参数并配置此从站的通信接口,因此主站首先检查 DP 从站是否在总线上。如果 DP 从站在总线上,则主站通过请求 DP 从站的诊断数据来检查 DP 从站的准备情况。如果 DP 从站报告它已准备好接收参数,则主站给 DP 从站设置参数数据并检查 DP 从站通信接口配置,正常情况下,DP 从站将分别给予确认。收到 DP 从站的确认回答后,主站再请求 DP 从站的诊断数据以查明 DP 从站是否准备好进行用户数据交换。只有在这些工作正确完成后,主站才能开始循环地与 DP 从站交换用户数据。在上述过程中,主站与 DP 从站交换了下述三种数据。

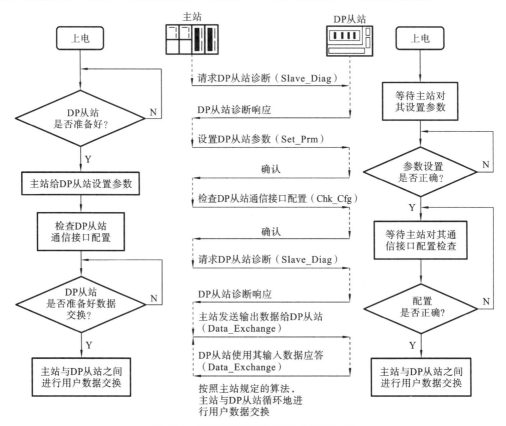

图 5-9 PROFIBUS-DP 系统的工作过程

1)参数数据

参数数据包括预先给 DP 从站的本地参数、全局参数,以及特征和功能。参数报文的结构除包括标准规定的部分外,必要时还包括 DP 从站和制造商特有的部分。参数报文的长度不超过 244 字节,重要的参数包括从站状态参数、监控定时器参数、从站制造商标识符、从站分组及用户自定义的从站应用参数等。

2)通信接口配置数据

DP 从站的输入/输出数据格式通过标识符来描述。标识符指定了在用户数据交换时的输入/输出字节或字的长度及数据的一致刷新要求。在检查通信接口配置时,主站发送标识符给 DP 从站,以检查在 DP 从站中实际存在的输入/输出区域是否与标识符所设定的一致。如果一致,则可以进入主-从用户数据交换阶段。

3)诊断数据

在启动阶段,主站使用诊断请求报文来检查是否存在 DP 从站和 DP 从站是否准备接收参数报文。由 DP 从站提交的诊断数据包括符合标准的诊断部分以及此 DP 从站专用的外部诊断信息。DP 从站发送诊断报文(包括运行状态、出错时间及原因等)告知 DP 主站。

4. 用户的交换数据通信

如果前面所述的过程没有错误,而且 DP 从站的通信接口配置与主站的请求相符,则 DP 从站发送诊断报文报告它已为循环交换用户数据做好准备。从此时起,主站与 DP 从站交换用户数据。在交换用户数据期间,DP 从站只响应对其设置参数和通信接口配置检查正确的主站发来的 Data_Exchange 请求帧报文,如循环地向 DP 从站输出数据或者循环地读取 DP 从站的数据。其他主站的用户数据报文均被此 DP 从站拒绝。在此阶段,DP 从站出现故障或其他诊断信息时会中断正常的用户数据交换。DP 从站可以将应答时的报文服务级别从低优先级变为高优先级来告知主站当前有诊断报文中断或其他状态信息。然后,主站发出诊断请求,请求 DP 从站的实际诊断报文或状态信息。处理后,DP 从站和主站返回到交换用户数据状态,主站和 DP 从站可以双向交换最多 244 字节的用户数据。DP 从站报告出现诊断报文的流程如图 5-10 所示。

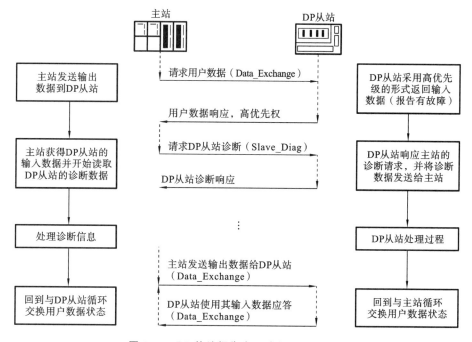

图 5-10　DP 从站报告出现诊断报文的流程

5.4　PROFIBUS-DP 的通信模型

5.4.1　PROFIBUS-DP 的物理层

PROFIBUS-DP 的物理层支持屏蔽双绞线和光缆两种传输介质。

1. RS-485 的物理层

对于屏蔽双绞电缆的基本类型来说,PROFIBUS 的物理层(第 1 层)实现对称的数据传输,符合 EIA RS-485 标准(也称 H2)。一个总线段内的导线是屏蔽双绞电缆,段的两端各有一个终端器,如图 5-11 所示。传输速率为 9.6 kbit/s～12 Mbit/s,所选用的波特率适用于连接到总线(段)上的所有设备。

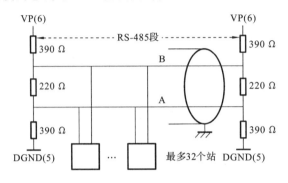

图 5-11 RS-485 总线段的结构

1)传输程序

用于现场总线的 RS-485 的传输程序是以半双工、异步、无间隙同步为基础的。数据的发送用 NRZ(不归零)编码,即 1 个字符帧为 11 位(bit),如图 5-12 所示。当发送位时,二进制"0"到"1"转换期间的信号形状不改变。

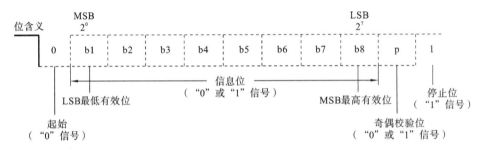

图 5-12 PROFIBUS UART 数据帧

在传输期间,二进制"1"对应于 RXD/TXD-P 线上的正电位,而在 RXD/TXD-N 线上则相反。各报文间的空闲状态对应于二进制"1"信号,使用 NRZ 传输时的信号形状如图 5-13 所示。

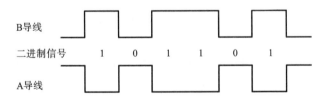

图 5-13 使用 NRZ 传输时的信号形状

2 根 PROFIBUS 数据线常称为 A 线和 B 线。A 线对应于 RXD/TXD-N 信号,B 线对应于 RXD/TXD-P 信号。

2)总线连接

国际性的 PROFIBUS 标准 EN 50170 推荐使用 9 针 D 型连接器,用于总线站与总线的相互连接。D 型连接器的插座与总线站相连,而 D 型连接器的插头与总线电缆相连,9 针 D 型连接器如图 5-14 所示。

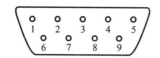

图 5-14 9 针 D 型连接器

9 针 D 型连接器的针脚分配如表 5-1 所示。

表 5-1 9 针 D 型连接器的针脚分配

针 脚 号	信 号 名 称	设 计 含 义
1	SHIELD	屏蔽或功能地
2	M24	24 V 输出电压的地(辅助电源)
3	RXD/TXD-P[①]	接收/发送数据-正,B 线
4	CNTR-P	方向控制信号 P
5	DGND[①]	数据基准电位(地)
6	VP[①]	供电电压-正
7	P24	正 24 V 输出电压(辅助电源)
8	RXD/TXD-N[①]	接收/发送数据-负,A 线
9	CMTR-N	方向控制信号 N

注:① 该类信号是强制性的,它们必须使用。

3) 总线终端器

根据 EIA RS-485 标准,在数据线 A 和 B 的两端均加接总线终端器。PROFIBUS 总线终端器包含一个下拉电阻(与数据基准电位 DGND 相连)和一个上拉电阻(与供电正电压 VP 相连)(见图 5-11)。当在总线上没有站发送数据,也就是在两个报文之间总线处于空闲状态时,这两个电阻能确保在总线上有一个确定的空闲电位。几乎所有标准的 PROFIBUS 总线连接器上都组合了所需要的总线终端器,而且可以由跳接器或开关来启动。

当总线系统运行的传输速率大于 1.5 Mbit/s 时,连接站的电容性负载引起导线反射,因此总线系统必须使用附加有轴向电感的总线连接插头,如图 5-15 所示。

RS-485 总线驱动器可采用 SN75176,当通信速率超过 1.5 Mbit/s 时,应当选用高速型总线驱动器,如 SN75ALS1176 等。

2. DP(光缆)的物理层

PROFIBUS 第 1 层的另一种类型是以 PNO 的导则"用于 PROFIBUS 的光纤传输技术,版本 1.1,1993 年 7 月版"为基础的,它通过光纤导体中光的传输来传输数据。光缆允许 PROFIBUS 总线站之间的距离最大为 15 km。光缆对电磁干扰不敏感,并能确保总线站之间的电气隔离。近年来,由于光纤的连接技术已大大简化,因此这种传输技术普遍用于现场设备的数据通信,特别是用于塑料光纤的简单单工连接器已成为这一发展的重要组成部分。

使用玻璃或塑料纤维制成的光缆可用作传输介质。根据所用导线的类型,目前玻璃光纤能处理的连接距离达到 15 km,而塑料光纤只能达到 80 m。

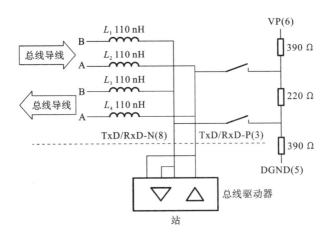

图 5-15 传输速率大于 1.5 Mbit/s 的连接结构

为了把总线站连接到光纤导体,有以下几种连接技术可以使用。

1) OLM 技术

类似于 RS-485 的中继器,光链路模块(optical link module,OLM)有两个功能隔离的电气通道,并根据不同的模型占有一个或两个光通道。OLM 通过一根 RS-485 导线与各个总线站或总线段相连。

2) OLP 技术

光链路插头(optical link plug,OLP)可将很简单的被动站(从站)用一个光缆环连接。OLP 直接插入总线站的 9 针 D 型连接器。OLP 由总线站供电而不需要自备电源。但总线站的 RS-485 接口的 +5 V 电源必须保证能提供至少 80 mA 的电流。

主站与 OLP 环连接需要一个 OLM。

3) 集成的光缆连接

使用集成在设备中的光纤接口将 PROFIBUS 节点与光缆直接相连。

5.4.2 PROFIBUS-DP 的数据链路层

根据 OSI 参考模型,数据链路层规定总线存取控制、数据安全性、传输协议和报文的处理。在 PROFIBUS-DP 中,数据链路层(第 2 层)称为 FDL 层。

数据链路层的报文帧格式如图 5-16 所示。

1. 帧字符和帧格式

1) 帧字符

每个帧由若干个帧字符(UART 字符)组成。帧字符将一个 8 位字符扩展成 11 位:首先是一个开始位 0,接着是 8 位数据,之后是奇偶校验位(规定为偶校验),最后是停止位 1。

2) 帧格式

第 2 层的报文帧格式(见图 5-16)各段的解释如下。

L:信息字段长度。

SC:单一字符(E5H),用在短应答帧中。

SD1~SD4:开始符,区别于不同类型的帧格式。SD1 = 0x10,SD2 = 0x68,SD3 = 0xA2,SD4 = 0xDC。

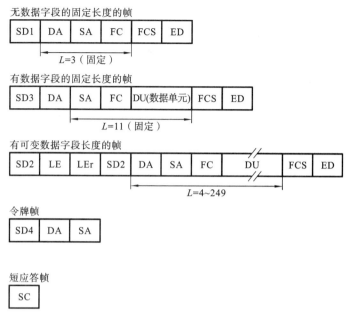

图 5-16 数据链路层的报文帧格式

LE/LEr:长度字节,指示数据字段的长度,LEr=LE。

DA:目的地址,指示接收该帧的站。

SA:源地址,指示发送该帧的站。

FC:帧控制字节,包含用于该帧服务和优先权等的详细说明。

DU:数据字段,包含有效的数据信息。

FCS:帧校验字节、所有帧字符的和,不考虑进位。

ED:帧结束界定符(16H)。

这些帧既包括主动帧,也包括应答/回答帧,帧中字符间不存在空闲位(二进制1)。主动帧与应答帧和回答帧的帧前的间隙有一些不同。每个主动帧帧头至少有33个同步位,也就是说,每个通信建立握手报文前必须保持至少33位长的空闲状态(二进制1对应电平信号),这33个同步位长作为帧同步时间间隔,称为同步位 SYN。而应答帧和回答帧前没有这个规定,响应时间取决于系统设置。应答帧与回答帧也有一定的区别:应答帧是指在从站向主站的响应帧中无数据字段(DU)的帧,而回答帧是指响应帧中存在数据字段的帧。另外,短应答帧只作应答使用,它是无数据字段固定长度的帧的一种简单形式。

3)帧控制字节

FC 的位置在帧中 SA 之后,用来定义报文类型,表明该帧是主动请求帧还是应答帧或回答帧,FC 还包括防止信息丢失或重复的控制信息。

4)扩展帧

在有数据字段的帧(开始符是 SD2 和 SD3)中,DA 和 SA 的最高位(第7位)用来指示是否存在地址扩展位(EXT),0 表示无地址扩展,1 表示有地址扩展。PROFIBUS-DP 协议使用 FDL 的服务存取点(SAP)作为基本功能代码。地址扩展的作用在于指定通信的目的服务存取点(DSAP)、源服务存取点(SSAP)或者区域/段地址,其位置在

FC 字节后,DU 最开始的 1 字节或 2 字节。在相应的应答帧中也要有地址扩展位,而且在 DA 和 SA 中可能同时存在地址扩展位,也可能只有源地址扩展位或目的地址扩展位。注意,数据交换功能采用默认的服务存取点,在数据帧中没有 DSAP 和 SSAP,即不采用地址扩展帧。

5) 报文循环

在 DP 总线上,一次报文循环过程包括主动帧和应答/回答帧的传输。除令牌帧外,其余三种帧(无数据字段的固定长度的帧、有数据字段的固定长度的帧和有数据字段无固定长度的帧)既可以是主动请求帧,也可以是应答/回答帧(令牌帧是主动帧,它不需要应答/回答)。

2. FDL 的四种服务

FDL 可以为其用户(也就是 FDL 的上一层)提供四种服务:发送数据需应答 SDA,发送数据无需应答 SDN,发送且请求数据需应答 SRD,循环发送且请求数据需应答 CSRD。用户想要 FDL 提供服务,必须向 FDL 申请,而 FDL 执行之后会向用户提交服务结果。用户和 FDL 之间的交互过程是通过接口来实现的,在 PROFIBUS 规范中称为服务原语。

1) 发送数据需应答 SDA

SDA 服务的执行过程中原语的使用如图 5-17 所示。

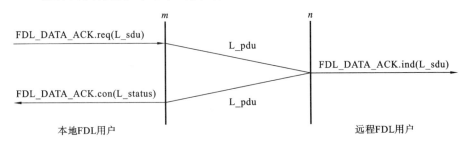

图 5-17 SDA 服务的执行过程中原语的使用

在图 5-17 中,两条竖线表示 FDL 层的界限,两线之间的部分就是整个网络的数据链路层。左边竖线的外侧为本地 FDL 用户,假设本地 FDL 地址为 m;右边竖线外侧为远程 FDL 用户,假设远程 FDL 地址为 n。

服务的执行过程是,本地 FDL 用户首先使用服务原语 FDL_DATA_ACK. req(L_sdu)向本地 FDL 设备提出 SDA 服务申请。本地 FDL 设备收到该原语后,按照链路层协议组帧,并发送到远程 FDL 设备,远程 FDL 设备正确收到该帧后,利用原语 FDL_DATA_ACK. ind(L_sdu)通知远程用户并将数据上传。与此同时,又将一个应答帧发回本地 FDL 设备。本地 FDL 设备通过原语 FDL_DATA_ACK. con(L_status)通知发起这项 SDA 服务的本地用户。

本地 FDL 设备发送出数据后,它会在一段时间内等待应答,这段时间称为时隙时间 T_{SL}(可设定的 FDL 参数)。如果在这段时间内没有收到应答,本地 FDL 设备将重新发送,最多重复 k 次($k=$max_retry_limit,最大重试次数,是可设定的 FDL 参数)。如果重试 k 次仍无应答,则将无应答结果通知本地用户。

2) 发送数据无需应答 SDN

SDN 服务的执行过程中原语的使用如图 5-18 所示。

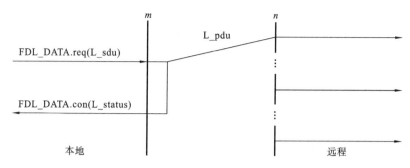

图 5-18 SDN 服务的执行过程中原语的使用

由图 5-18 可以看出 SDN 服务与 SDA 服务的区别如下。

（1）SDN 服务允许本地用户同时向多个甚至所有远程用户发送数据。

（2）所有接收到数据的远程站不做应答。当本地用户使用原语 FDL_DATA.req (L_sdu)申请 SDN 服务后,本地 FDL 设备在向所要求的远程站发送数据的同时立刻传输原语 FDL_DATA.con(L_status)给本地用户,原语中的参数 L_status 此时仅表示发送成功,或者本地的 FDL 设备错误,不能显示远程站是否正确接收。

3）发送且请求数据需应答 SRD

SRD 服务的执行过程中原语的使用如图 5-19 所示。

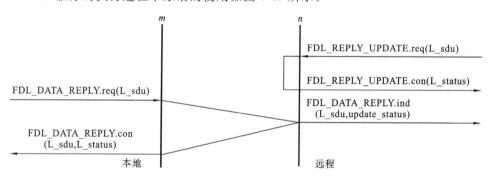

图 5-19 SRD 服务的执行过程中原语的使用

SRD 服务除可以像 SDA 服务那样向远程用户发送数据外,自身还有一个请求,请求远程站的数据回传,远程站将应答和被请求的数据组帧,回传给本地站。

执行顺序是:远程用户将要被请求的数据准备好,通过原语 FDL_REPLY_UP-DATE.req(L_sdu)把被请求的数据交给远程 FDL 设备,并收到远程 FDL 设备回传的 FDL_REPLY_UPDATE.con(L_status)。L_status 参数用于显示数据是否成功装入,无误后等待被请求。本地用户使用原语 FDL_DATA_REPLY.req(L_sdu)发起这项服务,远程站 FDL 设备收到发送数据后,立刻把准备好的被请求数据回传,同时向远程用户发送 FDL_DATA_REPLY.ind(L_sdu,update_status),其中参数 update_status 显示被请求数据是否被成功发送出去。最后,本地用户就会通过原语 FDL_DATA_RE-PLY.con(L_sdu,L_status)接收到被请求数据 L_sdu 和传输状态结果 L_status。

4）循环发送且请求数据需应答 CSRD

CSRD 是 FDL 的四种服务中最复杂的一种。CSRD 服务在理解上可以认为是对多个远程站自动循环地执行 SRD 服务。

以上就是 FDL 提供的四种服务。特别强调的是 SDN 服务和 SRD 服务,因为 PROFIBUS-DP 总线的数据传输依靠的是这两种服务,而 FMS 总线使用了 FDL 的全部四种服务。

此外,四种服务显然都可以发送数据,但是 SDA、SDN 发送的数据不能为空,SRD、CSRD 发送的数据可以为空,这种情况就是单纯的请求数据。

3. 以令牌传输为核心的总线访问控制体系

在 PROFIBUS-DP 总线访问控制中已经介绍过关于逻辑令牌环的基本内容,为了更好地理解 DP 系统中令牌的传输过程,下面对此进行较详细的说明。

1) GAP 表及 GAP 表的维护

GAP 是指逻辑令牌环中从本站地址到后继站地址之间的地址范围,GAPL 为 GAP 范围内所有站的状态表。

每个主站中都有一个 GAP 维护定时器,定时器溢出即向主站提出 GAP 维护申请。主站收到申请后,使用询问 FDL 状态的 Request FDL Status 主动帧询问自己 GAP 范围内的所有地址。通过是否有返回和返回的状态,主站就可以知道自己 GAP 范围内是否有从站从总线脱落、是否有新站添加,并且及时修改自己的 GAPL,具体如下。

(1) 主站如果在 GAP 维护中发现有新从站,则将它们记入 GAPL。

(2) 主站如果在 GAP 维护中发现原先在 GAP 表中的从站在多次重复请求的情况下没有应答,则将该站从 GAPL 中除去,并登记该地址为未使用地址。

(3) 主站如果在 GAP 维护中发现有一个新主站且处于准备进入逻辑令牌环的状态,则该主站将自己的 GAP 范围改变到新发现的这个主站,并且修改活动主站表,在传出令牌时将令牌交给新主站。

(4) 主站如果在 GAP 维护中发现自己的 GAP 范围内有一个处于逻辑令牌环状态的主站,则认为该主站为非法站,接下来询问 GAP 表中的其他站点。传输令牌时仍然传给自己的 NS,从而跳过该主站。该主站发现自己被跳过后,会从总线上自动撤下,即从 Active_Idle 状态进入 Listen_Token 状态,重新等待进入逻辑令牌环。

2) 令牌传输

某主站要交出令牌时,按照活动主站表传输令牌帧给后继站。传出后,该主站开始监听总线上的信号,如果在一定时间(时隙时间)内听到总线上有帧开始传输,则不管该帧是否有效,都认为令牌传输成功,该主站就进入 Active_Idle 状态。

如果时隙时间内总线没有活动,就再次发出令牌帧,如此重复至最大重试次数,如果仍然不成功,则传输令牌给活动主站表中后继主站的后继主站。依此类推,直到在最大地址范围内仍然找不到后继主站,则认为自己是系统内唯一的主站,将保留令牌,直到 GAP 维护时找到新的主站。

3) 令牌接收

如果一个主站从活动主站表中自己的前驱站收到令牌,则保留令牌并使用总线。如果主站收到的令牌帧不是前驱站发出的,则认为是一个错误而不接收令牌。如果此令牌被再次收到,则该主站认为逻辑令牌环已经修改,将接收令牌并修改自己的活动主站表。

4) 令牌持有站的传输

一个主站持有令牌后,工作过程如下。

首先计算从上次令牌获得时刻到本次令牌获得时刻经过的时间,该时间为实际轮转时间 T_{RR},表示令牌实际在整个系统中轮转一周耗费的时间,每一次令牌交换都会计算并产生一个新 T_{RR};主站内有参数目标轮转时间 T_{TR},其值由用户设定,它是预设的令牌轮转时间。一个主站在获得令牌后,通过计算 $T_{TR}-T_{RR}$ 来确定自己可以持有令牌的时间。

5)从站 FDL 状态及工作过程

为了方便理解 PROFIBUS-DP 站点 FDL 的工作过程,可将其划分为几个 FDL 状态,其工作过程就是在这几个状态之间不停转换的过程。

PROFIBUS-DP 从站有两个 FDL 状态:Offline 和 Passive_Idle。当从站上电、复位或发生某些错误时,从站进入 Offline 状态。这种状态下从站会自检,完成初始化及运行参数设定,此状态下不做任何传输。在从站运行参数设定完成后,从站自动进入 Passive_Idle 状态。此状态下监听总线并对询问自己的数据帧做出相应反应。

6)主站 FDL 状态转换及工作过程

主站 FDL 状态转换图如图 5-20 所示。

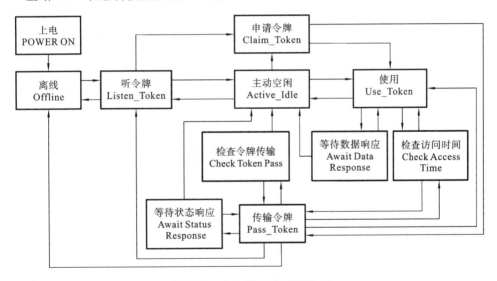

图 5-20 主站 FDL 状态转换图

主站的状态转换及工作过程比较复杂,可从以下三种典型情况进行说明。

(1)令牌环的形成。

假定一个 PROFIBUS-DP 系统开始上电,该系统有几个主站,逻辑令牌环的形成过程如下。

① 每个主站初始化完成后从 Offline 状态进入 Listen_Token 状态,监听总线。主站在一定时间(超时时间 T_{TO})内没有听到总线上有信号传输,就进入 Claim_Token 状态,自己生成令牌并初始化逻辑令牌环。由于 T_{TO} 是一个关于地址 n 的单调递增函数,同样条件下,整个系统中地址最低的主站最先进入 Claim_Token 状态。

② 最先进入 Claim_Token 状态的主站获得自己生成的令牌后,马上向自己传输令牌帧两次,通知系统内其他还处于 Listen_Token 状态的主站令牌开始传输,其他主站把该主站记入自己的活动主站表。然后该主站做一次对全体可能地址的询问 Request FDL Status,根据收到应答的结果确定自己的 LAS 和 GAP。LAS 的形成即标志着逻

辑令牌环初始化的完成。

（2）主站加入已运行的 PROFIBUS-DP 系统的过程。

假定一个 PROFIBUS-DP 系统已经运行,则主站加入令牌环的过程如下。

① 主站上电后在 Offline 状态下完成自身初始化,之后进入 Listen_Token 状态。在此状态下,主站听总线上的令牌帧,分析其地址,从而知道该系统上已有哪些主站。主站会听两个完整的令牌循环,即每个主站都被它作为令牌帧源地址记录两次。这样主站就获得了可靠的活动主站表。

② 如果在主站听令牌的过程中发现两次令牌帧的源地址与自己的地址一样,则认为系统内已有自己地址的主站,于是进入 Offline 状态并向本地用户报告此情况。

③ 在听两个令牌循环的时间里,如果主站的前驱站进入 GAP 维护,询问 Request FDL Status,则回复未准备好。而在主站表已经生成之后,主站再询问 Request FDL Status,主站回复准备进入逻辑令牌环,并从 Listen_Token 状态进入 Active_Idle 状态。这样,主站的前驱站会修改自己的 GAP 和 LAS,并将该主站作为自己的后继站。

④ 主站在 Active_Idle 状态监听总线,能够对寻址自己的主动帧做应答,但没有发起总线活动的权力。直到前驱站传输令牌帧给它,它保留令牌并进入 Use_Token 状态。在监听总线的状态下,如果主站连续听到两个 SA＝TS(源地址＝本站地址)的令牌帧,则认为整个系统出错,逻辑令牌环开始重新初始化,主站转入 Listen_Token 状态。

⑤ 主站在 Use_Token 状态下,按照前面所说的令牌持有站的传输过程进行工作。令牌持有时间到达后,进入 Pass_Token 状态。

特别说明,主站的 GAP 维护是在 Pass_Token 状态下进行的。如不需要 GAP 维护或令牌持有时间用尽,主站将把令牌传输给后继站。

⑥ 主站在令牌传输成功后进入 Active_Idle 状态,直到再次获得令牌。

（3）令牌丢失。

一个已经开始工作的 PROFIBUS-DP 系统出现令牌丢失的情况,这样也会出现总线空闲的情况。每一个主站此时都处于 Active_Idle 状态,FDL 发现在超时时间 T_{TO} 内无总线活动,则认为令牌丢失并重新初始化逻辑令牌环,进入 Claim_Token 状态,此时重复(1)的处理过程。

4. 现场总线第 1 层、第 2 层管理

前面介绍了 PROFIBUS-DP 规范中 FDL 为上一层提供的服务。事实上,FDL 的用户除可以申请 FDL 的服务之外,还可以对 FDL 以及物理层 PHY 进行必要的管理,如强制复位 FDL 和 PHY、设定参数值、读状态、读事件及进行配置等。在 PROFIBUS-DP 规范中,这一部分称为现场总线第 1 层、第 2 层管理(FMA 1/2)。

FMA 1/2 用户和 FMA 1/2 之间的接口服务功能主要有如下几种。

（1）复位物理层、数据链路层(Reset FMA 1/2),此服务是本地服务。

（2）请求和修改数据链路层、物理层以及计数器的实际参数值(Set Value/Read Value FMA 1/2),此服务是本地服务。

（3）通知意外的事件、错误和状态改变(Event FMA 1/2),此服务可以是本地服务,也可以是远程服务。

（4）请求站的标识和链路服务存取点配置(Ident FMA 1/2、LSAP Status FMA

1/2),此服务可以是本地服务,也可以是远程服务。

(5) 请求实际的主站表(Live List FMA 1/2),此服务是本地服务。

(6) SAP 激活及解除激活((R)SAP Activate/SAP Deactivate FMA 1/2),此服务是本地服务。

5.4.3 PROFIBUS-DP 的用户层

1. 概述

PROFIBUS-DP 的用户层包括 DDLM 和用户接口或用户等,它们可在通信中实现各种应用功能(在 PROFIBUS-DP 协议中没有定义第 7 层(应用层),而是在用户接口中描述其应用)。DDLM 是预先定义的直接数据链路映射程序,将所有在用户接口中传输的功能都映射到第 2 层 FDL 和 FMA 1/2 服务中。它向第 2 层发送功能调用中的 SSAP、DSAP 和 Serv_class 等必需的参数,接收来自第 2 层的确认和指示并将它们传输给用户接口/用户。

PROFIBUS-DP 系统的通信模型如图 5-21 所示。

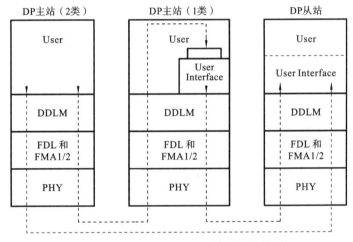

图 5-21 PROFIBUS-DP 系统的通信模型

在图 5-21 中,2 类主站中不存在用户接口,DDLM 直接为用户提供服务。在 1 类主站中除 DDLM 外,还存在用户、用户接口以及用户与用户接口之间的接口。用户接口与用户之间的接口被定义为数据接口和服务接口,在该接口上处理与 DP 从站之间的通信。DP 从站中存在着用户与用户接口,而用户和用户接口之间的接口被创建为数据接口。主站与主站之间的数据通信由 2 类主站发起,在 1 类主站中数据流直接通过 DDLM 到达用户,不经过用户接口及其接口之间的接口,而 1 类主站与 DP 从站两者的用户经由用户接口,利用预先定义的 DP 通信接口进行通信。

在不同的应用中,具体需要的功能范围必须与具体应用相适应,这些适应性定义称为行规。行规提供了设备的可互换性,保证了不同厂商生产的设备具有相同的通信功能。

2. PROFIBUS-DP 行规

PROFIBUS-DP 只使用了第 1 层和第 2 层。而用户接口定义了 PROFIBUS-DP 设备可使用的应用功能以及各种类型的系统和设备的行为特性。

PROFIBUS-DP 协议的任务只是定义用户数据怎样通过总线从一个站传输到另一个站。在这里,传输协议并没有对所传输的用户数据进行评价,这是 PROFIBUS-DP 行规的任务。PROFIBUS-DP 协议准确规定了相关应用的参数和行规的使用,从而使不同制造商生产的 PROFIBUS-DP 部件能容易地交换使用。该协议目前已制定了如下的 PROFIBUS-DP 行规。

(1) NC/RC 行规(3.052):介绍了人们怎样通过 PROFIBUS-DP 对操作机床和装配机器人进行控制。根据详细的顺序图解,从高一级自动化设备的角度介绍了机器人的动作和程序控制情况。

(2) 编码器行规(3.062):介绍了回转式编码器、转角式编码器、线性编码器与 PROFIBUS-DP 的连接,这些编码器带有单转或多转分辨率。有两类设备定义了它们的基本功能和附加功能,如标定、中断处理和扩展诊断。

(3) 变速传动行规(3.071):传动技术设备的主要生产厂商共同制定了 PROFIDRIVE 行规。该行规具体规定了传动设备如何参数化,以及设定值和实际值如何进行传输,这样,不同厂商生产的传动设备就可互换。此行规也包括速度控制和定位必需的规格参数。传动设备的基本功能在行规中有具体规定,但根据具体应用有进一步扩展和发展的余地。行规描述了 DP 或 FMS 应用功能的映像。

(4) 操作员控制和过程监视行规(HMI):具体说明了通过 PROFIBUS-DP 将这些设备与更高一级的自动化部件相连接,此行规使用了扩展的 PROFIBUS-DP 功能来进行通信。

5.4.4 PROFIBUS-DP 用户接口

1. 1 类主站的用户接口

1 类主站的用户接口与用户之间的接口包括数据接口和服务接口。在该接口上处理与 DP 从站通信的所有信息交互。1 类主站的用户接口如图 5-22 所示。

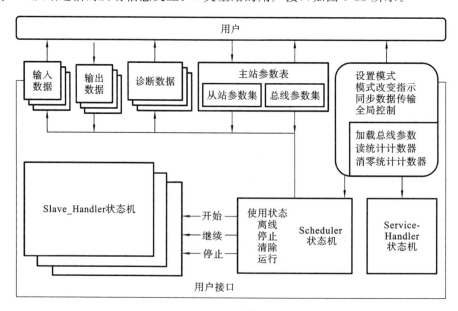

图 5-22 1 类主站的用户接口

（1）数据接口。

数据接口包括主站参数集、诊断数据和输入/输出数据。其中主站参数集包含总线参数集和 DP 从站参数集，是总线参数和从站参数在主站上的映射。

① 总线参数集。

总线参数集的内容包括总线参数长度、FDL 地址、波特率、时隙时间、最小和最大响应从站延时、静止和建立时间、令牌目标轮转时间、GAL 更新因子、最高站地址、最大重试次数、用户接口标志、最小从站轮询时间间隔、请求方得到响应的最长时间、主站用户数据长度、主站（2 类）的名字和主站用户数据。

② DP 从站参数集。

从站参数集的内容包括从站参数长度、从站标志、从站类型、参数数据长度、参数数据、通信接口配置数据长度、通信接口配置数据、从站地址分配表长度、从站地址分配表、从站用户数据长度和从站用户数据。

③ 诊断数据。

诊断数据是指由用户接口存储的 DP 从站诊断信息、系统诊断信息、数据传输状态表（Data_Transfer_List）和主站状态（Master_Status）的诊断信息。

④ 输入/输出数据。

输入/输出数据包括 DP 从站的输入数据和 1 类主站用户的输出数据。该区域的长度由 DP 从站制造商指定，输入/输出数据的格式由用户根据其 DP 系统来设计，格式信息保存在 DP 从站参数集的 Add_Tab 参数中。

（2）服务接口。

通过服务接口，用户可以在用户接口的循环操作中异步调用非循环功能。非循环功能分为本地功能和远程功能。本地功能由 Scheduler 状态机或 Service_Handler 状态机处理，远程功能由 Scheduler 状态机处理。用户接口不提供附加出错处理。在这个接口上，服务调用顺序执行，只有在接口上传输了 Mark.req 并产生 Global_Control.req 的情况下才允许并行处理。服务接口包括以下几种服务。

① 设定用户接口操作模式（Set_Mode）。

用户可以利用该功能设定用户接口的操作模式（USIF_State），并可以利用功能 DDLM_Get_Master_Diag 读取用户接口的操作模式。2 类主站也可以利用功能 DDLM_Download 来改变操作模式。

② 指示改变操作模式（Mode_Change）。

用户接口使用该功能指示其改变操作模式。如果用户通过功能 Set_Mode 改变操作模式，则该指示不会出现。如果在本地接口上发生了一个严重的错误，则用户接口将操作模式改变为 Offline，此时与 Error_Action_Flag 无关。

③ 加载总线参数集（Load_Bus_Par）。

用户使用该功能加载新的总线参数集。用户接口将新加载的总线参数集传输给当前的总线参数集并将改变的 FDL 服务参数传输给 FDL 控制。在用户接口的操作模式 Clear 和 Operate 下不允许改变 FDL 服务参数 Baud_Rate 或 FDL_Add。

④ 同步数据传输（Mark）。

利用该功能，用户可与用户接口同步操作，用户将该功能传输给用户接口后，当所有被激活的 DP 从站至少被询问一次后，用户将收到一个来自用户接口的应答。

⑤ 对从站的全局控制命令(Global_Control)。

利用该功能可以向一个(单一)或数个(广播)DP从站传输控制命令Sync和Freeze,从而实现DP从站的同步数据输出功能和同步数据输入功能。

⑥ 读取统计计数器(Read_Value)。

利用该功能读取统计计数器中的参数变量值。

⑦ 清零统计计数器(Delete_SC)。

利用该功能清零统计计数器,各个计数器的寻址索引与其FDL地址一致。

2. 从站的用户接口

在DP从站中,用户接口通过从站的主-从DDLM功能、从站的本地DDLM功能与DDLM通信,用户接口被创建为数据接口,从站用户接口状态机实现对数据交换的监视。用户接口分析本地发生的FDL和DDLM错误,并将结果放入DDLM_Fault.ind中。用户接口保持与实际应用过程之间的同步,该同步的实现依赖于功能的执行过程。在本地,同步由三个事件来触发:新的数据输入、诊断信息(Diag_Data)改变和通信接口配置改变。在主站参数集中,Min_Slave_Interval参数的值应根据PROFIBUS-DP系统中从站的性能来确定。

5.5 PROFIBUS-DP的总线设备类型和数据通信

5.5.1 概述

PROFIBUS-DP协议是为自动化制造工厂中分散的I/O设备和现场设备需要的高速数据通信而设计的。典型的DP配置是单主站结构,如图5-23所示。DP主站与DP从站之间的通信基于主-从原理。也就是说,只有当DP主站请求时,总线上的DP从站才可能活动。DP从站被DP主站按轮询表依次访问。DP主站与DP从站之间的用户数据连续地交换,且不考虑用户数据的内容。

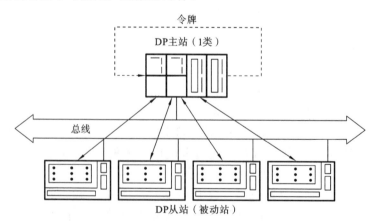

图5-23 DP单主站结构

DP主站上处理轮询表的示意图如图5-24所示。

DP主站与DP从站间的一个报文循环由从DP主站发出的请求帧(轮询报文)和从DP从站返回的有关应答帧或响应帧组成。

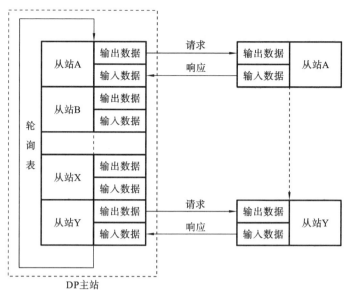

图 5-24 DP 主站上处理轮询表的示意图

根据 EN 50170 标准规定的 PROFIBUS 节点在第 1 层和第 2 层所具备的特性,DP 系统也可能是多主站结构。实际上,这意味着一条总线上连接几个主站节点。在一条总线上,DP 主站/从站、FMS 主站/从站和其他主动节点或被动节点也可以共存,如图 5-25 所示。

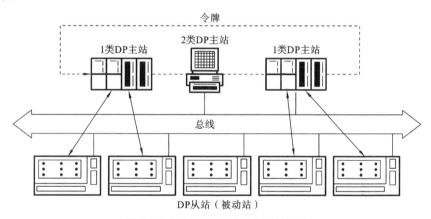

图 5-25 PROFIBUS-DP 多主站结构

5.5.2 DP 设备类型

1. 1 类 DP 主站

1 类 DP 主站循环地与 DP 从站交换用户数据。1 类 DP 主站使用如下协议功能执行通信任务。

(1) Set_Prm 和 Chk_Cfg。

在启动、重启动和数据传输阶段,DP 主站使用这些功能发送参数集给 DP 从站。对于个别 DP 从站而言,其输入数据和输出数据的字节数在组态期间进行定义。

(2) Data_Exchange。

此功能循环地与指定给它的 DP 从站进行输入/输出数据交换。

（3）Slave_Diag。

在启动期间或循环的用户数据交换期间,此功能读取 DP 从站的诊断信息。

（4）Global_Control。

DP 主站使用此控制命令将它的运行状态告知给各 DP 从站。此外,还可以将控制命令发送给个别从站或规定的 DP 从站组,以实现输出数据和输入数据的同步(Sync 和 Freeze 命令)。

2. DP 从站

DP 从站只与加载此从站的参数并组态它的 DP 主站交换用户数据。DP 从站可以向此主站报告本地诊断中断和过程中断。

3. 2 类 DP 主站

2 类 DP 主站是编程装置、诊断和管理设备。除了已经描述的 1 类 DP 主站的功能外,2 类 DP 主站通常还支持下列特殊功能。

（1）RD_Inp 和 RD_Outp。

在与 1 类 DP 主站进行数据通信时,这些功能可读取 DP 从站的输入数据和输出数据。

（2）Get_Cfg。

此功能读取 DP 从站的当前组态数据。

（3）Set_Slave_Add。

此功能允许 2 类 DP 主站分配一个新的总线地址给 DP 从站。当然,此从站是支持这种地址定义方法的。

此外,2 类 DP 主站还提供一些功能用于与 1 类 DP 主站的通信。

4. DP 组合设备

可以将 1 类 DP 主站、2 类 DP 主站和 DP 从站组合在硬件模块中形成 DP 组合设备。实际上,这样的设备很常见。典型的设备组合如下。

（1）1 类 DP 主站与 2 类 DP 主站的组合。

（2）DP 从站与 1 类 DP 主站的组合。

5.5.3 DP 设备之间的数据通信

1. DP 通信关系和 DP 数据交换

根据 PROFIBUS-DP 协议,通信作业的发起者称为请求方,而相应的通信伙伴称为响应方。所有 1 类 DP 主站的请求报文按第 2 层中的"high_priority"(高优先权)报文服务级别处理。与此相反,由 DP 从站发出的响应报文使用第 2 层中的"low_priority"(低优先权)报文服务级别。DP 从站可将当前出现的诊断中断或状态事件通知给 DP 主站,仅在此刻,可通过将 Data_Exchange 的响应报文服务级别从"low_priority"改变为"high_priority"来实现。数据的传输是非连接的 1 对 1 或 1 对多连接(仅控制命令和交叉通信)。各类 DP 设备间的通信关系如表 5-2 所示。

2. 初始化阶段、重启动和用户数据通信

在 DP 主站与 DP 从站设备交换用户数据之前,DP 主站必须定义 DP 从站的参数并组态此从站。为此,DP 主站首先应检查 DP 从站是否在总线上。如果是,则 DP 主站

表 5-2　各类 DP 设备间的通信关系

功能/服务 依据 EN 50170	DP-从站		DP 主站(1 类)		DP 主站(2 类)		使用的 SAP 号	使用的 第 2 层服务
	Requ	Resp	Requ	Resp	Requ	Resp		
Data-Exchange	—	M	M	—	O	—	默认 SAP	SRD
RD-Inp	—	M	—	—	O	—	56	SRD
RD_Outp	—	M	—	—	O	—	57	SRD
Slave_Diag	—	M	M	—	O	—	60	SRD
Set_Prm	—	M	M	—	O	—	61	SRD
Chk_Cfg	—	M	M	—	O	—	62	SRD
Get_Cfg	—	M	—	—	O	—	59	SRD
Global_Control	—	M	M	—	O	—	58	SDN
Set_Slave_Add	—	O	—	—	O	—	55	SRD
M_M_Communication	—	—	O	O	O	O	54	SRD/SDN
DPV1 Services	—	O	O	—	O	—	51/50	SRD

注:Requ=请求方,Resp=响应方,M=强制性功能,O=可选功能。

通过请求 DP 从站的诊断数据来检查 DP 从站的准备情况。当 DP 从站报告它已准备好参数定义时,DP 主站加载参数集和组态数据。DP 主站再请求 DP 从站的诊断数据以查明 DP 从站是否准备就绪。只有在这些工作完成后,DP 主站才开始循环地与 DP 从站交换用户数据。

DP 从站初始化阶段的主要顺序如图 5-26 所示。

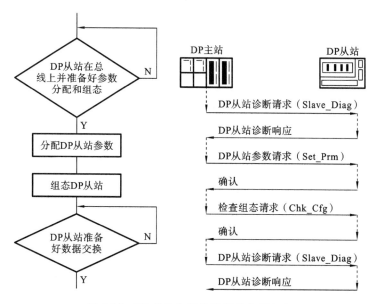

图 5-26　DP 从站初始化阶段的主要顺序

(1) 参数数据(Set_Prm)。

参数集包括预定给 DP 从站的重要的本地参数、全局参数、特征和功能。为了规定和组态从站参数,通常使用装有组态工具的 DP 主站来进行。如果使用直接组态方法,则需填写由组态软件的图形用户接口提供的对话框。如果使用间接组态方法,则需使用组态工具存取当前的参数和有关 DP 从站的 GSD 数据。参数报文的结构包括 EN 50170 标准规定的部分,必要时还包括 DP 从站和制造商特指的部分。参数报文的长度不能超过 244 字节。以下列出了最重要的参数报文的内容。

① Station Status。

Station Status 包括与从站有关的功能和设定。例如,它规定监控定时器是否要被激活。它还规定是否启用由其他 DP 主站存取此 DP 从站。

② Watchdog。

Watchdog(看门狗定时器,又称监控定时器)用于检查 DP 主站的故障。如果监视定时器被启用,且 DP 从站检查出 DP 主站有故障,则本地输出数据被删除或进入规定的安全状态(替代值被传输给输出)。总线上运行的一个 DP 从站可以带监视定时器,也可以不带。根据总线配置和所选用的传输速率,组态工具建议此总线配置可以使用的监视定时器的时间。

③ Ident_Number。

Ident_Number(DP 从站的标识号)是由 PNO 在认证时规定的,放在设备的主要文件中。只有当参数报文中的标识号与此 DP 从站本身的标识号一致时,此 DP 从站才接收此参数报文。这样就防止了偶尔出现的从站设备的错误参数定义。

④ Group_Ident。

Group_Ident 可将 DP 从站分组组合,以便使用 Sync 和 Freeze 控制命令。最多可允许组合成 8 组。

⑤ User_Prm_Data。

User_Prm_Data(DP 从站参数数据)为 DP 从站规定了有关应用数据,如可能包括默认设定参数或控制器参数。

(2) 组态数据(Chk_Cfg)。

在组态数据报文中,DP 主站发送标识符格式给 DP 从站,这些标识符格式告知 DP 从站要被交换的输入/输出区域的范围和结构。这些区域(也称模块)是按 DP 主站和 DP 从站约定的字节或字结构(标识符格式)形式定义的。标识符格式允许指定输入或输出区域,或各模块的输入和输出区域。这些数据区域的大小最多可以有 16 字节/字。定义组态报文必须依据 DP 从站设备类型考虑下列特性。

① DP 从站有固定的输入/输出区域。

② 依据配置,DP 从站有动态的输入/输出区域。

③ DP 从站的输入/输出区域由此 DP 从站及其制造商特指的标识符格式来规定。

那些包括连续的信息而又不能按字节或字结构安排的输入和(或)输出数据区域称为"连续的"数据。例如,用于闭环控制器的参数区域或用于驱动控制的参数集。使用特殊的标识符格式(与 DP 从站和制造商有关的)可以规定输入/输出数据区域(模块)的大小最多 64 字节。DP 从站可使用的输入/输出数据区域(模块)存放在设备数据库文件(GSD 文件)中。组态此 DP 从站将由组态工具推荐给用户。

(3) 诊断数据(Slave_Diag)。

在启动阶段,DP 主站使用请求诊断数据来检查 DP 从站是否存在,以及是否准备就绪接收参数信息。由 DP 从站提交的诊断数据包括符合 EN 50170 标准的诊断部分。如果有,还包括此 DP 从站专用的诊断信息。DP 从站发送诊断信息告知 DP 主站其运行状态以及产生错误事件的出错原因。DP 从站可以使用第 2 层中"high_priority"的 Data_Exchange 响应报文发送一个本地诊断中断给 DP 主站的第 2 层,响应时 DP 主站请求评估此诊断数据。如果不存在当前的诊断中断,则 Data_Exchange 响应报文具有"low_priority"标识符。然而,即使没有诊断中断的特殊报告存在,DP 主站也随时可以请求 DP 从站的诊断数据。

(4) 用户数据(Data_Exchange)。

DP 从站检查从 DP 主站接收到的参数和组态信息。如果没有错误而且允许由 DP 主站请求设定,则 DP 从站发送诊断数据,报告它已为循环地交换用户数据准备就绪。从此时起,DP 主站与 DP 从站交换所组态的用户数据。在交换用户数据期间,DP 从站只对由定义它的参数并组态它的 1 类 DP 主站发来的 Data_Exchange 请求帧报文做出反应。其他用户数据报文均被此 DP 从站拒绝。也就是说,DP 从站只传输有用的数据。

DP 主站与 DP 从站循环地交换用户数据如图 5-27 所示。DP 从站报告当前的诊断中断如图 5-28 所示。

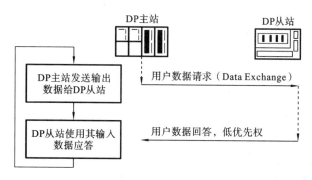

图 5-27　DP 主站与 DP 从站循环地交换用户数据

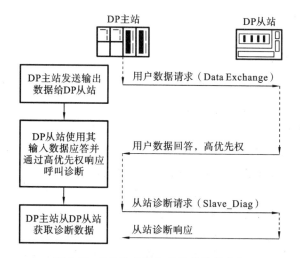

图 5-28　DP 从站报告当前的诊断中断

在图 5-28 中,DP 从站可以使用将应答时的报文服务级别从"low_priority"变为"high_priority"来告知 DP 主站它当前的诊断中断或现有的状态信息。然后,DP 主站在诊断报文中做出从 DP 从站发来的实际诊断或状态信息请求。在获取诊断数据之后，DP 从站和 DP 主站返回到交换用户数据状态。使用请求/响应报文，DP 主站与 DP 从站可以双向交换最多 244 字节的用户数据。

5.5.4 PROFIBUS-DP 循环

1. PROFIBUS-DP 循环的结构

在单主总线系统中，PROFIBUS-DP 循环的结构如图 5-29 所示。

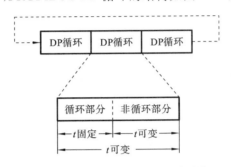

图 5-29 PROFIBUS-DP 循环的结构

DP 循环包括循环部分和非循环部分。循环部分由循环报文构成，它包括总线存取控制（令牌管理和站状态）和与 DP 从站的 I/O 数据交换（Data_Exchange）。非循环部分由被控事件的非循环报文构成。报文的非循环部分包括下列内容。

（1）DP 从站初始化阶段的数据通信。

（2）DP 从站诊断功能。

（3）2 类 DP 主站通信。

（4）DP 主站和主站通信。

（5）非正常情况下，与第 2 层控制的报文重复。

（6）与 DPV1 对应的非循环数据通信。

（7）PG 在线功能。

（8）HMI 功能。

根据当前 DP 循环中出现非循环报文的多少，相应地增大 DP 循环。这样，DP 循环中总有固定的循环时间。如果存在，还有被控事件的数个可变的非循环报文。

2. 固定 PROFIBUS-DP 循环的结构

对于自动化领域的某些应用来说，固定 PROFIBUS-DP 循环时间和固定 I/O 数据交换是有好处的。这特别适用于现场驱动控制。例如，若干个驱动的同步就需要固定的总线循环时间。固定的总线循环也称等距总线循环。

与正常的 DP 循环相比，DP 主站在一个固定 DP 循环期间保留了一定的时间用于非循环通信。固定 PROFIBUS-DP 循环的结构如图 5-30 所示，DP 主站应确保这个保留的时间不超时。这只允许一定数量的非循环报文事件。如果这个保留的时间未用完，则 DP 主站多次给自己发送报文，直到达到所选的固定总线循环时间为止，这样就产生了一个暂停时间。这能确保所保留的固定总线循环时间精确到微秒。

固定 PROFIBUS-DP 循环时间使用 STEP7 组态软件来指定。STEP7 根据组态的系统和某些典型的非循环服务部分推荐一个默认时间值。当然，用户可以修改 STEP7

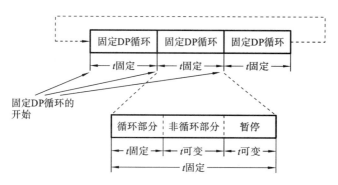

图 5-30 固定 PROFIBUS-DP 循环的结构

推荐的固定总线循环时间值。

固定 PROFIBUS-DP 循环时间只能在单主系统中设定。

5.5.5 采用交叉通信的数据交换

交叉通信也称直接通信,是在 SIMATIC S7 应用中使用 PROFIBUS-DP 的另一种数据通信。在交叉通信期间,DP 从站不使用 1 对 1 的报文(从→主)响应 DP 主站,而使用特殊的 1 对多的报文(从→nnn)。也就是说,包含在响应报文中的 DP 从站的输入数据不仅对相关的主站可用,而且对总线上支持这种功能的所有 DP 节点都可用。

5.5.6 设备数据库文件

PROFIBUS 设备具有不同的特性,特性的不同在于现有功能(即 I/O 信号的数量和诊断信息)的不同或可能的总线参数的不同,如波特率和时间的监控不同。这些参数对每种设备类型和每家生产厂商来说各有差别。为达到 PROFIBUS 简单的即插即用配置,这些参数特性均在电子数据单(有时称为设备数据库文件或 GSD 文件)中有具体说明。标准化的 GSD 数据将通信扩大到操作员控制一级,使用基于 GSD 的组态工具可将不同厂商生产的设备集成在一个总线系统中,简单、用户界面友好。

对一种设备类型的特性 GSD 以一种准确定义的格式给出其全面而明确的描述。GSD 文件由生产厂商针对每一种设备类型进行准备并以设备数据库清单的形式提供给用户,这种明确定义的文件格式便于读出任何一种 PROFIBUS-DP 设备的设备数据库文件,并且在组态总线系统时自动使用这些信息。在组态阶段,系统自动地对与整个系统有关的数据的输入误差和前后一致性进行检查、核对。GSD 分为以下三部分。

(1)总体说明。

总体说明包括厂商和设备名称、软/硬件版本情况、支持的波特率、可能的监控时间间隔及总线插头的信号分配。

(2)DP 主设备相关规格。

DP 主设备相关规格包括所有只适用于 DP 主设备的参数(如可连接的从设备的最多台数或加载和卸载能力)。DP 从设备没有这些规定。

(3)DP 从设备的相关规格。

DP 从设备的相关规格包括与 DP 从设备有关的所有规定(如 I/O 通道的数量和类型、诊断测试的规格及 I/O 数据的一致性信息)。

每种类型的 DP 从设备和每种类型的 1 类 DP 主设备都有一个标识号。DP 主设备用此标识号识别哪种类型的设备连接后不产生协议的额外开销。主设备将所连接的 DP 设备的标识号与在组态数据中使用组态工具指定的标识号进行比较,直到具有正确站地址的正确的设备类型连接到总线上后,用户数据才开始传输。这可避免组态错误,从而大大提高安全性。

5.6 PROFIBUS 通信用 ASICs

SIEMENS 公司提供的几种典型的。PROFIBUS 通信用 ASICs 主要有 DPC31、LSPM2、SPC3、SPC41 和 ASPC2,如表 5-3 所示。

表 5-3 几种典型的 PROFIBUS 通信用 ASICs

型号	类型	特 性	FMS	DP	PA	加微控制器	加协议软件	最大波特率	支持电压
DPC31	从站	SPC3＋80C31 内核	×	√	√	可选	√	12 Mbit/s	3.3 V DC
LSPM2	从站	低价格、单片、有 32 个 I/O 位	×	√	×	×	×	12 Mbit/s	5 V DC
SPC3	从站	通用 DP 协议芯片,需外加 CPU	×	√	×	√	√	12 Mbit/s	5 V DC
SPC41	从站	DP 协议芯片,外加 CPU,可通过 SIM1-2 连接 PA	√	√	√	√	√	12 Mbit/s	3.3/5 V DC
ASPC2	主站	主站协议芯片,外加 CPU 实现主站功能	√	√	√	√	√	12 Mbit/s	5 V DC

表 5-3 中的有些产品已经停产(End of Life,EoL),如 LSPM2。有些产品已升级换代,如 DPC31-B 已被 DPC31-C1 替代,SPC41 有了增强功能的产品 SPC42。具体情况可以浏览 SIEMENS 公司的官网。

一些 PROFIBUS 通信用 ASICs 内置 Intel 的 80C31 内核 CPU;供电电源有 5 V DC 或 3.3 V DC;一些 PROFIBUS 通信控制器需要外加微控制器;一些 PROFIBUS 通信用 ASICs 不需要外加微控制器,但均支持 DP/FMS/PA 通信协议中的一种或多种。

由于 AMIS 公司被安森美半导体公司收购,PROFIBUS 通信控制器的 ASPC2、DPC31 STEP C1 和 SPC3 ASIC 已于 2009 年 3 月使用新的安森美半导体公司的 ON 标志代替之前的 AMIS 标志,标志的更改对于部件的功能性和兼容性没有影响。

5.6.1 DPC31 从站通信控制器

DPC31 从站通信控制器具有如下特点。

(1) ASICs 芯片 DPC31 是一种用于从站的高集成度智能通信芯片,它集成了 PROFIBUS-DP 通信控制器与 80C31 内核 CPU。

(2) DPC31 可应用于 PROFIBUS-DP/DPV1 及 PA 协议。由于采用功率管理系统和 3.3 V 技术,使其能连接到 PROFIBUS-PA,因此可用于过程控制。

(3) DPC31 可用于简单从站和智能从站,也可用于对性能要求及通信需求很高的从站。DPC31 能够以最少的外部器件费用实现从站设备应用。

（4）DPC31 内部集成 6 KB RAM，其中大约 5.5 KB 可给用户使用。

DPC31 从站通信控制器主要技术指标如下。

（1）集成完整的 PROFIBUS-DP/DPV1 协议，可减轻处理器负担。

（2）最大数据传输速率为 12 Mbit/s，支持使用 IEC 1158-2 协议的 31.25 kbit/s 传输方法。

（3）集成标准 80C31 内核及附加的定时器。

（4）兼容多种系列处理器芯片，例如以下三种。

① Intel：8032、80x86。

② Siemens：C166。

③ Motorola：MC11、MC16 和 MC916。

（5）按照 PROFIBUS-DP 的异步接口。

（6）按照 PROFIBUS-PA 的同步接口。

（7）SSC 接口（SPI 同步串行接口）与 EEPROMs、A/D 连接。

（8）标准 80C31 接口。

（9）外部 Intel 和 Motorola 微处理器接口。

（10）3.3 V DC 供电电压。

（11）100 管脚的 PQFP 封装。

（12）集成同步及异步总线。

5.6.2　SPC3 从站通信控制器

SPC3 从站通信控制器具有如下特点。

（1）ASICs 芯片 SPC3 是一种用于从站的智能通信芯片，支持 PROFIBUS-DP 协议。

（2）SPC3 具有 1.5 KB 的信息报文存储器。

（3）SPC3 可独立完成全部 PROFIBUS-DP 通信功能，这样可以加速通信协议的执行，而且可以减少接口模板微处理器中的软件程序。总线存取由硬件驱动，数据传输来自一个 1.5 KB 的 DPRAM。

SPC3 从站通信控制器主要技术指标如下。

（1）支持 PROFIBUS-DP 协议。

（2）最大数据传输速率为 12 Mbit/s，可自动检测并调整数据传输速率。

（3）与 80C32、80X86、80C165、80C166、80C167、HC11、HC16、HC916 系列芯片兼容。

（4）44 管脚的 PQFP 封装。

（5）可独立处理 PROFIBUS-DP 通信协议。

（6）集成的监控定时器。

（7）外部时钟接口（24 MHz 或 48 MHz）。

（8）5 V DC 供电。

5.6.3　SPC41 从站通信控制器

SPC41 从站通信控制器具有如下特点。

（1）ASICs 芯片 SPC41 是一种用于从站的智能通信芯片，该芯片具有低能耗管理系统,因此适用于本征安全场合。PROFIBUS-PA 是用于过程自动化的 PROFIBUS。物理层传输技术符合 IEC 1158-2,链路层以上与 PROFIBUS-DP 相同。PROFIBUS-PA 可用于本征安全场合。

(2) SPC41 用于 PROFIBUS-DP 从站连接时使用带隔离的 RS-485 驱动。SPC41 还提供了连接 SIM1-2 的同步接口。SIM1-2 芯片用于 PROFIBUS-PA 单元,数据传输符合 IEC 1158-2。SPC41 具有 1.5 KB 的信息报文存储器,采用 44 管脚的 PQFP 封装。

(3) SPC41 可处理报文、地址码及备份数据序列,可完全按照协议完成 PROFI-BUS-DP 网络上的数据通信,加快了协议的处理过程,现场设备及接口模块中微处理器的工作也可以减少。总线存取采用硬件驱动。PROFIBUS-FMS 和 PA 协议以及 DP 的参数设置与诊断功能均可由固态程序完成。SPC41 需要与微处理器及其他固态程序一起工作。

SPC41 从站通信控制器主要技术指标如下。

(1) 支持 PROFIBUS-DP、PROFIBUS-FMS 协议。

(2) 最大数据传输速率为 12 Mbit/s。使用 IEC 1158-2 技术时,数据传输速率为 31.25 kbit/s,可自动检测并调整数据传输速率。

(3) 与 80C32、80X86、80C165、80C166、80C167、HC11、HC16、HC916 系列芯片兼容。

(4) PROFIBUS-DP 的异步接口,PROFIBUS-PA/IEC 1158-2 的同步接口。

(5) 44 管脚的 PQFP 封装。

(6) 5 V DC 或 3.3 V DC 供电,功耗低。

SPC41 从站通信控制器的升级产品为 SPC42。SPC42 从站通信控制器具有如下特性。

(1) SPC42 与 SPC41 兼容,此兼容性包括机械和电气特性,以及通过软件接口使用的功能。

(2) 通过更改固件来选择使用 PROFIBUS 和 FF 现场总线。

(3) 已准备好 PROFISafe(从站之间的通信)。

(4) 支持 PROFIDrive(时钟脉冲输出)。

(5) 时间戳报警和事件的时间同步。

(6) 内存从 2 KB 扩展到 3 KB。

(7) 诊断输出。

(8) 可选的脉冲调制模糊窗口。

使用先前未使用的参数寄存器激活 SPC42 的扩展。当访问参数寄存器时,SPC41 不会计算地址位 7～5,以便可以在几个地址(写和读)下访问所有寄存器。所有 SPC41 和 4 个新的 SPC42 寄存器都在可访问的地址空间内。通过激活"使能 SPC42"位,SPC42 计算所有地址位。

SPC42 包含 4 个新的 16 位定时器,它们可用于 FF 现场总线模式,因为它们使用的中断位仅在 FF 现场总线模式下可用。所有定时器均以波特率计时,并且可以作为单周期或循环定时器进行操作。

5.6.4　SIM1-2 介质连接单元

SIM1-2 可作为 SPC42 或 DPC31 的补充。除了这些 ASIC 外,只需几个外部部件即可将 PROFIBUS-PA 现场设备连接到本安网络。与 SPC42 或 DPC31 一起结合使用,PROFIBUS-PA 从站可由物理连接功能实现通信控制功能。

SIM1-2 支持所有发送和接收功能(包括传输超长控制),以及辅助电源与总线电缆之间的高阻抗去耦。它提供了一种可调、稳压电源,同时,它也支持使用几个无源部件配置电气隔离电源。

ASIC 有一个专用接口逻辑,可为电流信号的隔离提供低成本的最小功率接口,作为标准信号备用接口。

SIM1-2 可以连接到所有 Manchester 编码器/解码器,符合标准 IEC 61158-2,传输速率为 31.25 kbit/s。

SIM1-2 介质连接单元具有如下特点。

(1) SIM1-2(SIEMENS IEC H1 介质连接单元)与 IEC H1(即 PROfIBUS-PA 信号)兼容。PROfIBUS-PA 是 PROfIBUS-DP 的扩展,专门用于流程自动化行业。SIM1-2 可用于本征安全场合。

(2) SIM1-2 可作为 SPC41 的扩展芯片使用。当需要连接 PROFIBUS-PA 并用于本征安全场合时,才需要这种芯片做扩展。

(3) SIM1-2 支持所有发送与接收功能,吸收总线上附加电源电流并具有高阻特性。芯片使用两种稳压电源供电并允许电源具有电隔离。芯片采用符合 IEC 1158-2 的曼彻斯特编码技术。

SIM1-2 介质连接单元主要技术指标如下。

(1) 支持 IEC 1158-2,因此也支持 PROFIBUS-PA 传输技术。

(2) 最大数据传输速率为 31.25 kbit/s。

(3) 44 管脚的 TQFP 封装。

(4) 供电:3.3 V DC/5 V DC 或 5 V DC/6.6 V DC。吸收总线电流为 440 mA,功率损耗为 250 mW。

5.6.5　ASPC2 主站通信控制器

ASPC2 主站通信控制器具有如下特点。

(1) ASICs 芯片 ASPC2 是一种用于主站的智能通信芯片,支持 PROFIBUS-DP 和 PROFIBUS-FMS 协议。通过段耦合器也可接 PROFIBUS-PA。这种芯片可使可编程序控制器、PC 计算机、驱动控制器、人机接口等设备减轻通信任务负担。

(2) ASPC2 采用 100 管脚的 MQFP 封装。如果用于本征安全场合,还需要一个外界信号转换器(如段耦合器等)才能接到 PROFIBUS-PA 上。

(3) ASPC2 可完成信息报文、地址码、备份数据序列的处理。ASPC2 与相关固态程序可支持 PROFIBUS-FMS/DP 的全部协议。ASPC2 可寻址 1 MB 的外部信息报文存储器。总线存取驱动由硬件完成。ASPC2 需要一个独立的微处理器和必要的固态程序一起工作。ASPC2 可以方便地连接到所有标准类型的微处理器上。

ASPC2 主站通信控制器主要技术指标如下。

（1）支持 PROFIBUS-DP、PROFIBUS-FMS 和 PROFIBUS-PA 协议。

（2）最大数据传输速率为 12 Mbit/s。

（3）最多可连接 125 个 Active/Passive 站点。

（4）100 管脚的 MQFP 封装。

（5）16 位数据线，2 个中断线。

（6）可寻址 1 MB 的外部信息报文存储器。

（7）功能支持：Ident、request FDL status、SDN、SDA、SRD、带有分布式数据库的 SDR、SM。

（8）5 V DC 供电，最大功率损耗为 0.8 W。

5.6.6　ASICs 应用设计概述

PROFIBUS 通信用 ASICs 应用特点如下。

（1）便于将现场设备连接到 PROFIBUS。

（2）集成的节能管理。

（3）不同的 ASICs 用于不同的功能要求和应用领域。

通过 PROFIBUS 通信用 ASICs，设备制造商可以将设备方便地连接到 PROFI-BUS 网络，可实现最高 12 Mbit/s 的传输速率。

PROFIBUS 通信用 ASICs 的应用场合介绍如下。

（1）主站应用：ASPC2。

（2）智能从站：SPC3，硬件控制总线接入；DPC31，集成 80C31 内核 CPU；SPC41、SPC42。

（3）本安连接：用于安全现场总线系统中的物理连接的 SIM1-2，作为一个符合 IEC 61158-2 标准的介质连接单元，传输速率为 31.25 kbit/s。尤其适合与 SPC41、SPC42 和 DPC31 结合使用。

（4）连接到光纤导体：ASIC 的功能是补充现有的用于 PROFIBUS-DP 的 ASIC。FOCSI 模块可以保证接收/发送光纤信号的可靠电气调节和发送。为了将信号输入光缆，除 FOCSI 外，还需使用合适的发送器/接收器。FOCSI 可以与其他的 PROFIBUS DP ASIC 一起使用。

PROFIBUS 通信用 ASICs 技术规范如表 5-4 所示。

表 5-4　PROFIBUS 通信用 ASICs 技术规范

ASICs	SPC3	DPC31	SPC42	ASPC2	SIM1-2	FOCSI
协议	PROFIBUS-DP	PROFIBUS-DP PROFIBUS-PA	PROFIBUS-DP PROFIBUS-FMS PROFIBUS-PA	PROFIBUS-DP PROFIBUS-FMS PROFIBUS-PA	PROFIBUS-PA	—
应用范围	智能从站应用	智能从站应用	智能从站应用	主站应用	介质附件	介质管理单元
最大传输速率	12 Mbit/s	12 Mbit/s	12 Mbit/s	12 Mbit/s	31.25 kbit/s	12 Mbit/s
总线访问	在 ASIC 中	在 ASIC 中	在 ASIC 中	在 ASIC 中	—	—
传输速率自动测定	√	√	√	√	—	—

ASICs	SPC3	DPC31	SPC42	ASPC2	SIM1-2	FOCSI
所需微控制器	√	内置	√	√	—	—
固件大小	6~24 KB	约 38 KB	3~30 KB	80 KB	不需要	不需要
报文缓冲区	1.5 KB	6 KB	3 KB	1 MB（外部）	—	—
电源	5 V	3.3 V	5 V,3.3 V	5 V	通过总线	3.3 V
最大功耗	0.5 W	0.2 W	0.6 W,5 V 时; 0.01 W,3.3 V 时	0.9 W	0.05 W	0.75 W
环境温度	−40~85 ℃	−40~85 ℃	−40~85 ℃	−40~85 ℃	−40~85 ℃	−40~85 ℃
封装	PQFP,44 引脚	PQFP,100 引脚	TQFP,44 引脚	MQFP,100 引脚	PQFP,40 引脚	TQFP,44 引脚

5.7　PROFIBUS-DP 从站通信控制器 SPC3

5.7.1　SPC3 功能简介

SPC3 为 PROFIBUS 智能从站提供了廉价的配置方案,可支持多种处理器。与 SPC2 相比,SPC3 存储器的内部管理和组织有所改进,并支持 PROFIBUS_DP。

SPC3 只集成了传输技术的部分功能,而没有集成模拟功能(RS-485 驱动器)、现场总线数据链路(fieldbus data link,FDL)传输协议。它支持接口功能、FMA 功能和整个 DP 从站协议(USIF:用户接口让用户很容易访问第二层)。第二层的其余功能(软件功能)和管理需要通过软件来实现。

SPC3 内部集成了 1.5 KB 的双口 RAM 作为 SPC3 与软件/程序的接口。整个 RAM 被分为 192 段,每段 8 字节。用户寻址由内部 MS(microsequencer)通过基址指针(base-pointer)来实现。基址指针可位于存储器的任何段。所以,任何缓存都必须位于段首。

如果 SPC3 工作在 DP 方式下,SPC3 将自动完成所有 DP-SAPs 的设置,在数据缓冲区生成各种报文(如参数数据和配置数据),为数据通信提供 3 个可变的缓存器、2 个输出、1 个输入。通信时经常用到变化的缓存器,因此不会发生任何资源问题。SPC3 为最佳诊断提供 2 个诊断缓存器,用户可存入刷新的诊断数据。在这一过程中,有一个诊断缓存总是分配给 SPC3。

总线接口是一参数化的 8 位同步/异步接口,可使用各种 Intel 和 Motorola 处理器/微处理器。用户可通过 11 位地址总线直接访问 1.5 KB 的双口 RAM 或参数存储器。

处理器上电后,程序参数(站地址、控制位等)必须传输到参数寄存器和方式寄存器中。

任何时候状态寄存器都能监视 MAC 的状态。

各种事件(诊断、错误等)都能进入中断寄存器,通过屏蔽寄存器使能,然后通过响应寄存器响应。SPC3 有一个共同的中断输出。

监控定时器有 Baud_Search、Baud_Control、Dp_Control 3 种状态。

微顺序控制器(MS)控制整个处理过程。

程序参数(缓存器指针、缓存器长度、站地址等)和数据缓存器包含在内部 1.5 KB 双口 RAM 中。

在 UART 中,并行、串行数据相互转换,SPC3 能自动调整波特率。

空闲定时器(idle timer)直接控制串行总线的时序。

5.7.2　SPC3 引脚说明

SPC3 为 44 引脚 PQFP 封装,引脚说明如表 5-5 所示。

表 5-5　SPC3 引脚说明

引　　脚	引 脚 名 称	描　　述		
1	XCS	片选	C32 方式：接 V$_{DD}$	
			C165 方式：片选信号	
2	XWR/E_Clock	采用 Intel 总线时为写,采用 Motorola 总线时为 E_CLK		
3	DIVIDER	设置 CLKOUT2/4 的分频系数 低电平表示 4 分频		
4	XRD/R_W	采用 Intel 总线时为读,采用 Motorola 总线时为读/写		
5	CLK	时钟脉冲输入		
6	V$_{SS}$	地		
7	CLKOUT2/4	2 或 4 分频时钟脉冲输出		
8	XINT/MOT	<log> 0＝Intel 接口 <log> 1＝Motorola 接口		
9	X/INT	中断		
10	AB10	地址总线	C32 方式：<log>0; C165 方式：地址总线	
11	DB0	数据总线	C32 方式：数据/地址复用; C165 方式：数据/地址分离	
12	DB1			
13	XDATAEXCH	PROFIBUS-DP 的数据交换状态		
14	XREADY/XDTACK	外部 CPU 的准备好信号		
15	DB2	数据总线	C32 方式：数据地址复用; C165 方式：数据地址分离	
16	DB3			
17	V$_{SS}$	地		
18	V$_{DD}$	电源		
19	DB4	数据总线	C32 方式：数据地址复用; C165 方式：数据地址分离	
20	DB5			
21	DB6			
22	DB7			

续表

引脚	引脚名称	描 述	
23	MODE	＜log＞0＝80c166 数据地址总线分离；准备信号； ＜log＞1＝80c32 数据地址总线复用；固定定时	
24	ALE/AS	地址锁存 使能	C32 方式：ALE； C165 方式：＜LOG＞0
25	AB9	地址总线	C32 方式：＜LOG＞0； C165 方式：地址总线
26	TXD	串行发送端口	
27	RTS	请求发送	
28	V_{SS}	地	
29	AB8	地址总线	C32 方式：＜LOG＞0； C165 方式：地址总线
30	RXD	串行接收端口	
31	AB7	地址总线	
32	AB6	地址总线	
33	XCTS	清除发送＜LOG＞0＝发送使能	
34	XTEST0	必须接 V_{DD}	
35	XTEST1	必须接 V_{DD}	
36	RESET	接 CPU RESET 输入	
37	AB4	地址总线	
38	V_{SS}	地	
39	V_{DD}	电源	
40	AB3	地址总线	
41	AB2	地址总线	
42	AB5	地址总线	
43	AB1	地址总线	
44	AB0	地址总线	

注：(1) 所有以 X 开头的信号低电平有效；

(2) V_{DD}＝＋5 V，V_{SS}＝GND。

5.7.3　SPC3 存储器分配

SPC3 内部 1.5 KB 双口 RAM 的分配如表 5-6 所示。

表 5-6　SPC3 内部 1.5 KB 双口 RAM 的分配

地　址	功　能	
000H	处理器参数锁存器/寄存器(22 字节)	内部工作单元

续表

地　　址	功　　能	
016H	组织参数(42 字节)	
040H	DP 缓存器	Data In(3)*
		Data Out(3)**
⋮		Diagnostics(2)
		Parameter Setting Data(1)
		Configuration Data(2)
		Auxiliary Buffer(2)
5FFH		SSA-Buffer(1)

> 注：HW 禁止超出地址范围，也就是说，如果用户写入或读取超出存储器末端，则用户将得到一个新的地址，即原地址减去 400H。禁止覆盖处理器参数，在这种情况下，SPC3 产生一个访问中断。如果由于 MS 缓冲器初始化有误而导致地址超出范围，则也会产生这种中断。
>
> *　　Date In 是指数据由 PROFIBUS 从站到主站；
>
> **　　Date Out 是指数据由 PROFIBUS 主站到从站。

　　内部锁存器/寄存器位于前 22 字节，用户可以读取或写入。一些单元只读或只写，用户不能访问的内部工作单元也位于该区域。

　　组织参数位于以 16H 开始的单元，这些参数影响整个缓存区（主要是 DP-SAPs）的使用。另外，一般参数（站地址、标识号等）和状态信息（全局控制命令等）都存储在这些单元中。

　　与组织参数的设定一致，用户缓存（user-generated buffer）位于 40H 开始的单元，所有的缓存器都开始于段地址。

　　SPC3 的整个 RAM 被划分为 192 段，每段包括 8 字节，物理地址是按 8 的倍数建立的。

1. 处理器参数(锁存器/寄存器)

　　这些单元只读或只写，在 Motorola 方式下，SPC3 访问 00H～07H 单元（字寄存器），进行地址交换，也就是高低字节交换。内部参数锁存器分配（读）如表 5-7 所示，内部参数锁存器分配（写）如表 5-8 所示。

表 5-7　内部参数锁存器分配(读)

地　　址 (Intel/Motorola)		名　　称	位号	说明(读访问)
00H	01H	Int_Req_Reg	7..0	中断控制寄存器
01H	00H	Int_Req_Reg	15..8	
02H	03H	Int_Reg	7..0	
03H	02H	Int_Reg	15..8	
04H	05H	Status_Reg	7..0	状态寄存器
05H	04H	Status_Reg	15..8	状态寄存器
06H	07H	Reserved		保留
07H	06H			

续表

地　址 （Intel/Motorola）	名　称	位号	说明（读访问）
08H	Din_Buffer_SM	7..0	Dp_Din_Buffer_State_Machine 缓存器设置
09H	New_DIN_Buffer_Cmd	1..0	用户在 N 状态下得到可用的 DP Din 缓存器
0AH	DOUT_Buffer_SM	7..0	DP_Dout_Buffer_State_Machine 缓存器设置
0BH	Next_DOUT_Buffer_Cmd	1..0	用户在 N 状态下得到可用的 DP Dout 缓存器
0CH	DIAG_Buffer_SM	3..0	DP_Diag_Buffer_State_Machine 缓存器设置
0DH	New_DIAG_Buffer_Cmd	1..0	SPC3 中用户得到可用的 DP Diag 缓存器
0EH	User_Prm_Data_OK	1..0	用户肯定响应 Set_Param 报文的参数设置数据
0FH	User_Prm_Data_NOK	1..0	用户否定响应 Set_Param 报文的参数设置数据
10H	User_Cfg_Data_OK	1..0	用户肯定响应 Check_Config 报文的配置数据
11H	User_Cfg_Data_NOK	1..0	用户否定响应 Check_Config 报文的配置数据
12H	Reserved	—	保留
13H	Reserved	—	保留
14H	SSA_Bufferfreecmd	—	用户从 SSA 缓存器中得到数据并重新使该缓存使能
15H	Reserved	—	保留

表 5-8　内部参数锁存器分配（写）

地址（Intel/Motorola）		名　称	位号	说明（写访问）
00H	01H	Int_Req_Reg	7..0	
01H	00H	Int_Req_Reg	15..8	
02H	03H	Int_Ack_Reg	7..0	中断控制寄存器
03H	02H	Int_Ack_Reg	15..8	
04H	05H	Int_Mask_Reg	7..0	
05H	04H	Int_Mask_Reg	15..8	

续表

地址（Intel/Motorola）		名　　称	位号	说明（写访问）
06H	07H	Mode_Reg0	7..0	对每位设置参数
07H	06H	Mode_Reg0_S	15..8	
08H		Mode_Reg1_S	7..0	—
09H		Mode_Reg1_R	7..0	—
0AH		WD Baud Ctrl Val	7..0	波特率监视基值（root value）
0BH		MinTsdr_Val	7..0	从站响应前应该等待的最短时间
0CH				—
ODH		保留		—
0EH				—
0FH				—
10H				—
11H				—
12H		保留		—
13H				—
14H				—
15H				—

2. 组织参数

用户把组织参数存储在特定的内部 RAM 中，用户可读也可写。组织参数说明如表 5-9 所示。

表 5-9　组织参数说明

地　　址 （Intel/Motorola）		名　　称	位号	说　　明
16H		R_TS_Adr	7..0	设置 SPC3 相关从站地址
17H		保留	—	默认为 0FFH
18H	19H	R_User_WD_Value	7..0	16 位监控定时器的值，DP 方式下监视
19H	18H	R_User_WD_Value	15..8	用户
1AH		R_Len_Dout_Buf	—	3 个输出数据缓存器的长度
1BH		R_Dout_Buf_Ptr1	—	输出数据缓存器 1 的段基值
1CH		R_Dout_Buf_Ptr2	—	输出数据缓存器 2 的段基值
1DH		R_Dout_Buf_Ptr3	—	输出数据缓存器 3 的段基值
1EH		R_Len_Din_Buf	—	3 个输入数据缓存器的长度
1FH		R_Din_Buf_Ptr1	—	输入数据缓存器 1 的段基值
20H		R_Din_Buf_Ptr2	—	输入数据缓存器 2 的段基值

续表

地 址 （Intel/Motorola）	名 称	位号	说 明
21H	R_Din_Buf_Ptr3	—	输入数据缓存器 3 的段基值
22H	保留	—	默认为 00H
23H	保留	—	默认为 00H
24H	R Len Diag Buf1	—	诊断缓存器 1 的长度
25H	R_Len Diag Buf2	—	诊断缓存器 2 的长度
26H	R_Diag_Buf_Ptr1	—	诊断缓存器 1 的段基值
27H	R_Diag_Buf_Ptr2	—	诊断缓存器 2 的段基值
28H	R_Len_Cntrl Buf1	—	辅助缓存器 1 的长度,包括控制缓存器,如 SSA_Buf、Prm_Buf、Cfg_Buf、Read_Cfg_Buf
29H	R_Len_Cntrl_Buf2	—	辅助缓存器 2 的长度,包括控制缓存器,如 SSA_Buf、Prm_Buf、Cfg_Buf、Read_Cfg_Buf
2AH	R_Aux_Buf_Sel	—	Aux_buffers1/2 可被定义为控制缓存器,如 SSA_Buf、Prm_Buf、Cfg_Buf
2BH	R_Aux_Buf_Ptr1	—	辅助缓存器 1 的段基值
2CH	R_Aux_Buf_Ptr2	—	辅助缓存器 2 的段基值
2DH	R_Len_SSA_Data	—	在 Set_Slave_Address_Buffer 中输入数据的长度
2EH	R_SSA_Buf_Ptr	—	Set_Slave_Address_Buffer 的段基值
2FH	R_Len_Prm_Data	—	在 Set_Param_Buffer 中输入数据的长度
30H	R_Prm_Buf_Ptr	—	Set_Param_Buffer 段基值
31H	R_Len_Cfg_Data	—	在 Check_Config_Buffer 中的输入数据的长度
32H	R Cfg Buf Ptr	—	Check_Config_Buffer 段基值
33H	R_Len_Read_Cfg_Data	—	在 Get_Config_Buffer 中的输入数据的长度
34H	R_Read_Cfg_Buf_Ptr	—	Get_Config_Buffer 段基值
35H	保留	—	默认 00H
36H	保留	—	默认 00H
37H	保留	—	默认 00H
38H	保留	—	默认 00H
39H	R_Real_No_Add_Change	—	这一参数规定了 DP 从站地址是否可改变

续表

地　址 (Intel/Motorola)	名　称	位号	说　明
3AH	R_Ident_Low	—	标识号低位的值
3BH	R_Ident_High	—	标识号高位的值
3CH	R_GC_Command	—	最后接收的 Global_Control_Command
3DH	R_Len_Spec_Prm_Buf	—	如果设置了 Spec_Prm_Buffer_Mode （参见方式寄存器 0），则这一单元定义为 参数缓存器的长度

5.7.4　PROFIBUS-DP 接口

下面是 DP 缓存器结构。

DP_Mode＝1 时，SPC3 DP 方式使能。在这种过程中，下列 SAPs 服务于 DP 方式。

Default SAP：数据交换（Write_Read_Data）。

SAP53：保留。

SAP55：改变站地址（Set_Slave_Address）。

SAP56：读输入（Read_Inputs）。

SAP57：读输出（Read_Outputs）。

SAP58：DP 从站的控制命令（Global_Control）。

SAP59：读配置数据（Get_Config）。

SAP60：读诊断信息（Slave_Diagnosis）。

SAP61：发送参数设置数据（Set_Param）。

SAP62：检查配置数据（Check_Config）。

DP 从站协议完全集成在 SPC3 中，并独立执行。用户必须相应地参数化 ASIC，处理和响应传输报文。除 Default SAP、SAP56、SAP57 和 SAP58 外，其他的 SAPs 一直使能，这 4 个 SAPs 在 DP 从站状态机制进入数据交换状态才使能。用户也可以使 SAP55 无效，这时相应的缓存器指针 R_SSA_Buf_Ptr 设置为 00H。在 RAM 初始化时已描述过使 DDB 单元无效。

用户在离线状态下配置所有的缓存器（长度和指针），在操作中除了 Dout/Din 缓存器的长度可改变外，其他的缓存器配置不可改变。

用户在配置报文（Check_Config）以后，等待参数化时，仍可改变这些缓存器配置。在数据交换状态下只可接收相同的配置。

输出数据和输入数据都有 3 个长度相同的缓存器可用，这些缓存器的功能是可变的。一个缓存器分配给 D（数据传输），一个缓存器分配给 U（用户），第三个缓存器处于 N（Next State）或 F（Free State）状态，且其中一个状态不常出现。

两个诊断缓存器长度可变。一个缓存器分配给 D，用于 SPC3 发送数据；另一个缓存器分配给 U，用于准备新的诊断数据。

SPC3 首先将不同的参数设置报文（Set_Slave_Address 和 Set_Param）和配置报文

(Check_Config)读取到辅助缓存器 1 和辅助缓存器 2 中。

与相应的目标缓存器交换数据(SSA 缓存器、PRM 缓存器、CFG 缓存器)时,每个缓存器必须有相同的长度,用户可在 R_Aux_Puf_Sel 参数单元定义使用哪一个辅助缓存器。辅助缓存器 1 一直可用,辅助缓存器 2 可选。如果 DP 报文的数据不同,如设置的参数报文长度大于其他报文的,则使用辅助缓存器 2(Aux_Sel_Set_Param=1),其他报文通过辅助缓存器 1(Aux_Sel_Set_Param)读取。如果缓存器太小,则 SPC3 将响应"无资源"。

用户可用 Read_Cfg 缓存器读取 Get_Config 缓存器中的配置数据,但两者必须有相同的长度。

在 D 状态下可从 Din 缓存器中进行 Read_Input_Data 操作。在 U 状态下可从 Dout 缓存器中进行 Read_Output_Data 操作。

由于 SPC3 内部只有 8 位地址寄存器,因此所有的缓存器指针都是 8 位段地址。访问 RAM 时,SPC3 将段地址左移 3 位并与 8 位偏移地址相加(得到 11 位物理地址)。关于缓存器的起始地址,这 8 字节是明确规定的。

5.7.5 SPC3 输入/输出缓冲区的状态

SPC3 输入缓冲区有 3 个,并且长度一样;输出缓冲区也有 3 个,长度也一样。输入/输出缓冲区都有 3 个状态,分别是 U、N 和 D。在同一时刻,各个缓冲区处于不同的状态。SPC3 的 08H~0BH 寄存器单元表明了各个缓冲区的状态,并且表明了当前用户可用的缓冲区。U 状态的缓冲区分配给用户使用,D 状态的缓冲区分配给总线使用,N 状态是 U 状态、D 状态的中间状态。

SPC3 输入/输出缓冲区 U—D—N 状态的相关寄存器如下。

(1) 寄存器 08H(Din_Buffer_SM 7..0),各个输入缓冲区的状态。

(2) 寄存器 09H(New_Din_Buffer_Cmd 1..0),用户通过这个寄存器从 N 状态下得到可用的输入缓冲区。

(3) 寄存器 0AH(Dout_Buffer_SM 7..0),各个输出缓冲区的状态。

(4) 寄存器 0BH(Next_Dout_Buffer_Cmd 1..0),用户从最近的处于 N 状态的输出缓冲区中得到输出缓冲区。

SPC3 输入/输出缓冲区 U—D—N 状态的转变如图 5-31 所示。

1. 输出数据缓冲区状态的转变

当持有令牌的 PROFIBUS-DP 主站向本地从站发送输出数据时,SPC3 从 D 缓存中读取接收到的输出数据,当 SPC3 接收到的输出数据没有错误时,就将新填充的缓冲区从 D 状态转到 N 状态,并且产生 DX_OUT 中断,这时用户读取 Next_Dout_Buffer_Cmd 寄存器,处于 N 状态的输出缓冲区由 N 状态变到 U 状态,用户同时知道哪一个输出缓冲区处于 U 状态,通过读取输出缓冲区数据得到当前的输出数据。

如果用户程序循环时间短于总线周期时间,也就是说,用户非常频繁地查询 Next_Dout_Buffer_Cmd 寄存器。用户使用 Next_Dout_Buffer_Cmd 在 N 状态下得不到新缓存,因此,缓存器的状态将不会发生变化。在 12 Mbit/s 通信速率的情况下,用户程序循环时间长于总线周期时间,这就有可能使用户在取得新缓存之前、在 N 状态下能获

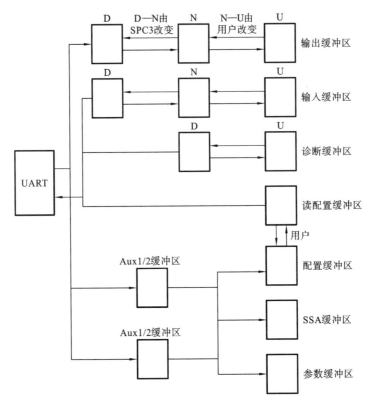

图 5-31　SPC3 输入/输出缓冲区 U—D—N 状态的转变

得输出数据,保证了用户能得到最新的输出数据。但是在通信速率比较低的情况下,只有在主站得到令牌,并且与本地从站通信后,用户才能在输出缓冲区中得到最新数据,如果从站比较多,输入/输出的字节数又比较多,则用户得到最新数据通常需要很长的时间。

　　用户可以通过读取 Dout_Buffer_SM 寄存器的状态,查询各个输出缓冲区的状态。输出数据缓冲区有 4 种状态:无(Nil),Dout_Buf_ptr1~Dout_Buf_ptr3。Dout_Buffer_SM 寄存器定义如表 5-10 所示。

表 5-10　Dout_Buffer_SM 寄存器定义

地　　　址	位	状态	值	编　　　码
寄存器 0AH	7	F	X1	
	6		X2	
	5	U	X1	X1 X2
	4		X2	0　0:无
	3	N	X1	0　1:Dout_Buf_Prt1
	2		X2	1　0:Dout_Buf_Prt2
	1	D	X1	1　1:Dout_Buf_Prt3
	0		X2	

用户读取 Next_Dout_Buffer_Cmd 寄存器,可以知道交换后哪一个缓存处于 U 状态(即属于用户)或者没有发生缓冲区变化。然后用户可以从处于 U 状态的输出数据缓冲区中得到最新的输出数据。Next_Dout_Buffer_Cmd 寄存器定义如表 5-11 所示。

表 5-11 Next_Dout_Buffer_Cmd 寄存器定义

地 址	位	状 态	编 码
寄存器 0BH	7	0	
	6	0	
	5	0	
	4	0	
	3	U_Buffer_cleared	0:U 缓冲区包含数据 1:U 缓冲区被清除
	2	State_U_buffer	0:没有 U 缓冲区 1:存在 U 缓冲区
	1	Ind_U_buffer	00:无 01:Dout_Buf_ptr1 10:Dout_Buf_ptr2 11:Dout_Buf_ptr3
	0		

2. 输入数据缓冲区状态的转变

输入数据缓冲区有 3 个,长度一样(初始化时已经规定)。输入数据缓冲区有 3 个状态:U 状态、N 状态和 D 状态。同一时刻,3 个缓冲区处于不同的状态:一个缓冲区处于 U 状态,一个处于 N 状态,一个处于 D 状态。用户可以使用处于 U 状态的缓冲区,并且在任何时候用户都可更新。SPC3 使用处于 D 状态的缓冲区,也就是 SPC3 将输入数据从处于该状态的缓冲区中发送到主站。

SPC3 从 D 缓存中发送输入数据。在发送以前,处于 N 状态的输入缓冲区转为 D 状态,同时处于 U 状态的输入缓冲区变为 N 状态,原来处于 D 状态的输入缓冲区变为 U 状态,处于 D 状态的输入缓冲区中的数据发送到主站。

用户可使用 U 状态下的输入缓冲区,通过读取 New_Din_Buffer_Cmd 寄存器,用户可以知道哪一个输入缓冲区属于用户。如果用户赋值周期时间短于总线周期时间,则不会发送每次更新的输入数据,只能发送最新的数据。但在 12 Mbit/s 通信速率的情况下,用户赋值时间长于总线周期时间,在此时间内,用户可发送当前的最新数据好几次。但是在波特率比较低的情况下,不能保证每次更新的数据能及时发送。用户把输入数据写入处于 U 状态的输入缓冲区,只有 U 状态变为 N 状态,再变为 D 状态,然后 SPC3 才能将该数据发送到主站。

用户可以通过读取 Din_Buffer_SM 寄存器的状态,查询各个输入缓冲区的状态。输入数据缓冲区有 4 种状态:无(Nil)、Din_Buf_ptr1~ Din_Buf_ptr3。Din_Buffer_SM 寄存器定义如表 5-12 所示。

读取 New_Din_Buffer_Cmd 寄存器,用户可以知道交换后哪一个缓存属于用户。New_Din_Buffer_Cmd 寄存器定义如表 5-13 所示。

表 5-12 Din_Buffer_SM 寄存器定义

地 址	位	状态	值	编 码
寄存器 08H	7	F	X1	
	6		X2	
	5	U	X1	X1 X2
	4		X2	0 0:无
	3	N	X1	0 1:Din_Buf_Prt1
	2		X2	1 0:Din_Buf_Prt2
	1	D	X1	1 1:Din_Buf_Prt3
	0		X2	

表 5-13 New_Din_Buffer_Cmd 寄存器定义

地 址	位	状态	编 码
寄存器 09H	7	0	
	6	0	
	5	0	无
	4	0	
	3	0	
	2	0	
	1	X1	X1 X2
	0	X2	0 0:Din_Buf_ptr1
			0 1:Din_Buf_ptr2
			1 0:Din_Buf_ptr3
			1 1:无

5.7.6 通用处理器总线接口

SPC3 有一个 11 位地址总线的并行 8 位接口。SPC3 支持基于 Intel 的 80C51/52（80C32）处理器和微处理器，Motorola 的 HC11 处理器和微处理器，以及 Siemens 80C166、Intel X86、Motorola HC16 和 HC916 系列处理器和微处理器。由于 Motorola 和 Intel 的数据格式不兼容，SPC3 在访问以下 16 位寄存器（中断寄存器、状态寄存器、方式寄存器 0）和 16 位 RAM 单元（R_User_Wd_Value）时，自动进行字节交换。这就使 Motorola 处理器能够正确读取 16 位 RAM 单元的值。通常对于读或写，要通过两次访问完成（8 位数据线）。

因为使用了 11 位地址总线，所以 SPC3 不再与 SPC2（10 位地址总线）完全兼容。然而，SPC2 的 XINTCI 引脚在 SPC3 的 AB10 引脚处，且这一引脚至今未用。而 SPC3 的 AB10 输入端有一内置下拉电阻。如果 SPC3 使用 SPC2 硬件，则用户只能使用 1 KB 的内部 RAM。否则，AB10 引脚必须置于相同的位置。

总线接口单元（BIU）和双口 RAM 控制器（DPC）控制着 SPC3 处理器内部 RAM 的访问。

另外,SPC3 内部集成了一个时钟分频器,能产生 2 分频(DIVIDER＝1)或 4 分频 (DIVIDER＝0)输出,因此,无需附加费用就可实现与低速控制器相连。SPC3 的时钟脉冲是 48 MHz。

1. 总线接口单元

总线接口单元(BIU)是连接处理器/微处理器的接口,有 11 位地址总线,是同步或异步 8 位接口。接口配置由 2 个引脚(XINT/MOT 和 MODE)决定,XINT/MOT 引脚决定连接的处理器系列(总线控制信号,如 XWR、XRD、R_W 和数据格式),MODE 引脚决定同步或异步。

2. 双口 RAM 控制器

SPC3 内部 1.5 KB 的 RAM 是单口 RAM。然而,因为内部集成了双口 RAM 控制器,所以允许总线接口和处理器接口同时访问 RAM。此时,总线接口具有优先权,从而使访问时间最短。如果 SPC3 与异步接口处理器相连,则 SPC3 产生 Ready 信号。

3. 接口信号

在复位期间,数据输出总线呈高阻状态。微处理器总线接口信号如表 5-14 所示。

表 5-14 微处理器总线接口信号

名 称	输入/输出	说 明
DB(7..0)	I/O	复位时高阻
AB(10..0)	I	AB10 带下拉电阻
MODE	I	设置:同步/异步接口
XWR/E_CLOCK	I	Intel:写/Motorola:E_CLK
XRD/R_W	I	Intel:读/Motorola:读/写
XCS	I	片选
ALE/AS	I	Intel/Motorola:地址锁存允许
DIVIDER	I	CLKOUT2/4 的分频系数 2/4
X/INT	O	极性可编程
XRDY/XDTACK	O	Intel/Motorola :准备好信号
CLK	I	48 MHz
XINT/MOT	I	设置:Intel/Motorola 方式
CLKOUT2/4	O	24/12 MHz
RESET	I	最少 4 个时钟周期

5.7.7 SP3 的 UART 接口

发送器将并行数据结构转变为串行数据流。在发送第一个字符之前,产生 RTS (request-to-send)信号,XCTS 输入端用于连接调制器。RTS 激活后,发送器必须等到 XCTS 激活后才发送第一个报文字符。

接收器将串行数据流转换成并行数据结构,并以 4 倍的传输速率扫描串行数据流。为了测试,可关闭停止位(方式寄存器 0 中 DIS_STOP_CONTROL=1 或 DP 的 Set_Param_Telegram 报文),PROFIBUS 协议的一个要求是报文字符之间不允许出现其他状态,SPC3 发送器保证满足此规定。通过 DIS_START_CONTROL=1(模式寄存器 0 或 DP 的 Set_Param 报文中),关闭起始位测试。

5.7.8 PROFIBUS-DP 接口

PROFIBUS-DP 接口数据通过 RS-485 传输,SPC3 通过 RTS、TXD、RXD 引脚与电流隔离接口驱动器相连。PROFIBUS-DP 的 RS-485 传输接口电路如图 5-32 所示。

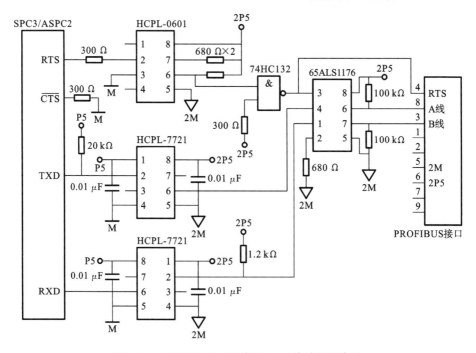

图 5-32 PROFIBUS-DP 的 RS-485 传输接口电路

在图 5-32 中,M、2M 为不同的电源地,P5、2P5 为两组不共地的 +5 V 电源。74HC132 为施密特与非门。

PROFIBUS-DP 接口是一带有下列引脚的 9 针 D 型接插件。

引脚 1:Free。

引脚 2:Free。

引脚 3:B 线。

引脚 4:请求发送(RTS)。

引脚 5:5 V 地(M5)。

引脚 6:5 V 电源(P5)。

引脚 7:Free。

引脚 8:A 线。

引脚 9:Free。

5.8 主站通信控制器 ASPC2 与网络接口卡

5.8.1 ASPC2 介绍

ASPC2 是 Siemens 公司生产的主站通信控制器,该通信控制器可以完全处理 PROFIBUS EN 50170 的第一层和第二层,同时 ASPC2 还为 PROFIBUS-DP 和使用段耦合器的 PROFIBUS-PA 提供一个主站。

ASPC2 通信控制器用作 DP 主站时需要庞大的软件(约 64 KB),软件使用需要有许可证且需要支付费用。

如此高度集成的控制芯片可用于制造业和过程工程中。

对于可编程控制器、个人计算机、电机控制器、过程控制系统和操作员监控系统来说,ASPC2 有效地减轻了通信任务。

PROFIBUS ASIC 可用于从站应用,连接低级设备(如控制器、执行器、测量变送器和分散 I/O 设备)。

1. ASPC2 通信控制器的特性

ASPC2 通信控制器具有如下特性。

(1) 单片支持 PROFIBUS-DP、PROFIBUS-FMS 和 PROFIBUS-PA。

(2) 用户数据吞吐量高。

(3) 支持 DP 在非常快的反应时间内通信。

(4) 所有令牌管理和任务处理。

(5) 与所有普及的处理器类型优化连接,无需在处理器上安置时间帧。

2. ASPC2 与主机接口

(1) 处理器接口,可设置为 8/16 位,可设置为 Intel/Motorola Byte Ordering。

(2) 用户接口,ASPC2 可外部寻址 1 MB 作为共享 RAM。

(3) 存储器和微处理器可与 ASIC 连接为共享存储器模式或双口存储器模式。

(4) 在共享存储器模式下,几个 ASIC 共同工作等价于一个微处理器。

3. 支持的服务

(1) 标识。

(2) 请求 FDL 状态。

(3) 不带确认发送数据(SDN)广播或多点广播。

(4) 带确认发送数据(SDA)。

(5) 发送和请求数据带应答(SRD)。

(6) SRD 带分布式数据库(ISP 扩展)。

(7) SM 服务(ISP 扩展)。

4. 传输速率

ASPC2 支持的传输速率如下。

(1) 9.6 kbit/s、19.2 kbit/s、93.75 kbit/s、187.5 kbit/s、500 kbit/s。

(2) 1.5 Mbit/s、3 Mbit/s、6 Mbit/s、12 Mbit/s。

5．响应时间

（1）短确认（如 SDA）：From 1 ms(11 bit times)。

（2）典型值（如 SDR）：From 3 ms。

6．站点数

（1）最大期望值为 127 主站或从站。

（2）每站 64 个服务访问点（SAP）及一个默认 SAP。

7．传输方法依据

（1）EN50170 PROFIBUS 标准，第一部分和第三部分。

（2）ISP 规范 3.0（异步串行接口）。

8．环境温度

（1）工作温度：－40～85℃。

（2）存储温度：－65～150 ℃。

（3）工作期间芯片温度：－40～125 ℃。

9．物理设计

采用 100 引脚的 P-MQFP 封装。

5.8.2 CP5611 网络接口卡

CP5611 是 Siemens 公司推出的网络接口卡，购买时需另外支付软件使用费。CP5611 用于工控机连接到 PROFIBUS 和 SIMATIC S7 的 MPI，同时支持 PROFIBUS 的主站和从站、PG/OP、S7 通信。OPC Server 软件包已包含在通信软件中，但是需要 SOFTNET 的支持。

1．CP5611 网络接口卡的主要特点

（1）不带微处理器。

（2）经济的 PROFIBUS 接口。

① 1 类 PROFIBUS_DP 主站或 2 类 SOFTNET-DP 进行扩展。

② PROFIBUS_DP 从站与 softnet DP 从站。

③ 带有 softnet S7 的 S7 通信。

（3）OPC 作为标准接口。

（4）CP5611 是基于 PCI 总线的 PROFIBUS-DP 网络接口卡，可以插在 PC 及其兼容机的 PCI 总线插槽上，在 PROFIBUS-DP 网络中作为主站或从站使用。

（5）作为 PC 上的编程接口，可使用 NCM PC 和 STEP 7 软件。

（6）作为 PC 上的监控接口，可使用 WinCC、Fix、组态王、力控等。

（7）支持的通信速率最大为 12 Mbit/s。

（8）设计可用于工业环境。

2．CP5611 与从站通信的过程

当 CP5611 作为网络上的主站时，CP5611 通过轮询方式与从站进行通信。这就意味着主站要想与从站通信，主站需要先发送一个请求数据帧，从站得到请求数据帧后向主站发送一响应帧。请求帧包含主站给从站的输出数据，如果当前没有输出数据，则向从站发送一空帧。从站必须向主站发送响应帧,响应帧包含从站给主站的输入数据,如果没有输入数据,则必须发送一空帧,才算完成一次通信。通常按地址增序轮询所有的从站,当与最后一个从站通信完以后,再进行下一个周期的通信。这样就保证了所有的数据(包括输出数据、输入数据)都是最新的。

主要报文有令牌报文、固定长度没有数据单元的报文、固定长度带数据单元的报文、变数据长度的报文。

5.9 PROFIBUS-DP 从站的设计

PROFIBUS-DP 从站的设计分为两种:一种是利用现成的从站接口模块(如IM183、IM184)开发,只要通过 IM183/184 上的接口开发就行;另一种是利用芯片进行深层次的开发。对于简单的开发(如远程 I/O 测控),使用 LSPM 系列就能满足要求,但如果开发一个比较复杂的智能系统,那么最好选择 SPC3。下面介绍采用 SPC3 进行PROFIBUS-DP 从站开发的过程。

5.9.1 PROFIBUS-DP 从站的硬件设计

SPC3 通过一块内置的 1.5 KB 双口 RAM 与 CPU 接口相连,它支持多种 CPU,包括 Intel、Siemens、Motorola 等。

SPC3 与 AT89S52 CPU 的接口电路如图 5-33 所示。

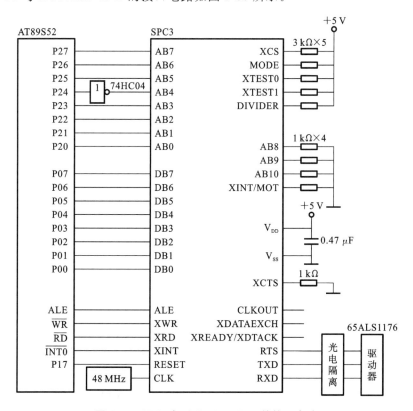

图 5-33 SPC3 与 AT89S52 CPU 的接口电路

在图 5-33 中,光电隔离及 RS-485 驱动部分可采用图 5-32 所示的电路。

SPC3 中双口 RAM 的地址为 1000H～15FFH。

5.9.2 PROFIBUS-DP 从站的软件设计

SPC3 的软件开发难点是在系统初始化时对其 64 字节的寄存器进行配置,这个工作必须与设备的 GSD 文件相符,否则将会导致主站对从站的误操作。这些寄存器包括输入、输出、诊断、参数等缓存区的基地址以及大小等,用户可在器件手册中找到具体的定义。当设备初始化完成后,芯片开始进行波特率扫描,为了解决现场环境与电缆延时受通信影响的问题,Siemens 所有的 PROFIBUS ASICs 芯片都支持波特率自适应,当SPC3 加电或复位时,它将自己的波特率设置为最高,如果设定的时间内没有接收到 3个连续完整的包,则将它的波特率调低一个档次并开始新的扫描,直到找到正确的波特率为止。当 SPC3 正常工作时,它会进行波特率跟踪,如果接收到一个错误包,则它会自动复位并延时一个指定的时间再重新开始波特率扫描,同时它还支持对主站回应超时的监测。当主站完成所有轮询后,如果还有多余的时间,则它就开始进行通道维护和新站扫描,这时它将对新加入的从站进行参数化,并对其进行预定的控制。

SPC3 实现了物理层和数据链路层的功能,与数据链路层的接口是通过服务存取点来完成的,SPC3 支持 10 种服务,这些服务大部分由 SPC3 自动完成,用户只能通过设置寄存器来影响它。SPC3 是通过中断与单片微控制器进行通信的,但是单片微控制器的中断显然不够用,所以 SPC3 内部有一个中断寄存器,用户接收到中断信号后再去寄存器中查找中断号来确定具体操作。

在开发包 4 中有 SPC3 接口单片微控制器的 C 源代码(Keil C51 编译器),用户只要对其做少量改动就可用在项目中。从站的代码共有 4 个文件,分别是 Userspc3. c、Dps2spc3. c、Intspc3. c、Spc3dps2. h。其中 Userspc3. c 是用户接口代码,所有工作就是找到标有 example 的地方将用户自己的代码放进去,其他接口函数源文件和中断源文件都不必改。用户如果认为 6 KB 的通信代码太大,也可以根据 SPC3 的器件手册编写自己的程序,当然这样是比较花时间的。

在开发完从站后,用户一定要记住 GSD 文件与从站类型相符。例如,从站不允许在线修改从站地址,GSD 文件为

Set_Slave_Add_supp＝1(意思是支持在线修改从站地址)

在系统初始化时,如果主站将参数化信息送给从站,则从站的诊断包会返回一个错误代码"Diag. Not_Supported Slave doesn't support requested function"。

5.9.3 SPC3 的编程要点

SPC3 内部有 1.5 KB 的 DPRAM。

内部锁存器/寄存器位于前 21 字节,用户可以读取或写入,输入或读出的值不一定一样,因为虽然输入和输出的地址一样,但是访问的不是同一个内部单元。

组织参数位于以 16H 开始的单元,这些参数影响整个缓存区(主要是 DP-SAPs)的使用。另外,一般参数(站地址、标识号等)和状态信息(全局控制命令等)都存储在这些单元中。

与组织参数的设定一致,用户缓存位于 40H 开始的单元,所有的缓存器都开始于

段地址。

1. 与中断相关的寄存器

（1）IAR_LOW 02H，中断响应寄存器低字节单元。

（2）IAR_HIGH 03H，中断响应寄存器高字节单元。

（3）IMR_LOW 04H，中断屏蔽寄存器低字节单元。

（4）IMR_HIGH 05H，中断屏蔽寄存器高字节单元。

SPC3 可以产生多个中断，通过设定中断屏蔽寄存器，可使能或屏蔽某个中断。如果发生了某个中断，则处理完中断后需要中断响应，再在中断响应寄存器的对应位写入 1 即可。

（5）IRR_LOW 00H，中断请求寄存器低字节单元。

（6）IRR_HIGH 01H，中断请求寄存器高字节单元。

（7）IR_LOW 02H，中断寄存器低字节单元。

（8）IR_HIGH 03H，中断寄存器高字节单元。

SPC3 只有一个中断输出，到底发生了哪一个中断，需要查询中断寄存器单元的值。如果某个中断没有被屏蔽，而发生了相应的中断，则 SPC3 就有一个中断输出，这时可以通过查询 IR 寄存器来判断发生的中断，如果对应位是 1，就可据此来确定发生了这个中断，反之就没有发生这个中断。不管中断是不是被屏蔽，只要有相应的事件发生，IRR 寄存器对应位都会置 1。SPC3 通过判断中断屏蔽寄存器来决定是不是产生中断。

2. 方式寄存器

（1）MODE_REG0 06H，方式寄存器 0。

（2）MODE_REG0_S 07H，方式寄存器 0_S。

（3）MODE_REG1_S 08H，方式寄存器 1_S。

（4）MODE_REG1_R 09H，方式寄存器 1_R。

只能在离线状态下才可以设置方式寄存器 0。当方式寄存器 0 中所有的处理器参数和组织参数被加载后，SPC3 才离开离线状态，通过用户设置方式寄存器 1 的 START_SPC3 位为 1 来实现。

要想在正常运行状态中改变方式寄存器中的某些位，需要设置方式寄存器 1 有关位。有关位可以单独设置（Mode_Reg_S），也可以单独清除（Mode_Reg_R），设置或清除时必须在位地址写入逻辑 1。

3. 状态寄存器

在运行过程中，如果用户想查询 SPC3 当前的状态，如当前处理器的通信波特率、DP 状态机的状态等，可以通过查询状态寄存器来实现。

（1）STATUS_REG_LOW 04H，状态寄存器低字节单元。

（2）STATUS_REG_HIGH 05H，状态寄存器高字节单元。

4. 设定从站节点的站地址

R_TS_ADR 16H，从站地址单元。

在同一 PROFIBUS-DP 现场总线网络上的站点数最多可达 126 个。PROFIBUS-DP 采用的是主-从结构，主站采用轮询方式和与之相连的从站通信。每个站点都必须有一个站地址,从而区分出到底是访问哪一个从站,用户可以通过设定该寄存器单元来实现。

PROFIBUS-DP 的从站地址可以通过读取拨码开关或由按键设定得到。

5. 设备标识号

(1) R_IDENT_LOW 3AH,标识号低字节单元。

(2) R_IDENT_HIGH 3BH,标识号高字节单元。

为了满足不同厂商生产设备的一致性和互操作性,PROFIBUS 用户组织为每种设备规定了一个独一无二的标识号。设备标识号由 PROFIBUS 用户组织发放,如德国的 PNO,美国的 PTO。标识号用 0 到 FFFF 间的十六进制数表示,设定的标识号必须与 GSD 文件中的标识号一致,否则,无法进行正常的数据通信。

6. 从站输入/输出参数

从站输入/输出参数是最复杂的,也是最重要的。在初始化 SPC3 时,需要按照用户的要求去初始化。在正常通信过程中,也会用到从站输入/输出参数寄存器,从而确定输入/输出的缓冲区单元。这些寄存器主要包括以下几种。

(1) R_LEN_DOUT_BUF 1AH,输出数据缓存长度单元。

(2) R_DOUT_BUF_PTR1 1BH,输出数据缓存 1 段地址单元。

(3) R_DOUT_BUF_PTR2 1CH,输出数据缓存 2 段地址单元。

(4) R_DOUT_BUF_PTR3 1DH,输出数据缓存 3 段地址单元。

(5) R_LEN_DIN_BUF 1EH,输入数据缓存长度单元。

(6) R_DIN_BUF_PTR1 1FH,输入数据缓存 1 段地址单元。

(7) R_DIN_BUF_PTR2 20H,输入数据缓存 2 段地址单元。

(8) R_DIN_BUF_PTR3 21H,输入数据缓存 3 段地址单元。

PROFIBUS-DP 主站是通过轮询方式与从站通信的。主站首先把输出数据发送给从站,然后从站把输入数据上传给主站。每次通信时,主站发送多少字节的数据给从站,从站要上传多少字节的数据给主站,这都是预先规定好的。

如果主站每次发送 8 字节的数据给从站,那么就在 R_LEN_DOUT_BUF 单元写入 8,如果从站要上传 8 字节的数据给主站,那么就在 R_LEN_DIN_BUF 单元写入 8,并且在 GSD 文件中也是这么设置。

主站发送数据给从站,SPC3 会自动接收数据,不需要用户来干涉。

SPC3 接收数据的段地址是:R_DOUT_BUF_PTR1、R_DOUT_BUF_PTR2 和 R_DOUT_BUF_PTR3。

SPC3 发送数据的段地址是:R_DIN_BUF_PTR1、R_DIN_BUF_PTR2 和 R_DIN_BUF_PTR3。

初始化 SPC3 输入/输出长度和段地址的程序如下。

```
MOV     DPTR,# R_LEN_DOUT_BUF        ;输出数据缓存长度和指针
MOV     A,# D_LEN_DOUT_BUF
MOVX    @ DPTR,A
MOV     DPTR,# R_DOUT_BUF_PTR1
MOV     A,# D_DOUT_BUF_PTR1
MOVX    @ DPTR,A
```

```
        INC    DPTR
        MOV    A,# D_DOUT_BUF_PTR2
        MOVX   @ DPTR,A
        INC    DPTR
        MOV    A,# D_DOUT_BUF_PTR3
        MOVX   @ DPTR,A
        MOV    DPTR,# R_LEN_DIN_BUF        ;输入数据缓存长度和指针
        MOV    A,# D_LEN_DIN_BUF
        MOVX   @ DPTR,A
        MOV    DPTR,# R_DIN_BUF_PTR1
        MOV    A,# D_DIN_BUF_PTR1
        MOVX   @ DPTR,A
        INC    DPTR
        MOV    A,# D_DIN_BUF_PTR2
        MOVX   @ DPTR,A
        INC    DPTR
        MOV    A,# D_DIN_BUF_PTR3
        MOVX   @ DPTR,A
```

如果设置 8 字节的输入、8 字节的输出,那么可以设置程序如下。

```
        D_LEN_DOUT_BUF     EQU    08H      ;8字节输出,输出数据缓存
        D_DOUT_BUF_PTR1    EQU    08H
        D_DOUT_BUF_PTR2    EQU    09H
        D_DOUT_BUF_PTR3    EQU    0AH
        D_LEN_DIN_BUF      EQU    08H      ;8字节输入,输入数据缓存
        D_DIN_BUF_PTR1     EQU    0BH
        D_DIN_BUF_PTR2     EQU    0CH
        D_DIN_BUF_PTR3     EQU    0DH
```

如果设置 8 字节的输出、32 字节的输入,那么可以设置程序如下。

```
        D_LEN_DOUT_BUF     EQU    8        ;8字节输出,输出数据缓存
        D_DOUT_BUF_PTR1    EQU    08H
        D_DOUT_BUF_PTR2    EQU    09H
        D_DOUT_BUF_PTR3    EQU    0AH
        D_LEN_DIN_BUF      EQU    32       ;32字节输入,输入数据缓存
        D_DIN_BUF_PTR1     EQU    0BH
        D_DIN_BUF_PTR2     EQU    0FH
        D_DIN_BUF_PTR3     EQU    13H
```

因为每段可以容纳 8 字节单元的数据,所以 32 字节需要 4 段。

(1) 输入缓冲区 1,使用了 0BH、0CH、0DH、0EH 这 4 段。

(2) 输入缓冲区 2,使用了 0FH、10H、11H、12H 这 4 段。

(3) 输入缓冲区 3,使用了 13H、14H、15H、16H 这 4 段。

在 PROFIBUS-DP 通信过程中,同一时刻,不是每个寄存器对于用户来说都是可用的。通过下面两个寄存器直接得到用户可用的输入/输出缓冲区。

(1) NEW_DIN_BUFFER_CMD 09H,表明当前可用的输入缓冲区。

（2）NEW_DOUT_BUFFER_CMD 0BH，表明当前可用的输出缓冲区。

接收数据缓冲区和发送数据缓冲区都有 3 个，每次都是一个用于与主站通信，一个用于与从站通信。用户想知道哪一个与用户通信、哪一个又与主站通信，可以通过查询如表 5-15 和表 5-16 所示的 Dout_Buffer_SM 和 Din_Buffer_SM 两个寄存器单元来确定。

表 5-15　Dout_Buffer_SM **寄存器定义**

地　　址	位	状态	值	编　　码
寄存器 0AH	7	F	X1	X1　X2
	6		X2	0　0:无
	5	U	X1	0　1:DOUT_BUF_PTR1
	4		X2	1　0:DOUT_BUF_PTR2
	3	N	X1	1　1:DOUT_BUF_PTR3
	2		X2	
	1	D	X1	
	0		X2	

表 5-16　Din_Buffer_SM **寄存器定义**

地　　址	位	状态	值	编　　码
寄存器 08H	7	F	X1	X1　X2
	6		X2	0　0:无
	5	U	X1	0　1:DIN_BUF_PTR1
	4		X2	1　0:DIN_BUF_PTR2
	3	N	X1	1　1:DIN_BUF_PTR3
	2		X2	
	1	D	X1	
	0		X2	

从表 5-15 和表 5-16 可以知道在哪里可以得到上位机最新的输出数据，把输入数据放到哪个输入缓冲区中。例如，有 8 字节的输入数据和 8 字节的输出数据。通过查询 Dout_Buffer_SM 寄存器的值，位 5、位 4 是 01，这时可以在 DOUT_BUF_PTR1 中读取最新的 8 字节的输出数据；通过查询 Din_Buffer_SM 寄存器发现位 5、位 4 是 10，此时可以把最新的输入数据的 8 字节的值写入 DIN_BUF_PTR2 对应的缓冲区中，SPC3 会自动把这些数据发送到主站。

用户缓存从 40H 单元开始，这些单元包括输入数据缓冲区、输出数据缓冲区、诊断缓冲区、参数缓冲区、配置缓冲区和辅助缓冲区等。这些缓冲区都是通过段地址来寻址的，每个段 8 字节。

上面已经讲述了在哪个段地址对应的缓冲区中可以得到最新的输出数据。可以利用这个公式来计算缓冲区地址：

$$缓冲区地址＝段地址 \times 8 ＋ SPC3 首地址（如 1000H）$$

计算输入缓冲区地址的程序如下。

```
ADRIN:   MOV    DPTR,# NEW_DIN_BUFFER_CMD
         MOVX   A,@ DPTR
         MOV    DPTR,# DIN_BUFFER_SM
         MOVX   A,@ DPTR
         RRC    A
         RRC    A
         RRC    A
         RRC    A
         ANL    A,# 03H
         CJNE   A,# 00H,ADRIN1
         LJMP   INRET
ADRIN1:  ADD    A,# 1EH
         MOV    DPL,A
         CLR    A
         ADDC   A,# SPC3_HIGH              ;计算输入缓冲区指针
         MOV    DPH,A
         MOVX   A,@ DPTR
         MOV    B,# 08H
         MUL    AB
         MOV    R6,A
         MOV    A,B
         ADDC   A,# SPC3_HIGH
         MOV    USER_IN_PTR,A
         MOV    USER_IN_PTR+ 1,R6
INRET:   RET
```

计算输出缓冲区地址的程序如下。

```
ADROUT:
MOV    DPTR,# NEW_DOUT_BUFFER_CMD
       MOVX   A,@ DPTR
       JB     ACC.3,ADEND
       JNB    ACC.2,ADEND
       ANL    A,# 03H
       ADD    A,# 1AH
       MOV    DPL,A
       CLR    A
       ADDC   A,# SPC3_HIGH                ;计算输出缓冲区指针
       MOV    DPH,A
       MOVX   A,@ DPTR
       MOV    B,# 08H
       MUL    AB
       MOV    R6,A
       MOV    A,B
       ADDC   A,# SPC3_HIGH
       MOV    USER_OUT_PTR,A
       MOV    USER_OUT_PTR+ 1,R6
```

```
ADEND: RET
```

这样最新的输入数据缓冲区地址和输出数据缓冲区地址在 USER_IN_PTR 和 USER_OUT_PTR 中,用户就可以在 USER_OUT_PTR 中得到最新的输出数据,把最新的输入数据写入 USER_IN_PTR 中。

7. 其他的缓冲区

下面缓冲区的长度和段地址的设置与输入/输出缓冲区的设置类似,其对应的缓冲区单元计算方法也与输入/输出缓冲区的是一样的。

(1) R_LEN_DIAG_BUF1 24H,诊断缓存 1 长度单元。

(2) R_LEN_DIAG_BUF2 25H,诊断缓存 2 长度单元。

(3) R_DIAG_BUF_PTR1 26H,诊断缓存 1 指针单元。

(4) R_DIAG_BUF_PTR2 27H,诊断缓存 2 指针单元。

(5) R_LEN_PRM_DATA 2FH,参数缓存长度单元。

(6) R_PRM_BUF_PTR 30H,参数缓存指针单元。

(7) R_LEN_CFG_DATA 31H,配置缓存长度单元。

(8) R_CFG_BUF_PTR 32H,配置缓存指针单元。

(9) R_LEN_READ_CFG_DATA 33H。

(10) R_READ_CFG_BUF_PTR 34H。

8. SPC3 诊断处理

当 PROFIBUS-DP 网段上从站较多,且通信距离较远时,从站的数据有时不能上传到主站。

例如,当通信距离为 1000 m,从站为 32 台 PMM2000 电力网络仪表,且使用一般屏蔽双绞线时,通信速率可以达到 187.5 kbit/s。在频繁断路连接的状态下,有时某个或某几个从站无法上传数据,主站检测显示为 ready with diag,上传数据一直是 00,而能够正常通信的从站显示诊断为 ready,并且能够正确上传数据。

原因分析:由于应用程序中的状态,从站的有效数据不可用。因此,主站仅请求诊断信息,直到该位再次被删除。但是,PROFIBUS-DP 状态为 Data_Exchange,因此取消静态诊断后,可立即开始数据交换。

意思就是:由于从站中存在诊断,主站便一直从从站读取诊断数据,而不读取输入数据,直到从站中不存在诊断数据。

与诊断相关的寄存器如下。

(1) Diag_Puffer_SM:(0CH)得到用户可用的诊断缓冲区。

(2) New_Diag_Cmd:(0DH)释放诊断缓冲区。

用户缓冲区的第一个字节的 D1 位如果置 1,则存在诊断数据,主站就一直读取诊断数据,直到该位清除为止,系统诊断有 6 字节。

改进办法:将主站的 GSD 文件进行改变,将 Max_Diag_Data_Len=16 修改为 Max_Diag_Data_Len=6。也就是诊断数据只包括系统诊断,从站的 R_LEN_DIAG_BUF1 和 R_LEN_DIAG_BUF2 都设为 6,与 GSD 文件相对应。在程序中加入 SPC3 诊断处理子程序,主要用于在 SPC3 的 WDT 溢出时将诊断标志清除,以便主站能够从从站获得有效数据。

习　题　5

1. PROFIBUS 现场总线由哪几部分组成？

2. PROFIBUS 现场总线有哪些主要特点？

3. PROFIBUS-DP 现场总线有哪几个版本？

4. 说明 PROFIBUS-DP 总线系统的组成结构。

5. 简述 PROFIBUS-DP 系统的工作过程。

6. PROFIBUS-DP 的物理层支持哪几种传输介质？

7. 画出 PROFIBUS-DP 现场总线的 RS-485 总线段结构。

8. 说明 PROFIBUS-DP 用户接口的组成。

9. 什么是 GSD 文件？它主要由哪几部分组成？

10. PROFIBUS-DP 协议实现方式有哪几种？

11. SPC3 与 Intel 总线 CPU 接口时，其 XINT/MOT 和 MODE 引脚如何配置？

12. SPC3 是如何与 CPU 接口的？

13. 简述 PROFIBUS-DP 从站的状态机制。

14. CP5611 板卡的功能是什么？

15. PROFIBUS-DP 的从站为 80 字节输入和 8 字节输出，设置 3 个输入/输出数据缓存器的长度和 3 个输入/输出数据缓存器的段基址。

16. DP 从站初始化阶段的主要顺序是什么？

6

EtherCAT 工业以太网

EtherCAT 是由德国 BECKHOFF 自动化公司于 2003 年提出的实时工业以太网技术。它具有高速、高数据传输效率的特点,支持多种设备连接拓扑结构。EtherCAT 是一种全新的、高可靠性的、高效率的实时工业以太网技术,于 2007 年成为国际标准,由 EtherCAT 技术协会(EtherCAT technology group,ETG)负责推广。本章首先对 EtherCAT 进行概述,然后讲述 EtherCAT 物理拓扑结构、EtherCAT 数据链路层、EtherCAT 应用层和 EtherCAT 系统组成,最后介绍 EtherCAT 工业以太网在 KUKA 机器人中的应用案例。

6.1 EtherCAT 概述

EtherCAT 扩展了 IEEE 802.3 以太网标准,满足了运动控制对数据传输的实时同步要求。它充分利用了以太网的全双工特性,并通过"On Fly"模式提高了数据传输的效率。主站发送以太网帧给各个从站,从站直接处理接收的报文,并从报文中提取或插入相关的用户数据。其从站节点使用专用的控制芯片,主站使用标准的以太网控制器。

EtherCAT 工业以太网技术在全球多个领域得到了广泛应用,如应用于机器控制设备、测量设备、医疗设备、汽车设备和移动设备,以及无数的嵌入式系统中。

EtherCAT 为基于 Ethernet 的可实现实时控制的开放式网络。EtherCAT 系统可扩展至 65535 个从站规模,因为其具有非常短的循环周期和高同步性,所以 EtherCAT 适用于伺服运动控制系统中。在 EtherCAT 从站控制器中使用的分布式时钟能确保高同步性和实时性,其同步性对于多轴系统来说至关重要,同步性可使内部的控制环按照需要的精度和循环数据保持同步。将 EtherCAT 应用于伺服驱动器,不仅有助于整个系统实时性的提升,还有利于实现远程维护、监控、诊断与管理,使系统的可靠性大大增强。

EtherCAT 作为国际工业以太网总线标准之一,BECKHOFF 自动化公司大力推动 EtherCAT 的发展,EtherCAT 的研究和应用越来越被重视。EtherCAT 工业以太网技术广泛应用于机床、注塑机、包装机、机器人等高速运动应用场合,物流、高速数据采集等分布范围广、控制要求高的场合。很多厂商(如三洋、松下、库卡等公司)的伺服系统都具有 EtherCAT 总线接口。三洋公司应用 EtherCAT 技术对三轴伺服系统进行同步控制。在机器人控制领域,通信系统应用 EtherCAT 技术具有高实时性。自 2010

年以来,库卡公司一直采用 EtherCAT 技术作为库卡机器人控制系统中的通信总线。

国外很多公司针对 EtherCAT 技术已经开发出了比较成熟的产品,如美国的 NI、日本松下、库卡等自动化设备公司都推出了一系列支持 EtherCAT 的驱动设备。国内的 EtherCAT 技术研究也取得了较大进步,基于 ARM 架构的嵌入式 EtherCAT 从站控制器的研究开发也日渐成熟。

随着我国科学技术的不断发展和工业水平的不断提高,在工业自动化控制领域,用户对高精度、高尖端制造的需求也在不断提高。特别是我国的国防工业领域、航天航空领域以及核工业等制造领域,对高效率、高实时性工业控制以太网系统的需求与日俱增。

电力工业的迅速发展,电力系统规模的不断扩大,系统的运行方式越来越复杂,对自动化水平的要求越来越高,从而促进了电力系统自动化技术的不断发展。

电力系统自动化技术(特别是变电站综合自动化技术)是在计算机技术和网络通信技术的基础上发展起来的。随着半导体技术、通信技术及计算机技术的发展,硬件集成度越来越高,性能得到大幅提升,功能越来越强,为电力系统自动化技术的发展提供了条件。特别是光电电流和电压互感器(OCT、OVT)技术的成熟,使得插接式开关系统(PASS)逐渐得到应用。电力自动化系统中出现大量的与控制、监视和保护功能相关的智能电子设备(IED),该设备之间一般是通过现场总线或工业以太网进行数据交换的。这使得现场总线和工业以太网技术在电力系统中的应用成为热点之一。

在电力系统中,随着光电互感器的逐步应用,大量高密度的实时采样值信息从过程层的光电互感器向间隔层的监控、保护等二次设备传输。当采样频率达到千赫级时,数据传输速度将达到 10 Mbit/s 以上,一般的现场总线较难满足要求。

EtherCAT 工业以太网具有高速的信息处理与传输能力,能满足高精度实时采样数据的实时处理与传输要求,不但提高了系统的稳定性与可靠性,而且有利于电力系统的经济运行。

EtherCAT 工业以太网的主要特点如下。

(1) 完全符合以太网标准。普通以太网相关的技术都可以应用于 EtherCAT 网络中。EtherCAT 设备可以与其他以太网设备共存于同一网络中。普通的以太网卡、交换机和路由器等标准组件都可以在 EtherCAT 中使用。

(2) 支持多种拓扑结构,如线形、星形、树形。可以使用普通以太网使用的电缆或光缆。当使用 100 Base-TX 电缆时,两个设备之间的通信距离可达 100 m。当采用 100 BASE-FX 模式时,两对光纤在全双工模式下,单模光纤能够达到 40 km 的传输距离,多模光纤能够达到 2 km 的传输距离。EtherCAT 还能够使用低电压差分信号(low voltage differential signaling,LVDS)线进行低延时通信,通信距离能够达到 10 m。

(3) 广泛的适用性。任何带有普通以太网控制器的设备有条件作为 EtherCAT 主站,如嵌入式系统、普通的 PC 和控制板卡等。

(4) 高效率、刷新周期短。EtherCAT 从站对数据帧的读取、解析以及过程数据的提取、插入完全由硬件来实现,这使得数据帧的处理不受 CPU 性能软件的实现方式影响,时间延迟极小,实时性很高。同时,EtherCAT 可以达到小于 100 μs 的数据刷新周期。EtherCAT 以太网帧中能够压缩大量的设备数据,这使得 EtherCAT 网络有效数据率可达 90% 以上。据官方测试 1000 个硬件 I/O 更新时间仅为 30 μs,其中还包括

I/O 周期时间。而容纳 1486 字节(相当于 12000 个 I/O)的单个以太网帧的书信时间仅为 300 μs。

(5)同步性能好。EtherCAT 采用高分辨率的分布式时钟使各从站节点间的同步精度能够远小于 1 μs。

(6)无从属子网。复杂的节点或只有 n 位的数字 I/O 都能被用作 EtherCAT 从站。

(7)拥有多种应用层协议接口来支持多种工业设备行规。如 CoE(CANopen over EtherCAT)用来支持 CANopen 协议;SoE(SERCOE over EtherCAT)用来支持 SER-COE 协议;EoE(Ethernet over EtherCAT)用来支持普通的以太网协议;FoE(file access over EtherCAT)用于上传和下载固件程序或文件;AoE(ADS over EtherCAT)用于主站与从站之间非周期的数据访问服务。多种行规的支持可使得用户和设备制造商很容易从其他现场总线向 EtherCAT 转换。

快速以太网全双工通信技术构成主-从环形结构如图 6-1 所示。

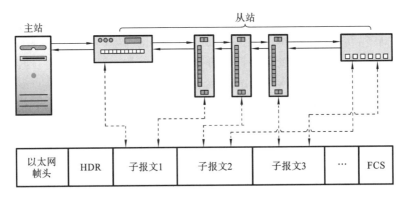

图 6-1 快速以太网全双工通信技术构成主-从环形结构

这个过程利用了以太网设备独立处理双向传输(TX 和 RX)的特点,并运行在全双工模式下,发出的报文又通过 RX 线返回到控制单元。

报文经过从站节点时,从站识别出相关的命令并做出相应的处理。信息的处理在硬件中完成,延迟时间为 100～500 ns,这取决于物理层器件。每个从站设备有最大容量为 64 KB 的可编址内存,可完成连续的或同步的读/写操作。多个 EtherCAT 命令数据可以被嵌入一个以太网报文中,每个数据对应独立的设备或内存区。

从站设备可以构成多种形式的分支结构,独立的设备分支可以放置于控制柜中或机器模块中,再用主线连接这些分支结构。

6.2 EtherCAT 物理拓扑结构

EtherCAT 采用标准的以太网帧结构,几乎适用于所有标准以太网的拓扑结构。也就是说,虽然可以使用传统的基于交换机的星形结构,但是 EtherCAT 的布线方式更为灵活,因为其采用的是主-从结构方式,所以无论多少个节点都可以使用一条线串接起来,无论是菊花链形还是树形拓扑结构,都可任意选配组合。EtherCAT 布线简单,布线只要遵从 EtherCAT 的所有数据帧,都会从第一个从站设备转发到后面连接的节点。数据传输到最后一个从站设备,又逆序将数据帧发送回主站。这样的数据帧处理机制允许在 EtherCAT 同一网段内,只要不打断逻辑环路,就可以用一根网线串接起来,从而使得设备连接布线非常方便。

EtherCAT 传输电缆的选择同样比较灵活。与其他现场总线不同的是,EtherCAT 不需要采用专用的电缆连接头。EtherCAT 的电缆可以选择经济而低廉的、标准超五类的以太网电缆,采用 100 BASE-TX 模式无交叉地传输信号,并且可以通过交换机或集线器等实现光纤和铜电缆以太网连线的完整组合。

在逻辑上,EtherCAT 网段内从站设备的布置构成一个开口的环形总线。在开口的一端,主站设备直接或通过标准以太网交换机插入以太网数据帧,并在另一端接收经过处理的数据帧。所有数据帧都被第一个从站设备转发到后续的节点。最后一个从站设备将数据帧返回到主站。

EtherCAT 从站的数据帧处理机制允许在 EtherCAT 网段内的任一位置使用分支结构,同时不打破逻辑环路。分支结构可以构成各种物理拓扑以及各种拓扑结构的组合,从而使设备连接布线非常灵活、方便。

6.3 EtherCAT 数据链路层

6.3.1 EtherCAT 数据帧

EtherCAT 数据遵从 IEEE 802.3 标准,直接使用标准以太网帧数据格式传输,但 EtherCAT 数据帧使用以太网帧的保留字 0x88A4。EtherCAT 数据报文由 2 字节的数据头和 44～1498 字节的数据组成,一个数据报文可以由一个或者多个 EtherCAT 子报文组成,每一个子报文映射到独立的从站设备存储空间。

6.3.2 寻址方式

EtherCAT 的通信是由主站发送的通过 EtherCAT 数据帧读/写从站设备的内部存储区来实现的,也就是在从站存储区中读数据和写数据。通信时,主站首先根据以太网数据帧头中的 MAC 地址来寻址所在的网段,寻址到第一个从站后,网段内的其他从站设备只需要依据 EtherCAT 子报文头中的 32 地址去寻址。在一个网段里面,EtherCAT 支持两种方式:设备寻址和逻辑寻址。

6.3.3 通信方式

EtherCAT 的通信方式分为周期性过程数据通信和非周期性过程数据通信。

1. 周期性过程数据通信

周期性过程数据通信主要用在工业自动化环境中实时性要求高的过程数据传输场合。周期性过程数据通信需要使用逻辑寻址,主站是采用逻辑寻址的方式完成从站的读、写或者读写操作。

2. 非周期性过程数据通信

非周期性过程数据通信主要用在对实时性要求不高的数据传输场合,当执行参数交换、配置从站的通信等操作时,可以使用非周期性过程数据通信,并且还可以双向通信。从从站到从站通信时,主站是作为类似路由器功能来管理的。

6.3.4 同步管理器

同步管理器(SM)是 EtherCAT 从站控制器(EtherCAT slave controller,ESC)用来保证主站与本地应用程序数据交换的一种一致性和安全性的工具,其实现机制是在数据状态发生变化时通过产生中断信号来通知对方。EtherCAT 定义了两种同步管理器运行模式:缓存模式和邮箱模式。

1. 缓存模式

缓存模式使用了三个缓存区,允许 EtherCAT 主站的控制权和从站控制器在任何时候都可以访问数据交换缓存区。接收数据的一方可以随时得到最新的数据,数据发送的一方也可以随时更新缓存区的内容。如果写缓存区的速度比读缓存区的速度快,则旧数据就会被覆盖。

2. 邮箱模式

邮箱模式通过握手机制完成数据交换,这种情况下只有一端完成读或写数据操作,另一端才能访问该缓存区,这样数据就不会丢失。数据发送方首先将数据写入缓存区,接着缓存区被锁定为只读状态,直到数据接收方将数据读取。这种模式通常用在非周期性的数据交换,分配的缓存区也称邮箱。邮箱模式通信通常使用两个 SM 通道,一般情况下主站到从站通信使用 SM0,从站到主站通信使用 SM1,它们被配置为一个缓存区方式,使用握手来避免数据溢出。

6.4 EtherCAT 应用层

应用层(application layer,AL)是 EtherCAT 协议最高的一个功能层,是直接面向控制任务的一层,它为控制程序访问网络环境提供手段,同时为控制程序提供服务。应用层不包括控制程序,它只是定义了控制程序和网络交互的接口,使符合此应用层协议的各种应用程序可以协同工作,EtherCAT 协议结构如图 6-2 所示。

6.4.1 通信模型

EtherCAT 应用层区分主站与从站。主站与从站之间的通信关系是从主站开始的,从站与从站之间的通信是将主站作为路由器来实现的。EtherCAT 应用层不支持两个主站之间的通信,但是具有主站功能的两个设备中的一个具有从站功能时仍可实现通信。

EtherCAT 通信网络由一个主站设备和至少一个从站设备组成。系统中的所有设备必须支持 EtherCAT 状态机和过程数据(process data)的传输。

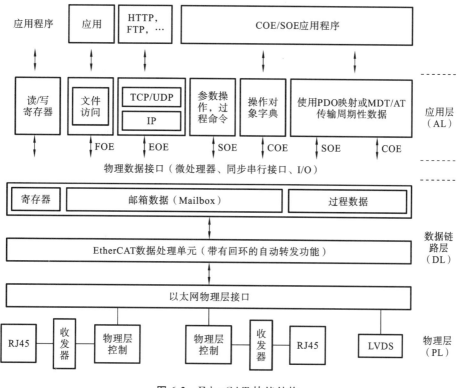

图 6-2 EtherCAT 协议结构

6.4.2 从站

1. 从站设备分类

从站应用层可分为不带应用层处理器的简单设备与带应用层处理器的复杂设备。

1）简单从站设备

简单从站设备设置了一个过程数据布局,通过设备配置文件来描述。在本地应用中,简单从站设备要支持无响应的 EtherCAT 从站状态机(ESM)应用层管理服务。

2）复杂从站设备

复杂从站设备支持 EtherCAT 邮箱、CoE 目标字典、读/写对象字典数据入口的加速 SDO 服务以及读对象字典中已定义的对象和紧凑格式入口描述的 SDO 信息服务。

为了过程数据的传输,复杂从站设备支持 PDO 映射对象和同步管理器 PDO 赋值对象。复杂从站设备要支持可配置过程数据,可通过写 PDO 映射对象和同步管理器 PDO 赋值对象来配置。

2. 应用层管理

应用层管理包括 EtherCAT 状态机,ESM 描述了从站应用的状态及状态变化。由应用层控制器将从站应用的状态写入 AL 状态寄存器,主站通过写 AL 控制寄存器进行状态请求。从逻辑上来说,ESM 位于 EtherCAT 从站控制器与应用层之间。ESM 定义了四种状态:初始化状态、预运行状态、安全运行状态、运行状态。

3. EtherCAT 邮箱

每一个复杂从站设备都有 EtherCAT 邮箱。EtherCAT 邮箱数据传输是双向的，可以从主站到从站，也可以从从站到主站。支持双向多协议的全双工独立通信。从站与从站通信通过主站进行信息路由。

4. EtherCAT 过程数据

在 EtherCAT 过程数据通信方式下，主站和从站访问的是缓冲型应用存储器。对于复杂从站设备，过程数据的内容将由 COE 接口的 PDO 映射及同步管理器的 PDO 赋值对象来描述。对于简单从站设备，过程数据是固有的，在设备描述文件中定义。

6.4.3　主站

主站的各种服务与从站进行通信。主站中为每个从站设置了从站处理机(slave handler)，用来控制 ESM；同时每个主站也设置了一个路由器，用来支持从站与从站之间的邮箱通信。

主站支持从站处理机通过 EtherCAT 状态服务来控制从站状态机，从站处理机是从站状态机在主站中的映射。从站处理机通过发送 SDO 服务去改变 ESM 的状态。

路由器将客户从站的邮箱服务请求路由到服务从站；同时，将服务从站的服务响应路由到客户从站。

6.4.4　EtherCAT 设备行规

EtherCAT 设备行规包括以下几种。

1. CoE

CANopen 最初是为基于 CAN(control aera network)总线系统所制定的应用层协议。EtherCAT 协议在应用层支持 CANopen 协议，并进行了相应的扩充，其主要功能如下。

(1) 使用邮箱通信访问 CANopen 对象字典及其对象，以实现网络初始化。

(2) 使用 CANopen 应急对象和可选事件驱动 PDO 消息，以实现网络管理。

(3) 使用对象字典映射过程数据，周期性地传输指令数据和状态数据。

CoE 协议完全遵从 CANopen 协议，其对象字典的定义也相同，针对 EtherCAT 通信扩展了相关通信对象 0x1C00～0x1C4F，用于设置存储同步管理器的类型、通信参数和 PDO 数据分配。

1) 应用层行规

CoE 完全遵从 CANopen 的应用层行规，CANopen 标准应用层主要的行规如下。

(1) CiA 401 I/O 模块行规。

(2) CiA 402 伺服和运动控制行规。

(3) CiA 403 人机接口行规。

(4) CiA 404 测量设备和闭环控制。

(5) CiA 406 编码器。

(6) CiA 408 比例液压阀等。

2）CiA 402 行规通用数据对象字典

数据对象 0x6000～0x9FFF 为 CANopen 行规定义的数据对象，1 个从站最多控制 8 个伺服驱动器，每个伺服驱动器分配 0x800 个数据对象。第一个伺服驱动器使用 0x6000～0x67FF 的数据字典，后续伺服驱动器在此基础上以 0x800 偏移使用数据字典。

2. SoE

IEC 61491 是国际上第一个专门用于伺服驱动器控制的实时数据通信协议标准，其商业名称为 SERCOS(serial real-time communication specification)。EtherCAT 协议的通信性能非常适合数字伺服驱动器的控制，应用层使用 SERCOS 应用层协议实现数据接口，可以实现以下功能。

（1）使用邮箱通信访问伺服控制规范参数(IDN)，配置伺服系统参数。

（2）使用 SERCOS 数据电报格式配置 EtherCAT 过程数据报文，周期性传输伺服指令数据和伺服状态数据。

3. EoE

除了前面描述的主站和从站设备之间的通信寻址模式外，EtherCAT 也支持 IP 标准协议，如 TCP/IP、UDP/IP 和所有其他高层协议(HTTP 和 FTP 等)。EtherCAT 能分段传输标准以太网协议数据帧，并在相关设备完成组装。这种方法可以避免为长数据帧预留时间片，大大缩短周期性数据的通信周期。此时，主站和从站需要相应的 EoE 驱动程序支持。

4. FoE

FoE 协议通过 EtherCAT 下载和上传固定程序与其他文件，其用法类似简单文件传输协议(trivial file transfer protocol, TFTP)的用法，不需要 TCP/IP 的支持，实现简单。

6.5　EtherCAT 系统组成

6.5.1　EtherCAT 网络架构

EtherCAT 网络是主-从结构网络，网段中可以由一个主站和一个或者多个从站组成。主站是网络的控制中心，也是通信的发起者。一个 EtherCAT 网段可以被简化为一个独立的以太网设备，从站可以直接处理接收的报文，并从报文中提取或者插入相关数据，然后将报文依次传输到下一个 EtherCAT 从站，最后 EtherCAT 从站返回经过完全处理的报文，依次地逆序传回第一个从站并发送给控制单元。整个过程充分利用了以太网设备全双工双向传输的特点。如果所有从站需要接收相同的数据，那么只需要发送一个短数据包，所有从站接收数据包的同一部分便可获得该数据，刷新 12000 个数字输入和输出的数据耗时仅为 300 μs。对于非 EtherCAT 的网络，需要发送 50 个不同的数据包，充分体现了 EtherCAT 的高实时性，所有数据链路层的数据都是通过从站控制器的硬件来处理，EtherCAT 的时间周期短是因为从站的微处理器不需要处理 EtherCAT 以太网的封包。

EtherCAT 是一种实时工业以太网技术，它充分利用以太网的全双工特性，使用主-从模式介质访问控制(media access control,MAC)。主站发送以太网帧给从站,从站从数据帧中抽取数据或将数据插入数据帧。主站使用标准的以太网接口卡,从站使用专门的 EtherCAT 从站控制器,EtherCAT 物理层使用标准的以太网物理层器件。

从以太网的角度来看,一个 EtherCAT 网段就是一个以太网设备,该网段接收和发送标准的 ISO/IEC 8802-3 以太网数据帧。但是,这种以太网设备并不局限于一个以太网控制器及相应的微处理器,它可由多个 EtherCAT 从站组成,EtherCAT 系统运行如图 6-3 所示,这些从站可以直接处理接收的报文,并从报文中提取或插入相关的用户数据,然后将该报文传输到下一个 EtherCAT 从站。最后一个 EtherCAT 从站发回经过完全处理的报文,并由第一个从站作为响应报文将其发送给控制单元。实际上只要 RJ45 网口悬空,ESC 就自动闭合(close)了,产生回环(LOOP)。

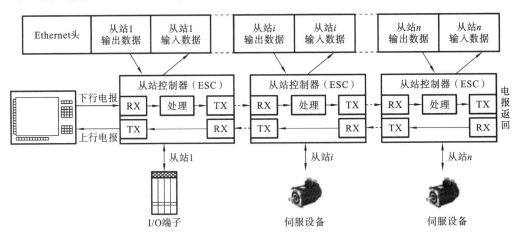

图 6-3 EtherCAT 系统运行

在基于 EtherCAT 的系统中,主站控制所有从站设备的数据输入和输出。主站向系统中发送以太网帧后,EtherCAT 从站设备在报文经过其节点时处理以太网帧,嵌入在每个从站中的现场总线存储管理单元(FMMU)在以太网帧经过该节点时读取相应的编址数据,并同时将报文传输到下一个设备。同样,输入数据也是在报文经过时插入至报文中。当该以太网帧经过所有从站并与从站进行数据交换后,由 EtherCAT 系统中最后一个从站将数据帧返回。

整个过程中,报文只有几纳秒的时间延迟。因为发送和接收的以太网帧压缩了大量的设备数据,所以可用数据率达 90% 以上。

EtherCAT 支持各种拓扑结构,如总线型、星形、环形等,并且允许 EtherCAT 系统中出现多种结构的组合。支持多种传输电缆,如双绞线、光纤等,以适应不同的场合,提升布线的灵活性。

EtherCAT 支持同步时钟,EtherCAT 系统中的数据交换完全基于纯硬件机制,由于通信采用了逻辑环结构,主站时钟可以简单、精确地确定各从站传播的延迟偏移。分布式时钟均基于该值进行调整,在网络范围内使用精确的同步误差时间基。

EtherCAT 具有高性能的通信诊断能力,能迅速地排除故障;同时也支持主站和从站冗余检错,以提高系统的可靠性;EtherCAT 实现了在同一网络中将安全相关的通信和控制通信融合为一体,并遵循 IEC 61508 标准论证,满足 SIL4 级安全的要求。

6.5.2　EtherCAT 主站组成

EtherCAT 无需使用昂贵的专用有源插接卡,只需使用无源的 NIC(network interface card)卡或主板集成的以太网 MAC 即可。EtherCAT 主站很容易实现,尤其适用于中小规模的控制系统和有明确规定的应用场合。使用 PC 计算机构成 EtherCAT 主站时,通常是用标准的以太网卡作为主站硬件接口,网卡芯片集成了以太网通信的控制器和收发器。

EtherCAT 使用标准的以太网 MAC,不需要专业的设备,EtherCAT 主站很容易实现,只需要一台 PC 计算机或其他嵌入式计算机即可实现。

EtherCAT 映射不是在主站产生,而是在从站产生。该特性进一步减轻了主机的负担,这是因为 EtherCAT 主站完全是在主机中采用软件方式实现的。EtherCAT 主站的实现方式是使用 BECKHOFF 公司或者 ETG 社区样本代码。软件以源代码形式提供,包括所有的 EtherCAT 主站功能,甚至还包括 EoE。

EtherCAT 主站使用标准以太网控制器,传输介质通常使用 100 BASE-TX 规范的 5 类 UTP 线缆,如图 6-4 所示。

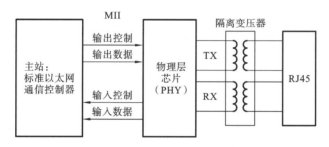

图 6-4　EtherCAT 物理层连接原理图

通信控制器完成以太网数据链路的介质访问控制功能,物理层芯片(PHY)实现数据编码、译码和收发,它们之间通过介质无关接口(media independent interface,MII)交互数据。MII 是标准的以太网物理层接口,定义了与传输介质无关的标准电气和机械接口,使用这个接口将以太网数据链路层和物理层完全隔离开,使以太网可以方便选用任何传输介质。隔离变压器实现了信号的隔离,提高了通信的可靠性。

基于 PC 的主站中通常使用网络接口卡 NIC,其中网卡芯片集成了以太网通信控制器和物理数据收发器。而在嵌入式主站中,通信控制器通常嵌入微控制器中。

6.5.3　EtherCAT 从站组成

EtherCAT 从站设备主要完成 EtherCAT 通信和控制应用两大功能,是工业以太网 EtherCAT 控制系统的关键部分。

从站通常分为四大部分:EtherCAT 从站控制器、从站微控制器、物理层器件和其他应用层器件。

从站的通信功能是通过 ESC 实现的。ECS 使用双端口存储区实现 EtherCAT 数据帧的数据交换,各从站的 ESC 在各自的环路物理位置通过顺序移位读/写数据帧。报文经过从站时,ESC 从报文中提取要接收的数据存储到其内部存储区,要发送的数据又从其内部存储区写到相应的子报文中。数据报文的读取和插入都是由硬件自动完成的,速度很快。EtherCAT 通信和完成控制任务还需要从站微控制器主导完成,通常通过微控制器从 ESC 读取控制数据,从而实现设备控制功能,将设备反馈的数据写入 ESC,并返回给主站。由于整个通信过程数据交换完全由 ESC 处理,与从站设备微控制器的响应时间无关。从站微控制器的选择不受功能限制,可以使用单片机、DSP 和 ARM 等。

从站使用物理层芯片来实现 ESC 的 MII 物理层接口,同时需要隔离变压器等标准以太网物理器件。

从站不需要微控制器就可以实现 EtherCAT 通信,EtherCAT 从站设备只需要使用一个价格低廉的从站控制器芯片。从站的实施可以通过 I/O 接口实现简单的设备加 ESC、PHY、变压器和 RJ45 接头。微控制器和 ESC 之间使用 8 位或 16 位并行接口或串行 SPI 接口。从站实施要求的微控制器性能取决于从站的应用,EtherCAT 协议软件在其上运行。ESC 采用 BECKHOFF 公司提供的从站控制专用芯片 ET1100 或者 ET1200 等。通过 FPGA 芯片也可实现从站控制器的功能,这种方式需要购买授权以获取相应的二进制代码。

EtherCAT 从站设备同时实现通信和控制应用两部分功能,其组成如图 6-5 所示。

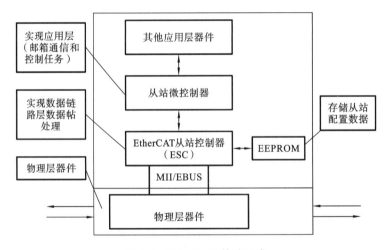

图 6-5 EtherCAT 从站组成

EtherCAT 从站由以下四部分组成。

1. EtherCAT 从站控制器

EtherCAT 从站通信控制器芯片负责处理 EtherCAT 数据帧,并使用双端口存储区实现 EtherCAT 主站与从站本地应用的数据交换。各从站 ESC 按照各自在环路上的物理位置顺序移位读/写数据帧。在报文经过从站时,ESC 从报文中读取发送给自己的输出命令数据并将其存储到内部存储区,输入数据从内部存储区又被写入相应的子报文中。数据的读取和写入都是由数据链路层硬件完成的。

ESC 有 4 个数据收发端口,每个端口都可以收发以太网数据帧。

ESC 使用两种物理层接口模式:MII 和 EBUS。

MII 是标准的以太网物理层接口,使用外部物理层芯片,一个端口的传输延时约为 500 ns。

EBUS 是 BECKHOFF 公司使用低电压差分信号(low voltage differential signaling，LVDS)标准定义的数据传输标准，可以直接连接 ESC 芯片，不需要额外的物理层芯片，从而避免了物理层的附加传输延时，一个端口的传输延时约为 100 ns。EBUS 最大传输距离为 10 m，适用于距离较近的 I/O 设备或伺服驱动器之间的连接。

2. 从站微控制器

从站微控制器负责处理 EtherCAT 通信和完成控制任务。从站微控制器从 ESC 读取控制数据，实现设备控制功能，并采样设备的反馈数据，写入 ESC，由主站读取。从站通信过程完全由 ESC 处理，与从站微控制器响应时间无关。从站微控制器性能选择取决于设备控制任务，可以使用 8 位、16 位的单片机及 32 位的高性能处理器。

3. 物理层器件

从站使用 MII 接口时，需要使用物理层芯片和隔离变压器等标准以太网物理层器件。使用 EBUS 时不需要任何其他芯片。

4. 其他应用层器件

针对控制对象和任务需要，从站微控制器可以连接其他应用层器件。

6.6　EtherCAT 工业以太网在 KUKA 机器人中的应用案例

德国 Acontis 公司提供的 EtherCAT 主站是全球应用最广、知名度最高的商业主站协议栈，全球已超过 300 家用户使用 Acontis EtherCAT 主站，其中包括众多世界知名自动化企业。Acontis 公司提供完整的 EtherCAT 主站解决方案，其主站跨硬件平台和实时操作系统。

德国 KUKA 机器人公司是 Acontis 公司最具代表性的用户之一，KUKA 机器人 C4 系列产品全部采用 Acontis 公司的解决方案。C4 系列机器人采用 EtherCAT 总线方式进行多轴控制，控制器采用 Acontis 公司的 EtherCAT 主站协议栈；KUKA 机器人控制器采用多核 CPU，分别运行 Windows 操作系统和 VxWorks 操作系统，图形界面运行在 Windows 操作系统上，机器人控制软件运行在 VxWorks 实时操作系统上，Acontis 提供 VxWIN 软件控制和协调两个操作系统；控制器的组态软件中集成了 Acontis 提供的 EtherCAT 网络配置及诊断工具 EC-Engineer；另外，KUKA 机器人还采用 Acontis 提供的两个扩展功能包：热插拔和远程访问功能。

KUKA 机器人控制器同时支持多路独立 EtherCAT 网络，除了机器人本体专用的库卡控制总线(KUKA controller bus，KCB)网络外，控制器还利用 Acontis 公司 EtherCAT 主站支持 VLAN 功能，从一个独立网卡连接其他三路 EtherCAT 网络(分别为连接示教器的 EtherCAT 网络 KOI、扩展网络 KEB 以及内部网络 KSB)。KCB 网络循环周期为 125 μs，是本体控制专用网络，以确保本体控制的实时性。KUKA 机器人控制器多路独立 EtherCAT 网络如图 6-6 所示。同一个控制器支持多路独立 EtherCAT 网络(多个 Instance)，利用 Acontis 公司 EtherCAT 主站可支持最多 10 个 Instance 的特性。

除了主站协议栈，KUKA 机器人在其操作界面中，使用 Acontis 公司提供的网络配置及诊断工具——EC-Engineer 的软件开发包 SDK，无缝集成了 Acontis 网络配置及诊断工具的所有功能。用户在 KUKA 的操作界面直接进行 EtherCAT 网络配置及

多路EtherCAT网络

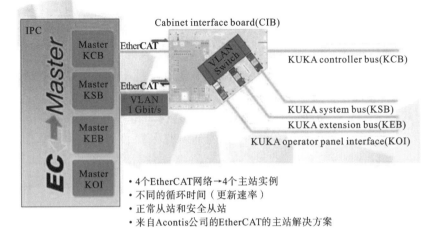

- 4个EtherCAT网络→4个主站实例
- 不同的循环时间（更新速率）
- 正常从站和安全从站
- 来自Acontis公司的EtherCAT的主站解决方案

图 6-6　KUKA 机器人控制器多路独立 EtherCAT 网络

在工作状态下的网络诊断，提高了控制软件的可用性，提升了用户体验。此外，KUKA机器人选用了 Acontis 公司提供的两个主站功能扩展包：Hot Connect 和 Remote API。

Hot Connect 热插拔功能确保在 EtherCAT 网络工作状态下完成网络中从站的移除或从从站到网络的连接操作。应用此功能既可以完成在加工过程中更换加工刀具的操作，又不造成网络异常。使用热插拔功能，需要在配置阶段在 EC-Engineer 中定义可热插拔从站和不可热插拔从站，如机器人本体的各个自由度为不可热插拔从站，以保障本体的正常工作。Remote API 功能可以使现场工程师在不破坏机器人网络实时性的情况下，在工作 PC 上通过普通 TCP/IP 连接机器人控制器，从而远程对机器人网络进行配置以及诊断和监控操作。Hot Connect 和 Remote API 不在 ETG. 1500 定义的主站 ClassA 的功能范围内，是 Acontis 公司提供的主站扩展功能。

习　题　6

1. 说明 EtherCAT 物理拓扑结构。
2. 说明 EtherCAT 数据链路层的组成。
3. 说明 EtherCAT 应用层的功能。
4. EtherCAT 设备行规包括哪些内容？
5. 简述 EtherCAT 系统的组成。

7

EtherCAT 从站控制器 ET1100

EtherCAT 从站的开发通常采用 EtherCAT 从站控制器(EtherCAT slave controller,ESC)负责 EtherCAT 通信,是 EtherCAT 工业以太网和从站应用之间的接口。

目前,EtherCAT 从站控制器解决方案的供应商主要有 BECKHOFF、Microchip、TI、ASIX(台湾亚信)、Renesas、Infineon、Hilscher 和 HMS 等公司。

以上各公司提供的 EtherCAT 从站控制器主要有以下几种。

(1) BECKHOFF:ET1100、ET1200、IP Core 和 ESC20。

(2) Microchip:LAN9252。

(3) TI:Sitara AM3357/9、Sitara AM4377/9、Sitara AM571xE、Sitara AM572xE 和 Sitara AMIC110 SoC。

(4) ASIX:AX58100。

(5) Renesas:RZ/T1 和 R-IN32M3-EC。

(6) Infineon:XMC4300 和 XMC4800。

(7) Hilscher:netX50、netX50、netX90、netX500 和 netX4000。

(8) HMS:Anybus NP40。

本章以 BECKHOFF 公司生产的 EtherCAT 从站控制器 ET1100 为例,详述 EtherCAT 从站控制器的解决方案。

本书正文和表中的 WDT(watch dog timer)为监视定时器,一般又称看门狗。

7.1 EtherCAT 从站控制器概述

本节讲述的内容主要包括 BECKHOFF 公司的 EtherCAT 从站控制器 ET1100 和 ET1200,功能固定的二进制配置 FPGAs(ESC20)和可配置的 FPGAs IP 核(ET1810/ET1815)。

EtherCAT 从站控制器主要特征如表 7-1 所示。

表 7-1　EtherCAT 从站控制器主要特征

特　　征	ET1200	ET1100	IP Core	ESC20
端口	2~3 (每个 EBUS/MII, 最大 1 个 MII)	2~4 (每个 EBUS/MII)	1~3 MII/ 1~3 RGMII/ 1~2 RMII	2 MII

续表

特　　征	ET1200	ET1100	IP Core	ESC20
FMMUs	3	8	0～8	4
同步管理器	4	8	0～8	4
过程数据 RAM	1 KB	8 KB	0～60 KB	4 KB
分布式时钟	64 位	64 位	32/64 位	32 位
数字 I/O	16 位	32 位	8～32 位	32 位
SPI 从站	是	是	是	是
8/16 位微控制器	—	异步/同步	异步	异步
片上总线	—	—	是	—

EtherCAT 从站控制器功能框图如图 7-1 所示。

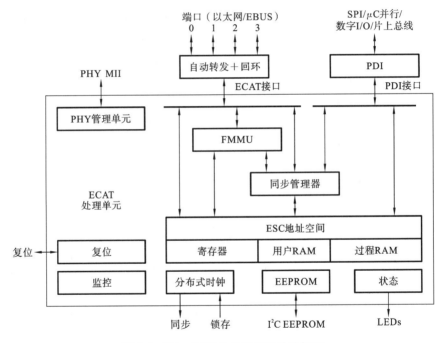

图 7-1　EtherCAT 从站控制器功能框图

7.1.1　EtherCAT 从站控制器功能块

1. EtherCAT 端口(以太网/EBUS)

　　EtherCAT 端口(或接口)将 EtherCAT 从站控制器连接到其他 EtherCAT 从站和主站。MAC 层是 EtherCAT 从站控制器的组成部分。物理层可以是以太网或 EBUS。EBUS 的物理层完全集成到 ASIC 中。对于以太网端口,外部以太网 PHY 连接到 EtherCAT 从站控制器的 MII/RGMII/RMII 端口。通过全双工通信,EtherCAT 的传输速率固定为 100 Mbit/s。EtherCAT 从站支持 2～4 个端口,逻辑端口编号为 0、1、2 和 3。

2. EtherCAT 处理单元

EtherCAT 处理单元(EPU)接收、分析和处理 EtherCAT 数据流,在逻辑上位于端口 0 和端口 3 之间。EtherCAT 处理单元的主要用途是启用和协调对 EtherCAT 从站控制器的内部寄存器和存储空间的访问,可以通过 EtherCAT 主站或过程数据接口(PDI)从本地应用程序对其寻址。EtherCAT 处理单元除了自动转发＋回环和 PDI 外,还包含 EtherCAT 从站的主要功能块。

3. 自动转发

自动转发(auto-forwarder)接收以太网帧,执行帧检查并将其转发到回环。接收帧的时间戳由自动转发生成。

4. 回环

如果端口没有链路,或者端口不可用,又或者该端口的环路关闭,则回环将以太网帧转发到下一个逻辑端口。端口 0 的回环可将帧转发到 EtherCAT 处理单元。环路设置可由 EtherCAT 主站控制。

5. FMMU

FMMU(现场总线存储管理单元)用于将逻辑地址按位映射到 ESC 的物理地址。

6. 同步管理器

同步管理器(syncmanager,SM)负责 EtherCAT 主站与从站之间一致数据交换和邮箱通信,可以为每个同步管理器配置通信方向。读或写处理分别在 EtherCAT 主站和附加的微控制器中生成事件。同步管理器可以负责区分 ESC 和双端口内存,因为根据同步管理器状态可以将它们的地址映射到不同的缓冲区并阻止访问。

7. 监控单元

监控单元包含错误计数器和 WDT。WDT 用于检测通信并在发生错误时返回安全状态,错误计数器用于错误检测和分析。

8. 复位单元

集成的复位控制器可以检测电源电压并控制外部和内部复位,仅限 ET1100 和 ET1200 ASIC。

9. PHY 管理单元

PHY 管理单元通过 MII 管理接口与以太网 PHY 通信。PHY 管理单元可由主站或从站使用。

10. 分布式时钟

分布式时钟(DC)精确地同步生成输出信号和输入采样以及事件时间戳。同步性可能会跨越整个 EtherCAT 网络。

11. 存储单元

EtherCAT 从站具有高达 64 KB 的地址空间。第一个 4 KB 块(0x0000～0x0FFF)用于寄存器和用户存储器。地址 0x1000 以后的存储空间用作过程存储器(最大为 60 KB)。过程存储器的大小取决于设备。ESC 地址范围可由 EtherCAT 主站和附加的微控制器直接寻址。

12．PDI 或应用程序接口

PDI 取决于 ESC，PDI 有以下几种。

（1）数字 I/O（8～32 位，单向/双向，带 DC 支持）。

（2）SPI 从站。

（3）8/16 位微控制器（异步或同步）。

（4）片上总线（如 Avalon、PLB 或 AXI，具体取决于目标 FPGA 类型和选择方式）。

（5）一般用途 I/O。

13．SII EEPROM

EtherCAT 从站信息（ESI）的存储需要使用一个非易失性存储器，通常是 I^2C 串行接口的 EEPROM。如果 ESC 的实现为 FPGA，则 FPGA 配置代码中需要第二个非易失性存储器。

14．状态/LEDs

状态块提供 ESC 和应用程序状态信息。它用于控制外部 LED，如应用程序运行 LED/错误 LED 和端口链接/活动 LED。

7.1.2　EtherCAT 协议

由于 EtherCAT 使用标准 IEEE 802.3 以太网帧，因此可以使用标准网络控制器，主站不需要特殊硬件。

EtherCAT 有一个保留的 EtherType 0x88A4，可将其与其他以太网帧区分开来。因此，EtherCAT 可以与其他以太网协议并行运行。

EtherCAT 不需要 IP 协议，但可以封装在 IP/UDP 中。EtherCAT 从站控制器以硬件方式处理帧。

EtherCAT 帧可被细化为 EtherCAT 帧头和一个或多个 EtherCAT 数据报。至少有一个 EtherCAT 数据报必须在帧中。ESC 仅处理当前 EtherCAT 报头中具有类型 1 的 EtherCAT 帧。尽管 ESC 不评估 VLAN 标记内容，但 ESC 也支持 IEEE 802.1Q VLAN 标记。

如果以太网帧低于 64 字节，则必须添加填充字节，直到达到 64 字节。否则，EtherCAT 帧将会与所有 EtherCAT 数据报加 EtherCAT 帧头的总和一样大。

1．EtherCAT 报头

带 EtherCAT 数据的以太网帧如图 7-2 所示，显示了如何组装包含 EtherCAT 数据的以太网帧。EtherCAT 帧头描述如表 7-2 所示。

EtherCAT 从站控制器忽略 EtherCAT 报头长度字段，它们取决于数据报长度字段。必须将 EtherCAT 从站控制器通过 DL 控制寄存器 0x0100[0]配置为转发非 EtherCAT 帧。

2．EtherCAT 数据报

EtherCAT 数据报如图 7-3 所示，显示了 EtherCAT 数据报的结构。EtherCAT 数据报描述如表 7-3 所示。

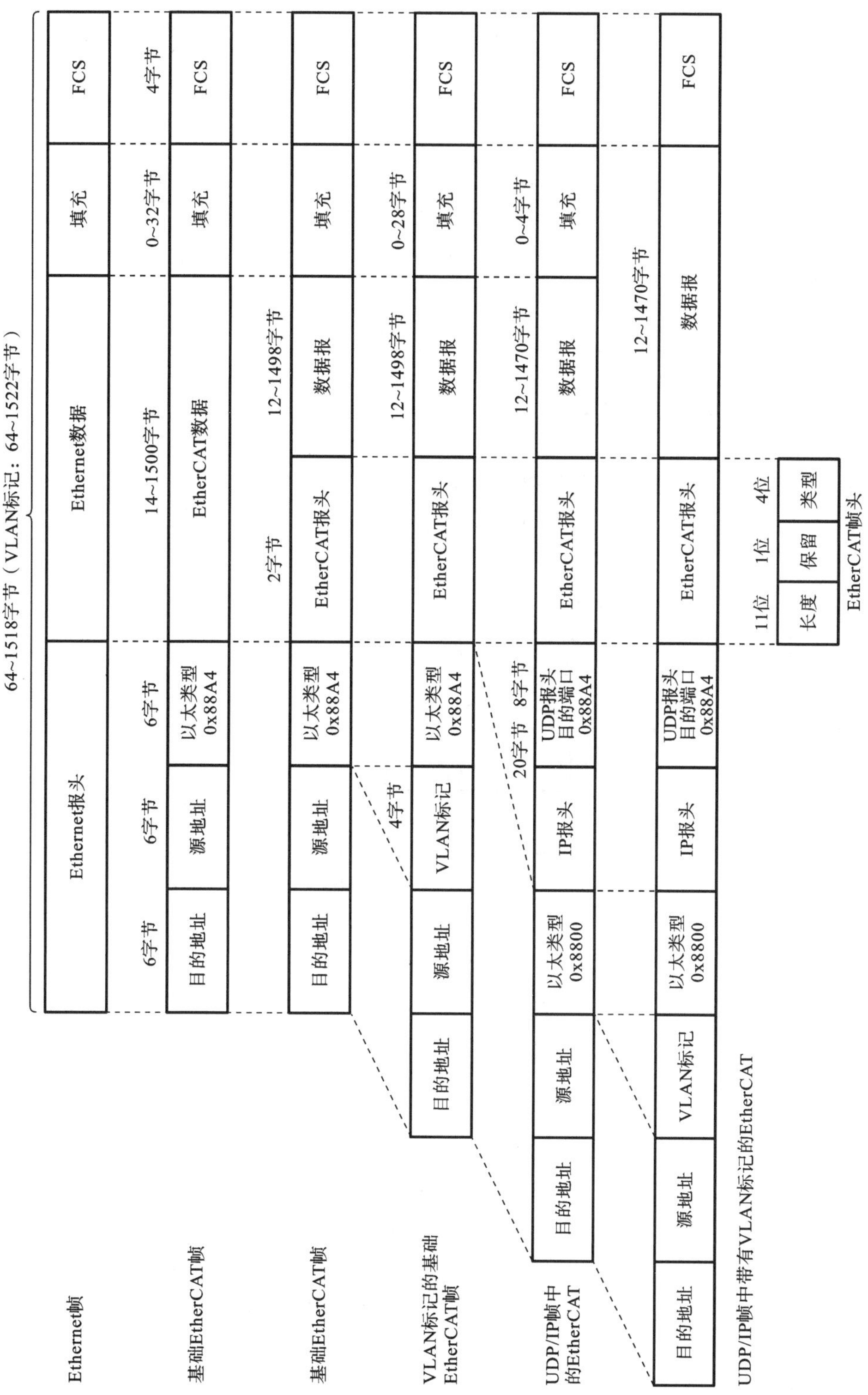

Ethernet帧

64~1518字节（VLAN标记：64~1522字节）

| | Ethernet报头 | | Ethernet数据 | 填充 | FCS |

| 6字节 | 6字节 | | 14~1500字节 | 0~32字节 | 4字节 |

基础EtherCAT帧

| 目的地址 | 源地址 | 以太类型 0x88A4 | EtherCAT数据 | 填充 | FCS |

基础EtherCAT帧

2字节 12~1498字节

| 目的地址 | 源地址 | 以太类型 0x88A4 | EtherCAT报头 | 数据报 | 填充 | FCS |

VLAN标记的基础 EtherCAT帧

4字节 12~1498字节 0~28字节

| 目的地址 | 源地址 | VLAN标记 | 以太类型 0x88A4 | EtherCAT报头 | 数据报 | 填充 | FCS |

UDP/IP帧中 的EtherCAT

20字节 8字节 12~1470字节 0~4字节

| 目的地址 | 源地址 | 以太类型 0x8800 | IP报头 | UDP报头 目的端口 0x88A4 | EtherCAT报头 | 数据报 | 填充 | FCS |

UDP/IP帧中带有VLAN标记的EtherCAT

12~1470字节

| 目的地址 | 源地址 | VLAN标记 | 以太类型 0x8800 | IP报头 | UDP报头 目的端口 0x88A4 | EtherCAT报头 | 数据报 | FCS |

EtherCAT帧头

| 11位 | 1位 | 4位 |
| 长度 | 保留 | 类型 |

图 7-2 带 EtherCAT 数据的以太网帧

表 7-2 EtherCAT 帧头描述

名 称	数 据 类 型	值/描述
长度	11 位	EtherCAT 数据报的长度(不包括 FCS)
保留	1 位	保留,0
类型	4 位	协议类型,ESC 只支持(Type=0x1)EtherCAT 命令

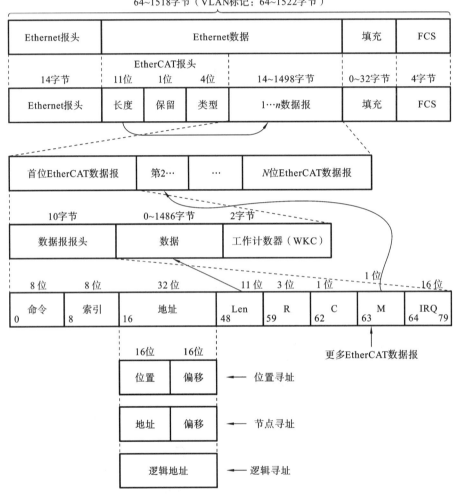

图 7-3　EtherCAT 数据报

表 7-3　EtherCAT 数据报描述

名 称	数 据 类 型	值/描述
命令	字节	EtherCAT 命令类型
索引	字节	索引是主站用于标识重复/丢失数据报的数字标识符,EtherCAT 从站不应更改它
地址	字节[4]	地址(自动递增,配置的站地址或逻辑地址)
Len	11 位	此数据报中后续数据的长度

续表

名　　称	数据类型	值/描述
R	3 位	保留，0
C	1 位	循环帧。 0：帧没有循环； 1：帧已循环一次
M	1 位	更多 EtherCAT 数据报。 0：最后一个 EtherCAT 数据报； 1：随后将会有更多 EtherCAT 数据报
IRQ	字	结合了逻辑 OR 的所有从站的 EtherCAT 事件请求寄存器
数据	字节[n]	读/写数据
WKC	字	工作计数器

3. EtherCAT 寻址模式

一个段内支持 EtherCAT 设备的两种寻址模式：设备寻址和逻辑寻址。

EtherCAT 提供三种设备寻址模式：自动递增寻址、配置的站地址和广播。

EtherCAT 设备最多可以有两个配置的站地址：一个由 EtherCAT 主站分配（配置的站地址，configured station address）；另一个存储在 SII EEPROM 中，可由从站应用程序（配置的站点别名地址，configured station alias address）进行更改。配置的站点别名地址的 EEPROM 设置仅在上电或复位后的第一次 EEPROM 加载时被接管。

EtherCAT 寻址模式如表 7-4 所示。

表 7-4　EtherCAT 寻址模式

模　　式	名　　称	数据类型	值/描述
自动递增寻址	位置	字	每个从站增加的位置。如果 Position＝0，则从站被寻址
	偏移	字	ESC 的本地寄存器或存储器地址
配置的站地址	地址	字	如果地址与配置的站地址或配置的站点别名（如果已启用）相同，则从站被寻址
	偏移	字	ESC 的本地寄存器或存储器地址
广播	位置	字	每个从站增加位置（不用于寻址）
	偏移	字	ESC 的本地寄存器或存储器地址
逻辑寻址	地址	双字	逻辑地址（由 FMMU 配置）。如果 FMMU 配置与地址匹配，则从站被寻址

4. 工作计数器

每个 EtherCAT 数据报都以一个 16 位工作计数器（WKC）字段结束。工作计数器用于计算此 EtherCAT 数据报成功寻址的设备数量。成功意味着 ESC 已被寻址并且可以访问所寻址的存储器（如受保护的 SyncManager 缓冲器）。EtherCAT 从站控制器硬件递增工作计数器值。每个数据报应具有主站计算的预期工作计数器值。主站可以通过将工作计数器值与期望值进行比较来校验 EtherCAT 数据报的有效处理。

如果成功读取或写入整个多字节数据报中至少一个字节或一位,则工作计数器值增加。对于多字节数据报,如果成功读取或写入了所有字节或仅一个字节,则无法从工作计数器值中获知。这允许通过忽略未使用的字节来使用单个数据报读取分散的寄存器值区域。

Read-Multiple-Write 可命令 ARMW 和 FRMW 被视为类似读命令或者写命令,具体取决于地址匹配。

5. EtherCAT 命令类型

EtherCAT 命令类型如表 7-5 所示,表中列出了所有支持的 EtherCAT 命令类型。对于读/写(Read/Write)操作,读操作在写操作之前执行。

表 7-5　EtherCAT 命令类型

命令	缩写	名　称	描　述
0	NOP	无操作	从站忽略命令
1	APRD	自动递增读取	从站递增地址。如果接收的地址为零,则从站将读取的数据放入 EtherCAT 数据报
2	APWR	自动递增写入	从站递增地址。如果接收的地址为零,则从站将数据写入存储器位置
3	APRW	自动递增读写	从站递增地址。从站将读取的数据放入 EtherCAT 数据报,并在接收到的地址为零时将数据写入相同的存储单元
4	FPRD	配置地址读取	如果地址与其配置的地址之一相匹配,则从站将读取的数据放入 EtherCAT 数据报
5	FPWR	配置地址写入	如果地址与其配置的地址之一相匹配,则从站将数据写入存储器位置
6	FPRW	配置地址读写	如果地址与其配置的地址之一相匹配,则从站将读取的数据放入 EtherCAT 数据报并将数据写入相同的存储器位置
7	BRD	广播读取	所有从站将存储区数据和 EtherCAT 数据报数据的逻辑或放入 EtherCAT 数据报。所有从站增加位置字段
8	BWR	广播写入	所有从站都将数据写入内存位置。所有从站增加位置字段
9	BRW	广播读写	所有从站将存储区数据和 EtherCAT 数据报数据的逻辑或放入 EtherCAT 数据报,并将数据写入存储单元。通常不使用 BRW。所有的从站增加位置字段
10	LRD	逻辑内存读取	如果接收的地址与配置的 FMMU 读取区域之一匹配,则从站将读取的数据放入 EtherCAT 数据报
11	LWR	逻辑内存写入	如果接收的地址与配置的 FMMU 写入区域之一匹配,则从站将数据写入存储器位置
12	LRW	逻辑内存读写	如果接收到的地址与配置的 FMMU 读取区域之一匹配,则从站将读取的数据放入 EtherCAT 数据报。如果接收的地址与配置的 FMMU 写入区域之一匹配,则从站将数据写入存储器位置
13	ARMW	自动递增多次读写	从站递增地址。如果接收的地址为零,则从站将读取的数据放入 EtherCAT 数据报,否则从站将数据写入存储器位置

续表

命令	缩写	名　称	描　述
14	FRMW	配置多次读写	如果地址与配置的地址之一相匹配,则从站将读取的数据放入 EtherCAT 数据报,否则从站将数据写入存储器位置
15~255	—	保留	—

6. UDP/IP

EtherCAT 从站控制器评估 UDP/IP 头字段,用以检测封装在 UDP/IP 中的 EtherCAT 帧,如表 7-6 所示。

表 7-6　EtherCAT UDP/IP 封装

字　段	EtherCAT 预期值
以太类型	0x0800（IP）
IP 版本	4
IP 报头长度	5
IP 协议	0x11（UDP）
UDP 目的端口	0x88A4

如果未评估 IP 和 UDP 头字段,则不检查其他所有字段,且不检查 UDP 校验和。

由于 EtherCAT 帧是即时处理的,因此在修改帧内容时,ESC 无法更新 UDP 校验和。相反,EtherCAT 从站控制器可清除任何 EtherCAT 帧的 UDP 校验和(不管 DL 控制寄存器 0x0100[0]如何设置),这表明校验和未被使用。如果 DL 控制寄存器 0x0100[0]＝0,则在不修改非 EtherCAT 帧的情况下转发 UDP 校验和。

7.1.3　帧处理

ET1100、ET120、IP Core 和 ESC20 从站控制器仅支持直接寻址模式:既没有为 EtherCAT 从站控制器分配 MAC 地址,也没有为其分配 IP 地址,它们可使用任何 MAC 地址或 IP 地址处理 EtherCAT 帧。

在 EtherCAT 从站控制器之间或主站和第一个从站之间无法使用非托管交换机,因为源地址和目标 MAC 地址不由 EtherCAT 从站控制器评估或交换。使用默认设置时,仅修改源 MAC 地址,因此主站可以区分传出帧和传入帧。这些帧由 EtherCAT 从站控制器即时处理,即它们不存储在 EtherCAT 从站控制器内。当比特通过 EtherCAT 从站控制器时读取和写入数据。最小化转发延迟以实现快速的循环。转发延迟由接收 FIFO 大小和 EtherCAT 处理单元延迟定义。可省略发送 FIFO 以减少延迟时间。

EtherCAT 从站控制器支持 EtherCAT、UDP/IP 和 VLAN 标记。处理包含 EtherCAT 数据报的 EtherCAT 帧和 UDP/IP 帧。具有 VLAN 标记的帧由 EtherCAT 从站控制器处理,忽略 VLAN 设置并且不修改 VLAN 标记。

通过 EtherCAT 处理单元的每个帧都改变源 MAC 地址(SOURCE_MAC[1]设置为 1,本地管理的地址)。这有助于区分主站发送的帧和主站接收的帧。

1. 循环控制和循环状态

EtherCAT 从站控制器的每个端口可以处于打开或关闭两种状态之一。

如果端口处于打开状态,则会在此端口将帧传输到其他 EtherCAT 从站控制器,并接收来自其他 EtherCAT 从站控制器的帧。关闭的端口不会与其他 EtherCAT 从站控制器交换帧,而是将帧从内部转发到下一个逻辑端口,直到到达一个打开的端口。

每个端口的循环状态可由主设备控制(EtherCAT 从站控制器的 DL 控制寄存器 0x0100)。EtherCAT 从站控制器支持四种循环控制模式,包括两种手动模式和两种自动模式。

1)手动打开

无论链接状态如何,端口都是打开的。如果没有链接,则传出的帧将丢失。

2)手动关闭

无论链接状态如何,端口都是关闭的。即使存在与传入帧的链接,也不会在此端口发送或接收任何帧。

3)自动

每个端口的环路状态由端口的链接状态决定。如果有链接,则循环打开,并在没有链接的情况下关闭循环。

4)自动关闭(手动打开)

根据链接状态关闭端口,即如果链路丢失,则将关闭循环(自动关闭);如果建立了链接,循环将不会自动打开,而是保持关闭(关闭等待状态)。通常,必须通过将循环配置再次写入 EtherCAT 从站控制器的 DL 控制寄存器 0x0100 来明确打开端口。该写访问必须通过不同的开放端口进入 ESC。

打开端口还有一个额外的回退选项:如果在自动关闭模式下从关闭端口的外部链路接收到有效的以太网帧,则在正确接收 CRC 后也会打开它,帧的内容不会被评估。

自动闭环状态转换如图 7-4 所示。主站再次将循环配置写入 DL 控制寄存器(通过另一个开放端口)或在此端口接收到有效的以太网帧。

如果端口可用,则 EtherCAT 从站控制器认为端口处于打开状态,即在配置中启用该端口,并满足以下条件之一。

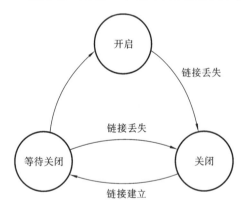

图 7-4　自动闭环状态转换

(1)DL 控制寄存器中的循环设置为自动,端口处有活动链接。

(2)DL 控制寄存器中的循环设置为自动关闭,端口处有活动链接,并且在建立链接后再次写入 DL 控制寄存器。

(3)DL 控制寄存器中的循环设置为自动关闭,并且端口处有活动链接,并且在建立链接后在此端口接收到有效帧。

(4)DL 控制寄存器中的循环设置始终打开。

如果满足下列条件之一,则认为端口已关闭。

(1)配置中的端口不可用或未启用。

（2）DL 控制寄存器中的循环设置为"自动"，端口处没有活动链接。

（3）DL 控制寄存器中的循环设置为自动关闭，端口处没有活动链接，或者在建立链接后未再次写入 DL 控制寄存器。

（4）DL 控制寄存器中的循环设置始终关闭。

如果所有端口都关闭（手动或自动），端口 0 将作为恢复端口打开。

环路控制和环路/链路状态寄存器描述如表 7-7 所示。

表 7-7　环路控制和环路/链路状态寄存器描述

寄 存 地 址	名　　称	描　　述
0x0100[15:8]	ESC DL 控制	循环控制/循环设置
0x0110[15:4]	ESC DL 状态	循环和链接状态
0x0518~0x051B	PHY Port 状态	PHY 链接状态管理

2．帧处理顺序

EtherCAT 从站控制器的帧处理顺序取决于端口数（使用逻辑端口号）。

经过包含 EtherCAT 处理单元的 EtherCAT 从站控制器的方向称为处理方向，不经过 EtherCAT 处理单元的其他方向称为转发方向。

未实现的端口与关闭端口的行为类似，帧被转发到下一个端口。

3．永久端口和桥接端口

EtherCAT 从站控制器的 EtherCAT 端口通常是永久端口，可在上电后直接使用。永久端口初始化配置为自动模式，即在建立链接后是打开的。此外，一些 EtherCAT 从站控制器支持 EtherCAT 桥接端口（端口 3），这些端口会在 SII EEPROM 中配置，如 PDI 接口。如果成功加载 EEPROM，则此桥接端口变得可用，并且初始化为关闭，即必须由 EtherCAT 主站明确打开（或设置为自动模式）。

4．寄存器写操作的镜像缓冲区

EtherCAT 从站控制器具有用于对寄存器（0x0000~0x0F7F）执行写操作的镜像缓冲区。在一个帧期间，写入数据被存储在镜像缓冲区中。如果同步管理器正确接收帧，则将镜像缓冲区的值传到有效寄存器。否则，镜像缓冲区的值不会被接管。由于这种行为，寄存器在收到 EtherCAT 帧的 FCS 后不久就会获取新值。在正确接收帧后，同步管理器也会更改镜像缓冲区。

用户和过程内存没有镜像缓冲区，对这些区域的访问会直接生效。如果将同步管理器配置为用户存储器或过程存储器，则写入的数据将被放入存储器中，但如果发生错误，镜像缓冲区将不会更改。

5．循环帧

EtherCAT 从站控制器包含一种防止循环帧的机制。这种机制对于实现正确的 WDT 功能非常重要。

循环帧如图 7-5 所示。这是从站 1 和从站 2 之间链路故障的示例网络。

从站 1 和从站 2 都检测到链路故障并关闭其端口（从站 1 的端口 1 和从站 2 的端口 0）。当前通过从站 2 右侧环的帧可能开始循环。如果这样的帧包含输出数据，它可能会触发 EtherCAT 从站控制器的内置 WDT，因此 WDT 永远不会过期，尽管 Ether-

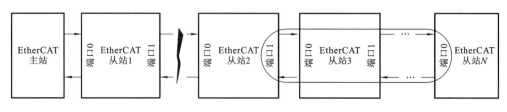

图 7-5 循环帧

CAT 主站不能再更新输出。

为防止出现这种情况,在端口 0 闭环并且端口 0 的循环控制设置为自动或自动关闭(EtherCAT 从站控制器 DL 控制寄存器 0x0100)的从站将在 EtherCAT 处理单元中执行以下操作。

(1) 如果 EtherCAT 数据报的循环位为 0,则循环位设置为 1。

(2) 如果循环位为 1,则不处理帧并将其销毁。

该操作导致循环帧被检测和销毁。由于 EtherCAT 从站控制器不存储用于处理的帧,因此帧的片段仍将循环触发链接/活动 LED。然而,该片段不会被处理。

循环帧禁止导致所有帧被丢弃的情况如图 7-6 所示。

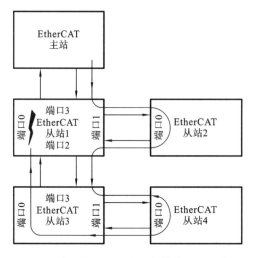

图 7-6 循环帧禁止导致所有帧被丢弃的情况

由于循环帧被禁止,端口 0 不能故意不链接(从属硬件或拓扑)。所有帧在第二次通过自动关闭的端口 0 后将被丢弃,这可以禁止任何 EtherCAT 通信。

由于没有链接任何内容,从站 1 和 3 的端口 0 自动关闭。在从站 3、从站 1 检测到这种情况并销毁该帧时,每个帧的循环位被置位。

在冗余操作中,只有一个端口 0 自动关闭,因此通信保持活动状态。

6. 非 EtherCAT 协议

如果使用非 EtherCAT 协议,则 EtherCAT 从站控制器的 DL 控制寄存器 0x0100 中的转发规则必须设置为转发非 EtherCAT 协议,否则会被 EtherCAT 从站控制器销毁。

7. 端口 0 的特殊功能

与端口 1、端口 2 和端口 3 相比,每个 EtherCAT 的端口 0 具有一些以下特殊功能。

（1）端口 0 通向主站，即端口 0 是上游端口，所有其他端口（端口 1～3）是下游端口（除非发生错误且网络处于冗余模式）。

（2）端口 0 的链路状态影响循环帧位，如果该位被置位且链路设置为自动关闭，帧将在端口 0 处丢弃。

（3）如果所有端口都关闭（自动或手动），则端口 0 循环状态打开。

（4）使用标准 EBUS 链接检测时，端口 0 具有特殊行为。

7.1.4　FMMU

现场总线存储器管理单元（FMMU）通过内部地址映射将逻辑地址转换为物理地址。因此，FMMU 允许对跨越多个从设备的数据段使用逻辑寻址：一个数据报寻址几个任意分布的 EtherCAT 从站控制器内的数据。每个 FMMU 通道将一个连续的逻辑地址空间映射到从站的一个连续物理地址空间。EtherCAT 从站控制器的 FMMU 支持逐位映射，支持的 FMMU 数量取决于 EtherCAT 从站控制器。FMMU 支持的访问类型可配置为读、写或读写。

7.1.5　同步管理器

EtherCAT 从站控制器的存储器可用于在 EtherCAT 主站和本地应用程序（在连接到 PDI 的微控制器上）之间交换数据，而没有任何限制。像这样使用内存通信存在一些缺点，可以通过 EtherCAT 从站控制器内部的同步管理器来解决。

（1）不保证数据一致性。信号量必须以软件实现，以便使用协调的方式交换数据。

（2）不保证数据安全性。安全机制必须用软件实现。

（3）EtherCAT 主站和应用程序必须轮询内存，以便得知对方的访问在何时完成。

同步管理器可在 EtherCAT 主站和本地应用程序之间实现一致且安全的数据交换，并生成中断来通知双方发生数据更改。

同步管理器由 EtherCAT 主站配置。通信方向以及通信模式（缓冲模式和邮箱模式）是可配置的。同步管理器使用位于内存区域的缓冲区来交换数据。对此缓冲区的访问由同步管理器的硬件控制。

对缓冲区的访问必须从起始地址开始，否则拒绝访问。访问起始地址后，整个缓冲区甚至起始地址可以作为一个整体或几个行程再次访问。通过访问结束地址完成对缓冲区的访问，之后缓冲区状态会发生变化，并生成中断或 WDT 触发脉冲（如果已配置）。结束地址不能在一帧内访问两次。

同步管理器支持两种通信模式。

1. 缓冲模式

缓冲模式允许双方（EtherCAT 主站和本地应用程序）随时访问通信缓冲区。消费者可以获得由生产者写入的最新的缓冲区内容，生产者可以更新缓冲区的内容。如果缓冲区的写入速度比读取的速度快，则会丢弃旧数据。

缓冲模式通常用于循环过程数据。

2. 邮箱模式

邮箱模式以握手机制实现数据交换，因此不会丢失数据。每一方（EtherCAT 主站或本地应用程序)只有在另一方完成访问后才能访问缓冲区。首先,生产者写入缓冲区。然后,锁定缓冲区的写入直到消费者将其读取。之后,生产者再次拥有写入访问权限,同时消费者缓冲区被锁定。

邮箱模式通常用于应用程序层协议。

仅当帧的 FCS 正确时,同步管理器才接受由主机引起的缓冲区更改,因此,缓冲区更改将在帧结束后不久生效。

同步管理器的配置寄存器位于寄存器地址 0x0800 处。

EtherCAT 从站控制器具有以下主要功能。

(1)集成数据帧转发处理单元,通信性能不受从站微处理器性能的限制。每个 EtherCAT 从站控制器最多可以提供 4 个数据收发端口;主站发送 EtherCAT 数据帧操作被 EtherCAT 从站控制器称为 ECAT 帧操作。

(2)最大 64 KB 的双端口存储器 DPRAM 存储空间,其中包括 4 KB 的寄存器空间和 1~60 KB 的用户数据区,DPRAM 可以由外部微处理器使用并行或串行数据总线访问,访问 DPRAM 的接口称为物理设备接口(physical device interface,PDI)。

(3)可以不用微处理器控制,作为数字输入/输出芯片独立运行,具有通信状态机处理功能,最多提供 32 位数字输入/输出。

(4)具有 FMMU 逻辑地址映射功能,提高数据帧利用率。

(5)由存储同步管理器通道管理 DPRAM,保证了应用数据的一致性和安全性。

(6)集成分布式时钟(distribute clock,DC)功能,为微处理器提供高精度的中断信号。

(7)具有 EEPROM 访问功能,存储 EtherCAT 从站控制器和应用配置参数,定义从站信息接口(slave information interface,SII)。

7.2 EtherCAT 从站控制器的 BECKHOFF 解决方案

7.2.1 BECKHOFF 提供的 EtherCAT 从站控制器

德国 BECKHOFF 自动化有限公司提供的 EtherCAT 从站控制器包括 ASIC 芯片和 IP-Core。常用的 EtherCAT 从站控制器有 ET1100 和 ET1200。

用户也可以使用 IP-Core 将 EtherCAT 通信功能集成到设备控制 FPGA 中,并根据需要配置功能和规模。IP-Core 的 ET18xx 使用 Altera 公司 Cyclone 系列 FPGA。

7.2.2 EtherCAT 从站控制器存储空间

EtherCAT 从站控制器具有 64 KB 的 DPRAM 地址空间,前 4 KB(0x0000~0x0FFF)地址空间为寄存器空间。0x1000~0xFFFF 地址空间为过程数据存储空间,不同的芯片类型所包含的过程数据空间有所不同,EtherCAT 从站控制器内部存储空间如图 7-7 所示。

0x0000~0x0F7F 的寄存器具有缓存区,EtherCAT 从站控制器在接收到一个写寄存器操作数据帧时,数据首先存放在缓存区。如果确认数据帧接收正确,缓存区中的数值将被传输到真正的寄存器中,否则不接收缓存区中的数据。

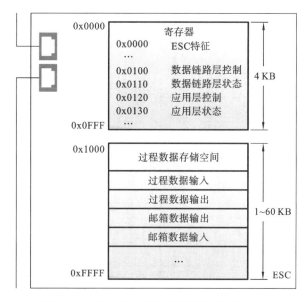

图 7-7 EtherCAT 从站控制器内部存储空间

也就是说,寄存器内容在正确接收到 EtherCAT 数据帧的 FCS 之后才被刷新。用户和过程数据存储区没有缓存区,所以写操作将立即生效。如果数据帧接收错误,EtherCAT 从站控制器将不向上层应用控制程序通知存储区数据的改变。EtherCAT 从站控制器的存储空间分配如表 7-8 所示。

表 7-8 EtherCAT 从站控制器的存储空间分配

功能结构	地　址	数据长度（字节）	描　述	读/写	
				ECAT 帧	PDI
ESC 信息	0x0000	1	类型	R	R
	0x0001	1	版本号	R	R
	0x0002～0x0003	2	内部标号	R	R
	0x0004	1	FMMU 数	R	R
	0x0005	1	SM 通道数	R	R
	0x0006	1	RAM 容量	R	R
	0x0007	1	端口描述	R	R
	0x0008～0x0009	2	特性	R	R
站点地址	0x0010～0x0010	2	配置站点地址	R/W	R
	0x0012～0x0013	2	配置站点别名	R	R/W
写保护	0x0020	1	寄存器写使能	W	—
	0x0021	1	寄存器写保护	R/W	R
	0x0030	1	写使能	W	—
	0x0031	1	写保护	R/W	R
ESC 复位	0x0040	1	复位控制	R/W	R

功能结构	地　　址	数据长度（字节）	描　　述	读/写 ECAT 帧	PDI
数据链路层	0x0100～0x0103	4	数据链路控制	R/W	R
	0x0108～0x0109	2	物理读/写偏移	R/W	R
	0x0110～0x0111	2	数据链路状态	R	R
应用层	0x0120～0x0121	2	应用层控制	R/W	R
	0x0130～0x0131	2	应用层状态	R	R/W
	0x0134～0x0135	2	应用层状态码	R	R/W
物理设备接口	0x0140～0x0141	2	PDI 控制	R	R
	0x0150	1	PDI 配置	R	R
	0x0151	1	SYNC/LATCH 接口配置	R	R
	0x0152～0x0153	2	扩展 PDI 配置	R	R
中断控制	0x0200～0x0201	2	ECAT 中断屏蔽	R/W	R
	0x0204～0x0207	4	应用层中断事件屏蔽	R	R/W
	0x0210～0x0211	2	ECAT 中断请求	R	R
	0x0220～0x0223	4	应用层中断事件请求	R	R
错误计数器	0x0300～0x0307	4×2	接收错误计数器	R/W (clr)	R
	0x0308～0x030B	4	转发接收错误计数器	R/W (clr)	R
	0x030C	1	ECAT 处理单元错误计数器	R/W (clr)	R
	0x0300	1	PDI 错误计数器	R/W (clr)	R
	0x0310～0x0313	4	链接丢失计数器	R/W (clr)	R
WDT 设置	0x0400～0x0401	2	WDT 分频器	R/W	R
	0x0410～0x0411	2	PDI WDT 定时器	R/W	R
	0x0420～0x0421	2	过程数据 WDT 定时器	R/W	R
	0x0440～0x0441	2	过程数据 WDT 状态	R	R
	0x0442	1	过程数据 WDT 超时计数器	R/W (clr)	R
	0x0443	1	PDI WDT 超时计数器	R/W (clr)	R
EEPROM 控制接口	0x0500	1	EEPROM 配置	R/W	R
	0x0501	1	EEPROM PDI 访问状态	R	R/W
	0x0502～0x0503	2	EEPROM 控制/状态	R/W	R/W
	0x0504～0x0507	4	EEPROM 地址	R/W	R/W
	0x0508～0x050F	8	EEPROM 数据	R/W	R/W

功能结构	地 址	数据长度 （字节）	描 述	读/写	
				ECAT 帧	PDI
MII 管理接口	0x0510～0x0511	2	MII 管理控制/状态	R/W	R/W
	0x0512	1	PHY 地址	R/W	R/W
	0x0513	1	PHY 寄存器地址	R/W	R/W
	0x0514～0x0515	2	PHY 数据	R/W	R/W
	0x0516	1	MII 管理 ECAT 操作状态	R/W	R
	0x0517	1	MII 管理 PDI 操作状态	R/W	R/W
	0x0518～0x051B	4	PHY 端口状态	R	R
FMMU 配置寄存器	0x0600～0x06FF	16×16	FMMU[15:0]	—	—
	＋0x0:0x3	4	逻辑起始地址	R/W	R
	＋0x4:0x5	2	长度	R/W	R
	＋0x6	1	逻辑起始位	R/W	R
	＋0x7	1	逻辑停止位	R/W	R
	＋0x8:0x9	2	物理起始地址	R/W	R
	＋0xA	1	物理起始位	R/W	R
	＋0xB	1	FMMU 类型	R/W	R
	＋0xC	1	FMMU 激活	R/W	R
	＋0xD:xF	3	保留	R	R
SM 通道 配置寄存器	0x080～x087F	16×16	同步管理器 SM[15:0]	—	—
	＋0x0:0xl	2	物理起始地址	R/W	R
	＋0x2:0x3	2	长度	R/W	R
	＋0x4	1	SM 通道控制寄存器	R/W	R
	＋0x5	1	SM 通道状态寄存器	R	R
	＋0x6	1	激活	R/W	R
	＋0x7	1	PDI 控制	R	R/W
分布式时钟 DC 控制寄存器	0x0900～x09FF		分布式时钟 DC 控制	—	—
DC 接收时间	0x0900～0x0903	4	端口 0 接收时间	R/W	R
	0x0904～0x0907	4	端口 1 接收时间	R	R
	0x0908～0x090B	4	端口 2 接收时间	R	R
	0x090C～0x090F	4	端口 3 接收时间	R	R

功能结构	地　　址	数据长度（字节）	描　　述	读/写 ECAT 帧	读/写 PDI
DC 时钟控制环单元	0x0910～0x0917	4/8	系统时间	R/W	R/W
	0x0918～0x091F	4/8	数据帧处理单元接收时间	R	R
	0x0920～0x0927	4	系统时间偏移	R/W	R/W
	0x0928～0x092B	4	系统时间延迟	R/W	R/W
	0x092C～0x092F	4	系统时间漂移	R	R
	0x0930～0x0931	2	—	R/W	R/W
	0x0932～0x0933	2	—	R	R
	0x0934	1	系统时差滤波深度	R/W	R/W
	0x0935	1	—	R/W	R/W
DC 周期性单元控制	0x0980	1	周期单元控制	R/W	R
DC SYNC 输出单元	0x0981	1	激活	R/W	R/W
	0x0982～0x0983	2	SYNC 信号脉冲宽度	R	R
	0x098E	1	SYNC0 信号状态	R	R
	0x098F	1	SYNC1 信号状态	R	R
	0x0990～0x0997	4/8	周期性运行开始时间/下一个 SYNC0 脉冲时间	R/W	R/W
	0x0998～0x099F	4/8	下一个 SYNC1 脉冲时间	R	R
	0x09A0～0x09A3	4	SYNC0 周期时间	R/W	R/W
	0x09A4～0x09A7	4	SYNC1 周期时间	R/W	R/W
DC 锁存单元	0x09A8	1	Latch0 控制	R/W	R/W
	0x09A9	1	Latch1 控制	R/W	R/W
	0x09AE	1	Latoh0 状态	R	R
	0x09AF	1	Latch1 状态	R	R
	0x09B0～0x09B7	4/8	Latch0 上升沿时间	R	R
	0x09B8～0x09BF	4/8	Latch0 下降沿时间	R	R
	0x09C0～0x09C7	4/8	Latch1 上升沿时间	R	R
	0x09C8～0x09CF	4/8	Latch1 下降沿时间	R	R
DC SM 时间	0x09F0～0x09F3	4	EtherCAT 缓存改变事件时间	R	R
	0x09F8～0x09FB	4	PDI 缓存开始事件时间	R	R
	0x09FC～0x09FF	4	PDI 缓存改变事件时间	R	R
ESC 特征寄存器	0xE000～0x0EFF	256	ESC 特征寄存器，如上电值,产品和厂商的 ID	—	—

续表

功能结构	地　　址	数据长度（字节）	描　　述	读/写	
				ECAT 帧	PDI
数字输入和输出	0x0F00～0x0F03	4	数字 I/O 输出数据	R/W	R
	0x0F10～0x0F17	1～8	通用功能输出数据	R/W	R/W
	0x0F18～0x0F1F	1～8	通用功能输入数据	R	R
用户 RAM/扩展 ESC 特性	0x0F80～0x0FFF	128	用户 RAM/扩展 ESC 特性	R/W	R/W
过程数据 RAM	0x1000～0x1003	4	数字 I/O 输入数据	R/W	R/W
	0x1000～0xFFFF	8 k	过程数据 RAM	R/W	R/W

7.2.3　EtherCAT 从站控制器特征信息

EtherCAT 从站控制器的寄存器空间的前 10 字节表示其基本配置性能，可以通过读取这些寄存器的值而获取 EtherCAT 从站控制器的类型和功能，EtherCAT 从站控制器的特征寄存器如表 7-9 所示。

表 7-9　EtherCAT 从站控制器的特征寄存器

地　　址	位	名　　称	描　　述	复　位　值
0x0000	0～7	类型	芯片类型	ET1100:0x11; ET1200:0x12
0x0001	0～7	修订号	芯片版本修订号。 IP Core:主版本号 X	ESC 相关
0x0002～0x0003	0～15	内部版本号	内部版本号。 IP Core:[7:4]=子版本号 Y; 　　　　[3:0]=维护版本号 Z	ESC 相关
0x0004	0～7	FMMU 支持	FMMU 通道数目	IP Core:可配置; ET1100:8; ET1200:3
0x0005	0～7	SM 通道支持	SM 通道数目	IP Core:可配置; ET1100:8; ET1200:4
0x0006	0～7	RAM 容量	过程数据存储区容量,以 KB 为单位	IP Core:可配置; ET1100:8; ET1200:1
0x0007	0～7	端口配置	4 个物理端口的用途	ESC 相关
0x0008～0x0009	1:0	Port 0	00:没有实现; 01:没有配置; 10:EBUS; 11:MII	—
	3:2	Port 1		
	5:4	Port 2		
	7:6	Port 3		

续表

地　　址	位	名　　称	描　　述	复　位　值
0x0008～0x0009	0	FMMU 操作	0:按位映射; 1:按字节映射	0
	1	保留	—	—
	2	分布式时钟	0:不支持; 1:支持	IP Core:可配置; ET1100:1; ET1200:1
	3	时钟容量	0:32 位; 1:64 位	ET1100:1; ET1200:1; 其他:0
	4	低抖动 EBUS	0:不支持,标准 EBUS; 1:支持,抖动最小化	ET1100:1; ET1200:1; 其他:0
	5	增强的 EBUS 链接检测	0:不支持; 1:支持,如果在过去的 256 位中发现超过 16 个错误,则关闭链接	ET1100:1; ET1200:1; 其他:0
	6	增强的 MII 链接检测	0:不支持; 1:支持,如果在过去的 256 位中发现超过 16 个错误,则关闭链接	ET1100:1; ET1200:1; 其他:0
	7	分别处理 FCS 错误	0:不支持; 1:支持	ET1100:1; ET1200:1; 其他:0
	8～15	保留	—	—

7.3　EtherCAT 从站控制器 ET1100

7.3.1　ET1100 概述

ET1100 是一种 EtherCAT 从站控制器(ESC)。它将 EtherCAT 通信作为 Ether-CAT 现场总线和从站之间的接口进行处理。它有 4 个数据收发端口、8 个 FMMU 单元、8 个 SM 通道、4 KB 控制寄存器、8 KB 过程数据存储器,支持 64 位的分布式时钟功能。

ET1100 可支持多种应用。例如,它可以直接作为 32 位数字输入/输出站点,且无需使用分布式时钟的外部逻辑,或作为拥有多达 4 个 EtherCAT 通信端口的复杂微控制器设计的一部分。

ET1100 的主要特征如表 7-10 所示。

表 7-10 ET1100 的主要特征

特 征	ET1100
端口	2～4 个端口(配置为 EBUS 接口或 MII 接口)
FMMU 单元	8 个
SM	8 个
RAM	8 KB
分布式时钟	支持,64 位(具有 SII EEPROM 配置的省电选项)
过程数据接口	32 位数字输入/输出(单向/双向); SPI slave; 8/16 位异步/同步微控制器
电源	用于逻辑内核/PLL 的集成稳压器(LDO),用于逻辑内核/PLL 的可选外部电源
I/O	3.3 V 兼容 I/O
封装	BAG128 封装(10×10 mm^3)
其他特征	内部 1 GHz PLL; 外部设备的时钟输出(10 MHz、20 MHz 和 25 MHz)

EtherCAT 从站控制器 ET1100 的功能框图如图 7-8 所示。

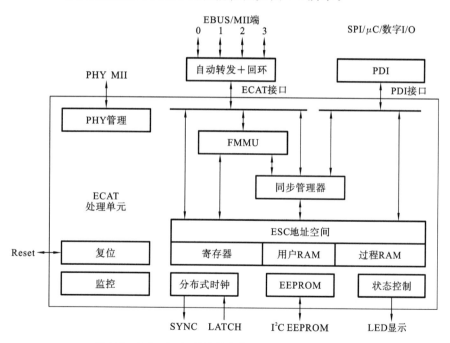

图 7-8 EtherCAT 从站控制器 ET1100 的功能框图

EtherCAT 从站控制器有 64 KB 的地址空间。第一个 4 KB 的块(0x0000: 0x0FFF)专用于寄存器。过程数据 RAM 从地址 0x1000 开始,其大小为 8 KB(结束地址为 0x2FFF)。

ET1100 存储空间描述符号说明如表 7-11 所示。

表 7-11   ET1100 存储空间描述符号说明

符号	描 述	ET1100 EEPROM 配置
x	可用	—
—	不可用	—
SL	DC SYNC Out 单元和/或 Latch In 单元使能	0x0000[10]＝1，或 0x0000[11]＝1
S	DC SYNC Out 单元使能	0x0000[10]＝1
L	DC Latch In 单元使能	0x0000[11]＝1
io	若数字 I/O 过程数据接口已选则可用	—

ET1100 存储空间描述如表 7-12 所示。

表 7-12   ET1100 存储空间描述

地 址	数据长度（字节）	描 述	ET1100
0x0000	1	类型	x
0x0001	1	版本号	x
0x0002～0x0003	2	内部标号	x
0x0004	1	支持的 FMMU 数	x
0x0005	1	SM 通道数	x
0x0006	1	RAM 容量	x
0x0007	1	端口描述	x
0x0008～0x0009	2	特性	x
0x0010～0x0011	2	配置站点地址	x
0x0012～0x0013	2	配置站点别名	x
0x0020	1	寄存器写使能	x
0x0021	1	寄存器写保护	x
0x0030	1	ESC 写使能	x
0x0031	1	ESC 写保护	x
0x0040	1	ESC 复位 EtherCAT	x
0x0041	1	ESC 复位过程数据接口	—
0x0100～0x0101	2	ESC 数据链路控制	x
0x0102～0x0103	2	拓展 ESC 数据链路控制	x
0x0108～0x0109	2	物理读/写偏移	x
0x0110～0x0111	2	数据链路状态	x
0x0120	5 位[4:0]	应用层控制	x
0x0120～0x0121	2	应用层控制	x
0x0130	5 位[4:0]	应用层状态	x

续表

地　　　址	数据长度（字节）	描　　　述	ET1100
0x0130～0x0131	2	应用层状态	x
0x0134～0x0135	2	应用层状态码	x
0x0138	1	运行指示灯（RUN LED）覆盖	—
0x0139	1	错误指示灯（ERR LED）覆盖	—
0x0140	1	PDI 控制	x
0x0141	1	ESC 配置	x
0x014E～0x014F	2	PDI 信息	—
0x0150	1	PDI 配置	x
0x0151	1	Sync/Latch 接口配置	x
0x0152～0x0153	2	拓展 PDI 配置	x
0x0200～0x0201	2	ECAT 中断屏蔽	x
0x0204～0x0207	4	应用层中断事件屏蔽	x
0x0210～0x0211	2	ECAT 中断请求	x
0x0220～0x0223	4	应用层中断事件请求	x
0x0300～0x0307	4×2	接收错误计数器	x
0x0308～0x030B	4×1	转发接收错误计数器	x
0x030C	1	ECAT 处理单元错误计数器	x
0x030D	1	PDI 错误计数器	x
0x030E	1	PDI 错误码	—
0x0310～0x0313	4×1	链接丢失计数器[3:0]	x
0x0400～0x0401	2	WDT 分频器	x
0x0410～0x0411	2	PDI WDT 定时器	x
0x0420～0x0421	2	过程数据 WDT 定时器	x
0x0440～0x0441	2	过程数据 WDT 状态	x
0x0442	1	过程数据 WDT 超时计数器	x
0x0443	1	PDI WDT 超时计数器	x
0x0500～0x050F	16	EEPROM 控制接口	x
0x0510～0x0515	6	MII 管理接口	x
0x0516～0x0517	2	MII 管理操作状态	—
0x0518～0x051B	3	PHY 端口状态[3:0]	—
0x0600～0x06FC	16×13	FMMU[15:0]	8
0x0800～0x087F	16×8	同步管理器 SM[15:0]	8

地　　址	数据长度（字节）	描　　述	ET1100
0x0900～0x090F	4×4	DC 接收时间	x
0x0910～0x0917	8	DC 系统时间	SL
0x0918～0x091F	8	DC 数据帧处理单元接收时间	SL
0x0920～0x0927	8	DC 系统时间偏移	SL
0x0928～0x092B	4	DC 系统时间延迟	SL
0x092C～0x092F	4	DC 系统时间漂移	SL
0x0930～0x0931	2	DC 速度寄存器起始	SL
0x0932～0x0933	2	DC 速度寄存器偏移	SL
0x0934	1	DC 系统时间偏移过滤深度	SL
0x0935	1	DC 速度寄存器过滤深度	SL
0x0936	1	DC 接收时间 Latch 模式	—
0x0980	1	DC 周期单元控制	S
0x0981	1	DC 激活	S
0x0982～0x0983	2	DC-SYNC 信号脉冲宽度	S
0x0984	1	DC 激活状态	—
0x098E	1	DC-SYNC0 状态	S
0x098F	1	DC-SYNC1 状态	S
0x0990～0x099F	8	DC-周期性运行开始时间/下个 SYNC0 脉冲时间	S
0x0998～0x099F	8	DC 下一个 SYNC1 脉冲时间	S
0x09A0～0x09A3	4	DC-SYNC0 周期时间	S
0x09A4～0x09A7	4	DC-SYNC1 周期时间	S
0x09A8	1	DC-Latch0 控制	L
0x09A9	1	DC-Latch1 控制	L
0x09AE	1	DC-Latch0 控制	L
0x09AF	1	DC-Latch1 控制	L
0x09B0～0x09B7	8	DC-Latch0 上升沿时间	L
0x09B8～0x09BF	8	DC-Latch0 下降沿时间	L
0x09C0～0x09C7	8	DC-Latch1 上升沿时间	L
0x09C7～0x09CF	8	DC-Latch1 下降沿时间	L
0x09F0～0x09F3	4	DC-EtherCAT 缓存改变事件时间	SL
0x09F8～0x09FB	4	DC-PDI 缓存开始事件时间	SL
0x09FC～0x09FF	4	DC-PDI 缓存改变事件时间	SL
0x0E00～0x0E03	4	上电值[位]	16

续表

地　　址	数据长度(字节)	描　　述	ET1100
0x0E00～0x0E07	8	产品 ID	—
0x0E08～0x0E0F	8	供应商 ID	—
0x0E10	1	ESC 健康状态	—
0x0F00～0x0F03	4	数字 I/O 输出数据	x
0x0F10～0x0F17	8	通用功能输出数据	2
0x0F18～0x0F1F	8	通用功能输入数据	2
0x0F80～0x0FFF	128	用户 RAM	x
0x1000～0x1003	4	数字 I/O 输入数据	io
0x1000～0xFFFF	8 k	过程数据 RAM[kbyte]	—

7.3.2　ET1100 引脚介绍

输入引脚不应保持开路/悬空状态,未使用外部或内部上拉/下拉电阻的未用输入引脚(用方向 UI 表示)不应保持在打开状态,如应用允许,应下拉未用的配置引脚。当使用双向数字 I/O 时,注意 PDI [39:0]区域中的配置信号。未用的 PDI [39:0]输入引脚应下拉,所有其他输入引脚可直接连接到 GND。

上拉电阻必须连接到 $V_{cc\,I/O}$,而不能连接到不同的电源。否则,只要 $V_{cc\,I/O}$ 低于另一个电源,ET1100 就可以通过电阻和内部钳位二极管供电。

1. ET1100 引脚分布

ET1100 采用 BGA128 封装,其引脚分布如图 7-9 所示,共有 128 个引脚。

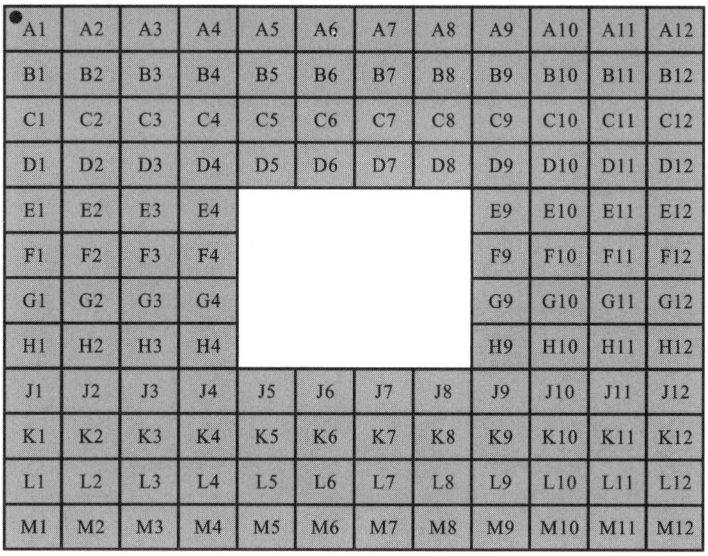

图 7-9　ET1100 引脚分布

ET1100 引脚信号如表 7-13 所示,列出了 ET1100 的所有功能引脚,按照功能复用分类,包括 PDI 接口引脚、ECAT 帧接口引脚、芯片配置引脚和其他功能引脚。

表 7-13　ET1100 引脚信号

分类 引脚号	PDI 接口				ECAT 帧接口		芯片 配置	其 他 功 能
	PDI 编号	I/O 接口	MCI 接口	SPI 接口	MII 接口	EBUS 接口		
D12	PDI[0]	I/O[0]	/CS	SPI_CLK	—	—	—	—
D11	PDI[1]	I/O[1]	/RD(/TS)	SPI_SEL	—	—	—	—
C12	PDI[2]	I/O[2]	/WR (RD/nWR)	SPI_DI	—	—	—	—
C11	PDI[3]	I/O[3]	/BUSY(/TA)	SPI_DO	—	—	—	—
B12	PDI[4]	I/O[4]	/IRQ	SPI_IRQ	—	—	—	—
C10	PDI[5]	I/O[5]	/BHE	—	—	—	—	—
A12	PDI[6]	I/O[6]	EEPROM_ Loaded	EEPROM_ Loaded	—	—	—	—
B11	PDI[7]	I/O[7]	ADR[15]	—	—	—	—	CPU_CLK
A11	PDI[8]	I/O[8]	ADR[14]	GPO[0]	—	—	—	SOF*
B10	PDI[9]	I/O[9]	ADR[13]	GPO[1]	—	—	—	OE_EXT*
A10	PDI[10]	I/O[10]	ADR[12]	GPO[2]	—	—	—	OUTVALID*
C9	PDI[11]	I/O [11]	ADR[11]	GPO[3]	—	—	—	WD_TRIG*
A9	PDI[12]	I/O [12]	ADR[10]	GPI[0]	—	—	—	LATCH_IN*
B9	PDI[13]	I/O[13]	ADR[9]	GPI[1]	—	—	—	OE_CONF*
A8	PDI[14]	I/O[14]	ADR[8]	GPI[2]	—	—	—	EEPROM _ Loaded*
B8	PDI[15]	I/O[15]	ADR[7]	GPI[3]	—	—	—	—
A7	PDI[16]	I/O[16]	ADR[6]	GPO[4]	RX_ERR(3)	—	—	SOF*
B7	PDI[17]	I/O[17]	ADR[5]	GPO[5]	RX_CLK(3)	—	—	OE_EXT*
A6	PDI[18]	I/O[18)	ADR[4]	GPO[6]	RX_D(3)[0]	—	—	OUTVALID*
B6	PDI[19]	I/O[19]	ADR[3]	GPO[7]	RX_D(3)[2]	—	—	WD_TR1G*
A5	PDI[20]	I/O[20]	ADR[2]	GPI[4]	RXD_(3)[3]	—	—	LATCH_IN*
B5	PDI[21]	I/O[2l]	ADR[1]	GPI[5]	LINK_MII(3)	—	—	OE_CONF*
A4	PDI[22]	I/O[22]	ADR[0]	GPI[6]	TX_D(3)[3]	—	—	EEPROM_ Loaded*
B4	PDI[23]	I/O[23]	DATA[0]	GPI[7]	TX_D(3)[2]	—	—	—
A3	PDI[24]	I/O[24]	DATA[1]	GP0[8]	TX_D(3)[1]	EBUS(3)- TX−	—	—
B3	PDI[25]	I/O[25]	DATA[2]	GPO[9]	TX_D(3)[0]	—	—	—
A2	PDI[26]	I/O[26]	DATA[3]	GPO[10]	TX_ENA(3)	EBUS(3)- TX+	—	—
A1	PDI[27]	I/O[27]	DATA[4]	GPO[11]	RX_DV(3)	EBUS(3)- RX−	—	—
B2	PDI[28]	I/O[28]	DATA[5]	GPI[8]	Err(3)/ Trans(3)	Err(3)	RESET_ VED	—

续表

分类 引脚号	PDI 接口				ECAT 帧接口		芯片 配置	其 他 功 能
	PDI 编号	I/O 接口	MCI 接口	SPI 接口	MII 接口	EBUS 接口		
B1	PDI[29]	I/O[29]	DATA[6]	GPI[9]	RX_D(3)[1]	EBUS(3)- RX+	—	—
C2	PDI[30]	I/O[30]	DATA[7]	GPI[10]	LinkACT(3)	—	P_ CONF[3]	—
C1	PDI[31]	I/O[31]	—	GPI[11]	CLK25OUT2	—	—	—
D1	PDI[32]	SOF*	DATA[8]	GPO[12]	TX_D(2)[3]	—	—	—
D2	PDI[33]	OE_EXT*	DATA[9]	GPO[13]	TX_D(2)[2]	—	—	—
E2	PDI[34]	OUTV- ALID*	DATA[10]	GPO[14]	TX_D(2)[0]	—	CTRL_ STATUS_ MOVE	—
G1	PDI[35]	WD_TR1G*	DATA[11]	GPO[15]	RX_ERR(2)	—	—	—
G2	PDI[36]	LATCH_ JN*	DATA[12]	GPI[12]	RX_CLK(2)	—	—	—
H2	PDI[37]	OE_ OONF*	DATA[13]	GPI[13]	RX_D(2)[0]	—	—	—
J2	PDI[38]	EEPROM _Loaded*	DATA[14]	GPI[14]	RX_D(2)[2]	—	—	—
K1	PDI[39]	—	DATA[15]	GPI[15]	RX_D(2)[3]	—	—	—
F1	—	—	—	—	TX_ENA(2)	EBUS(2)- TX+	—	—
E1	—	—	—	—	TX_D(2)[1]	EBUS(2)- TX−	—	—
H1	—	—	—	—	RX_DV(2)	EBUS(2)- RX+	—	—
J1	—	—	—	—	RX_D(2)[1]	EBUS(2)- RX−	—	—
C3	—	—	—	—	Err(2)/ Trans(2)	Err(2)	PHYAD_ OFF	—
E3	—	—	—	—	LinkACT(2)	—	P_ CONF[2]	—
F2	—	—	—	—	LINK_MII(2)	CLK25- OUT1		CLK25OUT1
M3	—	—	—	—	TX_ENA(1)	EBUS(1)- TX+	—	—
L3	—	—	—	—	TX_D(1)[0]	—	TRANS_ MODE_ ENA	—
M2	—	—	—	—	TX_D(1)[1]	EBUS(1)- TX−	—	—

分类 引脚号	PDI 接口				ECAT 帧接口		芯片 配置	其 他 功 能
	PDI 编号	I/O 接口	MCI 接口	SPI 接口	MII 接口	EBUS 接口		
L2	—	—	—	—	TX_D(1)[2]	—	P_ MODE[0]	—
M1	—	—	—	—	TX_D(1)[3]	—	P_ MODE[1]	—
L4	—	—	—	—	RX_D(l)[0]	—	—	—
M5	—	—	—	—	RX_D(1)[1]	EBUS(1)- RX+	—	—
L5	—	—	—	—	RX_D(1)[2]	—	—	—
M6	—	—	—	—	RX_D(1)[3]	—	—	—
M4	—	—	—	—	RX_DV(1)	EBUS(1)- RX—	—	—
L6	—	—	—	—	RX_ERR(1)	—	—	—
K4	—	—	—	—	RX_CLK(1)	—	—	—
K3	—	—	—	—	LINK_ MH(1)	—	—	—
K2	—	—	—	—	Err(1)/ Trans(1)	Err(1)	CLK_ MODE[1]	—
L1	—	—	—	—	LinkACT(1)	LinkACT(1)	P_ CONF[1]	—
M9	—	—	—	—	TX_ENA(0)	EBUS(0)- TX+	—	—
L8	—	—	—	—	TX_D(0)[0]	—	C25_ENA	—
M8	—	—	—	—	TX_D(0)[1]	EBUS(0)- TX—	—	—
L7	—	—	—	—	TX_D(0)[2]	—	C25_ SHI[0]	—
M7	—	—	—	—	TX_D(0)[3]	—	C25_ SHI[1]	—
K10	—	—	—	—	RX_D(0)[0]	—	—	—
M12	—	—	—	—	RX_D(0)[1]	EBUS(0)- RX+	—	—
L11	—	—	—	—	RX_D(0)[2]	—	—	—
L12	—	—	—	—	RX_D(0)[3]	—	—	—
M11	—	—	—	—	RX_DV(0)	EBUS(0)- RX—	—	—
M10	—	—	—	—	RX_ERR(0)	—	—	—
L10	—	—	—	—	RX_CLK(0)	—	—	—
L9	—	—	—	—	LINK_MII(0)	—	—	—

续表

分类 引脚号	PDI 接口				ECAT 帧接口		芯片 配置	其 他 功 能
	PDI 编号	I/O 接口	MCI 接口	SPI 接口	MII 接口	EBUS 接口		
J11	—	—	—	—	Err(0)/ Tians(0)	Err(0)	CLK_ MODE[0]	—
J12	—	—	—	—	LinkACT(0)	LinkACT(0)	P_ CONF[0]	—
H11	—	—	—	—	—	—	EEPROM_ SIZE	RUN
G12	—	—	—	—	—	—	—	OSC_IN
F12	—	—	—	—	—	—	—	OSC_OUT
H12	—	—	—	—	—	—	—	RESET
C4	—	—	—	—	—	—	—	RBIAS
H3	—	—	—	—	—	—	—	TESTMODE
G11	—	—	—	—	—	—	—	EEPROM_CLK
F11	—	—	—	—	—	—	—	EEOROM_ DATA
K11	—	—	—	—	—	—	LINKPOL	MI_CLK
K12	—	—	—	—	—	—	—	MI_DATA
E11	—	—	—	—	—	—	—	SYNC/Latch[0]
E12	—	—	—	—	—	—	—	SYNC/Latch[1]

表 7-13 说明如下。

（1）表中带"＊"的引脚表示配置引脚 CTRL_STATUS_MOVE 可以分配 PD[23：16]或 PD[15:8]作为控制/状态信号。

（2）表中带"/"的引脚表示逻辑非，如/CS 引脚。

（3）RD/nWR 引脚中的"n"表示逻辑非。

ET1100 的供电引脚信号如表 7-14 所示。

表 7-14　ET1100 的供电引脚信号

引 脚 编 号	电 源 功 能
C5、D3、J3、K5、K8、J10、F10、D10、E9、F3、H9	$V_{CC\,I/O}$
D5、D4、J4、J4、J8、J9、F9、D9、H4、K9	$GND_{I/O}$
C6、K6、K7、C7	$V_{CC\,Core}$
D6、J6、J7、D7	GND_{Core}
G10	$V_{CC\,PLL}$
G9	GND_{PLL}
E4、G3、G4、E10、C8、H10、F4、D8	Res.

2. ET1100 的引脚功能

ET1100 的引脚功能描述如表 7-15 所示。

表 7-15 ET1100 的引脚功能描述

信　　号	类型	引脚方向	描　　述
C25_ENA	配置	输入	CLK25OUT2 使能
C25_SHI[1:0]	配置	输入	TX 移位：MII TX 信号的移位/相位补偿
CLK_MODE[1:0]	配置	输入	CPU_CLK 配置
CLK25OUT1/CLK25OUT2	MII	输出	EtherCAT PHY 的 25MHz 时钟源
CPU_CLK	PDI	输出	微控制器的时钟信号
CTRL_STATUS_MOVE	配置	输入	将数字 I/O 控制/状态信号移动到最后可用的 PDI 字节
EBUS(3:0)-RX−	EBUS	LI−	EBUS LVDS 接收信号−
EBUS(3:0)-RX+	EBUS	LI+	EBUS LVDS 接收信号+
EBUS(3:0)-TX−	EBUS	LO−	EBUS LVDS 发送信号−
EBUS(3:0)-TX+	EBUS	LO+	EBUS LVDS 发送信号+
EEPROM_CLK	EEPROM	双向	EEPROM I^2C 时钟
EEPROM_DATA	EEPROM	双向	EEPROM I^2C 数据
EEPROM_SIZE	配置	输入	EEPROM 大小配置
PERR(3:0)	LED	输出	端口接收错误 LED 输出（用于测试）
GND_{Core}	电源	—	Core 逻辑地
$GND_{I/O}$	电源	—	I/O 地
GND_{PLL}	电源	—	PLL 地
LINK_MII(3:0)	MII	输入	PHY 信号指示链路
LinkACT(3:0)	LED	输出	连接/激活 LED 输出
LINKPOL	配置	输入	LINK_MII(3:0)极性配置
MI_CLK	MII	输出	PHY 管理接口时钟
MI_DATA	MII	双向	PHY 管理接口数据
OSC_IN	时钟	输入	时钟源（晶体/振荡器）
OSC_OUT	时钟	输出	时钟源（晶体）
P_CONF(3:0)	配置	输入	逻辑端口的物理层
P_MODE[1:0]	配置	输入	物理端口数和相应的逻辑端口数
PDI[39:0]	PDI	双向	PDI 信号，取决于 EEPROM 内容
PHYAD_OFF	配置	输入	以太网 PHY 地址偏移
RBIAS	EBUS	—	用于 LVDS TX 电流调节的偏置电阻
Res.[7:0]	保留	输入	保留引脚
RESET	通用	双向	集电极开路复位输出/复位输入

续表

信　　号	类型	引脚方向	描　　述
RUN	LED	输出	运行由 AL 状态寄存器控制的 LED
RX_CLK(3:0)	MII	输入	MII 接收时钟
RX_D(3:0)[3:0]	MII	输入	MII 接收数据
RX_DV(3:0)	MII	输入	MII 接收数据有效
RX_ERR(3:0)	MII	输入	MII 接收错误
SYNC/LATCH[1:0]	DC	I/O	分布式时钟同步信号输出或锁存信号输入
TESTMODE	通用	输入	为测试保留,连接到 GND
TRANS(3:0)	MII	输入	MII 接口共享:使能共享端口
TRANS_MODE_ENA	配置	输入	使能 MII 接口共享(和 TRANS(3:0)信号)
TX_D(3:0)[3:0]	MII	输出	MII 发送数据
TX_ENA(3:0)	MII	输出	MII 发送使能
$V_{CC\,Core}$	电源	—	Core 逻辑电源
$V_{CC\,I/O}$	电源	—	I/O 电源
$V_{CC\,PLL}$	电源	—	PLL 电源

7.3.3　ET1100 的 PDI 信号

ET1100 的 PDI 信号描述如表 7-16 所示。

表 7-16　ET1100 的 PDI 信号描述

PDI	信　　号	引脚方向	描　　述
数字 I/O	EEPROM_LOADED	输出	PDI 已激活,EEPROM 已装载
	I/O[31:0]	输入/输出/双向	输入/输出或双向数据
	LATCH_IN	输入	外部数据锁存信号
	OE_CONF	输入	输出使能配置
	OE_EXT	输入	输出使能
	OUTVALID	输出	输出数据有效/输出事件
	SOF	输出	帧开始
	WD_TRIG	输出	WDT 触发器
SPI	EEPROM_LOADED	输出	PDI 已激活,EEPROM 已装载
	SPI_CLK	输入	SPI 时钟
	SPI_DI	输入	SPI 数据 MOSI
	SPI_DO	输出	SPI 数据 MISO
	SPI_IRQ	输出	SPI 中断
	SPI_SEL	输入	SPI 芯片选择

续表

PDI	信 号	引脚方向	描 述
异步微控制器	CS	输入	芯片选择
	BHE	输入	高位使能(仅16位微控制器接口)
	RD	输入	读命令
	WR	输入	写命令
	BUSY	输出	EtherCAT 设备忙
	IRQ	输出	中断
	EEPROM_LOADED	输出	PDI 已激活,EEPROM 已装载
	DATA[7:0]	双向	8 位微控制器接口的数据总线
	ADR[15:0]	输入	地址总线
	DATA[15:0]	双向	16 位微控制器接口的数据总线
同步微控制器	ADR[15:0]	输入	地址总线
	BHE	输入	高位使能
	CPU_CLK_IN	输入	微控制器接口时钟
	CS	输入	芯片选择
	DATA[15:0]	双向	16 位微控制器接口的数据总线
	DATA[7:0]	双向	8 位微控制器接口的数据总线
	EEPROM_LOADED	输出	PDI 已激活,EEPROM 已装载
	IRQ	输出	中断
	RD/nWR	输入	读/写访问
	TA	输出	传输响应
	TS	输入	传输起始

7.3.4 ET1100 的电源

ET1100 支持 3.3 V I/O(或 5 V I/O,不推荐)以及可选的单电源或双电源的不同电源和 I/O 电压选项。

$V_{CC\,I/O}$ 电源电压直接决定所有输入和输出的 I/O 电压,即 3.3 V $V_{CC\,I/O}$,输入符合 3.3 V I/O 标准,且不耐 5 V。如果需要 5 V 容限 I/O,则 $V_{CC\,I/O}$ 必须为 5 V。

核心电源电压 $V_{CC\,Core}$/$V_{CC\,PLL}$(标称 2.5 V)由内部低压差输出稳压器(LDO)从 $V_{CC\,I/O}$ 生成。$V_{CC\,Core}$ 始终等于 $V_{CC\,PLL}$。内部 LDO 无法关闭,如果外部电源电压高于内部 LDO 输出电压,则会停止工作,因此外部电源电压($V_{CC\,Core}$/$V_{CC\,PLL}$)必须高于内部 LDO(至少 0.1 V)输出电压。

使用内部 LDO 会增加功耗,5 V I/O 电压的功耗明显高于 3.3 V I/O 的功耗。建议对 $V_{CC\,Core}$/$V_{CC\,PLL}$ 使用 3.3 V I/O 电压和内部 LDO。

7.3.5　ET1100 的时钟源

OSC_IN:连接外部石英晶体或振荡器输入(25 MHz)。如果使用 MII 端口且 CLK25OUT1/2 不能用作 PHY 的时钟源,则必须使用振荡器作为 ET1100 和 PHY 的时钟源。25 MHz 时钟源的初始精度应为 25 ppm 或更高。

OSC_OUT:连接外部石英晶体。如果振荡器连接到 OSC_IN,则应悬空。

时钟源的布局对系统设计的 EMC/EMI 影响最大。

虽然 25 MHz 的时钟频率不需要大量的设计工作,但以下规则有助于提高系统性能。

(1) 保持时钟源和 ESC 尽可能靠近。

(2) 这个区域的地层应该无缝。

(3) 电源相对于时钟源和 ESC 时钟呈现出低阻抗。

(4) 电容应按时钟源组件的建议使用。

(5) 时钟源和 ESC 时钟电源之间的电容量应该相同(值取决于电路板的几何特性)。

(6) ET1100 时钟源的初始精度必须为 25 ppm 或更高。

7.3.6　ET1100 的 RESET 信号

集电极开路复位输入/输出(低电平有效)表示 ET1100 的复位状态。如果电源为低电平,或者使用复位寄存器 0x0040 启动复位,则在上电时进入复位状态。如果复位引脚被外部器件保持为低电平,则 ET1100 也会进入复位状态。

7.3.7　ET1100 的 RBIAS 信号

RBIAS 用于 LVDS TX 电流调节的偏置电阻,RBIAS 引脚通过 11 kΩ 偏置电阻接地。

如果仅使用 MII 端口(没有使用 EBUS),则可以在 10～15 kΩ 的范围内选择 RBIAS 引脚偏置电阻。

7.3.8　ET1100 的配置引脚信号

配置引脚在上电时作为输入由 ET1100 锁存配置信息。上电后这些引脚都有分配的操作功能,必要时引脚信号方向也可以改变。RESET 引脚信号指示上电配置的完成。ET1100 配置引脚信号如表 7-17 所示。

表 7-17　ET1100 配置引脚信号

描　　述	配 置 信 号	引脚编号	寄存器映射	设　定　值
端口模式	P_MODE[0]	L2	0x0E00[0]	00＝2 个端口(0 和 1); 01＝3 个端口(0、1 和 2);
	P_MODE[1]	M1	0x0E00[1]	10＝3 个端口(0、1 和 3); 11＝4 个端口(0、1、2 和 3)

描 述	配 置 信 号	引脚编号	寄存器映射	设 定 值
端口配置	P_CONF[0]	J12	0x0E00[2]	0＝EBUS; 1＝MII
	P_CONF[1]	L1	0x0E00[3]	
	P_CONF[2]	E3	0x0E00[4]	
	P_CONF[3]	C2	0x0E00[5]	
CPU 时钟输出模式, PDI[7]/CPU_CLK	CLK_MODE[0]	J11	0x0E00[6]	00＝off; 01＝25 MHz; 10＝20 MHz; 11＝10 MHz
	CLK_MDDE[0]	K2	0x0E00[7]	
TX 相位偏移	C25_SHI[0]	L7	0x0E01[0]	00＝无 MII TX 信号延迟; 01＝MII TX 信号延迟 10 ns; 10＝MII TX 信号延迟 20 ns; 11＝MII TX 信号延迟 30 ns
	C25_SHI[1]	M7	0x0E01[1]	
CLK25OUT2 输出使能	C25_ENA	L8	0x0E01[2]	0＝不使能; 1＝使能
透明模式使能	TRANS_MODE _ENA	L3	0x0E01[3]	0＝常规模式; 1＝使能透明模式
I/O 控制/状态 信号转移	CTRL_STATUS _MOVE	E2	0x0E01[4]	0＝I/O 无控制/状态引脚转移; 1＝I/O 控制/状态引脚转移
PHY 地址偏移	PHYAD_OFF	C3	0x0E01[5]	0＝PHY 地址使用 1～4; 1＝HPHY 地址使用 17～20
链接有效信号极性	LINKPOL	K11	0x0E01[6]	0＝LINK_MH(x)低有效; 1＝LINK_MH(x)高有效
保留	RESERVED	B2	0x0E01[7]	—
EEPROM 容量	EEPROM SIZE	H11	0x0502[7]	0＝单字节地址(16 kbit); 1＝双字节地址(32 kbit～4 Mbit)

这些引脚外接上拉或下拉电阻。在外接下拉电阻时,配置信号为 0;在外接上拉电阻时,配置信号为 1。EEPROM_SIZE/RUN、P_CONF[0～3]/LinkACT(0～3)等配置引脚也可以用作状态输出引脚来外接发光二极管 LED,LED 的极性取决于需要配置的值。如果配置数据为 1,则引脚需要上拉,引脚输出为 0(低)时 LED 导通。如果配置数据为 0,则引脚需要下拉,引脚输出为 1(高)时 LED 导通。

配置引脚通过上拉或下拉电阻在上电时配置 ET1100。上电时,配置引脚作为输入由 ET1100 锁存配置信息。上电后,引脚被分配相应的操作功能,必要时引脚信号的方向也可以改变。在释放 nRESET 引脚之前,上电阶段结束。在没有上电条件的后续复位阶段,配置引脚仍具有操作功能,即 ET1100 配置未再次锁存且输出驱动器保持工作状态。

配置值 0 由下拉电阻实现,1 由上拉电阻实现。由于某些配置引脚也用作 LED 输出,所以 LED 输出的极性取决于配置值。

配置输入/LED 输出引脚的示例原理图如图 7-10 所示。

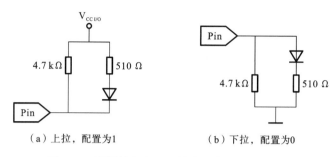

（a）上拉，配置为1 （b）下拉，配置为0

图 7-10 配置输入／LED 输出引脚的示例原理图

1. 端口模式

端口模式配置物理端口和相应的逻辑端口，如表 7-18 所示。

表 7-18 端口模式配置

说明	配置信号	引 脚 名 称	寄存器	P_MODE[1:0]值
端口模式	P_MODE[0]	TX_D(1)[2]/P_MODE[0]	0x0E00[0]	00＝2 端口（逻辑端口 0 和 1）； 01＝3 端口（逻辑端口 0、1、2）；
	P_MODE[1]	TX_D(1)[3]/P_MODE[1]	0x0E00[1]	10＝3 端口（逻辑端口 0、1、3）； 11＝4 端口（逻辑端口 0、1、2、3）

物理端口仅用于对 ET1100 接口引脚进行分组。寄存器组以及任何主/从软件始终基于逻辑端口。物理端口和逻辑端口之间的区别是为了增加可用 PDI 引脚的数量。每个逻辑端口只与一个物理端口相关联，并且可以配置为 EBUS 或 MII 端口。

MII 端口始终分配给较低的物理端口，然后分配 EBUS 端口。如果配置了任一 MII 端口，则最低的逻辑 MII 端口始终连接到物理端口 0，下一个更高的逻辑 MII 端口连接到物理端口 1，依此类推。然后，最低逻辑 EBUS 端口（如果已配置）连接到物理 MII 端口之后的下一个物理端口，即 MII 端口。如果没有 MII 端口，EBUS 端口将从物理端口 0 开始连接。

如果仅使用 EBUS 或仅使用 MII 端口，则物理端口号与 P_MODE[1:0]＝00、01 或 11 的逻辑端口号相同。

2. 端口配置

P_CONF[3:0]确定物理层配置（MII 或 EBUS 端口）。P_CONF[0]确定逻辑端口 0 的物理层，P_CONF[1]确定逻辑端口 1，P_CONF[2]确定下一个可用逻辑端口的物理层（3 为 P_MODE[1:0]＝10，否则为 2），并且 P_CONF[3]确定逻辑端口 3。如果未使用某个物理端口，则不使用相应的 P_CONF 配置信号。ET1100 端口配置如表 7-19 所示。

表 7-19 ET1100 端口配置

说　　明	配置信号	引脚名称	寄存器	值
端口配置	P_CONF[0]	LINKACT(0)/P_CONF[0]	0x0E00[2]	0＝EBUS； 1＝MII
	P_CONF[1]	LINKACT(1)/P_CONF[1]	0x0E00[3]	
	P_CONF[2]	LINKACT(2)/P_CONF[2]	0x0E00[4]	
	P_CONF[3]	PDI[30]/LINKACT(3)/P_CONF[3]	0x0E00[5]	

双端口配置,使用逻辑端口 0 和 1。端口信号在物理端口 0 和 1 处可用,具体取决于端口配置。双端口配置(P_MODE[1:0]＝00)如表 7-20 所示。

表 7-20　双端口配置(P_MODE[1:0]＝00)

逻 辑 端 口		物 理 端 口		P_CONF[3:0]
1	0	1	0	
EBUS(1)	EBUS(0)	EBUS(1)	EBUS(0)	－000
EBUS(1)	MII(0)	EBUS(1)	MII(0)	－001
MII(1)	EBUS(0)	EBUS(0)	MII(1)	－010
MII(1)	MII(0)	MII(1)	MII(0)	－011

P_MODE[1:0]必须设置为 00。P_CONF[1:0]确定逻辑端口的物理层(1:0)。不使用 P_CONF[3:2],但 P_CONF[2]不应保持开路(建议连接到 GND)。如果应用程序允许,则 P_CONF[3:0]应尽可能下拉(在表 7-20 中用"－"表示)。

3. CPU 时钟输出模式

CLK_MODE 用于向外部微控制器提供时钟信号。如果 CLK_MODE 不是 00,则 CPU_CLK 在 PDI[7]上可用,因此该引脚不再用于 PDI 信号。对于微控制器的 PDI,PDI[7]是 ADR[15],如果选择 CPU_CLK,则将其视为 0。CPU_CLK 模式如表 7-21 所示。

表 7-21　CPU_CLK 模式

说明	配置信号	引脚名称	寄存器	值
CPU 时钟输出模式	CLK_MODE[0]	PERR(0)/ TRANS(0)/ CLK_MODE[0]	0x0E00[6]	00＝关闭,PDI[7]/CPU_CLK 可用于 PDI; 01＝25 MHz 时钟输出(PDI[7]/CPU_CLK);
	CLK_MODE[1]	PERR(1)/ TRANS(1)/ CLK_MODE[1]	0x0E00[7]	10＝20 MHz 时钟输出(PDI[7]/CPU_CLK); 11＝10 MHz 时钟输出(PDI[7]/CPU_CLK)

4. TX 相位偏移

可以通过 C25_SHI[x]信号获得 MII TX 信号(TX_ENA,TX_D(0)[3:0])的相移(0/10/20/30ns),TX 相位偏移如表 7-22 所示。通过硬件选项支持所有 C25_SHI[1:0]配置,以便以后进行调整。

表 7-22　TX 相位偏移

说明	配置信号	引脚名称	寄存器	值
TX 相位偏移	C25_SHI[0]	TX_D(0)[2]/C25_SHI[0]	0x0E01[0]	00＝MII TX 信号无延迟; 01＝MII TX 信号 10 ns 延迟;
	C25_SHI[1]	TX_D(0)[3:0]/C25_SHI[1:0]	0x0E01[1]	10＝MII TX 信号 20 ns 延迟; 11＝MII TX 信号 30 ns 延迟

5. CLK25OUT2 使能

ET1100 可以在 PDI[31]/CLK25OUT2 引脚上提供以太网 PHY 使用的 25 MHz

时钟。这仅在使用 3 个 MII 端口时才有意义。在少于 3 个 MII 端口的情况下,因为未使用 LINK_MII(2),引脚 LINK_MII(2)/CLK25OUT1 无论如何都提供 CLK25OUT。如果使用 4 个 MII 端口,则无论 CLK25OUT2 是否使能,PDI[31]/CLK25OUT2 都提供 CLK25OUT2。CLK25OUT2 使能如表 7-23 所示。

表 7-23　CLK25OUT2 使能

说　明	配置信号	引脚名称	寄存器	值
CLK25OUT2 使能	C25_ENA	TX_D(0)[0]/C25_ENA	0x0E01[2]	0＝关闭,PDI[31]/CLK25OUT2 用于 PDI; 1＝使能,PDI[31]/CLK25OUT2 用于 25 MHz 时钟输出

6. 透明模式使能

ET1100 能够基于每个端口与其他 MAC 共享 MII 接口。通常,禁用透明模式,ET1100 可以独占地访问 PHY 的 MII 接口。在透明模式打开的情况下,可以将 MII 接口分配给 ET1100 或其他 MAC,例如具有集成 MAC 的微控制器。在处理网络流量时,重新分配并不意味着要执行。

透明模式主要影响 PERR(x)/TRANS(x)信号。如果启用透明模式,则 PERR(x)/TRANS(x)将变为 TRANS(x)(低电平有效),它控制每个端口的透明状态。PERR(x)在透明模式下不可用。

TRANS(x)仅影响同一端口的 TX_ENA(x)/TX_D(x)信号以及 MI_CLK/MI_DATA。RX_CLK(x)、RX_DV(x)、RX_D(x)和 RX_ERR(x)都连接到 ET1100 和其他 MAC。

只要 TRANS(x)为高电平,每个 MII 接口就像往常一样,ET1100 控制 MII 接口。如果 TRANS(x)为低电平,则端口变为透明(或隔离),即 ET1100 将不再主动驱动 TX_ENA(x)/TX_D(x),因此,其他 MAC 可以驱动这些信号。

Link/ACT(x)LED 仍然由 ET1100 驱动,因为它采样 RX_DV(x)和 TX_ENA(x)(在端口透明时变为输入)以检测活动。

只要至少一个 MII 接口不透明,ET1100 就可以控制 MII 管理接口。打开透明模式后,可以通过 PDI 接口访问 ET1100 的 PHY 管理接口,因此微控制器可以访问管理接口。如果所有 MII 接口都是透明的,则 ET1100 会释放 MI_CLK 和 MI_DATA 驱动,可以由其他 MAC 驱动。透明模式使能如表 7-24 所示。

表 7-24　透明模式使能

说明	配置信号	引脚名称	寄存器	值
透明模式使能	TRANS_MODE_ENA	TX_D(1)[0]/TRANS_MODE_ENA	0x0E01[3]	0＝正常模式/透明模式关闭,ET1100 独占 PHY; 1＝透明模式使能,ET1100 可以与其他 MAC 共用 PHY

7.3.9　ET1100 的物理端口和 PDI 引脚信号

ET1100 有 4 个物理端口,命名为端口 0～3,每个端口都可以配置为 MII 接口或

EBUS 接口两种形式。

ET1100 引脚输出经过优化,可实现最佳的数量和特性。为了实现这一点,许多引脚可以分配通信或 PDI 功能。通信端口的数量和类型可能减少或排除一个或多个可选 PDI。

物理端口 0 和端口 1 不干扰 PDI 引脚,而端口 2 和端口 3 可能与 PDI[39:16]重叠,因此限制了 PDI 的选择数量。

端口的引脚配置将覆盖 PDI 的引脚配置。因此,应先配置端口的数量和类型。

ET1100 有 40 个 PDI 引脚(PDI[39:0]),它们分为以下 4 组。

(1) PDI[15:0](PDI 字节 0/1)。

(2) PDI[16:23](PDI 字节 2)。

(3) PDI[24:31](PDI 字节 3)。

(4) PDI[32:39](PDI 字节 4)。

物理端口和 PDI 组合如表 7-25 所示。

表 7-25　物理端口和 PDI 组合

配　　置	异步微控制器	同步微控制器	SPI	数字 I/O CTLR_STATUS_MOVE	
				0	1
2 个端口(0 和 1)或 3 个端口(端口 2 为 EBUS 接口)	8 位或 16 位	8 位或 16 位	SPI+32 位 GPI/O	32 位 I/O+控制/状态信号	
3 个 MII 端口	8 位	8 位	SPI+24 位 GPI/O	32 位 I/O	24 位 I/O+控制/状态信号
4 个端口,至少 2 个 EBUS 接口	—	—	SPI+16 位 GPI/O	24 位 I/O+控制/状态信号	
3 个 MII 接口,1 个 EBUS 接口	—	—	SPI+16 位 GPI/O	24 位 I/O	16 位 I/O+控制/状态信号
4 个 MII 端口	—	—	SPI+8 位 GPI/O	16 位 I/O	8 位 I/O+控制/状态信号

1. MII 信号

ET1100 没有使用标准 MII 接口的全部引脚信号,ET1100 的 MII 接口信号描述如表 7-26 所示。

表 7-26　ET1100 的 MII 接口信号描述

信　　号	方向	描　　述
LINK_MII	输入	如果建立了 100 Mbit / s(全双工)链路,则由 PHY 提供输入信号
RX_CLK	输入	接收时钟
RX_DV	输入	接收数据有效
RX_D[3:0]	输入	接收数据(别名 RXD)
RX_ERR	输入	接收错误(别名 RX_ER)

信　　号	方向	描　　述
TX_ENA	输出	发送使能(别名 TX_EN)
TX_D[3:0]	输出	传输数据(别名 TXD)
MI_CLK	输出	管理接口时钟(别名 MCLK)
MI_DATA	双向	管理接口数据(别名 MDIO)
PHYAD_OFF	输入	配置:PHY 地址偏移
LINKPOL	输入	配置:LINK_MII 极性

1) CLK25OUT 信号

如果使用 25 MHz 晶体生成时钟,ET1100 必须为以太网 PHY 提供 25 MHz 时钟信号(CLK25OUT)。如果使用 25 MHz 振荡器,则不需要 CLK25OUT,因为以太网 PHY 和 ET1100 可以共享振荡器输出。根据端口配置和 C25_ENA,CLK25OUT 信号可通过不同引脚输出,如表 7-27 所示。

表 7-27　CLK25OUT 信号输出

配置	C25_ENA=0	C25_ENA=1
0~2 个 MII	LINK_MII(2)/ CLK25OUT1 提供 CLK25OUT(如果使用 4 个端口,则 PDI[31]/ CLK25OUT2 也提供 CLK25OUT)	LINK_MII(2)/CLK25OUT1 和 PDI[31]/ CLK25OUT2 提供 CLK25OUT
3 个 MII	CLK25OUT 不可用,必须使用振荡器	PDI[31]/CLK25OUT2 提供 CLK25OUT
4 个 MII	PDI[31]/CLK25OUT2 提供 CLK25OUT	

不应连接未使用的 CLK25OUT 引脚以降低驱动器负载。

CLK25OUT 引脚(如果已配置)在外部或 ECAT 复位期间提供时钟信号,时钟输出仅在上电复位期间关闭。

2) MII 连接的示例原理图

ET1100 与 PHY 连接的示例原理图如图 7-11 所示。

要正确配置 TX 相位偏移、LINK_POL 和 PHY 地址。

2. EBUS 信号

EtherCAT 协议自定义了一种物理层传输方式 EBUS。EBUS 传输介质使用低压差分信号(low voltage diflfercntial signaling,LVDS),由 ANSI/TIA/EIA~644"低压差分信号接口电路电气特性"标准定义,最远传输距离为 10 m。

EBUS 可以满足快速以太网 100 Mbit/s 的数据波特率。它只是简单地封装以太网数据帧,所以可以传输任意以太网数据帧,而不只是 EtherCAT。

7.3.10　ET1100 的 MII 接口

ET1100 使用 MII 接口时,需要外接以太网物理层 PHY 芯片。为了降低处理/转发延时,ET1100 的 MII 接口省略了发送 FIFO。因此,ET1100 对以太网物理层芯片

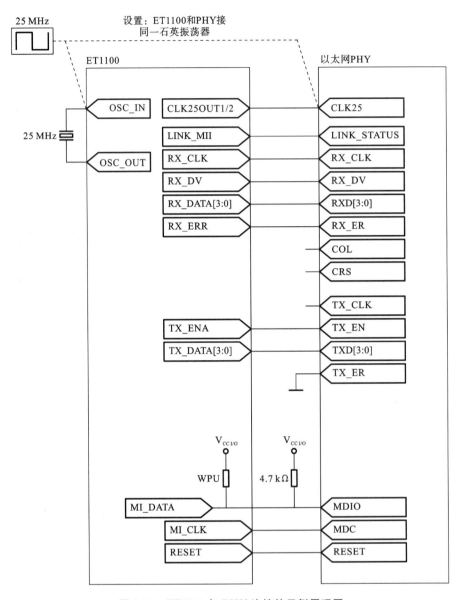

图 7-11 ET1100 与 PHY 连接的示例原理图

有一些附加的功能要求。ET1100 选配的以太网 PHY 芯片应该满足以下基本功能和附加要求。

1. MII 接口的基本功能

MII 接口的基本功能如下。

(1) 遵从 IEEE 802.3 100BaseTX 或 100BaseFX 规范。

(2) 支持 100 Mbit/s 全双工链接。

(3) 提供一个 MII 接口。

(4) 使用自动协商。

(5) 支持 MII 管理接口。

(6) 支持 MDI/MDI-X 自动交叉。

2. MII 接口的附加条件

MII 接口的附加条件如下。

(1) PHY 芯片和 ET1100 使用同一个时钟源。

(2) ET1100 不使用 MII 接口检测或配置连接,PHY 芯片必须提供一个信号,指示是否建立 100 Mbit/s 的全双工连接。

(3) PHY 芯片的连接丢失响应时间应小于 15 μs,以满足 EtherCAT 的冗余性能要求。

(4) PHY 的 TX_CLK 信号和 PHY 的输入时钟之间的相位关系必须固定,最大允许 5 ms 的抖动。

(5) ET1100 不使用 PHY 的 TX_CLK 信号,以省略 ET1100 内部的发送 FIFO。

(6) TX_CLK 和 TX_ENA 及 TX_D[3:0]之间的相移由 ET1100 通过设置 TX 相位偏移补偿,可以使 TX_ENA 及 TX_D[3:0]延迟 0 ns、10 ns、20 ns 或 30 ns。

上述要求中,时钟源最重要。ET1100 的时钟信号包括 OSC_IN 和 OSC_OUT。时钟源的布局对系统设计的电磁兼容性能有很大的影响。

ET1100 通过 MII 接口与以太网 PHY 连接。ET1100 的 MII 接口通过不发送 FIFO 进行优化,以实现低的处理和转发延迟。为了实现这一点,ET1100 对以太网 PHY 有额外的要求,这些要求可由 PHY 供应商轻松实现。

3. MII 接口信号

ET1100 的 MII 接口信号如图 7-12 所示。

MI_DATA 引脚应接一个外部上拉电阻,推荐 ESC 使用 4.7 kΩ 电阻。MI_CLK 采用轨到轨(rail-to-rail)的驱动方式,空闲值为高电平。

ET1100 端口为 0 的 MII 接口电路图如图 7-13 所示。

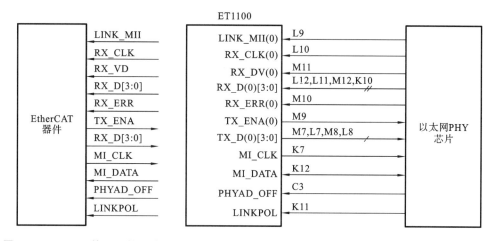

图 7-12 ET1100 的 MII 接口信号   **图 7-13** ET1100 端口为 0 的 MII 接口电路图

MI_DATA 应该连接外部上拉电阻,推荐阻值为 4.7 kΩ。MI_CLKK 为轨到轨驱动,空闲时为高。

每个端口的 PHY 地址等于其逻辑端口号加 1(PHYAD_OFF=0,PHY 地址为 1~4),或逻辑端口号加 17(PHYAD_OFF=1,PHY 地址为 17~20)。

4. PHY 地址配置

ET1100 使用逻辑端口号(或 PHY 地址寄存器的值)加上 PHY 地址偏移量来对以

太网 PHY 进行寻址。通常,以太网 PHY 地址应与逻辑端口号相对应,因此使用 PHY 地址 0~3。

可以应用 16 位的 PHY 地址偏移,通过在内部对 PHY 地址的最高有效位取反,将 PHY 地址移动到 16~19 位。

如果不能使用这两种方案,则 PHY 应该配置为使用实际 PHY 地址偏移量 1,即 PHY 地址 1~4。ET1100 的 PHY 地址偏移配置保持为 0。

7.3.11 ET1100 的 EBUS / LVDS 接口

两个 ET1100 使用 EBUS 连接,使用两对 LVDS 线对、一对接收数据帧、一对发送数据帧。每对 LVDS 线对只需要跨接一个 100 Ω 的负载电阻,不需要其他物理层元件,缩短了从站之间的传输延时,减少了元器件。

7.3.12 ET1100 的 PDI 描述

ESC 芯片的应用数据接口称为过程数据接口(process data interface,PDI)或物理设备接口(physical device interface,PDI)。ESC 提供以下两种类型的 PDI 接口。

(1) 直接 I/O 信号接口,无需应用层微处理器,最多 32 位引脚。

(2) DPRAM 数据接口,使用外部微处理器访问,支持并行和串行两种方式。

ET1100 的 PDI 接口类型和相关特性由寄存器(0x0140~0x0141)进行配置,ET1100 的 PDI 接口配置如表 7-28 所示。

表 7-28　ET1100 的 PDI 接口配置

地　　　址	位	名　　称	描　　　述	复位值
0x0140~0x0141	0~7	PDI 类型,过程数据接口或物理数据接口	0:接口无效; 4:数字 I/O; 5:SPI 从机; 8:16 位异步微处理器接口; 9:8 位异步微处理器接口; 10:16 位同步微处理器接口; 11:8 位同步微处理器接口	上电后装载 EEPROM 地址 0 的数据
0x0140~0x0141	8	设备状态模拟	0:AL 状态必须由 PDI 设置; 1:AL 状态寄存器自动设为 AL 控制寄存器的值	—
	9	增强的链接检测	0:无; 1:使能	
	10	分布式时钟同步输出单无	0:不使用(节能); 1:使能	
	11	分布式时钟锁存输入单无	0:不使用(节能); 1:使能	
	12~15	保留	—	

PDI 配置寄存器(0x0150)以及扩展 PDI 配置寄存器(0x0152~0x0153)的设置取决于所选择的 PDI 类型,Sync/Latch 接口的配置寄存器(0x0151)与所选用的 PDI 接口

无关。

ET1100 的可用 PDI 描述如表 7-29 所示。

表 7-29 ET1100 的可用 PDI 描述

PDI 编号 （PDI 控制寄存器 0x0140 [7:0]）	PDI 名称	ET1100
0	接口已停用	×
4	数字 I/O	×
5	SPI 从机	×
7	EtherCAT 桥（端口 3）	—
8	16 位异步微控制器	×
9	8 位异步微控制器	×
10	16 位同步微控制器	×
11	8 位同步微控制器	×
16	32 数字输入/ 0 数字输出	—
17	24 数字输入/ 8 数字输出	—
18	16 数字输入/ 16 数字输出	—
19	8 数字输入/ 24 数字输出	—
20	0 数字输入/ 32 数字输出	—
128	片上总线（Avalon 或 OPB）	—
其他	保留	—

1. PDI 禁用

PDI 类型为 0x00 时，PDI 被禁用。PDI 引脚处于高阻抗状态下而无法驱动。

2. 数字 I/O 接口

数字 I/O 接口由 PDI 控制寄存器（0x140）配置，它支持不同的信号形式，通过寄存器（0x150～0x153）可以实现多种不同的配置。

1）接口

当 PDI 类型为 0x04 时，选择数字 I/O 接口。ET1100 的数字 I/O 接口信号如图 7-14 所示，ET1100 的数字 I/O 接口信号描述如表 7-30 所示。

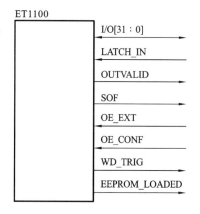

图 7-14 ET1100 的数字
I/O 接口信号

接口信号中，除 I/O [31:0] 以外的信号称为控制/状态信号，它们分配在引脚 PDI[39:32]。如果从站使用了两个以上的物理通信端口，则 PDI[39:32] 不能用作 PDI 信号，即控制/状态信号无效。此时可以通过配置引脚 CTRL_STATUS_MOVE 分配 PDI[23:16] 或 PDI[15:8] 作为控制/状态信号。

数字输入/输出数据在 ET1100 存储空间的映射地址如表 7-31 所示。主站和从站通过 ECAT 帧和 PDI 接口分别读/写这些存储地址来操作数字输入/输出信号。

表 7-30　ET1100 的数字 I/O 接口信号描述

信　号	方　向	描　述	信 号 极 性
I/O[31:0]	输入/输出/双向	输入/输出或双向数据	—
LATCH_IN	输入	外部数据锁存信号	激活为高
OUTVALID	输出	输出数据有效/输出事件	激活为高
SOF	输出	帧开始	激活为高
OE_EXT	输入	输出使能	激活为高
OE_CONF	输入	输出使能配置	—
WD_TRIG	输出	WDT 触发器	激活为高
EEPROM_LOADED	输出	PDI 处于活动状态,EEPROM 已加载	激活为高

表 7-31　数字输入/输出数据在 ET1100 存储空间的映射地址

地　址	位	描　述	复位值
0x0F00～0x0F03	0～31	数字 I/O 输出数据	0
0x1000～0x1003	0～31	数字 I/O 输入数据	0

2）配置

通过将 PDI 控制寄存器 0x0140 中 PDI 类型设为 0x04 来选择数字 I/O 接口。它支持位于寄存器 0x0150～0x0153 中各种不同的配置。

3）数字输入

数字输入出现在地址为 0x1000～0x1003 的过程存储器中。EtherCAT 器件使用小端(little endian)字节排序,因此可以在 0x1000 等处读取 I/O[7:0]。通过具有标准 PDI 写操作的数字 I/O PDI 将数字输入写入过程存储器。

可以采用以下 4 种方式,将数字输入配置为通过 ESC 采样。

(1) 在每个以太网帧的开始处对数字输入进行采样,这样 EtherCAT 读命令到地址 0x1000:0x1003,将呈现在同一帧开始时采样的数字输入值。SOF 信号可以在外部用于更新输入数据,因为 SOF 在输入数据被采样之前发出信号。

(2) 可以使用 LATCH_IN 信号控制采样时间。每当识别出 LATCH_IN 信号的上升沿,ESC 就对输入数据进行采样。

(3) 在分布式时钟 SYNC0 事件中对数字输入进行采样。

(4) 在分布式时钟 SYNC1 事件中对数字输入进行采样。

对于分布式时钟 SYNC 输入,必须激活 SYNC 生成寄存器(0x0981)。SYNC 输出寄存器(0x0151)不是必需的。SYNC 脉冲寄存器(0x0982～0x0983)长度不应设置为 0,因为数字 I/O PDI 无法确认 SYNC 事件。采样时间从 SYNC 事件开始计算。

4）数字输出

数字输出原理图如图 7-15 所示。

数字输出必须写入寄存器 0x0F00～0x0F03(寄存器 0x0F00 控制 I/O[7:0])。不通过具有标准读命令的数字 I/O PDI 来读取数字输出,而通过直接连接的方式读取数字输出以获得更快的响应速度。

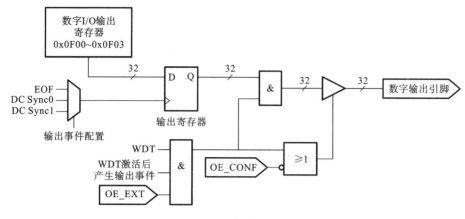

图 7-15　数字输出原理图

过程数据 WDT(寄存器 0x0440)必须处于启用状态或禁用状态;否则数字输出将不会更新。可以通过以下 4 种方式对数字输出进行更新。

(1) 在 EOF 模式下,数字输出在每个 EtherCAT 帧结束时更新。

(2) 在 DC SYNC0 模式下,使用分布式时钟 SYNC0 事件更新数字输出。

(3) 在 DC SYNC1 模式下,使用分布式时钟 SYNC1 事件更新数字输出。

(4) 在 WD_TRIG 模式下,数字输出在 EtherCAT 帧结束时更新,触发过程数据 WDT(典型的 SyncManager 配置:在 0x0F00~0x0F03 中,至少一个寄存器有写访问权的帧)。仅当 EtherCAT 帧正确时才会更新数字输出。

即使数字输出保持不变,输出事件也总是由 OUTVALID(触发器或锁存器)上的脉冲发出信号。

要使输出数据在 I/O 信号上可见,必须满足以下条件。

(1) SyncManagerWDT 必须处于启用状态(已触发)或禁用状态。

(2) OE_EXT(输出使能)必须设为高电平。

(3) 输出值必须写入有效 EtherCAT 帧内的寄存器 0x0F00:0x0F03。

(4) 输出更新事件必须被配置好。

在加载 EEPROM 之前,不会驱动数字输出(高阻抗)。根据配置,如果 WDT 过期或输出被禁用,则不会驱动数字输出。使用数字输出信号时必须考虑此情况。

5) 双向模式

在双向模式下,所有数据信号都是双向的(忽略单独的输入/输出配置)。输入信号通过串联电阻连接到 ESC,输出信号由 EtherCAT 从站控制器主动驱动。如果使用 OUTVALID 锁存输出信号,则永久可用。双向模式的输入/输出连接如图 7-16 所示。

可以按照数字输入/输出中的说明配置输入样本事件和输出更新事件。

即使数字输出保持不变,输出事件也会通过 OUTVALID 上的脉冲发出信号。重叠输入事件和输出事件将损坏输入数据。

6) EEPROM_LOADED

在 EEPROM 正确装载之后,EEPROM_ LOADED 信号指示数字 I/O 接口可操作,使用时需要外接一个下拉电阻。

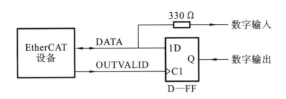

图 7-16　双向模式的输入/输出连接

7.3.13　ET1100 的 SPI 从接口

PDI 控制寄存器 0x140＝0x05 时,ET1100 使用 SPI 接口。它作为 SPI 从机,由带有 SPI 接口的微处理器操作。

由于 SPI 接口占用的 PDI 引脚较少,剩余的 PDI 引脚可以作为通用 I/O 引脚使用,包括 16 个通用数字输入引脚 GPI(general purpose input)和 16 个通用数字输出引脚 GPO(general purpose output)。通用数字输入引脚对应寄存器(0x0F18～0xF1F),通用数字输出引脚对应寄存器(0x0F1～0xF17)。PDI 接口和 ECAT 帧都可以访问这些寄存器,这些引脚以非同步的刷新方式工作。

1. 接口

PDI 类型为 0x05 的 EtherCAT 器件是 SPI 从器件。SPI 有 5 个信号:SPI_CLK、SPI_DI(MOSI)、SPI_DO(MISO)、SPI_SEL 和 SPI_IRQ。SPI 主-从互连电路如图 7-17 所示,SPI 信号描述如表 7-32 所示。

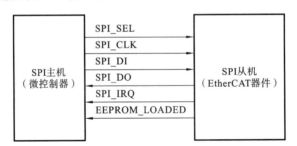

图 7-17　SPI 主-从互连电路

表 7-32　SPI 信号描述

信　号	方　向	描　述	信号极性
SPI_SEL	输入(主机→从机)	SPI 芯片选择	典型:激活为低
SPI_CLK	输入(主机→从机)	SPI 时钟	—
SPI_DI	输入(主机→从机)	SPI 数据 MOSI	激活为高
SPI_DO	输出(从机→主机)	SPI 数据 MISO	激活为高
SPI_IRQ	输出(从机→主机)	SPI 中断	典型:激活为低
EEPROM_LOADED	输出(从机→主机)	PDI 处于活动状态,EEPROM 已加载	激活为高

2. 配置

PDI 控制寄存器 0x0140 中的 PDI 类型为 0x05 时选择 SPI 从接口。它支持 SPI_

SEL 和 SPI_IRQ 的不同时序模式和可配置信号极性。SPI 配置位于寄存器 0x0150 中。

3. SPI 访问

每次 SPI 访问分为地址阶段和数据阶段。

在地址阶段,SPI 主机发送要访问的第一个地址和命令。

在数据阶段,SPI 从机提供读取数据(读取命令),或主机发送写入数据(写入命令)。地址阶段由 2 字节或 3 字节组成,具体取决于地址模式。每次访问的数据字节数可以是 0～N 字节。在读取或写入起始地址后,SPI 从机从器件内部递增后续字节的地址。地址、命令和数据的位都以字节组的形式传输。

主机通过置位 SPI_SEL 启动 SPI 访问,并通过取回 SPI_SEL 终止 SPI 访问(极性由配置决定)。当 SPI_SEL 置位时,主机必须为每字节的传输循环 SPI_CLK 8 次。在每个时钟周期中,主机和从机都向对方发送一个位(全双工)。通过选择 SPI 模式和数据输出采样模式,可以配置主机和从机 SPI_CLK 的相关边沿。

主机首先发送字节的最高有效位,最低有效位为最后一位,字节顺序为低字节优先。EtherCAT 设备使用小端字节排序。

4. 命令

第二个地址/命令字节中的命令 CMD0 可以是 READ、具有等待状态字节的 READ、WRITE、NOP 或地址扩展。第三个地址/命令字节中的命令 CMD1 可能有相同的值。

SPI 命令 CMD0 和 CMD1 如表 7-33 所示。

表 7-33 SPI 命令 CMD0 和 CMD1

CMD[2]	CMD[1]	CMD[0]	命　　令
0	0	0	无(不操作)
0	0	1	保留
0	1	0	读
0	1	1	使用等待状态字节读取
1	0	0	写
1	0	1	保留
1	1	0	地址扩展(3 个地址/命令字节)
1	1	1	保留

5. 寻址模式

SPI 从机接口支持两种寻址模式:2 字节寻址和 3 字节寻址。通过 2 字节寻址,SPI 主控制器选择低 13 位地址位 A[12:0],同时假设 SPI 从器件中高 3 位 A[15:13]为 000b,那么 EtherCAT 从站地址空间中只有前 8 位可以访问。3 字节寻址用于访问 EtherCAT 从器件中整个 64 KB 地址空间。

对于仅支持多字节连续传输的 SPI 主控制器,可以插入附加的地址扩展命令。

没有地址模式(没有等待状态字节的读访问)如表 7-34 所示。

表 7-34 没有地址模式(没有等待状态字节的读访问)

字节	2 字节地址模式	3 字节地址模式
0	A[12:5],地址位[12:5]	A[12:5],地址位[12:5]
1	A[4:0],地址位[4:0]; CMD0[2:0],读/写命令	A[4:0],地址位[4:0]; CMD0[2:0],3 字节寻址:110b
2	D0[7:0],数据字节 0	A[15:13],地址位[15:13]; CMD1[2:0],写/读命令; res[1:0],两个保留位,置为 00b
3	D1[7:0],数据字节 1	D0[7:0],数据字节 0
4	D2[7:0],数据字节 2	D1[7:0],数据字节 1

7.3.14 ET1100 的 8/16 位异步微控制器接口

1. 接口

异步微控制器接口采用复用的地址总线和数据总线。双向数据总线数据宽度可以为 8 位或 16 位。EtherCAT 器件的异步微控制器接口如图 7-18 所示。

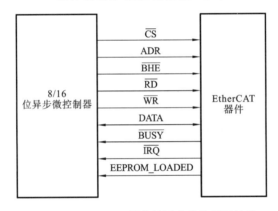

图 7-18 EtherCAT 器件的异步微控制器接口

微控制器信号描述如表 7-35 所示。

表 7-35 微控制器信号描述

信号异步	方 向	描 述	信 号 极 性
CS	输入(微控制器→ESC)	片选	典型:激活为低
ADR[15:0]	输入(微控制器→ESC)	地址总线	典型:激活为高
BHE	输入(微控制器→ESC)	字节高电平使能(仅限 16 位微控制器接口)	典型:激活为低
RD	输入(微控制器→ESC)	读命令	典型:激活为低
WR	输入(微控制器→ESC)	写命令	典型:激活为低
DATA[7:0]	双向(微控制器→ESC)	用于 8 位微控制器接口的数据总线	激活为高
DATA[15:0]	双向(微控制器→ESC)	用于 16 位微控制器接口的数据总线	激活为高
BUSY	输出(ESC→微控制器)	EtherCAT 器件繁忙	典型:激活为低
IRQ	输出(ESC→微控制器)	中断	典型:激活为低

信 号 异 步	方　　向	描　　述	信 号 极 性
EEPROM_LOADED	输出（ESC→微控制器）	PDI 处于活动状态，EEPROM 已加载	激活为高

一些微控制器有 READY 信号，与 READY 信号 BUSY 信号相同，只是极性相反。

2. 配置

通过将 PDI 控制寄存器 0x0140 中的 PDI 类型设为 0x08，选择 16 位异步微控制器接口；将 PDI 类型设为 0x09，选择 8 位异步微控制器接口。通过修改寄存器 0x0150～0x0153 可支持不同的配置。

3. 微控制器访问

8 位微控制器接口支持 8 位读或写访问，16 位微控制器接口支持 8 位和 16 位读或写访问。对于 16 位微控制器接口，最低有效地址位和字节高位使能（BHE）用于区分 8 位低字节访问、8 位高字节访问和 16 位访问。

EtherCAT 器件使用小端字节排序。

8 位微控制器接口访问类型如表 7-36 所示。

16 位微控制器接口访问类型如表 7-37 所示。

表 7-36　8 位微控制器接口访问类型

ADR[0]	访　　问	DATA[7:0]
0	8 位访问 ADR [15:0]（低字节，偶数地址）	低字节
1	8 位访问 ADR [15:0]（高字节，奇数地址）	高字节

表 7-37　16 位微控制器接口访问类型

ADR[0]	BHE（激活为低）	访　　问	DATA[15:8]	DATA[7:0]
0	0	16 位访问，ADR [15:0] 和 ADR [15:0] +1（低字节和高字节）	高字节	低字节
0	1	8 位访问，ADR [15:0]（低字节，偶数地址）	只读：低字节的副本	低字节
1	0	8 位访问，ADR [15:0]（高字节，奇数地址）	高字节	只读：高字节的副本
1	1	无效访问	—	—

4. 写访问

写访问从片选（CS）的断言开始。如果没有永久断言，地址、字节高使能和写数据在 WR 的下降沿下置位（低电平有效）。一旦微控制器接口不处于 BUSY 状态，在 WR 的上升沿就会完成对微控制器的访问。终止写访问可以通过 WR 的置低（CS 保持置位）来实现，或通过解除置位或片选（同时 WR 保持置位）来实现，甚至可以通过同时取消置位 WR 和 CS 来实现。在 WR 的上升沿后不久，可以通过取消对 ADR、BHE 和 DATA 的置位来完成访问。微控制器接口通过 BUSY 信号指示其内部操作。由于仅在 CS 置位时驱动 BUSY 信号，因此在 CS 设置为无效后将释放 BUSY 驱动器。

在内部，写访问在 WR 的上升沿之后执行，实现快速写访问。然而，紧邻的访问将被前面的写访问延迟(BUSY 长时间有效)。

5. 读访问

读访问从片选(CS)的断言开始。如果没有永久断言,地址和 BHE 在 RD 的下降沿之前必须有效,这表示访问的开始。之后,微控制器接口将显示 BUSY 状态,如果它不是正在执行先前的写访问,便会在读数据有效时释放 BUSY 信号。读数据将保持有效,直到 ADR、BHE、RD 或 CS 发生变化。在 CS 和 RD 被断言时,将驱动数据总线。在 CS 被置位时,将驱动 BUSY。

6. 微控制器访问错误

微控制器接口检测微控制器访问错误的方法如下。

(1) 对 A[0]=1 和 BHE(激活为低)=1 的 16 位接口进行读或写访问,即通过访问没有高位使能的奇数地址。

(2) 当微控制器接口处于 BUSY 状态时,置位 WR(或在 WR 保持置位时取消置位 CS)。

(3) 当微控制器接口处于 BUSY 状态(读取尚未完成),且在 RD 的反断言时(或当 RD 保持断言时 CS 置为无效),置位 WR(或在 WR 保持置位时取消置位 CS)。

微控制器的错误访问会产生以下后果。

(1) PDI 错误计数器(0x030D)将递增。

(2) 对于 A[0]=1 和 BHE=1 类访问,将不会在内部执行访问。

(3) 当微控制器接口处于 BUSY 状态时,WR(或 CS)置为无效可能会破坏当前和前一次的传输(如果内部未完成)。寄存器可以接受写入数据,并且可以执行特殊功能(如 SyncManager 缓冲器切换)。

(4) 如果在微控制器接口处于 BUSY 状态(读取尚未完成)时取消置位 RD(或 CS),则访问将在内部终止。虽然内部字节传输终止,但是可以执行特殊功能(如 SyncManager 缓冲器切换)。

7. EEPROM_LOADED

EEPROM_LOADED 信号表示微控制器接口可操作。因为 EtherCAT 从站控制器在加载 EEPROM 之前不会驱动 PDI 引脚,所以可通过连接下拉电阻实现正常功能。

7.4 EtherCAT 从站控制器的数据链路控制

1. 数据链路层概述

(1) 标准 IEEE 802.3 以太网帧。

① 对 EtherCAT 主站没有特殊要求。

② 标准以太网基础设施。

(2) IEEE 注册 EtherType:88A4h。

① 优化的帧开销。

② 不需要 IP 栈。

③ 简单的主实现。

(3) 通过 Internet 进行 EtherCAT 通信。

（4）从属侧的帧处理。EtherCAT 从站控制器以硬件方式处理帧。

（5）通信性能独立于处理器能力。

2. 数据链路层的作用

（1）数据链路层连接物理层和应用层。

（2）数据链路层负责底层通信基础设施。

① 链接控制。

② 访问收发器（PHY）。

③ 寻址。

④ 从站控制器配置。

⑤ EEPROM 访问。

⑥ 同步管理器配置和管理。

⑦ FMMU 配置和管理。

⑧ 过程数据接口配置。

⑨ 分布式时钟。

⑩ 设置 AL 状态机交互。

7.4.1 EtherCAT 从站控制器的帧处理

EtherCAT 从站控制器的帧处理顺序取决于端口数和芯片模式（使用逻辑端口号），其帧处理顺序如表 7-38 所示。

表 **7-38** EtherCAT 从站控制器的帧处理顺序

端口数	帧处理顺序
2	0→数据帧处理单元→1/1→0
3	0→数据帧处理单元→1/1→2/2→0（逻辑端口 0、1 和 2）； 或 0→数据帧处理单元→3/3→1/1→0（逻辑端口 0、1 和 3）
4	0→数据帧处理单元→3/3→1/1→2/2→0

数据帧在 EtherCAT 从站控制器内部的处理顺序取决于所使用的端口数目，在 EtherCAT 从站控制器内部经过数据帧处理单元的方向称为处理方向，其他方向称为转发方向。

每个 EtherCAT 从站控制器最多可以支持 4 个数据收发端口，每个端口都可以处于打开或闭合状态。如果端口打开，则可以向其他 EtherCAT 从站控制器发送数据帧或从其他 EtherCAT 从站控制器接收数据帧。一个闭合的端口不会与其他 EtherCAT 从站控制器交换数据帧，它在内部将数据帧转发到下一个逻辑端口，直到数据帧到达一个打开的端口。

EtherCAT 从站控制器内部数据帧处理过程如图 7-19 所示。

EtherCAT 从站控制器支持 EtherCAT、UDP/IP 和 VLAN（virtual local area network）数据帧类型，并能处理包含 EtherCAT 数据子报文的 EtherCAT 数据帧和 UDP/IP 数据帧，也能处理带有 VLAN 标记的数据帧，此时 VLAN 设置被忽略而 VLAN 标记不被修改。

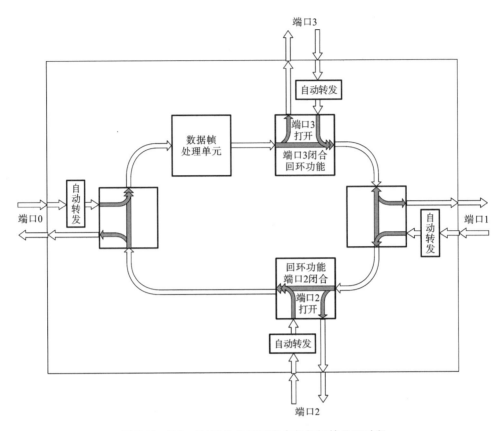

图 7-19 EtherCAT 从站控制器内部数据帧处理过程

由于 ET1100、ET1200 和 EtherCAT 从站没有 MAC 地址与 IP 地址,它们只能支持直连模式或使用管理型的交换机实现开放模式,由交换机的端口地址来识别不同的 EtherCAT 网段。

EtherCAT 从站控制器修改了标准以太网的数据链路(data link,DL),数据帧由 EtherCAT 从站控制器直接转发处理,从而获得最小的转发延时和最短的周期时间。为了降低延迟时间,EtherCAT 从站控制器省略了发送 FIFO。但是,为了隔离接收时钟和处理时钟,EtherCAT 从站控制器使用了接收 FIFO(RX FIFO)。RX FIFO 的大小取决于数据接收方和数据发送方的时钟源精度以及最大的数据帧字节数。主站可以通过设置数据链路控制寄存器(0x0100～0x0103)的位 16～18 来调整 RX FIFO,但是不允许完全取消 RX FIFO。默认的 RX FIFO 可以满足最大的以太网数据帧和 100 ppm 的时钟源精度。使用 25 ppm 的时钟源精度可以将 RX FIFO 设置为最小。

EtherCAT 从站控制器的转发延时由 RX FIFO 的大小和 ESC 数据帧处理单元延迟决定,而 EtherCAT 从站的数据帧传输延时还与它使用的物理层器件有关,使用 MII 接口时,由于 PHY 芯片的接收和发送延时比较大,一个端口的传输延时约为 500 ns;使用 EBUS 接口时,延时较小,通常约为 100 ns,EBUS 的最大传输距离为 10 m。

7.4.2 EtherCAT 从站控制器的通信端口控制

EtherCAT 从站控制器端口的回路状态可以由主站写数据链路控制寄存器

(0x0100～0x0103)来控制。

EtherCAT 从站控制器支持强制回路控制(不管连接状态如何,都强制打开或闭合)以及自动回路控制(由每个端口的连接状态决定打开或闭合)。

在自动模式下,如果建立连接,则端口打开,如果失去连接,则端口闭合。端口失去连接而自动闭合,再次建立连接后,它必须主动打开,或者端口收到有效的以太网数据帧后也可以自动打开。

EtherCAT 从站控制器端口的状态可以从 DL 状态寄存器(0x0110～0x0111)中读取。

1. 通信端口打开的条件

通信端口由主站控制,从站微处理器或微控制器不操作数据链路。端口被使能,而且满足如下任一条件时,端口将被打开。

(1) DL 控制寄存器中端口设置为自动时,端口上有活动的连接。

(2) DL 控制寄存器中回路设置为自动闭合时,端口上建立连接,并且向寄存器 0x0100 相应控制位再次写入 0x01。

(3) DL 控制寄存器中回路设置为自动闭合时,端口上建立连接,并且收到有效的以太网数据帧。

(4) DL 控制寄存器中回路设置为常开。

2. 通信端口闭合的条件

满足以下任一条件时,端口将被闭合。

(1) DL 控制寄存器中端口设置为自动时,端口上没有活动的连接。

(2) DL 控制寄存器中回路设置为自动闭合时,端口上没有活动的连接,或者建立连接后没有向相应控制位再次写入 0x01。

(3) DL 控制寄存器中回路设置为常闭。

当所有的通信端口不论是因为强制还是因为自动而处于闭合状态时,端口 0 都将打开,作为回复端口,可以通过这个端口实现读/写操作,以便修改 DL 控制寄存器的设置。此时 DL 状态寄存器仍然反映正确的状态。

7.4.3　EtherCAT 从站控制器的数据链路错误检测

EtherCAT 从站控制器在两个功能块中检测 EtherCAT 数据帧错误:自动转发模块和 EtherCAT 数据帧处理单元。

1. 自动转发模块检测到的错误

自动转发模块可以检测到的错误如下。

(1) 物理层错误(RX 错误)。

(2) 数据帧过长。

(3) CRC 校验错误。

(4) 数据帧无以太网起始符(start of frame,SOF)。

2. EtherCAT 数据帧处理单元检测到的错误

EtherCAT 数据帧处理单元可以检测到的错误如下。

(1) 物理层错误(RX 错误)。

（2）数据帧长度错误。

（3）数据帧过长。

（4）数据帧过短。

（5）CRC 检验错误。

（6）非 EtherCAT 数据帧（若 0x100.0 为 1）。

EtherCAT 从站控制器的寄存器有一些错误指示寄存器，用来监测和定位错误。所有计数器的最大值都为 0xFF，计数到达 0xFF 后停止，不再循环计数，必须由写操作来清除。EtherCAT 从站控制器可以区分首次发现的错误和其之前已经检测到的错误，并且可以对接收错误计数器和转发错误计数器进行分析及错误定位。

7.4.4　EtherCAT 从站控制器的数据链路地址

EtherCAT 通信协议使用设置寻址时，有两种从站地址模式。

EtherCAT 从站控制器的数据链路地址寄存器描述如表 7-39 所示，表 7-39 中列出了两种设置站点地址使用的寄存器。

表 7-39　EtherCAT 从站控制器的数据链路地址寄存器描述

地　　　址	位	名　　称	描　　　述	复位值
0x0010～0x0011	0～15	设置站点地址	设置寻址所用地址（FPRD、FP-WR 和 FPRW 命令）	0
x0012～0x0013	0～15	设置站点别名	设置寻址所用的地址别名，是否使用这个别名取决于 DL 控制寄存器 0x0100～0x0103 的位 24	0，保持该复位值，直到对 EEPROM 地址 0x0004 首次载入数据

1．主站在数据链路启动阶段配置给从站

主站在初始化状态时，通过使用 APWR 命令，写从站寄存器 0x0010～0x0011，为从站设置一个与链接位置无关的地址，在以后的运行过程中使用此地址访问从站。

2．从站在上电初始化时从配置数据存储区装载

每个 EtherCAT 从站控制器均配有 EEPROM 存储配置数据，其中包括一个站点别名。

EtherCAT 从站控制器在上电初始化时自动装载 EEPROM 中的数据，将站点别名装载到寄存器 0x0012～0x0013。

主站在链路启动阶段使用顺序寻址命令 APRD 读取各个从站的设置地址别名，并在以后运行中使用。使用别名之前，主站还需要设置 DL 控制寄存器 0x0100～0x0103 的位 24 为 1，通知从站将使用站点别名进行设置地址寻址。

使用从站别名可以保证即使网段拓扑改变或者添加或取下设备时，从站设备仍然可以使用相同的设置地址。

7.4.5　EtherCAT 从站控制器的逻辑寻址控制

EtherCAT 子报文可以使用逻辑寻址方式访问 EtherCAT 从站控制器内部的存储空间，EtherCAT 从站控制器使用 FMMU 通道实现逻辑地址的映射。

每个 FMMU 通道使用 16 字节配置寄存器，从 0x0600 开始。

7.5　EtherCAT 从站控制器的应用层控制

7.5.1　EtherCAT 从站控制器的状态机控制和状态

EtherCAT 主站和从站按照如下规则执行状态转化。

(1) 主站要改变从站状态时将目的状态写入从站 AL 控制位(0x0120.0～0x0120.3)。

(2) 从站读取到新状态请求之后,检查自身状态。

① 如果可以转化,则将新的状态写入状态机实际状态位(0x0130.0～0x0130.3)。

② 如果不可以转化,则不改变实际状态位,设置错误指示位(0x0130.4),并将错误码写入 0x0134～0x0135。

(3) EtherCAT 主站读取状态机实际状态(0x0130)。

① 如果正常转化,则执行下一步操作。

② 如果出错,则主站读取错误码并写 AL 错误应答(0x0120.4)来清除 AL 错误指示。

在使用微处理器 PDI 接口时,AL 控制寄存器由握手机制操作。ECAT 写 AL 控制寄存器后,PDI 必须执行一次,否则,ECAT 不能继续写操作。只有在复位后,ECAT 才能恢复写 AL 控制寄存器。

PDI 接口为数字 I/O 时,没有外部微处理器读 AL 控制寄存器,此时主站设置设备模拟位 0x0140.8＝1,EtherCAT 从站控制器将自动复制 AL 控制寄存器的值到 AL 状态寄存器中。

7.5.2　EtherCAT 从站控制器的中断控制

EtherCAT 从站控制器支持以下两种类型的中断。

(1) 给本地微处理器的 AL 事件请求中断。

(2) 给主站的 ECAT 帧中断。

分布时钟的同步信号也可以用作微处理器的中断信号。

1. PDI 中断

AL 事件的所有请求都映射到寄存器 0x0220～0x0223 中,由事件屏蔽寄存器 0x0204～0x0207 决定哪些事件将触发给微处理器的中断信号 IRQ。

微处理器响应中断后,在中断服务程序中读取 AL 事件请求寄存器,根据所发生的事件做出相应的处理。

2. ECAT 帧中断

ECAT 帧中断用来将从站所发生的 AL 事件通知给 EtherCAT 主站,并使用 EtherCAT 子报文头中的状态位传输 ECAT 帧中断请求给寄存器 0x0210～0x0211。ECAT 帧中断屏蔽寄存器 0x0200～0x0201 决定哪些事件会被写入状态位并发送给 EtherCAT 主站。

3. SYNC 同步信号中断

SYNC 同步信号可以映射到 IRQ 信号以触发中断。此时,同步引脚可以用作 Latch 输入引脚,IRQ 信号有 40 ns 左右的抖动,同步信号有 12 ns 左右的抖动。因此,也可以将 SYNC 信号直接连接到微处理器的中断输入信号,微处理器将快速响应同步信号中断。

7.5.3 EtherCAT 从站控制器的 WDT 控制

EtherCAT 从站控制器支持两种内部 WDT:监测过程数据刷新的过程数据WDT;监测 PDI 运行的 WDT。

1. 过程数据 WDT

通过设置 SM 控制寄存器(0x0804+Nx8)的位 6 来使能相应的过程数据 WDT。设置过程数据 WDT 定时器(0x0420~0x0421)的值为零将使 WDT 无效。过程数据缓存区被刷新后,过程数据 WDT 将重新开始计数。

过程数据 WDT 超时后,将触发如下操作。

(1) 设置过程数据 WDT 状态寄存器 0x0440.0=0。

(2) 数字 I/O PDI 接口收回数字输出数据,不再驱动输出信号或拉低输出信号。

(3) 过程数据 WDT 超时,计数寄存器(0x0442)的值增加。

2. PDI WDT

一次正确的 PDI 读写操作可以启动 PDI WDT 重新计数。设置 PDI WDT 定时器(0x0410~0x0411)的值为零将使 WDT 无效。

PDI WDT 超时后,将触发以下操作。

(1) 设置 EtherCAT 从站控制器的 DL 状态寄存器 0x0110.1,DL 状态变化映射到ECAT 帧的子报文状态位后并将其发送给 EtherCAT 主站。

(2) PDI WDT 超时,计数寄存器(0x0443)的值增加。

7.6 EtherCAT 从站控制器的存储同步管理

7.6.1 EtherCAT 从站控制器存储同步管理器

EtherCAT 定义了两种 SM 通道运行模式:缓存类型和邮箱类型。

1. 缓存类型

该 SM 运行模式用于过程数据通信。

(1) 使用 3 个缓存区,保证可以随时接收和交付最新的数据。

(2) 经常有一个可写入的空闲缓存区。

(3) 在第一次写入之后,经常有一个连续可读的数据缓存区。

2. 邮箱类型

(1) 使用一个缓存区,支持握手机制。

(2) 对数据溢出产生保护。

(3) 只有写入新数据后才可以执行成功的读操作。

(4) 只有成功读取之后才允许再次写入。

EtherCAT 从站控制器内部过程数据存储区可以用于 EtherCAT 主站与从站应用程序数据的交换,需要满足如下条件。

(1) 保证数据一致性,必须由软件实现协同的数据交换。

(2) 保证数据安全,必须由软件实现安全机制。

(3) EtherCAT 主站和应用程序都必须轮询存储器来判断另一端是否完成访问。

EtherCAT 从站控制器使用了存储同步管理通道 SM 来保证主站与本地应用数据交换的一致性和安全性,并在数据状态改变时产生中断来通知双方。SM 通道把存储空间组织为一定大小的缓存区,由硬件控制缓存区的访问。缓存区的数量和数据交换方向可配置。

SM 配置寄存器从 0x800 开始,每个通道使用 8 字节,包括配置寄存器和状态寄存器。

要从起始地址开始操作一个缓存区,否则操作被拒绝。操作起始地址之后,就可以操作整个缓存区。

SM 允许再次操作起始地址,并且可以分多次操作。操作缓存区的结束地址表示缓存区操作结束,随后缓存区状态改变,同时可以产生一个中断信号或 WDT 触发脉冲。不允许在一个数据帧内两次操作结束地址。

7.6.2 SM 通道缓存区的数据交换

EtherCAT 的缓存模式使用 3 个缓存区,允许 EtherCAT 主站和从站微控制器在任何时候访问数据交换缓存区。数据接收方可以随时得到一致的最新数据,而数据发送方也可以随时更新缓存区的内容。如果写缓存区的速度比读缓存区的速度快,则以前的数据将被覆盖。

3 个缓存区模式通常用于周期性过程数据交换。3 个缓存区由 SM 通道统一管理,SM 通道只配置了第一个缓存区的地址范围。根据 SM 通道的状态,第一个缓存区的访问将被重新定向到 3 个缓存区中的一个。第二个和第三个缓存区的地址范围不能被其他 SM 通道所使用,SM 通道缓存区分配如表 7-40 所示。

表 7-40 SM 通道缓存区分配

地 址	缓存区分配
0x1000～0x10FF	缓存区 1,可以直接访问
0x1100～0x11FF	缓存区 2,不可以直接访问,不可以用于其他 SM 通道
0x1200～0x12FF	缓存区 3,不可以直接访问,不可以用于其他 SM 通道
0x1300	可用存储空间

表 7-40 配置了一个 SM 通道,其起始地址为 0x1000,长度为 0x100,则 0x1100～0x12FF 的地址范围不能被直接访问,而是作为缓存区由 SM 通道来管理。

SM 缓存区的运行原理如图 7-20 所示。

在图 7-20 的状态①中,缓存区 1 正由主站数据帧写数据,缓存区 2 空闲,缓存区 3 由从站微处理器读数据。

主站写缓存区 1 完成后,缓存区 1 和缓存区 2 交换,变为图 7-20 中的状态②。

从站微处理器读缓存区 3 完成后,缓存区 3 空闲,并与缓存区 1 交换,变为图 7-20 中的状态③。

此时,主站和微处理器又可以分别开始写操作和读操作。如果 SM 控制寄存器 (0x0804+Nx8) 中使能了 ECAT 帧或 PDI 中断,那么每次成功的读/写操作都将在 SM

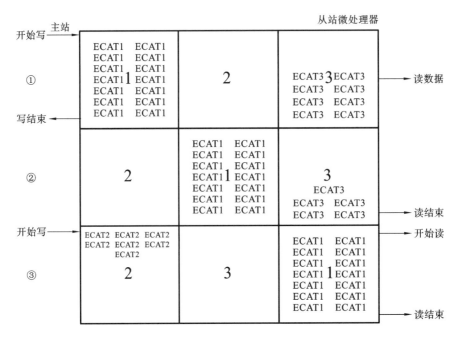

图 7-20　SM 缓存区的运行原理

状态寄存器(0x0805＋Nx8)中设置中断事件请求,并映射到 ECAT 中断请求寄存器
(0x0210～0x0211)和 AL 事件请求寄存器(0x0220～0x0221)中,再由相应的中断屏蔽
寄存器决定是否映射到数据帧状态位或触发中断信号。

7.6.3　SM 通道的邮箱模式数据通信

SM 通道的邮箱模式使用一个缓存区,实现了带有握手机制的数据交换,所以不会
丢失数据。只有在一端完成数据操作之后,另一端才能访问缓存区。

首先,数据发送方写缓存区,然后缓存区被锁定为只读,直到数据接收方读取数据。
随后,发送方再次写操作缓存区,同时缓存区对接收方锁定。

邮箱模式通常用于应用层非周期性数据交换,分配的这一个缓存区也称邮箱。邮
箱模式只允许以轮流方式读操作和写操作,实现完整的数据交换。

只有 EtherCAT 从站控制器接收数据帧 FCS 正确时,SM 通道的数据状态才会改
变。这样,在数据帧结束之后缓存区状态立刻变化。

邮箱模式数据通信使用两个存储同步管理器通道。通常,主站到从站通信使用
SM0 通道,从站到主站通信使用 SM1 通道,它们被配置为一个缓存区方式,使用握手
机制来避免数据溢出。

1. 主站写邮箱操作

SM 通道的邮箱模式数据通信如图 7-21 所示。

主站要发送非周期性数据给从站时,发送 ECAT 帧命令,写从站的 SM0 通道所管
理的缓存区地址。Ctr 是用于重复检测的顺序编号,每个新的邮箱服务值加 1。数据返
回主站后,主站检查 ECAT 帧命令的 WKC,如果 WKC 为 1,则表示写 SM0 通道成功,
如图 7-21 中的状态①。

如果 WKC 仍然为 0,则表示 SM0 通道非空,从站还没有将上次写入的数据读取,

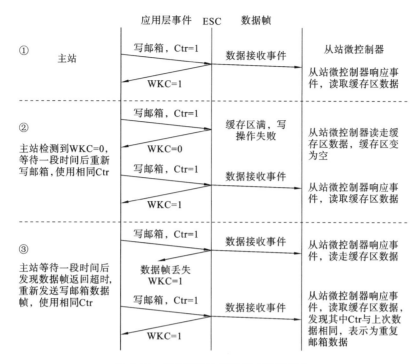

图 7-21 SM 通道的邮箱模式数据通信

主站本次写失败。等待一段时间后再重新发送相同的数据帧，并再次根据返回数据帧的 WKC 判断是否成功，如果从站在此期间读取了缓存区数据，则主站此次写操作成功，返回数据帧子报文的 WKC 等于 1，如图 7-21 中的状态②。

如果写邮箱数据丢失，则主站在发现接收返回数据帧超时之后，重新发送相同数据帧。从站读取此数据之后，发现其中的计数器 Ctr 与上次数据命令相同，表示为重复的邮箱数据，如图 7-21 中的状态③。

2. 主站读邮箱操作

主站读邮箱的操作过程如图 7-22 所示。

数据交换是由主站发起的。如果从站有数据要发送给主站，必须先将数据写入发送邮箱缓存区，然后由主站来读取。主站有两种方法来测定从站是否已经将邮箱数据写入发送数据区。

一种方法是将 SM1 通道配置寄存器中的邮箱状态位（0x80D.3）映射到逻辑地址中，使用 FMMU 周期性地读这一位。使用逻辑寻址可以同时读多个从站的状态位，这种方法的缺点是每个从站都需要一个 FMMU 单元。

另一种方法是简单地轮询 SM1 通道数据区。从站将新数据写入数据区后，读命令的工作计数器 WKC 将加 1。

读邮箱操作可能会出现错误，主站需要检查从站邮箱命令应答报文中的工作计数器 WKC。如果工作计数器 WKC 没有增加或在限定的时间内没有响应，则主站必须翻转 SM0 通道控制存器中的重复请求位（0x0806.1）。从站检测到翻转位之后，将上次的数据再次写入 SM1 通道数据区，并翻转 SM1 通道配置寄存器中 PDI 控制字节里的重发应答位（0x80E.1）。主站读取 SM1 通道翻转位后，再次发起读命令。

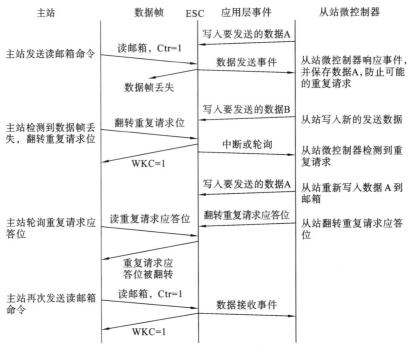

图 7-22 主站读邮箱的操作过程

7.7 EtherCAT 从站信息接口

EtherCAT 从站控制器采用 EEPROM 来存储所需要的设备相关信息,称为从站信息接口(slave information interface,SII)。

EEPROM 的容量为 1 kbit~4 Mbit,取决于 EtherCAT 从站控制器规格。

EEPROM 数据结构如表 7-41 所示。

表 7-41 EEPROM 数据结构

字地址 0	EtherCAT 从站控制器寄存器配置区			
字地址 8	厂商标识	产品码	版本号	序列号
字地址 16	硬件延时		引导状态下邮箱配置	
字地址 24	邮箱 SM 通道配置			
	保留			
字地址 64	分类附加信息			
	...			
	字符串类信息			
	设备信息类			
	FMMU 描述信息			
	SM 通道描述信息			
	...			

EEPROM 使用字地址,字 0~63 是必需的基本信息,其各部分描述如下。

(1) EtherCAT 从站控制器的寄存器配置区(字 0~7)由 EtherCAT 从站控制器在

上电或复位后自动读取并写入相应寄存器,然后检查校验和。

（2）产品标识区(字 8～15),包括厂商标识、产品码、版本号和序列号等。

（3）硬件延时(字 16～19),包括端口延时和处理延时等信息。

（4）引导状态下邮箱配置(字 20～23)。

（5）标准邮箱通信 SM 通道配置(字 24～27)。

7.7.1　EEPROM 中的信息

EtherCAT 从站控制器配置数据如表 7-42 所示。

表 7-42　EtherCAT 从站控制器配置数据

字　地　址	参　数　名	描　　述
0	PDI 控制	PDI 控制寄存器初始值(0x0140～0x0141)
1	PDI 配置	PDI 配置寄存器初始值(0x0150～0x0151)
2	SYNC 信号脉冲宽度	SYNC 信号脉宽寄存器初始值(0x0982～0x0983)
3	扩展 PDI 配置	扩展 PDI 配置寄存器初始值(0x0152～0x0153)
4	站点别名	站点别名配置寄存器初始值(0x0012～0x0013)
5,6	保留	保留,应为 0
7	校验和	字 0～6 的校验和

EEPROM 中的分类附加信息包含可选的从站信息,有两种类型的数据:标准类型、制造商定义类型。

所有分类数据都使用相同的数据结构,包括一个字的数据类型、一个字的数据长度和数据内容。标准类型的数据分类如表 7-43 所示。

表 7-43　标准类型的数据分类

类　型　名	数　值	描　　述
STRINGS	10	文本字符串信息
General	30	设备信息
FMMU	40	PMMU 使用信息
SyncM	41	SM 通道运行模式
TXPDO	50	TxPDO 描述
RXPDO	51	RxPDO 描述
DC	60	分布式时钟描述
End	0xffff	分类数据结束

7.7.2　EEPROM 的操作

EtherCAT 从站控制器具有读/写 EEPROM 的功能,主站或 PDI 通过读/写 EtherCAT 从站控制器的 EEPROM 控制寄存器来读/写 EEPROM,在复位状态下,主站控制 EEPROM 的操作后,移交给 PDI 控制。EEPROM 控制寄存器功能描述如表 7-44 所示。

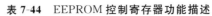

表 7-44 EEPROM 控制寄存器功能描述

地址	位	名 称	描 述	复位值
0x0500	0	EEPROM 访问分配	0:ECAT 帧； 1:PDI	0
	1	强制 PDI 操作释放	0:不改变 0x0501.0； 1:复位 0x0501.0 为 0	0
	2～7	保留	—	0
0x0501	0	PDI 操作	0:PDI 释放 EEPROM 操作； 1:PDI 正在操作 EEPROM	0
	1～7	保留	—	0
0x0502～ 0x0503	0～15	EEPROM 控制和状态寄存器	—	—
	0	ECAT 帧写使能	0:写请求无效； 1:使能写请求	0
	1～5	保留	—	—
	6	支持读字节数	0:4 字节； 1:8 字节	ET1100:1 ET1200:1 其他:0
	7	EEPROM 地址范围	0:1 个地址字节(1～16 kbit)； 1:2 个地址字节(32 kbit～4 Mbit)	芯片配置引脚
	8	读命令位	读、写操作含义不同。 当写时， 0:无操作； 1:开始读操作。 当读时， 0:无读操作； 1:读操作进行中	0
	9	写命令位	读、写操作含义不同。 当写时， 0:无操作； 1:开始写操作。 当读时， 0:无写操作； 1:写操作进行中	0
	10	重载命令位	读、写操作含义不同。 当写时， 0:无操作； 1:开始重载操作。 当读时， 0:无重载操作； 1:重载操作进行中	0

地址	位	名　称	描　述	复位值
0x0502~ 0x0503	11	ESC 配置区校验	0:校验和正确; 1:校验和错误	0
	12	器件信息校验	0:器件信息正确; 1:从 EEPROM 装载器件信息错误	0
	13	命令应答	0:无错误; 1:EEPROM 无应答,或命令无效	0
	14	写使能错误	0:无错误; 1:请求写命令时无写使能	0
	15	忙位	0:FEPROM 接口空闲; 1:EEPROM 接口忙	0
0x0504~ 0x0507	0~32	EEPROM 地址	请求操作的 EEPROM 地址,以字 为单位	0
0x0508~ 0x050F	0~15	EEPROM 数据	写入 EEPROM 的数据或从 EEPROM 读到数据,低位字	0
	16~63	EEPROM 数据	从 EEPROM 读到数据,高位字,一 次读 4 字节时只有 16~31 位有效	0

1. 主站强制获取操作控制

寄存器 0x0500 和 0x0501 分配 EEPROM 的访问控制权。

如果 0x0500.0=0,并且 0x0501.0=0,则由 EtherCAT 主站控制 EEPROM 访问接口,这也是 EtherCAT 从站控制器的默认状态;否则由 PDI 控制 EEPROM。

双方在使用 EEPROM 之前需要检查访问权限,EEPROM 访问权限的移交有主动放弃和被动剥夺两种形式。

双方在访问完成后可以主动放弃控制权,EtherCAT 主站应该在以下情况通过写 0x0500.0=1 将访问权交给应用控制器。

(1) 在 I→P 转换时。

(2) 在 I→B 转换时,并在 BOOT 状态下。

(3) 若在 ESI 文件中定义了"AssignToPdi"元素,除 INIT 状态外,EtherCAT 主站应该将访问权交给 PDI 一端。

EtherCAT 主站可以在 PDI 没有释放控制权时强制获取操作控制,操作如下。

(1) 主站操作 EEPROM 结束后,主动写 0x0500.0=1,将 EEPROM 接口移交给 PDI。

(2) 如果 PDI 要操作 EEPROM,则写 0x0501.0=1,接管 EEPROM 控制。

(3) PDI 完成 EEPROM 操作后,写 0x0501.0=0,释放 EEPROM 操作。

(4) 主站写 0x0500.0=0,接管 EEPROM 控制权。

(5) 如果 PDI 未主动释放 EEPROM 控制,主站可以写 0x0500.1=1,强制清除 0x0501.0,从 PDI 夺取 EEPROM 控制。

2. 读/写 EEPROM 的操作

EEPROM 接口支持 3 种操作命令:写一个 EEPROM 地址;从 EEPROM 读取;从 EEPROM 重载 EtherCAT 从站控制器配置。

需要按照以下步骤执行读/写 EEPROM 的操作。

(1) 检查 EEPROM 是否空闲(0x0502.15 是否为 0)。如果不空闲,则必须等待,直到空闲。

(2) 检查 EEPROM 是否有错误(0x0502.13 是否为 0,或 0x0502.14 是否为 0)。如果有错误,则写 0x0502.[10:8]=[000]清除错误。

(3) 写 EEPROM 字地址到 EEPROM 地址寄存器。

(4) 如果要执行写操作,那么将要写入的数据写入 EEPROM 数据寄存器 0x0508～0x0509。

(5) 写控制寄存器,以启动命令的执行。

① 读操作,写 0x500.8=1。

② 写操作,写 0x500.0=1 和 0x500.9=1,这两位必须由一个数据帧写完成。0x500.0 为写使能位,可以实现写保护机制,它对同一数据帧中的 EEPROM 命令有效,并随后自动清除;对于 PDI 访问控制,不需要写这一位。

③ 重载命令,写 0x500.10=1。

(6) EtherCAT 主站发起的读/写操作是在数据帧结束符 EOF(end of frame)之后开始执行的,如果 PDI 发起操作,则操作马上被执行。

(7) 等待 EEPROM 忙位清除(0x0502.15 是否为 0)。

(8) 检查 EEPROM 错误位。如果 EEPROM 应答帧丢失,则可以重新发起命令,即回到第(5)步。在重试之前等待一段时间,使 EEPROM 有足够时间保存内部数据。

(9) 获取执行结果。

① 读操作,读到的数据在 EEPROM 数据寄存器 0x0508～0x050F 中,数据长度可以是 2 字节或 4 字节,取决于 0x0502.6。

② 重载操作,EtherCAT 从站控制器配置被重新写入相应的寄存器中。

EtherCAT 从站控制器上电启动时,将从 EEPROM 载入开始的 7 字,以配置 PDI 接口。

7.7.3 EEPROM 接口操作错误的处理

EEPROM 接口操作错误由 EEPROM 控制/状态寄存器 0x0502～0x0503 指示,如表 7-45 所示。

表 7-45　EEPROM 接口操作错误

位	名　　称	描　　述
11	校验和错误	EtherCAT 从站控制器配置区域校验和错误,使用 EEPROM 初始化的寄存器保持原值。 原因:CRC 错误。 解决方法:检查 CRC

续表

位	名　称	描　述
12	设备信息错误	EtherCAT 从站控制器配置没有被装载。 原因:校验和错误、应答错误或 EEPROM 丢失。 解决方法:检查其他错误位
13	应答/命令错误	无应答或命令无效。 原因: ① EEPROM 芯片无应答信号; ② 发起了无效的命令。 解决方法: ① 重试访问; ② 使用有效的命令
14	写使能错误	EtherCAT 主站在没有写使能的情况下执行了写操作。 原因:EtherCAT 主站在写使能位无效时发起了写命令。 解决方法:在写命令的同一个数据帧中设置写使能位

　　EtherCAT 从站控制器在上电或复位后读取 EEPROM 中的配置数据,如果发生错误,则重新读取。连续两次读取失败后,设置设备信息错误位,此时 EtherCAT 从站控制器数据链路状态寄存器中 PDI 允许运行位(0x0110.0)保持无效。发生错误时,所有由 EtherCAT 从站控制器配置区初始化的寄存器保持其原值,EtherCAT 从站控制器过程数据存储区也不可访问,直到成功装载 EtherCAT 从站控制器配置数据。

　　EEPROM 无应答错误是一个常见的问题,更容易在 PDI 操作 EEPROM 时发生。

　　连续写 EEPROM 时产生无应答错误的原因如下。

　　(1) EtherCAT 主站或 PDI 发起第一个写命令。

　　(2) EtherCAT 从站控制器将写入数据传输给 EEPROM。

　　(3) EEPROM 内部将输入缓存区中的数据传输到存储区。

　　(4) 主站或 PDI 发起第二个写命令。

　　(5) EtherCAT 从站控制器将写入数据传输给 EEPROM,EEPROM 不应答任何访问,直到上次内部数据传输完成。

　　(6) EtherCAT 从站控制器设置应答/命令错误位。

　　(7) EEPROM 执行内部数据传输。

　　(8) EtherCAT 从站控制器重新发起第二个命令,命令被应答并成功执行。

7.8　EtherCAT 分布式时钟

　　EtherCAT 分布式时钟具有如下特点。

　　(1) EtherCAT 设备的同步。

　　(2) 系统时间的定义。

　　① 于 2000 年 1 月 1 日 0:00 开始。

　　② 基本单位为 1 ns。

　　③ 64 位值。

（3）进行通信和时间戳。

（4）参考时钟的定义。

① 一个 EtherCAT 从站将用作参考时钟。

② 参考时钟周期性地分配其时钟。

③ 参考时钟可通过"全局"参考时钟(IEEE 1588)进行调节。

EtherCAT 从站控制器内 DC 单元具有如下特点。

（1）提供当地时间信号。

① 本地同步输出信号的生成(SYNC0,SYNC1 信号)。

② 同步中断的生成。

（2）同步数字输出更新和输入采样。

（3）输入事件(锁存单元)的精确时间戳。

（4）传播延迟测量支持。

① 每个 EtherCAT 从站控制器测量在一帧的两个方向之间的延迟。

② EtherCAT 主站计算所有从站之间的传播延迟。

（5）对于参考时钟的偏移补偿。

① 本地时钟和参考时钟之间的偏移。

② 所有设备的绝对系统时间。

③ 所有设备的同时性(低于 100 ns 的误差)。

（6）参考时钟的漂移补偿:DC 控制单元。

精确同步对于同时动作的分布式过程而言尤为重要,如几个伺服轴同时执行协调运动。

最有效的同步方法是精确排列分布式时钟。与完全同步通信中通信出现故障会立刻影响同步品质的情况相比,分布排列的时钟对于通信系统中可能存在的相关故障延迟具有极好的容错性。

采用 EtherCAT,数据交换完全基于纯硬件机制。由于通信借助全双工快速以太网的物理层,采用逻辑环结构,主站时钟可以简单、精确地确定各个从站时钟传播的延迟偏移。分布式时钟均基于该值进行调整,这意味着可以在网络范围内使用非常精确的、小于 $1\ \mu s$ 的和确定性的同步误差时间基,而跨接工厂等外部同步则可以基于 IEEE 1588 标准。

此外,高分辨率的分布式时钟不仅可以用于同步,还可以为本地数据采集提供精确的时间信息。当采样时间非常短暂时,即使是出现一个很小的位置测量瞬时同步偏差,也会导致速度计算出现较大的阶跃变化,如运动控制器通过顺序检测的位置计算速度。

在 EtherCAT 中,引入时间戳数据类型作为一个逻辑扩展,以太网所提供的巨大带宽使得高分辨率的系统时间得以与测量值进行连接。这样,速度的精确计算就不再受到通信系统的同步误差值影响,其精度要高于基于自由同步误差的通信测量技术。

EtherCAT 分布式时钟由主站在数据链路的初始化阶段进行初始化、配置和启动运行。在运行阶段,EtherCAT 主站也需要维护分布式时钟的运行,补偿时钟漂移。在从站端,分布式时钟由 EtherCAT 从站控制器实现,为从站微控制器提供同步的中断信号和时钟信息。时钟信息也可以用于记录锁存输入信号的时刻。

习 题 7

1. EtherCAT 从站控制器主要有哪些功能块?

2. 说明 EtherCAT 数据报的结构。

3. EtherCAT 数据报的工作计数器(WKC)字段的作用是什么?

4. EtherCAT 从站控制器的主要功能是什么?

5. EtherCAT 从站控制器内部存储空间是如何配置的?

6. 简述 EtherCAT 从站控制器的特征信息。

7. 简述 EtherCAT 从站控制器(ESC)ET1100 的组成。

8. EtherCAT 从站控制器(ESC)ET1100 的 PDI 有什么功能?

9. 说明 EtherCAT 从站控制器(ESC)ET1100 的 MII 接口的基本功能。

10. ET1100 的 MII 接口信号有哪些? 画出 ET1100 端口 0 的 MII 接口电路图。

11. 画出 ET1100 和 16 位微控制器的异步接口电路图,并说明所用的微控制器信号。

12. 说明 EtherCAT 从站控制器的帧处理顺序。

基于 ET1100 的 EtherCAT 从站硬件设计

EtherCAT 主站采用标准的以太网设备发送和接收符合 IEEE 802.3 标准的以太网数据帧。实际应用中,使用基于 PC 或嵌入式计算机的主站对其硬件设计没有特殊要求。如果主站使用 TwinCAT 软件,则需要满足 TwinCAT 支持的网卡以太网控制器型号的要求。

EtherCAT 从站使用专用 EtherCAT 从站控制器(ESC)芯片,设计专门的从站硬件系统。本章以 EtherCAT 从站控制器 ET1100 为例,讲述 EtherCAT 从站控制器与 STM32F4 微控制器总线接口的硬件电路设计及 MII 端口电路设计,同时介绍 ET1100 直接 I/O 控制的从站硬件电路设计。

8.1 基于 ET1100 的 EtherCAT 从站总体结构

EtherCAT 从站以 ST 公司生产的 ARM Cortex-M4 微控制器 STM32F407ZET6 为核心,搭载相应的外围电路。

STM32F407ZET6 内核的最高时钟频率可达 168 MHz,而且集成了单周期 DSP 指令和浮点运算单元(FPU),提升了计算能力,可以进行复杂的计算和控制。

STM32F407ZET6 除了具有优异的性能外,还包含如下丰富的内嵌和外设资源。

(1)存储器:拥有 512 KB 的 Flash 存储器和 192 KB 的 SRAM;提供了存储器的扩展接口,可外接多种类型的存储设备。

(2) 时钟、复位和供电管理:支持 1.8～3.6 V 的系统供电;包含上电/断电复位、可编程电压检测器等多个电源管理模块,可有效避免供电电源不稳定而导致的系统误动作;内嵌 RC 振荡器可以提供高速的 8 MHz 的内部时钟。

(3) 直接存储器存取(DMA):16 通道的 DMA 控制器,支持突发传输模式,且各通道可独立配置。

(4) 丰富的 I/O 端口:有 A～G 共 7 个端口,每个端口有 16 个 I/O,所有的 I/O 都可以映射到 16 个外部中断;多个端口具有兼容 5 V 电平的特性。

(5) 多类型通信接口:有 3 个 I²C 接口、4 个 USART 接口、3 个 SPI 接口、2 个

CAN 接口、1 个 ETH 接口等。

EtherCAT 从站的外部供电电源为＋5 V,AMS1117 电源转换芯片能实现由＋5 V 到＋3.3 V 的电压变换。

基于 ET1100 的 EtherCAT 从站总体结构如图 8-1 所示,其主要由以下几部分组成。

（1）微控制器 STM32F407ZET6。

（2）EtherCAT 从站控制器（ET1100）。

（3）EtherCAT 配置 PROM（CAT24C6WI）。

（4）以太网 PHY 器件（KS8721BL）。

（5）PULSE 公司以太网数据变压器（HT1102）。

（6）RJ45 连接器（HR911105A）。

（7）实现测量与控制的 I/O 电路,这一部分电路设计在智能测控模块的设计中详细讲述。

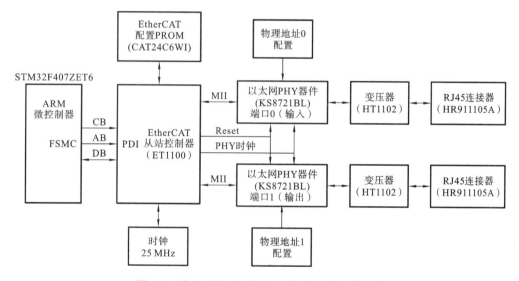

图 8-1　基于 ET1100 的 EtherCAT 从站总体结构

8.2　微控制器与 ET1100 的接口电路设计

8.2.1　ET1100 与 STM32 的 FSMC 接口电路设计

ET1100 与 STM32F407ZET6 的 FSMC 接口电路如图 8-2 所示。

ET1100 使用 16 位异步微处理器 PDI 接口,连接 2 个 MII 接口,并输出时钟信号给 PHY 器件。

STM32 系列微控制器具有丰富的管脚及内置功能,可以给用户开发和设计过程提供大量的选择方案。

STM32 不仅支持 I²C、SPI 等串行数据传输方案,同时在并行传输领域也开发了一种特殊的解决方案,是一种新型的存储器扩展技术——FSMC 技术。通过 FSMC 技

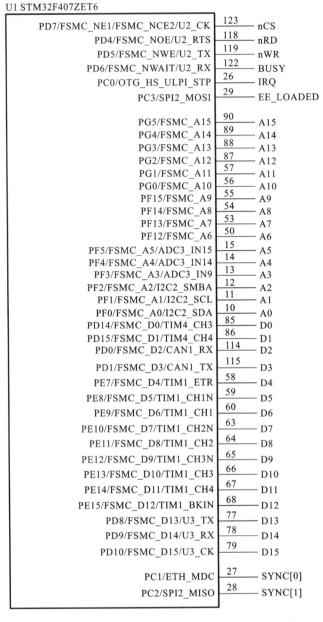

图 8-2　ET1100 与 STM32F407ZET6 的 FSMC 接口电路

术,STM32 可以直接并行读写外部存储器,这在外部存储器的扩展方面有很独特的优势。同时,FSMC 功能还可以根据从站系统中外部存储器的类型进行不同方式的扩展。

STM32 系列芯片内部集成了 FSMC 机制。FSMC 是 STM32 系列的一种特有的存储控制机制,可以灵活应用于与多种类型的外部存储器连接的设计中。

FSMC 是 STM32 与外部设备进行并行连接的一种特殊方式,FSMC 模块可以与多种类型的外部存储器相连。FSMC 主要负责将系统内部总线 AHB 转化为可以读/写相应存储器的总线形式,可以设置读/写位数为 8 位或者 16 位,也可以设置读/写模式是同步或者异步,还可以设置 STM32 读/写外部存储器的时序及速度等,非常灵活。STM32 中,FSMC 的设置在从站程序中完成,在程序中通过设置相应寄存器数据来选择 STM32 的 FSMC 功能,设置地址、数据、控制信号以及时序内容,实现与外部设备之间的数据传输的匹配,这样,STM32 芯片不仅可以使用 FSMC 和不同类型的外部存储器接口,还能以不同的速度进行读/写,灵活性加强,以满足系统设计对产品性能、成本、存储容量等多个方面的要求。

8.2.2 ET1100 应用电路设计

EtherCAT 从站控制器 ET1100 应用电路如图 8-3 所示。

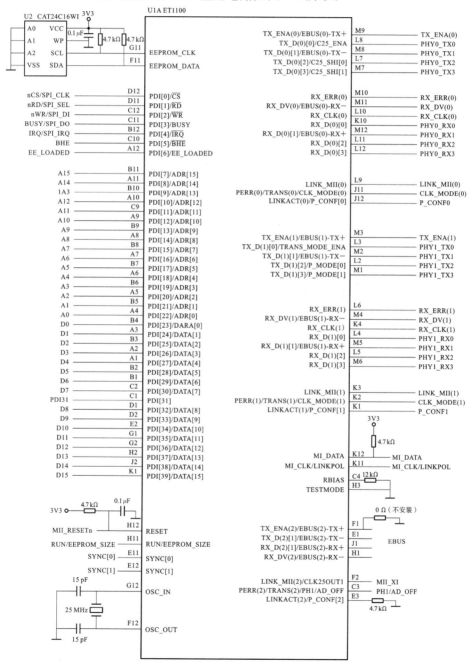

图 8-3 EtherCAT 从站控制器 ET1100 应用电路

在图 8-3 中，ET1100 左边是与 STM32F407ZET6 相连的 FSMC 接口电路、CAT24C16WI EEPROM 存储电路和时钟电路等。FSMC 接口电路包括 ET1100 的片选信号、读写控制信号、中断控制信号、16 位地址线和 16 位数据线。右边为 MII 端口的相关引脚，包括 2 个 MII 端口引脚、相关 MII 管理引脚和时钟输出引脚等。

ET1100 的 MII 端口引脚说明如表 8-1 所示。

表 8-1 ET1100 的 MII 端口引脚说明

分　类	编　号	名　　称	引　脚	属　性	功　　能
MII 端口 0	1	TX_ENA(0)	M9	O	端口 0 MII 发送使能
	2	TX_D(0)[0]	L8	O	端口 0 MII 发送数据 0
	3	TX_D(0)[1]	M8	O	端口 0 MII 发送数据 1
	4	TX_D(0)[2]	L7	O	端口 0 MII 发送数据 2
	5	TX_D(0)[3]	M7	O	端口 0 MII 发送数据 3
	6	RX_ERR(0)	M10	I	MII 接收数据错误指示
	7	RX_DV(0)	M11	I	MII 接收数据有效指示
	8	RX_CLK(0)	L10	I	MII 接收时钟
	9	RX_D(0)[0]	K10	I	端口 0 MII 接收数据 0
	10	RX_D(0)[1]	M12	I	端口 0 MII 接收数据 1
	11	RX_D(0)[2]	L11	I	端口 0 MII 接收数据 2
	12	RX_D(0)[3]	L12	I	端口 0 MII 接收数据 3
	13	LINK_MII(0)	L9	I	PHY0 指示有效链接
	14	LINKACT(0)	J12	O	LED 输出，链接状态显示
MII 端口 1	1	TX_ENA(1)	M3	O	端口 1 MII 发送使能
	2	TX_D(1)[0]	L3	O	端口 1 MII 发送数据 0
	3	TX_D(1)[1]	M2	O	端口 1 MII 发送数据 1
	4	TX_D(1)[2]	L2	O	端口 1 MII 发送数据 2
	5	TX_D(1)[3]	M1	O	端口 1 MII 发送数据 3
	6	RX_ERR(1)	L6	I	MII 接收数据错误指示
	7	RX_DV(1)	M4	I	MII 接收数据有效指示
	8	RX_CLK(1)	K4	I	MII 接收时钟
	9	RX_D(1)[0]	L4	I	端口 1 MII 接收数据 0
	10	RX_D(1)[1]	M5	I	端口 1 MII 接收数据 1
	11	RX_D(1)[2]	L5	I	端口 1 MII 接收数据 2
	12	RX_D(1)[3]	M6	I	端口 1 MII 接收数据 3
	13	LINK_MII(1)	K3	I	PHY1 指示有效连接
	14	LINKACT(1)	L1	O	LED 输出，链接状态显示
其他	1	CLK25OUT1	F2	O	输出时钟信号给 PHY 芯片
	2	MI_CLK	K11	—	MII 管理接口时钟
	3	MI_DATA	K12		MII 管理接口数据

ET1100 电源供电电路如图 8-4 所示。

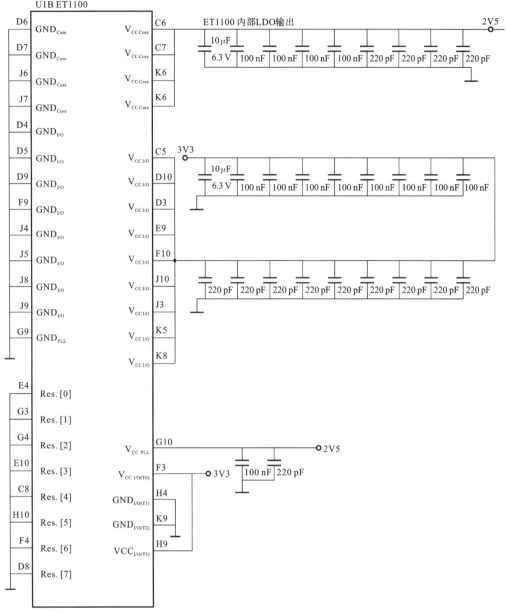

图 8-4 ET1100 电源供电电路

8.2.3 FSMC 驱动程序设计

EtherCAT 从站采用 STM32 作为微控制器，EtherCAT 从站的底层驱动程序利用 STM32 的固件库函数，封装底层读写函数为上层 EtherCAT 协议驱动程序，以提供调用接口。

STM32 微控制器的 FSMC 功能可以把 STM32 内的 1 GB 内存分为 4 个 256 MB 的存储块，如图 8-5 所示，STM32 内部 FSMC 模块对应的起始区域为 0x60000000，FSMC 模块的 4 个不同的存储块可以连接不同类型的外部存储器。存储块 1 用于访问 NAND 设备,存储块 2 和存储块 3 用于访问 NOR/PSRAM 设备,存储块 4 则用于访问带有 PC 卡的外部设备,当需要片选不同类型的外部存储器时,需要选择不同的存储块,使用 FSMC 实现读写外部存储器的功能。

在 EtherCAT 从站设计中,使用 ET1100 作为从站控制器,微控制器 STM32 通过 FSMC 读写 ET1100 芯片的内部存储区。ET1100 芯片具有 64 KB DPRAM 地址空间,STM32 芯片内部以 0x60000000 为起始地址开辟一块 64 KB 的地址空间,将 ET1100 内存空间映射到这一区域。从站微控制器对这一段内存进行操作,也是对从站控制器 DPRAM 内存进行操作,完成数据通信的过程。

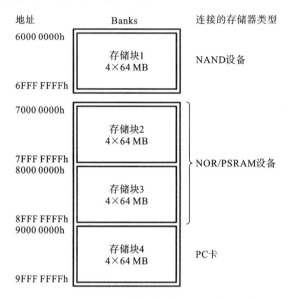

图 8-5 STM32 微控制器的 FSMC 存储块

8.3 ET1100 的配置电路设计

ET1100 引脚与 MII 引脚及其他引脚复用,在上电时作为输入,由 ETI100 锁存配置信息。上电之后,这些引脚具有分配的操作功能,必要时引脚方向也可以改变,RESET引脚信号指示上电配置完成。ET1100 引脚说明如表 8-2 所示。ET1100 引脚配置电路如图 8-6 所示。

表 8-2 ET1100 引脚说明

编号	名　　称	引　脚	属　性	取　值	说　　明
1	TRANS_MODE_ENA	L3	I	0	不使用透明模式
2	P_MODE[0]	L2	I	0	使用 ET1100 端口 0 和端口 1
3	P_MODE[1]	M1	I	0	
4	P_CONF(0)	J12	I	1	端口 0 使用 MII 接口;
5	P_CONF(1)	L1	I	1	端口 1 使用 MII 接口
6	LINKPOL	K11	I	0	LINK_MII(x)低有效

续表

编号	名　称	引　脚	属　性	取　值	说　明
7	CLK_MODE[0]	J11	I	0	不输出 CPU 时钟信号
8	CLK_MODE[0]	K2	I	0	
9	C25_ENA	L8	I	0	不使能 CLK25OUT2 输出
10	C25_SHI[0]	L7	I	0	无 MII TX 相位偏移
11	C25_SHI[0]	M7	I	0	
12	PHYAD_OFF	C3	I	0	PHY 偏移地址为 0

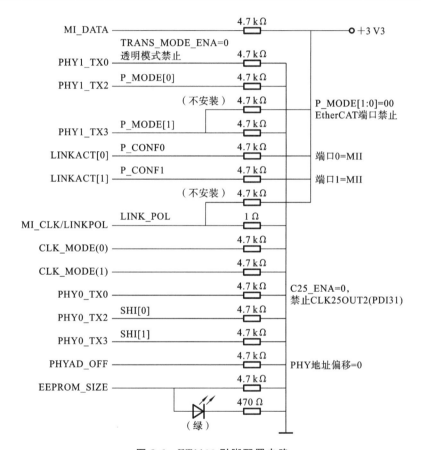

图 8-6　ET1100 引脚配置电路

8.4　EtherCAT 从站以太网物理层 PHY 器件

　　EtherCAT 从站控制器 ET1100 只支持 MII 接口的以太网物理层 PHY 器件,有些 EtherCAT 从站控制器也支持 RMII(reduced MII)接口。但是,由于 RMII 接口 PHY 器件使用发送 FIFO 缓存区,增加了 EtherCAT 从站的转发延时和抖动,所以不推荐使用 RMII 接口。

　　ET1100 的 MII 接口经过优化设计,为降低处理和转发延时,对以太网物理层

PHY 器件有一些特定要求,大多数以太网物理层 PHY 器件都能满足特定要求。

另外,为了获得更好的性能,以太网物理层 PHY 器件应满足如下条件。

(1) PHY 检测链接丢失的响应时间小于 15 μs,以满足冗余功能要求。

(2) 接收和发送延时稳定。

(3) 若标准的最大线缆长度为 100 m,则 PHY 支持的最大线缆长度应大于 120 m,以保证安全极限。

(4) ET1100 的 PHY 管理接口(management interface,MI)的时钟引脚也用作配置输入引脚,因此,不应固定连接上拉或下拉电阻。

(5) 最好具有波特率和全双工的自动协商功能。

(6) 具有低功耗性能。

(7) 3.3 V 单电源供电。

(8) 采用 25 MHz 时钟源。

(9) 具有工业级的温度范围。

BECKHOFF 公司给出的 ET1100 兼容的以太网物理层 PHY 器件和不兼容的以太网物理层 PHY 器件分别如表 8-3 和表 8-4 所示。

表 8-3　ET1100 兼容的以太网物理层 PHY 器件

制 造 商	器 件	物理地址	物理地址偏移	链接丢失响应时间	说　　明
Broadcom	BCM5221	0～31	0	13 μs	没有经过硬件测试,依据数据手册或厂商提供数据,要求使用石英振荡器。不能使用 CLK25OUT,以避免级联的 PLL(锁相环)
	BCMS222	0～31	0	1.3 μs	
	BCM5241	0～7,8,16,24	0	1.3 μs	
Micrel	KS8001L	1～31	16		PHY 地址 0 为广播地址
	KS8721B KS8721BT KS8721BL KS8721SL KS8721CL	0～31	0	6 μs	KS8721BT 和 KS8721BL 经过硬件测试,MDC 具有内部上拉
National Semiconductor	DP83640	1～31	16	250 μs	PHY 地址 0 表示隔离,不使用 SCMII 模式时,链接丢失响应时间可达 1.3 μs

表 8-4　ET1100 不兼容的以太网物理层 PHY 器件

制 造 商	器 件	说　　明
AMD	Am79C874、Am79C875	根据数据手册或制造商提供的数据,不支持 MDI/MDIX 自动交叉功能
Broadcom	BCM5208R	
Cortina Systems(Intel)	LXT970A、LXT971A、LXT972A、LXT972M、LXT974、LXT975	
Davicom 半导体	DM9761	
SMSC	LAN83C185	
Micrel	KS8041 版本 A3	硬件测试结果,没有前导位保持

8.5 10/100BASE-TX/FX 的物理层收发器 KS8721

8.5.1 KS8721 概述

KS8721BL 和 KS8721SL 是 10BASE-T/100BASE-TX/FX 的物理层收发器,通过 MII 接口来发送和接收数据,芯片内核工作电压为 2.5 V,用以满足低电压和低功耗的要求。KS8721SL 具有 10BASE-T 物理介质连接(PMA)、物理介质相关子层(PMD)和物理编码子层(PCS)等所包含的功能。KS8721BL/SL 同时拥有片上 10BASE-T 输出滤波器,省去了外部滤波器的需要,并且允许使用单一的变压器来满足 100BASE-TX 和 10BASE-T 的需求。

KS8721BL/SL 运用片上的自动协商模式能够自动地设置为 100 Mbit/s 或 10 Mbit/s 和全双工或半双工的工作模式。它们是应用 100BASE-TX/10BASE-T 的理想物理层收发器。

KS8721 具有如下特点。

(1) 单芯片 100BASE-TX / 100BASE-FX / 10BASE-T 物理层解决方案。

(2) 2.5 V CMOS 设计,在 I/O 口上允许 2.5/3.3 V 电压。

(3) 3.3 V 单电源供电并带有内置稳压器,电能消耗＜340 mW(包括输出驱动电流)。

(4) 完全符合 IEEE 802.3u 标准。

(5) 支持 MII 简化的 MII(RMII)接口。

(6) 支持 10BASE-T、100BASE-TX 和 100BASE-FX,并带有远端故障检测。

(7) 支持 power-down 和 power-saving 模式。

(8) 可通过 MII 串行管理接口或外部控制引脚进行配置。

(9) 支持自动协商和人工选择两种方式,以确定 10/100 Mbit/s 的传输速率和全/半双工的通信方式。

(10) 为 100BASE-TX 和 10BASE-T 提供片上内置的模拟前端滤波器。

(11) 为连接、活动、全/半双工、冲突和传输速率提供 LED 输出。

(12) 介质转换器应用支持 back-to-back 和 FX to TX。

(13) 支持 MDI/MDI-X 自动交叉。

(14) KS8721BL/SL 为商用温度范围(0～70 ℃),KS8721BLI/SLI 为工业温度范围(−40～85 ℃)。

(15) 提供 48 引脚 SSOP 和 LQFP 封装。KS8721BL 为 48 引脚 LQFP 封装,KS8721SL 为 48 引脚 SSOP 封装。

8.5.2 KS8721 结构和引脚说明

KS8721 结构如图 8-7 所示。

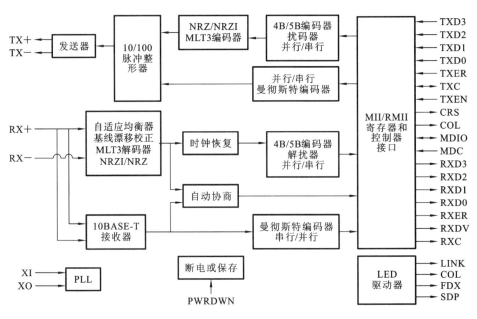

图 8-7 KS8721 **结构**

1. KS8721 **引脚说明**

KS8721 引脚说明如下。

MDIO:管理独立接口(MII)数据 I/O。该引脚要求外接一个 4.7 kΩ 的上拉电阻。

MDC:MII 时钟输入,该引脚与 MDIO 同步。

RXD3/PHYAD1:MII 接收数据输出。RXD [3...0]这些位与 RXCLK 同步。当 RXDV 有效时,RXD [3...0]通过 MII 向 MAC 提供有效数据。RXD [3...0]在 RXDV 失效时是无效的。复位期间,上拉/下拉值被锁存为 PHYADDR [1]。

RXD2/PHYAD2:MII 接收数据输出。复位期间,上拉/下拉值被锁存为 PHYADDR [2]。

RXD1/PHYAD3:MII 接收数据输出。复位期间,上拉/下拉值被锁存为 PHYADDR [3]。

RXD0/PHYAD4:MII 接收数据输出。复位期间,上拉/下拉值被锁存为 PHYADDR [4]。

VDDIO:数字 I/O 口,2.5/3.3 V 允许电压,3.3 V 电源稳压器输入。

GND:地。

RXDV/CRSDV/PCS_LPBK:MII 接收数据有效输出,在复位期间,上拉/下拉值被锁存为 PCS_LPBK。该引脚可选第二功能。

RXC:MII 接收时钟输出,工作频率为 25 MHz(100 Mbit/s)、2.5 MHz(10 Mbit/s)。

RXER/ISO:MII 接收错误输出,在复位期间,上拉/下拉值被锁存为 ISOLATE。该引脚可选第二功能。

VDDC:数字内核唯一 2.5 V 电源。

TXER:MII 发送错误输入。

TXC/REFCLK:MII 发送时钟输出。晶体或外部 50 MHz 时钟的输入。当 REF-CLK 引脚用于 REF 时钟接口时,通过 10 kΩ 电阻将 XI 上拉至 VDDPLL 2.5 V,XO 引脚悬空。

TXEN:MII 发送使能输入。

TXD0:MII 发送数据输入。

TXD1:MII 发送数据输入。

TXD2:MII 发送数据输入。

TXD3:MII 发送数据输入。

COL/RMII:MII 冲突检测,在复位期间,上拉/下拉值被锁存为 RMII select。该引脚可选第二功能。

CRS/RMII-BTB:MII 载波检测输出。在复位期间,当选择 RMII 模式时,上拉/下拉值被锁存为 RMII 背靠背模式。该引脚可选第二功能。

VDDIO:数字 I/O 口,2.5/3.3 V 允许电压,3.3 V 电源稳压器输入。

INT♯/PHYAD0:管理接口(MII)中断输出,中断电平由寄存器 1fh 的第 9 位设置。复位期间,锁存为 PHYAD[0]。该引脚可选第二功能。

LED0/TEST:连接/活动 LED 输出。外部下拉使能测试模式,仅用于厂家测试,低电平有效。连接/活动测试如表 8-5 所示。

表 8-5　连接/活动测试

连接/活动	引 脚 状 态	LED 定义　PHYAD0
无连接	H	Off
有连接	L	On
活动	—	切换

LED1/SPD100/nFEF:传输速率 LED 输出,在上电或复位期间,锁存为 SPEED(寄存器 0 的第 13 位),低电平有效。传输速率 LED 指示如表 8-6 所示。该引脚可选第二功能。

表 8-6　传输速率 LED 指示

传 输 速 率	引 脚 状 态	LED 定义
10BT	H	Off
100BT	L	On

LED2/DUPLEX:全双工 LED 输出,在上电或复位期间,锁存为 DUPLEX(寄存器 0 h 的第 8 位),低电平有效。全双工 LED 指示如表 8-7 所示。该引脚可选第二功能。

表 8-7　全双工 LED 指示

双　　工	引 脚 状 态	LED 定义
半双工	H	Off
全双工	L	On

LED3/NWAYEN:冲突 LED 输出,在上电或复位期间,锁存为 ANEG_EN(寄存器 0h 的第 12 位)。冲突 LED 指示如表 8-8 所示。该引脚可选第二功能。

表 8-8　冲突 LED 指示

冲　　突	引　脚　状　态	LED 定义
无冲突	H	Off
有冲突	L	On

PD♯:掉电。1=正常操作,0=掉电,低电平有效。

VDDRX:模拟内核唯一 2.5 V 电源。

RX−:接收输入,100FX、100BASE-TX 或 10BASE-T 的差分接收输入引脚。

RX+:接收输入,100FX、100BASE-TX 或 10BASE-T 的差分接收输入引脚。

FXSD/FXEN:光纤模式允许/光纤模式下的信号检测。如果 FXEN=0,则 FX 模式被禁止。默认值为"0"。

REXT:RXET 与 GND 之间外接 6.49 kΩ 电阻。

VDDRCV:模拟 2.5 V 电压。2.5 V 电源稳压器输出。

TX−:发送输出,100FX、100BASE-TX 或 10BASE-T 的差分发送输出引脚。

TX+:发送输出,100FX、100BASE-TX 或 10BASE-T 的差分发送输出引脚。

VDDTX:发送器 2.5 V 电源。

XO:晶振反馈,外接晶振时与 XI 配合使用。

XI:晶体振荡器输入,晶振输入或外接 25 MHz 时钟。

VDDPLL:模拟 PLL 2.5 V 电源。

RST♯:芯片复位信号,低电平有效,要求至少持续 50 μs 的脉冲。

2. KS8721 部分引脚可选第二功能

KS8721 部分引脚可选第二功能说明如下。

PHYAD[4:1]/RXD[0:3](6、5、4 和 3 引脚):在上电或复位时,器件锁定 PHY 地址,PHY 默认地址为 00001b。

PHYAD0/ INT♯(25 引脚):在上电或复位时,锁定 PHY 地址,PHY 默认地址为 00001b。

PCS_LPBK/RXDV(9 引脚,Strapping 引脚):在上电或复位时,使能 PCS_LPBK 模式,下拉(PD,默认)=禁用,上拉(PU)=使能。

ISO/RXER(11 引脚,Strapping 引脚):在上电或复位时,使能 ISOLATE 模式,下拉(PD,默认)=禁用,上拉(PU)=使能。

RMII/COL(21 引脚,Strapping 引脚):在上电或复位时,使能 RMII 模式,下拉(PD,默认)=禁用,上拉(PU)=使能。

RMII/BTBCRS(22 引脚,Strapping 引脚):在上电或复位时,使能 RMII 背靠背模式,下拉(PD,默认)=禁用,上拉(PU)=使能。

SPD100/No FEF/(27 引脚):在上电或复位时,锁存到寄存器 0h 的第 13 位。下拉

(PD)=10 Mbit/s,上拉(PU,默认)=100 Mbit/s。如果在上电或复位时,SPD100 被置位,则该引脚也会作为寄存器 4h 中的速率支持 LED1 被锁存。如果上拉 FXEN,则锁存值 0 表示没有远端错误。

DUPLEX/LED2(28 引脚):在上电或复位时,锁存到寄存器 0h 的第 8 位。下拉(PD)=半双工,上拉(PU,默认)=全双工。如果在复位期间上拉为双工,则该引脚也会被锁存为双工,就像寄存器 4h 中支持的一样。

NWAYEN/LED3(29 引脚):Nway(自动协商)使能,在上电或复位时,锁存到寄存器 0h 的第 12 位。下拉(PD)=禁止自动协商,上拉(PU,默认)=使能自动协商。

PD♯(30 引脚):掉电使能。上拉(PU,默认)=正常运行,下拉(PD)=掉电模式。

Strapping 引脚:在芯片的系统复位(上电复位、RTC 的 WDT 复位、欠压复位)过程中,Strapping 引脚对电平采样并存储到锁存器中,锁存为"0"或"1",并一直保持到芯片掉电或关闭。

一些器件可能会在上电时,驱动被设定为输出(PHY)的 MII 引脚,从而导致在复位时锁存错误的 Strapping 引脚读入值。建议在这些应用中使用 1 kΩ 外部下拉电阻来增大 KS8721 的内部下拉电阻。

KS8721 引脚如图 8-8 所示。

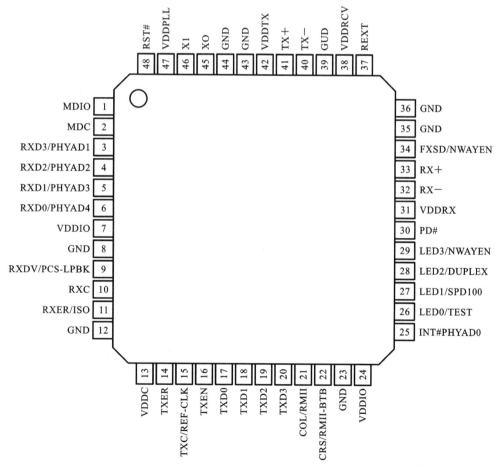

图 8-8　KS8721 引脚

8.6 ET1100 与 KS8721BL 的接口电路

ET1100 与 KS8721BL 的接口电路如图 8-9 所示。

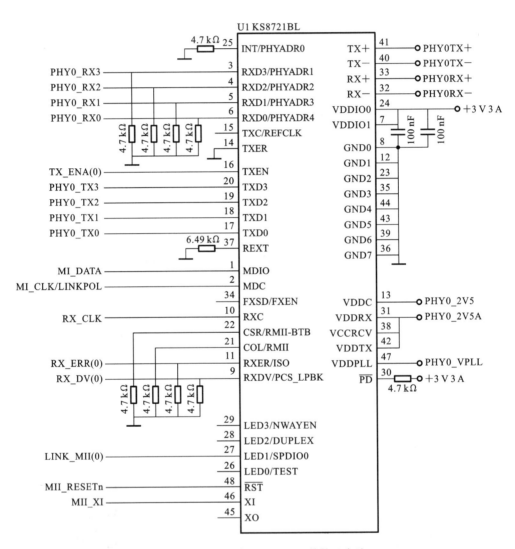

图 8-9 ET1100 与 KS8721BL 的接口电路

ET1100 物理端口 0 电路、KS8721BL 供电电路和 EtherCAT 从站控制器供电电路分别如图 8-10～图 8-12 所示。ET1100 物理端口 1 的电路设计与 LAN9252 物理端口 0 的电路设计类似。

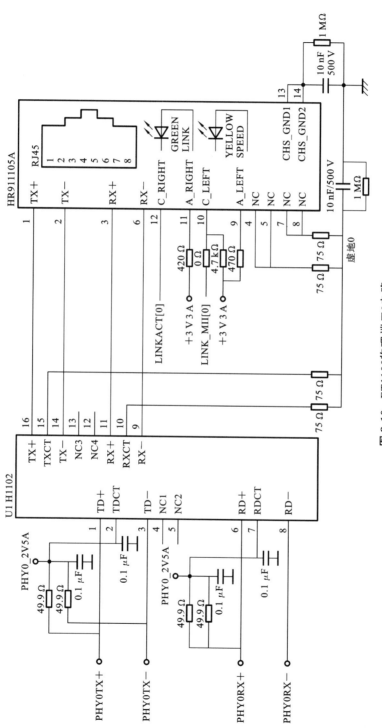

图 8-10　ET1100 物理端口 0 电路

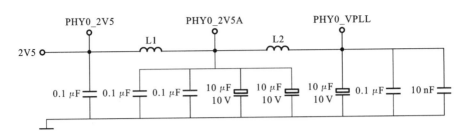

图 8-11 KS8721BL 供电电路

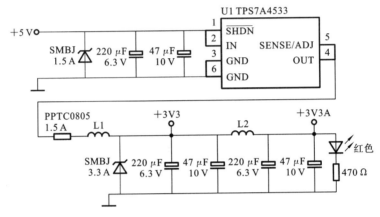

图 8-12 EtherCAT 从站控制器供电电路

8.7 直接 I/O 控制 EtherCAT 从站硬件电路设计

8.7.1 直接 I/O 控制 EtherCAT 从站控制器 ET1100 的应用电路设计

EtherCAT 从站控制器 ET1100 的 PDI 接口配置为 I/O 控制,ET1100 可以直接控制 32 位数字 I/O 信号。

直接 I/O 控制 EtherCAT 从站控制器 ET1100 的应用电路如图 8-13 所示。

在图 8-13 中,设计了 16 通道数字输出(DOUT0～DOUT15)和 16 通道数字输入(DIN0～DIN15)。

ET1100 的 MII 端口电路与带微控制器的 MII 端口电路相同,PDI 接口直接当作 I/O 信号使用。由于 ET1100 使用 3.3 V 供电,当外围电路为 5 V 供电时,在 I/O 引脚串联 300 Ω 的电阻。

在 I/O 电路的设计中,ET1100 和外部电路之间要加光耦合器,以实现光电隔离,达到抗干扰的目的。

图 8-13 中的 16 通道数字输入(DIN0～DIN15)和 16 通道数字输出(DOUT0～DOUT15)可以分别与数字输入/输出电路连接。

8.7.2 光电耦合器

光电耦合器又称光电隔离器,是计算机控制系统中常用的器件,它能实现输入与输出之间的隔离,光电耦合器的输入端为发光二极管,输出端为光敏三极管。

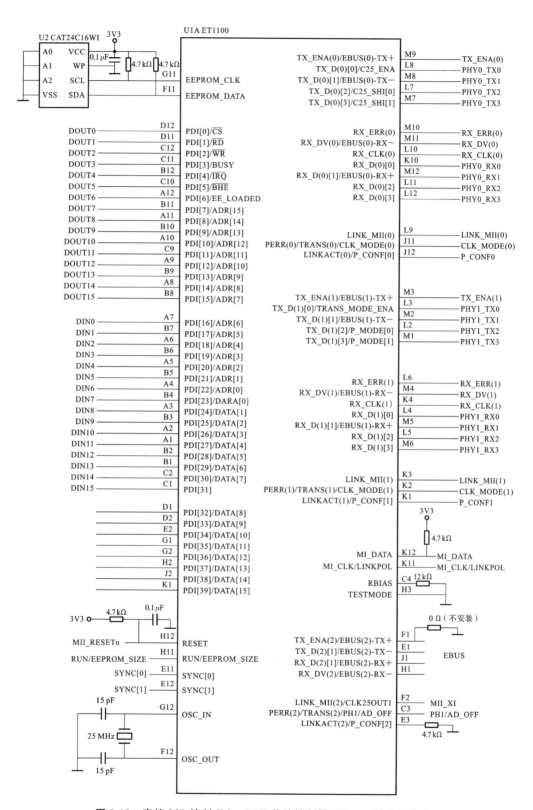

图 8-13 直接 I/O 控制 EtherCAT 从站控制器 ET1100 的应用电路

光电耦合器的优点是它能有效地抑制尖峰脉冲及各种噪声干扰,从而使传输通道上的信噪比大大提高。

1. 一般隔离用光电耦合器

(1) TLP521-1/TLP521-2/TLP521-4。

该系列产品为 Toshiba 公司推出的光电耦合器。

(2) PS2501-1/PC817。

PS2501-1 为 NEC 公司的产品,PC817 为 Sharp 公司的产品。

(3) 4N25。

4N25 为 MOTOROLA 公司的产品。4N25 光电耦合器有基极引线,可以不用,也可以通过几百千欧(kΩ)的电阻,再并联一个几十皮法(pF)的小电容接到地上。

2. AC 交流用光电耦合器

该类产品如 NEC 公司的 PS2505-1、Toshiba 公司的 TLP620。输入端为反相并联的发光二极管,可以实现交流检测。

3. 高速光电耦合器

1) 6N137 系列

Agilent 公司的 6N137 系列高速光电耦合器包括 6N137、HCPL-2601/2611、HCPL-0600/0601/0611。该系列光电耦合器为高 CMR、高速 TTL 兼容的光电耦合器,传输速度为 10 Mbit/s,主要应用于以下方面。

(1) 线接收器隔离。

(2) 计算机外围接口。

(3) 微处理器系统接口。

(4) A/D、D/A 转换器的数字隔离。

(5) 开关电源。

(6) 仪器输入/输出隔离。

(7) 取代脉冲变压器。

(8) 高速逻辑系统的隔离。

6N137、HCPL-2601/2611 为 8 引脚双列直插封装,HCPL-0600/0601/0611 为 8 引脚表面贴封装。

2) HCPL-7721/0721

HCPL-7721/0721 为 Agilent 公司的另外一类超高速光电耦合器。HCPL-7721 为 8 引脚双列直插封装,HCPL-0721 为 8 引脚表面贴封装。HCPL-7721/0721 为 40 ns 传播延迟 CMOS 光电耦合器,传输速度为 25 Mbit/s,主要用于如下方面。

(1) 数字现场总线隔离,如 CC-LINK、DeviceNet、CAN、PROFIBUS、SDS。

(2) AC PDP。

(3) 计算机外围接口。

(4) 微处理器系统接口。

4. PhotoMOS 继电器

该类器件输入端为发光二极管,输出为 MOSFET。生产 PhotoMOS 继电器的公司有 NEC 公司和 National 公司。

1) PS7341-1A

PS7341 为 NEC 公司推出的一常开 PhotoMOS 继电器。输入二极管的正向电流为 50 mA,功耗为 50 mW。MOSFET 输出负载电压为 AC/DC 400 V,连续负载电流为 150 mA,功耗为 560 mW。导通(ON)电阻典型值为 20 Ω,最大值为 30 Ω,导通时间为 0.35 ms,断开时间为 0.03 ms。

2) AQV214

AQV214 为 National 公司推出的一常开 PhotoMOS 继电器,引脚与 NEC 公司的 PS7341-1A 完全兼容。输入二极管的正向电流为 50 mA,功耗为 75 mW。MOSFET 输出负载电压为 AC/DC 400 V,连续负载电流为 120 mA,功耗为 550 mW。导通(ON) 电阻典型值为 30 Ω,最大值为 50 Ω,导通时间为 0.21 ms,断开时间为 0.05 ms。

8.7.3 数字量输入通道

数字量输入通道将现场开关信号转换成计算机需要的电平信号,以二进制数字的形式输入计算机,计算机通过三态缓冲器读取状态信息。

数字量(开关量)输入通道接收的状态信号可能是电压、电流、开关的触点,容易引起瞬时高压、过电压、接触抖动现象。

为了将外部开关量信号输入计算机,必须将现场输入的状态信号经保护、滤波、隔离等措施转换成计算机能够接收的逻辑电平信号,此过程称为信号调理。

1. 数字量输入实用电路

数字量输入实用电路如图 8-14 所示。

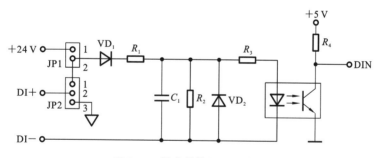

图 8-14 数字量输入实用电路

当跳线器 JP1 的 1、2 短路,跳线器 JP2 的 1、2 断开,2、3 短路时,输入端 DI+ 和 DI− 可以接一干接点(无源)信号。

当跳线器 JP1 的 1、2 断开,跳线器 JP2 的 1、2 短路,2、3 断开时,输入端 DI+ 和 DI− 可以接一干接点(有源)信号。

2. 交流输入信号检测电路

交流输入信号检测电路如图 8-15 所示。

L、N 为交流输入端。当 S 按钮按下时,I/O=0;当 S 按钮未按下时,I/O=1。

8.7.4 数字量输出通道

数字量输出通道将计算机的数字输出转换成现场各种开关设备所需求的信号。计算机通过锁存器输出控制信息。

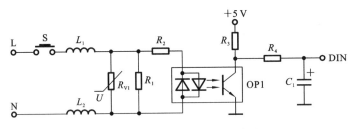

图 8-15　交流输入信号检测电路

　　继电器方式的开关量输出是目前最常用的一种输出方式,一般在驱动大型设备时,往往利用继电器作为控制系统输出到输出驱动级之间的第一级执行机构,通过第一级继电器输出,可完成从低压直流到高压交流的过渡。如图 8-16 所示,经光耦合后,直流部分给继电器供电,而其输出部分则可直接与 220 V 市电相接。

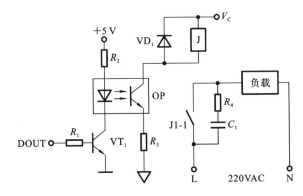

图 8-16　继电器输出电路

习　题　8

　　1. 画出基于 ET1100 的 EtherCAT 从站总体结构图,说明其由哪几部分组成。

　　2. 画出 ET1100 与 STM32F407ZET6 的 FSMC 接口电路图,编写 STM32F407ZET6 的 FSMC 接口的初始化程序。

　　3. 画出 EtherCAT 从站控制器 ET1100 的应用电路图,简要说明该电路图的工作原理和功能。

　　4. FSMC 驱动程序的作用是什么? 说明 STM32 微控制器的 FSMC 存储块的分配。

　　5. 画出 ET1100 引脚的配置电路,并说明其作用。

　　6. EtherCAT 从站 PHY 器件应满足哪些条件?

　　7. 物理层收发器 KS8721 有哪些特点? 说明其功能。

　　8. 画出 ET1100 与 KS8721BL 的接口电路图,简要说明其功能。

　　9. 画出直接 I/O 控制 EtherCAT 从站控制器 ET1100 的应用电路图,简要说明其功能。

9

EtherCAT 主站与伺服驱动器控制应用协议

　　EtherCAT 由主站和从站组成工业控制网络,主站不需要专用的控制器芯片,只要在 PC、工业 PC(IPC)或嵌入式计算机系统上运行主站软件即可。主站软件一般采用 BECKHOFF 公司的 TwinCAT 3 等产品或者采用开源主站。

　　EtherCAT 主站主要有 TwinCAT 3、Acontis、IgH、SOEM、KPA 和 RSW-ECAT Master EtherCAT。

　　EtherCAT 主站的作用如下。

　　(1) 启动和配置。

　　(2) 读取 XML 配置描述文件。

　　(3) 从网络适配器发送和接收原始的 EtherCAT 帧。

　　(4) 管理 EtherCAT 从站状态。

　　(5) 发送初始化指令(定义用于从站设备的不同状态变化)。

　　(6) 邮箱通信。

　　(7) 集成了虚拟交换机功能。

　　(8) 循环的过程数据通信。

　　CANopen 协议是基于 CAN 总线的一种高层协议,在欧洲应用较为广泛,且该协议针对行业应用,实现比较简单。

　　IEC61800-7 是控制系统和功率驱动系统之间的通信接口标准,包括网络通信技术和应用行规。

　　本章首先讲述 EtherCAT 主站的分类;然后分别介绍 TwinCAT 3 EtherCAT 主站和 IgH EtherCAT 主站;最后详述 CANopen 与伺服驱动器控制应用协议,包括 IEC61800-7 通信接口标准、CoE、CANopen 驱动和运动控制设备行规。

9.1　EtherCAT 主站的分类

9.1.1　概述

　　终端用户或系统集成商在选择 EtherCAT 主站设备时,希望支持所定义的最低功能和互操作性。但并不是每个主站都必须支持 EtherCAT 技术的所有功能。

EtherCAT 主站分类规范定义了具有良好主站功能集的主站分类。为方便起见，只定义了以下两个主站分类。

(1) A 类:标准 EtherCAT 主站设备。

(2) B 类:最小 EtherCAT 主站设备。

其基本思想是,每个实现都应以满足 A 类的要求为目标。只有在资源被禁止的情况下,如在嵌入式系统中,才必须至少满足 B 类的要求。

其他可被认为是可选的功能则由功能包来描述。功能包描述了特定功能的所有强制性主站功能,如冗余。

9.1.2 主站分类

EtherCAT 主站的主要任务包括网络的初始化、所有设备状态机及过程数据通信的处理,并为在主站和从站应用程序之间进行交换的参数数据提供非循环访问。然而,主站本身并不收集初始化和循环命令列表中的信息,这些是由网络配置逻辑完成的。大多数情况下,这是一个 EtherCAT 网络配置软件。

配置逻辑从 ESI(或 SII)、ESC 寄存器和对象库(或 IDN 列表)中收集所需的信息,生成 EtherCAT 网络信息(ENI)并提供给 EtherCAT 主站。

EtherCAT 主站分类和配置工具结构如图 9-1 所示。

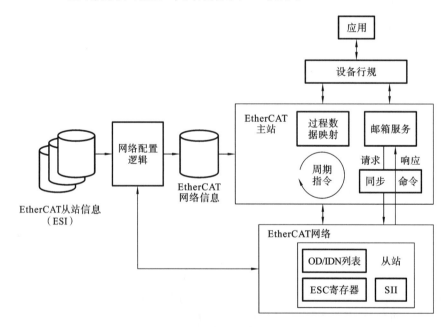

图 9-1 EtherCAT 主站分类和配置工具结构

主站应用可能是 PLC 或运动控制功能,也可能是在线诊断应用。

1. A 类主站

A 类主站设备必须支持 ETG 规范 ETG.1000 系列以及 ETG.1020 系列中所描述的所有功能。主站设备应支持 A 类主站的要求。

2. B 类主站

与 A 类主站相比,B 类主站减少了部分功能,不过对于这一类主站来说,运行大多数 EtherCAT 设备所需的主要功能(如支持 COE、循环处理数据交换)是必需的。只有那些不能满足 A 类主站设备要求的主站设备,才必须满足 B 类主站的要求。

3. 功能包

功能包(FP)定义了一组可选择的功能。如果一个功能包被支持,则应满足其所列要求的所有功能。

4. 主站分类和功能包的定义

主站分类和功能包的定义是一个持续的过程,因为一直需要通过技术和附加特性的提高来满足客户和应用的需求。而主站分类的作用也是通过这些提高来为用户的利益考虑。因此,基本功能集和每个单独功能包的功能范围都是由版本号定义的。如果没有相应的版本号,主站供应商就不能对其主站分类的实现(基本功能集以及每个功能包)进行分类。

9.2 TwinCAT 3 EtherCAT 主站

9.2.1 TwinCAT 3 概述

TwinCAT 是德国 BECKHOFF 公司基于 PC 平台和 Windows 操作系统的控制软件。它的作用是把工业 PC 或者嵌入式 PC 变成一个功能强大的 PLC 或者运动控制器控制生产设备。

1995 年,TwinCAT 首次推出市场,现存版本有 TwinCAT 2 和 TwinCAT 3 两种。

TwinCAT 2 是针对单 CPU 及 32 位操作系统开发设计的,其运行核不能工作在 64 位操作系统上。对于多 CPU 系统,只能发挥单核的运算能力。

TwinCAT 3 考虑了 64 位操作系统和多核 CPU,并且可以集成 C++编程和 MATLAB 建模,所以 TwinCAT 3 的运行核既可以工作在 32 位操作系统上,也可以工作在 64 位操作系统上,并且可以发挥全部 CPU 的运算作用。对于 PLC 控制和运动控制项目,TwinCAT 3 和 TwinCAT 2 除了开发界面有所不同之外,编程、调试、通信的原理和操作方法几乎完全相同。

TwinCAT 是一套纯软件的控制器,完全利用 PC 标配的硬件实现逻辑运算和运动控制。TwinCAT 运行核安装在 BECKHOFF 的 IPC 或者 EPC 上,其功能就相当于一台计算机加上一个逻辑控制器“TwinCAT PLC”和一个运动控制器“TwinCAT NC”。对于运行在多核 CPU 上的 TwinCAT 3,还可以集成机器人等更多更复杂的功能。

TwinCAT PLC 的特点:与传统的 PLC 相比,CPU、存储器和内存资源都有了数量级的提升;运算速度快,尤其是传统 PLC 不擅长的浮点运算,如多路温控、液压控制以及其他复杂算法,TwinCAT PLC 可以轻松胜任;数据区和程序区仅受限于存储介质的容量。随着信息技术的发展,用户可以订购的存储介质 CF 卡、CFast 卡、内存卡及硬盘的容量越来越大,CPU 的速度越来越快,而且性价比越来越高。因此 TwinCAT PLC 在需要处理和存储大量数据(如趋势、配方和文件)时优势明显。

TwinCAT NC 的特点:与传统的运动控制卡、运动控制模块相比,TwinCAT NC 最多能够控制 255 个运动轴,并且支持几乎所有的硬件类型,具备所有单轴点动、多轴联动功能。因为运动控制器和 PLC 实际上工作于同一台 PC,所以两者之间的通信只是两个内存区之间的数据交换,其数量和速度都远非传统的运动控制器可比。这使得凸轮耦合、自定义轨迹运动时数据修改非常灵活,并且响应迅速。TwinCAT 3 虽然可以用于 64 位操作系统和多核 CPU,但现阶段仍然只能控制 255 个轴,当然这也可以满足绝大部分的运动控制需求。

归根结底,TwinCAT PLC 和 TwinCAT NC 的性能最主要还是依赖于 CPU。尽管 BECKHOFF 的控制器种类繁多,无论是安装在导轨上的 EPC,还是安装在电柜内的 Cabinet PC,或者是集成到显示面板的面板式 PC,其控制原理、软件操作都是一样的,同一套程序可以移植到任何一台 PC-Based 控制器上运行。移植后唯一的结果是 CPU 利用率升高或者降低。

1. TwinCAT 3 Runtime 的运行条件

用户订购 BECKHOFF 控制器时就必须确定控制软件是使用 TwinCAT 2 还是 TwinCAT 3 的运行核,软件为出厂预装,用户不能自行更改。TwinCAT 3 运行核的控制器必须使用 TwinCAT 3 开发版编程。

TwinCAT 运行核分为 Windows CE 和 Windows Standard 两个版本,Windows Standard 版本包括 Windows XP、Windows Xpe、Windows NT、Windows 7、WES 7。因为 Windows CE 系统小巧轻便、经济实惠,相对于传统 PLC 而言,功能上仍然有绝对的优势,所以在工业自动化市场上,尤其是国内市场,Window CE 更受欢迎。

2. TwinCAT 3 功能介绍

TwinCAT 3 软件的结构如图 9-2 所示。

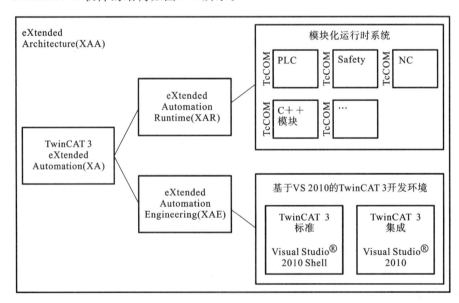

图 9-2　TwinCAT 3 软件的结构

TwinCAT 运行核是 Windows 底层优先级最高的服务,同时它又是所有 Twin-CAT PLC、NC 和其他任务的运行平台。TwinCAT 3 分为开发版(XAE)和运行版

（XAR）。XAE 安装运行在开发 PC 上，既可以作为一个插件集成到标准的 Visual Studio 软件，也可以独立安装（with VS 2010 Shell）。XAR 运行在控制器上，必须购买授权且为出厂预装。

在运行内核上，TwinCAT 3 首次提出了 TcCOM 和 Module 的概念。基于同一个 TcCOM 创建的 Module 有相同的运算代码和接口。TcCOM 概念的引入使 TwinCAT 具有无限的扩展性，BECKHOFF 公司和第三方厂家都有可能把自己的软件产品封装成 TcCOM 集成到 TwinCAT 中。已经发布的 TcCOM 如图 9-3 所示。

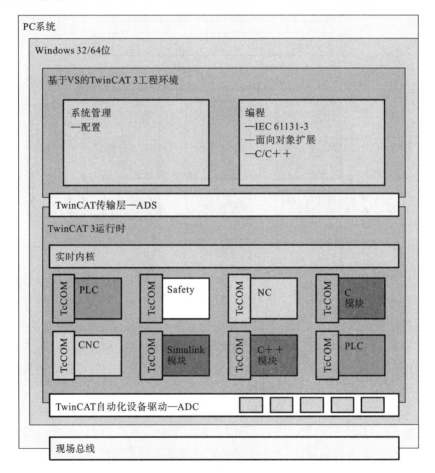

图 9-3　TcCOM

（1）PLC 和 NC：这是与 TwinCAT 兼容的两种基本类别的 TcCOM。

（2）Safety 和 CNC：这是 TwinCAT 2 中已经有的软件功能，在这里以 TcCOM 的形式出现。

（3）C 模块和 C++模块：TwinCAT 3 新增的功能，允许用户使用 C 和 C++编辑实时的控制代码和接口。C++编程支持面向对象（继承、封装、接口）的方式，可重复利用性好，代码的生成效率高，适用于实时控制，广泛用于图像处理、机器人和仪器测控。

（4）Simulink Module：TwinCAT 3 新增的功能，允许用户事先在 MATLAB 中创建控制模型（模型包含控制代码和接口），然后将模型导入 TwinCAT 3。利用 MAT-

LAB 的模型库和各种调试工具,比 TwinCAT 编程更容易实现对复杂控制算法的开发、仿真和优化,通过 RTW 自动生成仿真系统代码,并支持图形化编程。

基于 TcCOM,用户可以重复创建多个模块。每个模块都有自己的代码执行区、接口数据区,此外还有数据区、指针和端口等。

TwinCAT 模块如图 9-4 所示。

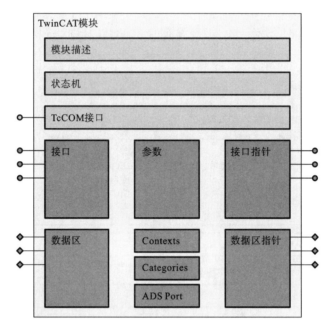

图 9-4 TwinCAT **模块**

模块可以将功能封装在模块里而保留标准的接口,与调用它的对象代码隔离开,既便于重复使用,又保证代码安全。一个模块可以包含简单的功能,也可以包含复杂的运算和实时任务,甚至一个完整的项目。TwinCAT 3 运行内核上能够执行的模块数量几乎没有限制,可以装载到一个多核处理器的不同核上。

TwinCAT 3 的运行核为多核 CPU,使大型系统的集中控制成为可能。与分散控制相比,所有控制由一个 CPU 完成,通信量大大减少。在项目开发阶段,用户只需编写一个 Project,而不用编写 32 个 Project(还要考虑它们之间的通信)。在项目调试阶段,所有数据都存放在一个过程映像,更容易诊断。在设备维护阶段,控制器更换备件、数据和程序的备份都更为简便。

BECKHOFF 公司目前的最高配置 IPC 使用 32 核 CPU,理论上可以代替 32 套 TwinCAT 2 控制器。

9.2.2 TwinCAT 3 编程

1. 概述

TwinCAT 3 软件分为开发版和运行版。在前面的系统概述中,简单介绍了 TwinCAT 的原理和若干特点,都是指的 TwinCAT 运行版(XAR),又称 TwinCAT Runtime,它是控制系统的核心。运行版是用户订购,并在出厂前就预装好的。

下面介绍的是 TwinCAT 3 开发版(XAE)的使用,包括安装过程、配置的编程环境以及一些常用的基本操作步骤。TwinCAT 3 开发版是免授权的,可以从 BECKHOFF 公司任意分支机构获取 TwinCAT 套装 DVD,也可以从 BECKHOFF 官网下载,然后安装在工程师的编程 PC 上。

2. 开发环境概述

1) TwinCAT 3 图标和 TwinCAT 3 Runtime 的状态

TwinCAT 安装成功并重启后,编程 PC 桌面右下角会出现 TwinCAT 图标。图标的颜色表示编程 PC 上的 TwinCAT 工作模式。

(1) 蓝色图标表示配置模式。

(2) 绿色图标表示运行模式。

(3) 红色图标表示停止模式。

任何运行了 TwinCAT Runtime 的 PC-Based 控制器上都有这三种模式。如果使用传统的硬件 PLC 来比喻 TwinCAT Runtime 的三种模式,可以表述为以下模式。

配置模式:PLC 存在,但没有上电,所以不能运行 PLC 程序,可以装配 I/O 模块。

运行模式:PLC 存在,已经上电,可以运行 PLC 程序,但不能再装配 I/O 模块。

停止模式:PLC 不存在。

如果编程 PC 上的 TwinCAT 处于停止模式,就不能对其他 PLC 编程。

如果控制器上的 TwinCAT 处于停止模式,就不接受任何 PC 的编程配置。

2) TwinCAT 3 快捷菜单的功能

(1) 编程 PC 的 TwinCAT 状态切换。

点击通知区域 TwinCAT 图标,在弹出的菜单中选择 System,就显示出左边的子菜单。TwinCAT 状态快捷切换菜单如图 9-5 所示。

点击"Start/Restart",编程 PC 就进入仿真运行模式。点击"Config",编程 PC 就进入配置模式。状态切换失败,或者服务启动失败,编程 PC 才会进入停止模式。

(2) 进入 TwinCAT 开发环境的快捷方式。

如果开发 PC 上安装有多个 Visual Stdio 版本,点击右下角的 TwinCAT 3 图标,就可以选择进入哪个版本的 Visual Stdio 中的 TwinCAT 3。进入 TwinCAT 开发环境的快捷菜单如图 9-6 所示。

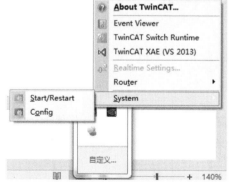
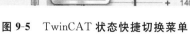

图 9-5　TwinCAT 状态快捷切换菜单　　　图 9-6　进入 TwinCAT 开发环境的快捷菜单

对于 Windows 8 系统,会提示 0x4115 错误,提示到 TwinCAT\3.1\下找 Win8... bat 文件,运行并重启电脑。

（3）本机的 ADS 路由信息查看和编辑。本机 ADS 路由信息查看和编辑的快捷菜单如图 9-7 所示。

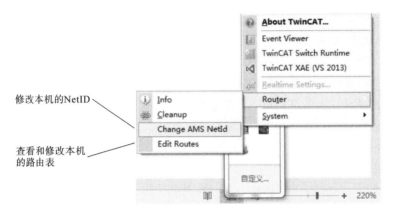

图 9-7 本机 ADS 路由信息查看和编辑的快捷菜单

3）启动 TwinCAT 3 的帮助系统

在 VS 2013 Shell 的开发环境下，按 F1 键或从图 9-8 界面进入。

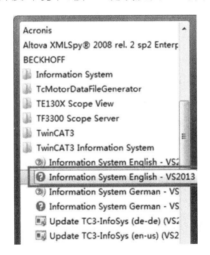

图 9-8 启动 TwinCAT 3 的帮助系统

4）TwinCAT 3 Quick Start 教程

TwinCAT 3 Quick Start 如图 9-9 所示。

3. 添加路由

1）设置 IP 地址

编程 PC 总是通过以太网对 PC-Based 控制器进行编程和配置，与其他 PC 之间的通信一样，通信双方必须处于同一个网段。为此，必须先确定控制器的 IP 地址，才可能把编程 PC 和控制器的 IP 地址设置为相同网段。

设置 BECKHOFF 控制器的 IP 地址有以下方法。

方法 1：适用于新购控制器或者重刷过操作系统的控制器。

控制器出厂时，IP 分配方式为 DHCP，即由外接路由器分配地址。如果网内没有路由器，则默认 IP 地址为 169.254.X.X。

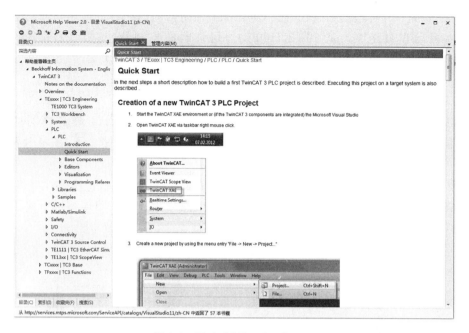

图 9-9 TwinCAT 3 Quick Start

方法 2:适用于已经使用过的控制器,没有显示器,不确认 IP 地址,WinCE 操作系统。

掉电,拔出 CF 卡,用读卡器删除文件夹 Document and Setting,删除\TwinCAT\Boot\下的所有文件。注意删除之前做好备份。然后插回 CF 卡,重新上电,按默认设置的情况处理。

方法 3:适用于带 DVI 接口并且连接显示器的控制器。

从显示器进入 Control Panel,找到 Network setting 项,修改 IP 设置。

方法 4:适用于所有情况。

用第三方工具软件,如 Wireshark。网线连接 PC 和控制器后,将控制器掉电,开启 PC 网卡的 Frame Capture,然后再将控制器上电。观察数据包,可以看到除了 PC 的 IP 之外,另一个 IP 会发送数据包,这就是控制器的 IP。确定控制器的 IP 地址之后,采用适当的方法修改编程 PC 或者 TwinCAT 控制器的 IP 地址,使两者处在同一个网段。并在开发 PC 上启用命令模式,运行"Cmd",然后使用"Ping"指令验证局域网是否连通。关闭杀毒软件的防火墙,以及操作系统的网络连接防火墙,或者设置 TwinCAT 为例外。

2) 设置 NetID

编程 PC 可以对所在局域网内的任意 TwinCAT 控制器进行编程调试。假定局域网内除了普通 PC 之外,还有多台装有 TwinCAT 运行版控制器以及 TwinCAT 开发版控制器的编程 PC。

这些 PC 之间如何区分呢?

简单来说,所有 PC 之间以 IP 地址区分,而 TwinCAT 控制器及开发 PC 之间以 AMSNetID 区分。

AMSNetID 简称 NetID。NetID 是 TwinCAT 控制器最重要的一个属性,编程 PC 根据 TwinCAT 的 NetID 来识别不同的控制器。

NetID 是一个 6 段的数字代码。TwinCAT 控制器的 NetID 的最后两段总是"1"，而前 4 段可以自定义。从 BECKHOFF 公司订购的控制器出厂时有一个默认的 NetID，用户可以修改，也可以维持。而编程 PC 安装了 TwinCAT 之后，也有一个默认的 NetID。必须确保同一个局域网内的 NetID 没有重复。

3）在 TwinCAT 3 的 System/Routes 中添加路由

路由即 AMS Router，是 BECKHOFF 公司定义的 TwinCAT 设备之间通信的 ADS 协议规范中的一个名词。每个 TwinCAT 控制器都有一个路由表，在路由表中登记了可以与之通信的 TwinCAT 系统的信息，包括 IP 地址（或主机名）、NetID 和连接方式等。

快捷方式访问路由表如图 9-10 所示。本机的路由表可以从图标右键快捷菜单的 Router 访问。

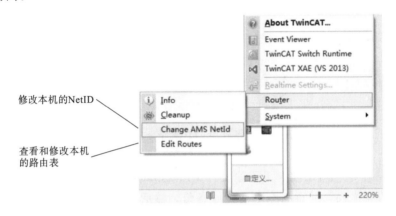

图 9-10　快捷方式访问路由表

实际上，每个 TwinCAT 控制器都有一个路由表，每个控制器只接受自己路由表中的 PC 编程。控制器的路由表添加完成以后才能从 System Manager 页面看到。设置好 IP 地址和 NetID 后，就可以添加路由表了。

9.3　IgH EtherCAT 主站

9.3.1　IgH EtherCAT 概述

IgH EtherCAT 理论上适用任何实时性的内核（RTAI、Xenomai）或者非实时性的内核（Linux 2.6/3.x 版本）。

IgH EtherCAT Master 集成到 Linux 内核中。一方面，内核代码具有更好的实时性，比用户空间代码延迟更短。EtherCAT 工业以太网主站有很多循环工作要做，循环工作通常由内核中的定时器中断触发，当处理定时器中断的函数驻留在内核空间时，因为不需要将耗时的上下文切换到用户空间进程，所以它的执行延迟更小。另一方面，主代码需要直接与以太网硬件通信，这必须在内核中通过网络设备驱动程序完成。

EtherCAT-1.5.2 提供 8139too、e100、e1000、e1000e 和 r8169 等几个本地以太网网络驱动，使能这些驱动后，EtherCAT-1.5.2 将不会调用 Linux 内核中的网络驱动，无需中断就可以直接操作硬件底层，因此实时性比较好。

除此之外,EtherCAT-1.5.2 为了解决兼容性的问题,也支持通用的网卡驱动(Linux 内核自带的网络驱动),但是相比之下,实时性没有 EtherCAT-1.5.2 提供的几个本地网络的好。

IgH EtherCAT Master 在功能上除支持基本主站与从站通信外,还支持分布式时钟、CoE、EoE、VoE、FoE 和 SoE 以及方便开发调试的 Linux 命令行工具。

IgH EtherCAT 提出了域的概念。域可以使过程数据根据不同的从站组或者任务周期进行分组发送,因此可以在不同的任务周期处理多个域,FMMU 和同步管理单元将对每个域进行配置,从而自动计算过程数据的内存映射。

IgH EtherCAT 具有如下功能。

(1) 作为 Linux 2.6/3.x 的内核模块设计。

(2) 执行 IEC 61158-3-12 标准。

(3) 为多个通用以太网芯片提供支持 EtherCAT 的本地驱动程序,以及为 Linux 内核支持的所有芯片提供通用驱动程序。

① 本地驱动程序在不中断的情况下运行硬件。

② 使用主站模块提供的通用设备接口可以轻松实现附加以太网硬件的本地驱动。

③ 对于任何其他硬件,可以使用通用驱动程序。它使用 Linux 网络栈的较低层。

(4) 主站模块支持多个并行运行的 EtherCAT 主站。

(5) 主站代码通过其独立的体系结构支持任何 Linux 实时扩展。

① RTAI(包括经 RTDM 的 LXRT)、ADEOS、RT-Preempt、Xenomai(包括 RTDM)等。

② 即使没有实时扩展,也运行良好。

(6) 提供通用的"应用接口",用于希望使用 EtherCAT 功能的应用程序。

(7) 引入域,以允许使用不同从站组和任务周期对过程数据的传输进行分组。

① 处理具有不同任务周期的多个域。

② 自动计算每个域内的过程数据映射、FMMU 和同步管理器配置。

(8) 通过几个有限状态机进行通信。

① 拓扑更改后自动总线扫描。

② 运行期间的总线监控。

③ 在操作期间自动重新配置从站(如在电源故障后)。

(9) 支持分布式时钟。

① 通过应用程序接口配置从站的 DC 参数。

② 分布式从站时钟与参考时钟的同步(偏移和漂移补偿)。

③ 可选择将参考时钟同步到主站时钟或其他方式。

(10) CANopen over EtherCAT(CoE)。

① SDO 上传、下载和信息服务。

② 通过 SDO 配置从站。

③ 从用户空间和应用程序访问 SDO。

(11) Ethernet over EtherCAT(EoE)。

① 通过虚拟网络接口透明地使用 EoE 从站。

② 本地支持交换的或路由的 EoE 网络架构。

（12）Vendor-specific over EtherCAT(VoE)。

通过 API 与供应商特定的邮箱协议通信。

（13）File Access over EtherCAT(FoE)。

① 通过命令行工具加载和存储文件。

② 可以很容易地完成从站的固件更新。

（14）Servo Profile over EtherCAT(SoE)。

① 按照 IEC 61800-7 标准执行。

② 存储在启动期间写入从站的 IDN 配置。

③ 通过命令行工具访问 IDN。

④ 通过用户空间库在运行时访问 IDN。

（15）用户空间命令行工具"ethercat"。

① 有关主站、从站、域和总线配置的详细信息。

② 设置主站的调试级别。

③ 读/写别名地址。

④ 列出从站配置。

⑤ 查看过程数据。

⑥ SDO 下载/上传，列出 SDO 字典。

⑦ 通过 FoE 加载和存储文件。

⑧ SoE IDN 访问。

⑨ 访问从站寄存器。

⑩ 从站 SII(EEPROM)访问。

⑪ 控制应用层状态。

⑫ 从现有从站生成从站描述 XML 和 C 代码。

（16）通过 LSB 兼容实现无缝系统集成。

① 通过 sysconfig 文件进行主站和网络设备配置。

② 主站控制的 INIT 脚本。

③ 用于 systemd 的服务文件。

（17）虚拟只读网络接口，用于监视和调试。

9.3.2　IgH EtherCAT 主站架构

IgH EtherCAT 主站架构如图 9-11 所示,其基本通信结构由硬件层、内核空间、用户空间三部分组成。其中内核空间主要包括 EtherCAT 主站模块、设备驱动模块和应用模块。

1. EtherCAT 主站模块

EtherCAT 主站模块包含一个或多个主站、设备接口和应用程序接口,一般在一套主站设备中只运行一个主站。

1）加载主站模块

EtherCAT 主站模块可以包含多个主站,每个主站至少要使用一个网络设备,所以要与主站设备网卡的物理地址绑定,这一过程在配置主站环境时完成。

用下面的命令加载只有一个主站的主模块,该主站等待一个以太网设备,该以太网

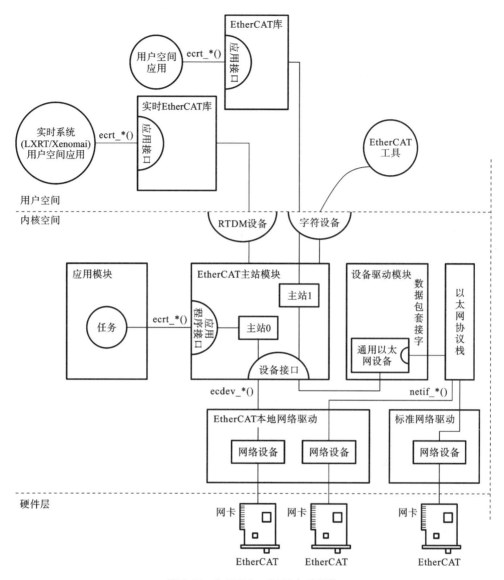

图 9-11　IgH EtherCAT 主站架构

设备的 MAC 地址为 00:0E:0C:DA:A2:20,可以通过索引 0 访问主站:

$$MASTER0\_DEVICE = "00:0E:0C:DA:A2:20"$$

两个主站可以分别通过它们的索引 0 和索引 1 来表示,如图 9-12 所示。

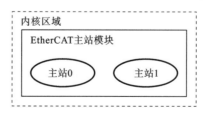

图 9-12　一个模块中的两个主站

2)主站运行段

EtherCAT 主站从开始运行到正式工作会经历几个不同的段,如图 9-13 所示。

图 9-13 主站段和转换

（1）孤立段。

主站模块加载之后，等待网络设备连接，即加载以太网设备驱动模块。在此状态下，总线上是没有数据通信的。

（2）空闲段。

当主站已接受所有必需的以太网设备，但尚未被任何应用程序请求时，主站从孤立段转换到空闲段，此时主站运行主站状态机，该状态机自动扫描总线以寻找从站，并从用户空间接口执行挂起操作（如 SDO 访问）。此时可以使用命令行工具访问总线，但是由于缺少总线配置，因此没有过程数据交换。

（3）运行段。

当应用程序运行的时候，初始化时期会进行总线配置，然后请求主站模块，这时主站会从空闲段转换到运行段。在此状态下，主站模块可以向应用程序提供总线上的从站状态信息和交换的过程数据。

2. 设备驱动模块

设备驱动模块通过设备接口将其设备提供给 EtherCAT 主站。这些网络驱动程序可以并行处理用于 EtherCAT 操作的网络设备和通用以太网设备。EtherCAT 主站模块可以接受某个设备，然后发送和接收 EtherCAT 帧，主站模块拒绝的以太网设备连接到内核的网络协议栈。

3. 应用模块

应用程序是使用 EtherCAT 主站的程序，通常用于与 EtherCAT 从站循环交换过程数据，这些程序不是 EtherCAT 主站代码的一部分，由用户生成或编写。应用模块可以通过应用接口请求主站。如果成功，它就可以控制主站，以提供总线配置和交换过程数据。

9.4 IEC 61800-7 通信接口标准

IEC 61800 标准系列是一个可调速电子功率驱动系统通用规范。其中，IEC 61800-7 是控制系统和功率驱动系统之间的通信接口标准，包括网络通信技术和应用行规。它定义了一系列通用的传动控制功能、参数、状态机，以及被映射到概述文件的操作序列描述。同时，它提供了一种访问驱动功能和数据的方法，该方法独立于驱动配置文件和通信接口。其目的在于建立一个通用的驱动模型，该模型使用那些能够映射到不同通信接口的通用功能和对象。使用通用的接口在建立运动控制系统时可以增加设备的独立性，不需要考虑通信网络的某些具体细节。

9.4.1 IEC 61800-7 体系架构

IEC 61800-7 体系架构如图 9-14 所示。

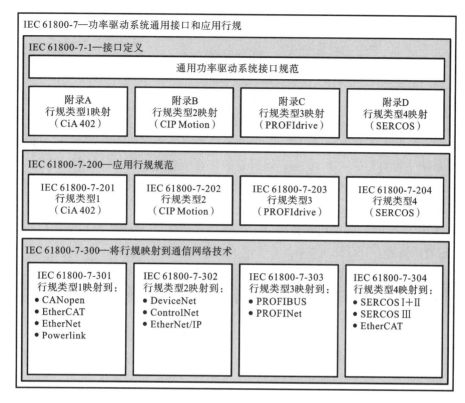

图 9-14 IEC 61800-7 **体系架构**

EtherCAT 作为网络通信技术,支持 CANopen 协议中的行规 CiA 402 和 SERCOS 协议的应用层,分别称为 CoE 和 SoE。

IEC 61800-7 由三部分组成,涉及四种类型。

类型 1(CiA 402):CiA(CAN in Automation,CiA)402 规定了 CAN 的应用层协议 CANopen。CiA 402 描述了 CANopen 应用层数字运动控制设备,如伺服电机、变频设备和步进电机等,是一种驱动和运动控制的行业规范。

类型 2(CIP Motion):CIP Motion 是 CIP 协议的组成部分,是一种专门针对运功控制推出的实时工业以太网协议,是基于 EtherNet/IP 和 1588 标准的运动控制行业规范。这个协议为变频设备和伺服驱动设备提供了广泛的功能支持。

类型 3(PROFIdrive):PROFIdrive 是由西门子公司基于 PROFIBUS 与 PROFI-Net 定义的一种开放式运动控制行业规范。PROFIdrive 支持时钟同步,支持从设备与从设备之间通信。它为驱动设备定义了标准的参数模型、访问方法和设备行为,驱动应用范围广泛。

类型 4(SERCOS):SERCOS 是可以使用在数字伺服设备和运动系统上的通信标准,SERCOS 作为一种为人们所熟知的运动控制接口,规定了大量标准参数,用以描述控制、驱动以及 I/O 站的工作。

IEC 61800-7-1 主要是关于一般接口的定义,它包含一个通用的电力系统驱动接口规范和几个附件,根据附件规定,四种类型接口被映射到通用接口。IEC 61800-7-200 是这四种类型的调速电力驱动系统概要规范,也称行规。IEC 61800-7-300 规定了这四种类型是怎样映射到相对应的网络对象的。

9.4.2 CiA 402 子协议

CiA 402 子协议中规定了三种通过数据对象访问伺服驱动的方式。它们分别是过程数据对象(PDO)、服务数据对象(SDO)、内部数据对象(IDO)。其中 PDO 以不确定的方式访问;SDO 通过握手的方式,即确定的方式访问;IDO 是由生产厂家指定的,通常不可以直接进行访问,只有在其通过 SDO 授权后才可以访问。电源驱动状态机规定了设备的状态和它可采取的状态转换方法,也描述了接收到的命令。因此,可以通过设备的控制字来转换它的状态,也可以通过它的状态字获得设备正处于的状态。

IEC 61800-7-201 还包含了实时控制对象的定义、配置、调整、识别和网络管理对象。系统将各种需要的装置连接起来,通过其通信服务,它就可以传输实现要求的各种数据。其中,非实时性数据包括诊断、配置、识别和调整等,过程数据包括要求达到的位置、实际的位置等。IEC 61800-7-301 规定了这些通信服务标准。

每种控制模式都包含了相应的对象集,用来实现控制。对象字典里的所有对象要按照属性分类,每个对象都使用一个唯一的 16 位索引及 8 位子索引进行编址。定义一个对象需要定义多种对象属性。例如,访问属性指出该对象的读/写方式,告知网络该对象是只读方式、只写方式、读写方式还是常量。PDO 映射属性指出该对象是否可以映射为实时通信的通信对象,默认值表明一个可读写或者常量的对象在上电或者应用程序复位时的值。要实现哪一种控制方式,就需要定义这些对象。

9.5 CoE

CANopen 是为定义 CAN 总线的高层协议而开发的,而 EtherCAT 的底层实现机制,特别是数据链路层的实现与 CAN 总线的数据链路层有着巨大的差异。将 CANopen 作为 EtherCAT 的应用层,在保证兼容性的同时,为了与 EtherCAT 数据链路层接口,同时充分发挥 EtherCAT 的网络优势,需要对 CANopen 协议进行相应的功能扩充,这样就形成了 CoE,其主要功能如下。

(1) 使用邮箱通信访问 CANopen 对象字典及其对象,实现网络初始化。

(2) 使用 CANopen 应急对象和可选的事件驱动 PDO 消息,实现网络管理。

(3) 使用对象字典映射过程数据,周期性传输指令数据和状态数据。

CoE 与 CANopen 协议的差异如下。

1) 通信

在 CANopen 协议中,通信对象标识符(COB-ID)是非常重要的概念,它同时提供了寻址、优先级、指令等多种功能。但这种基于 CAN 总线的实现机制在 EtherCAT 网络中已经完全失去了意义,EtherCAT 有自己对应的寻址、优先级和指令规范,因此 CoE 中完全没有了与 COB-ID 相关的信息。

2) 状态机

通过分析、比较 EtherCAT 通信状态机 ,可以发现它们极为相似,根据对应状态所能提供的服务,可以得出 CANopen 与 EtherCAT 通信状态机映射关系如表 9-1 所示。

表 9-1　CANopen 与 EtherCAT 通信状态机映射关系

EtherCAT 状态机	CANopen 状态机
上电	上电(初始化)
初始化(INIT)	停止
预运行(支持邮箱服务)	预运行(支持 SDO)
安全运行(支持邮箱和过程数据输入服务)	—
运行(主-从邮箱和过程数据输入/输出服务)	运行(支持 SDO 与 PDO)

可以看出它们的主要差别如下。

(1) EtherCAT 状态机不会在上电后自动进入预运行状态。

(2) CANopen 状态机不支持安全运行状态。

(3) EtherCT 状态机不支持通过复位指令回到 INIT 状态。

经过以上分析可以发现，EtherCAT 状态机可以取代 CANopen 状态机，而不会丢失关键的网络管理机能，因此在 CoE 中没有 CANopen 通信状态机的显式存在。

9.5.1　CoE 对象字典

CoE 协议完全遵从 CANopen 协议。

对象字典是一个有序的对象组，每个对象采用一个 16 位索引值来寻址，为了允许访问数据结构中的单个元素，同时定义了一个 8 位子索引，CANopen 对象字典的结构如表 9-2 所示。

表 9-2　CANopen 对象字典的结构

索　引	对　　象
0000	未用
0001～001F	静态数据类型(标准数据类型，如 Boolean、Integer 16)
0020～003F	复杂数据类型(预定义由简单类型组合成的结构，如 PDOCommPar、SDOParameter)
0040～005F	制造商规定的复杂数据类型
0060～007F	设备子协议规定的静态数据类型
0080～009F	设备子协议规定的复杂数据类型
00A0～0FFF	保留
1000～1FFF	通信子协议区域(如设备类型、错误寄存器、支持的 PDO 数量)
2000～5FFF	制造商特定的子协议区域
6000～9FFF	标准的设备子协议区域(如"DS-401 I/O 模块设备子协议":Read State 8 Input Lines 等)
A000～AFFF	符合 IEC 61131-3 的网络变量
B000～BFFF	用于 CANopen 路由器/网关的系统变量
C000～FFFF	保留

对象字典中索引值低于 0x0FFF 的"datatypes"项仅仅是一些数据类型定义。

一个节点的对象字典的范围为 0x1000～0x9FFF。

在对象字典中，CANopen 设备的所有对象都是以标准化方式进行描述的。对象字典是所有数据结构的集合，这些数据结构涉及设备的应用程序、通信以及状态机。对象字典利用对象来描述 CANopen 设备的全部功能，并且它也是通信接口与应用程序之间的接口。

对象字典中的对象可以通过一个已知的 16 位索引来识别,对象可以是一个变量、一个数组或一种结构;数组和结构中的单元又可以通过 8 位子索引进行访问(不允许嵌套结构)。

这样用户就可以通过同一索引和子索引获得所有设备中的通信对象,以及用于某种设备类别的对象(设备、应用或接口子协议)。而与制造商相关的属性则保存在事先保留的索引范围内(即制造商定义的范围),而且索引的结构也已固定。

CANopen 网络中每个节点都有一个对象字典。对象字典包含了描述这个设备及其网络行为的所有参数。

一个节点的对象字典是在电子数据文档(electronic data sheet,EDS)中进行描述或者记录在纸上。不必要也不需要通过 CAN-bus"审问"一个节点的对象字典中的所有参数。如果一个节点严格按照在纸上的对象字典进行描述,那么其行为也是可以的。

节点本身只需要能够提供对象字典中必需的对象(而在 CANopen 规定中,必需的项实际上是很少的),以及其他可选择的、构成节点部分可配置功能的对象。

CANopen 由一系列称为子协议的文档组成。

通信子协议(communication profile)描述对象字典的主要形式和对象字典中的通信子协议区域中的对象、通信参数,同时描述 CANopen 通信对象。这个子协议适用于所有的 CANopen 设备。

各种设备子协议(device profile)为各种不同类型设备定义对象字典中的对象。目前已有 5 种不同的设备子协议。

设备子协议为对象字典中的每个对象描述了它的功能、名字、索引和子索引、数据类型,以及这个对象是必需的还是可选的,这个对象是只读、只写或者可读写等。

一个设备的通信功能、通信对象、与设备相关的对象以及对象的缺省值由电子数据文档 EDS 提供。

单个设备的对象配置的描述文件称为设备配置文件(device configuration file,DCF),它与 EDS 有相同的结构。两者的文件类型都在 CANopen 规范中定义。

设备子协议定义了对象字典中哪些 OD 对象是必需的,哪些是可选的;必需的对象应该保持最少数目,以减少实现的工作量。

在通信部分以及与设备相关部分,可以根据需要增加可选项,以扩展 CANopen 设备的功能。对象字典中描述通信参数部分对所有 CANopen 设备(如在 OD 中的对象是相同的,对象值不必一定相同)都是一样的。对象字典中设备相关部分对于不同类型的设备是不同的。

CoE 通信数据对象如表 9-3 所示。其中针对 EtherCAT 通信扩展了相关通信对象 0x1C00-0x1C4F,用于设置存储同步管理器的类型、通信参数和 PDO 数据分配。

表 9-3　CoE 通信数据对象

索　引　号	含　　义
0x1000	设备类型,32 位整数。 位 0~15:所使用的设备行规; 位 16~31:基于所使用行规的附加信息

续表

索 引 号	含 义
0x1001	错误寄存器,8 位。 位 0:常规错误;位 4:通信错误; 位 1:电流错误;位 5:设备行规定义错误; 位 2:电压错误;位 6:保留; 位 3:温度错误;位 7:制造商定义错误
0x1008	设备商设备名称,字符串
0x1009	制造商硬件版本
0x100A	制造商软件版本
0x1018	设备标识符,结构体类型。 子索引 0:参数体数目; 子索引 1:制造商 ID(vendor ID); 子索引 2:产品码(product code); 子索引 3:版本号(revision number); 子索引 4:序列号(serial number)
0x1600~0x17FF	RxPDO 映射,结构体类型。 子索引 0:参数体数目; 子索引 1:第一个映射的输出数据对象; ⋮ 子索引 n:最后一个映射的输出数据对象
0x1A00~0x1BFF	TxPDO 映射,结构体类型。 子索引 0:参数体数目; 子索引 1:第一个映射的输入数据对象; ⋮ 子索引 n:最后一个映射的输入数据对象
0x1C00	SM 通道通信类型,子索引 0 定义了所使用 SM 通道的数目,子索引 1~32 定义了相应 SM0~SM31 通道的通信类型,相关通信类型如下。 0:邮箱输出,非周期性数据通信,1 个缓存区写操作; 1:邮箱输入,非周期性数据通信,1 个缓存区读操作; 2:过程数据输出,周期性数据通信,3 个缓存区写操作; 3:过程数据输入,周期性数据通信,3 个缓存区读操作
0x1C10~0x1C2F	过程数据通信同步管理器 PDO 分配。 子索引 0:分配的 PDO 数目; 子索引 1−n:PDO 映射对象索引号
0x1C30~0x1C4F	同步管理器参数。 子索引 1:同步类型; 子索引 2:周期时间,单位为 ns; 子索引 3:AL 事件和相关操作之间的偏移时间,单位为 ns

9.5.2 CoE 周期性过程数据通信

在 CoE 周期性数据通信中,过程数据可以包含多个 PDO 影射数据对象,CoE 协议使用数据对象 0x1C10~0x1C2F 定义相应 SM 通道的 PDO 映射对象列表。

以周期性输出数据为例,输出数据使用 SM2 通道,由对象数据 0x1C12 定义 PDO 分配,CoE 的 PDO 分配图如图 9-15 所示。

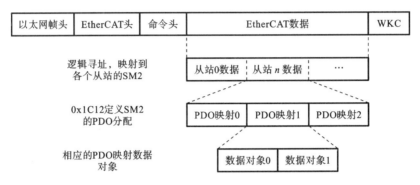

图 9-15   CoE 的 PDO 分配图

SM2 通道 PDO 分配对象数据 0x1C12 取值如表 9-4 所示。

表 9-4   SM2 通道 PDO 分配对象数据 0x1C12 取值

子索引	数 值	PDO 数据对象映射			
		子索引	数值	数据字节数	含 义
0	3			1	PDO 映射对象数目
1	PDO0 0x1600	0	2	1	数据映射对象数目
		1	0x7000:01	2	电流模拟量输出数据
		2	0x7010:01	2	电流模拟量输出数据
2	PDO1 0x1601	0	2	1	数据映射对象数目
		1	0x7020:01	2	电流模拟量输出数据
		2	0x7030:01	2	电流模拟量输出数据
3	PDO2 0x1602	0	2	1	数据映射对象数目
		1	0x7040:01	2	电流模拟量输出数据
		2	0x7050:01	2	电流模拟量输出数据

根据设备的复杂程度,PDO 过程数据映射分为如下几种形式。

(1)简单的设备不需要映射协议。

① 使用固定的过程数据。

② 在从站 EEPROM 中读取,不需要 SDO 协议。

(2)可读取的 PDO 映射。

① 固定过程数据映射。

② 可以使用 SDO 通信读取。

(3)可选择的 PDO 映射。

① 多组固定的 PDO 通过 PDO 分配对象 0x1C1x 选择。

② 通过 SDO 通信选择。

（4）可变的 PDO 映射。

① 可通过 CoE 通信配置。

② PDO 内容可改变。

9.5.3　CoE 非周期性数据通信

EtherCAT 主站通过邮箱数据 SM 通道实现非周期性数据通信。CoE 协议邮箱数据结构如图 9-16 所示。

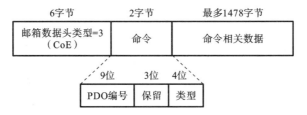

图 9-16　CoE 协议邮箱数据结构

CoE 命令定义描述如表 9-5 所示。

表 9-5　CoE 命令定义描述

数　据　元　素	描　　　述
PDO 编号	PDO 发送时的 PDO 序号
类型	CoE 服务类型。 0:保留; 1:紧急事件信息; 2:SDO 请求; 3:SDO 响应; 4:TxPDO; 5:RxPDO; 6:远程 TxPDO 发送请求; 7:远程 RxPDO 发送请求; 8:SDO 信息; 9~15:保留

1. SDO 服务

CoE 通信服务类型 2 和 3 为 SDO 通信服务。

SDO 数据帧格式如图 9-17 所示。

SDO 传输类型如图 9-18 所示。

SDO 的三种传输服务如下。

（1）快速传输服务。

快速传输服务与标准的 CANopen 协议相同,只使用 8 字节,最多传输 4 字节有效数据。

（2）常规传输服务。

常规传输服务使用超过 8 字节,可以传输超过 4 字节的有效数据,最大可传输有效

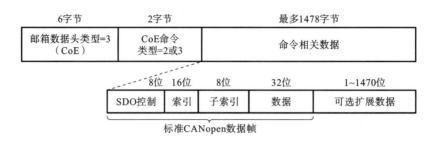

图 9-17 SDO 数据帧格式

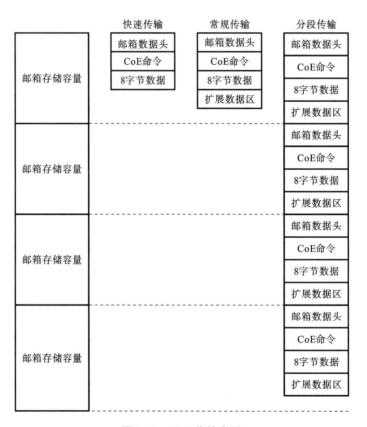

图 9-18 SDO 传输类型

数据取决于邮箱 SM 所管理的存储区容量。

（3）分段传输服务。

对于超过邮箱容量的情况，分段传输服务使用分段的方式进行传输。

SDO 传输又分为下载和上传两种，下载传输常用于主站设置从站参数，上传传输用于主站读取从站的性能参数。

1）SDO 下载传输请求

SDO 下载传输请求数据格式如图 9-19 所示。

如果要传输的数据小于 4 字节，则使用快速传输服务，它完全兼容 CANopen 协议，使用 8 字节数据，其中 4 字节为数据区，有效字节数为 4 减去 SDO 控制字节中的位 2 和位 3 表示的数值。

如果要传输的数据大于 4 字节，则使用常规传输服务。常规传输服务用快速传输

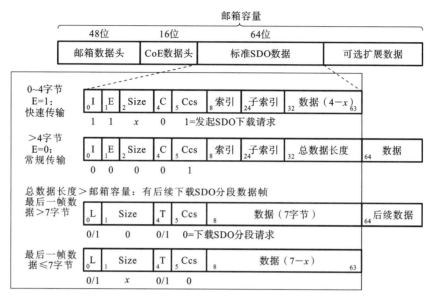

图 9-19　SDO 下载传输请求数据格式

时的 4 个数据字节表示要传输的数据的完整大小，用扩展数据部分传输有效数据，有效数据的最大容量为邮箱容量减去 16，实际大小为邮箱头中长度数据 n 减去 10。

　　SDO 下载传输请求服务的数据帧内容描述如表 9-6 所示。

表 9-6　SDO 下载传输请求服务的数据帧内容描述

数据区	数据长度	位数	名　　称	取值和描述
邮箱头	2 字节	16 位	长度 n	$n \geqslant 0x0A$：后续邮箱服务数据长度
	2 字节	16 位	地址	EtherCAT 主站到从站通信，为数据源从站地址；EtherCAT 从站与从站之间通信，为数据目的从站地址
	1 字节	位 0~5	通道	0x00：保留
		位 6~7	优先级	0x00：最低优先级；⋮0x03：最高优先级
	1 字节	位 0~3	类型	0x03：CoE
		位 4~7	保留	0x00
CoE 命令	2 字节	位 0~8	PDO 编号	0x00
		位 9~11	保留	0x00
		位 12~15	服务类型	0x02：SDO 请求
SDO 数据	1 字节（控制字节）	位 0	数目指示 I（size indicator）	0x00：未设置传输字节数目；0x01：设置传输字节数数目
		位 1	传输类型 E（transfer type）	0x01：快速传输；0x00：常规/分段传输

数据区	数据长度	位数	名 称	取值和描述
SDO 数据	1 字节（控制字节）	位 2～3	传输字节数（data set size）	$4-x$:快速传输时的有效数据字节数,x 是位 2～3 表示的数值; 0:常规/分段传输时无效
		位 4	完全操作（complete access）	0x00:操作由索引号和子索引号检索的参数体; 0x01:操作完整的数据对象,子索引应该为 0 或 1(不包括子索引 0)
		位 5～7	CoE 命令码 C_{cs}（CoE command specifier）	0x01:下载请求; 0x00:分段下载请求
	2 字节	16 位	索引号	数据对象索引号
	1 字节	8 位	子索引号	操作参数体子索引号
	4 字节	32 位	数据	快速传输:数据; 常规传输:传输数据对象的总字节数,如果本次传输的有效数据数目小于总数据长度,则后续有分段传输数据
	$n-10$	—	扩展数据	常规传输的扩展数据,传输有效数据

2）SDO 分段下载传输

常规下载传输时,如果传输数据对象的总数量大于本次传输的允许数据数量,则必须使用后续的分段下载传输服务,其格式如图 9-19 所示,分段下载服务数据内容描述如表 9-7 所示。

表 9-7 分段下载服务数据内容描述

数据区	数据长度	位数	名 称	取值和描述
邮箱头	2 字节	16 位	长度	$n \geqslant 0x0A$:后续邮箱服务数据长度
	2 字节	16 位	地址	EtherCAT 主站到从站通信,为数据源从站地址; EtherCAT 从站与从站之间通信,为数据目的从站地址
	1 字节	位 0～5	通道	0x00:保留
		位 6～7	优先级	0x00:最低优先级; ⋮ 0x03:最高优先级
	1 字节	位 0～3	类型	0x03:CoE
		位 4～7	保留	0x00
CoE 命令	2 字节	位 0～8	PDO 编号	0x00
		位 9～11	保留	0x00
		位 12～15	服务类型	0x02:SDO 请求

续表

数据区	数据长度	位数	名　称	取值和描述
SDO 控制数据	1 字节	位 0	是否有后续分段	0x00:有后续传输分段; 0x01:最后一个下载分段
		位 1~3	分段数据数目 (seg data size)	7−x:最后 7 字节中的有效数据数目,x 是位 1~3 表示的数值
		位 4	翻转握手位 (toggle)	每次在 SDO 下载分段请求时翻转,从 0x00 开始
		位 5~7	CoE 命令码 C_{cs} (CoE command specifier)	0x01:下载请求; 0x00:分段下载请求
	n−3	—	数据	分段传输数据

3) SDO 下载传输响应

EtherCAT 从站收到 SDO 下载请求之后,执行相应处理,然后将响应数据写入输入邮箱 SM1 中,由主站读取。主站只有得到正确的响应之后才能执行下一步 SDO 操作。

SDO 下载响应数据格式如图 9-20 所示。

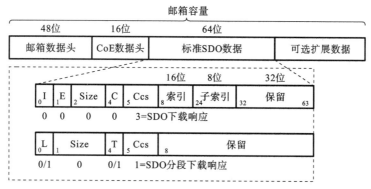

图 9-20　SDO 下载响应数据格式

SDO 下载响应数据描述如表 9-8 所示。

表 9-8　SDO 下载响应数据描述

数据区	数据长度	位数	名称	取值和描述
邮箱头	2 字节	16 位	长度	n≥0x0A:后续邮箱服务数据长度
	2 字节	16 位	地址	EtherCAT 主站到从站通信,为数据源从站地址; EtherCAT 从站与从站之间通信,为数据目的从站地址
	1 字节	位 0~5	通道	0x00:保留
		位 6~7	优先级	0x00:最低优先级; ⋮ 0x03:最高优先级
	1 字节	位 0~3	类型	0x03:CoE
		位 4~7	保留	0x00

续表

数据区	数据长度	位数	名称	取值和描述
CoE 命令	2字节	位 0～8	PDO 编号	0x00
		位 9～11	保留	0x00
		位 12～15	服务类型	0x03：SDO 响应
快速和正常下载响应 SDO				
快速和正常传输 SDO 数据	1字节	位 0	数目指示 I	0x00
		位 1	传输类型 E	0x00
		位 2～3	传输数目	0
		位 4	完全操作	0x00：操作由索引号和子索引号检索的参数体；0x01：操作完整的数据对象，子索引应该为 0 或 1（不包括子索引 0）
		位 5～7	CoE 命令码 C_{cs}	0x03：下载响应；0x01：分段下载响应
	2字节	16 位	索引号	数据对象索引号
	1字节	8 位	子索引号	操作参数体子索引号
	4字节	32 位	保留	保留
分段下载响应 SDO				
分段下载响应 SDO	1字节	位 0～3	保留	0x00
		位 4	翻转位	与相应的分段下载请求相同
		位 5～7	CoE 命令码 C_{cs}	0x03：下载响应
	7字节	—	保留	—

4）终止 SDO 传输

在 SDO 传输过程中，如果某一方发现有错误，则可以发起 SDO 终止传输请求，对方收到此请求后，停止当前 SDO 传输。SDO 终止传输请求不需要应答。SDO 终止传输请求数据描述如表 9-9 所示。

表 9-9 SDO 终止传输请求数据描述

数据区	数据长度	位数	名 称	取值和描述
邮箱头	2字节	16 位	长度	$n＝0x0A$：后续邮箱服务数据长度
	2字节	16 位	地址	EtherCAT 主站到从站通信，为数据源从站地址；EtherCAT 从站与从站之间通信，为数据目的从站地址
	1字节	位 0～5	通道	0x00：保留
		位 6～7	优先级	0x00：最低优先级；⋮ 0x03：最高优先级
	1字节	位 0～3	类型	0x03：CoE
		位 4～7	保留	0x00

续表

数据区	数据长度	位数	名　称	取值和描述
CoE 命令	2 字节	位 0~8	PDO 编号	0x00
		位 9~11	保留	0x00
		位 12~15	服务类型	0x02:SDO 请求
SDO 数据	1 字节 (控制字节)	位 0	数目指示 I	0x00
		位 1	传输类型 E	0x00:常规/分段传输
		位 2~3	传输数目	0x00:常规分段传输
		位 4	保留	—
		位 5~7	CoE 命令码 C$_{cs}$	0x04:终止传输请求
	2 字节	16 位	索引号	数据对象索引号
	1 字节	8 位	子索引号	操作参数体子索引号
	4 字节	32 位	终止代码	表示终止传输的原因

表 9-9 中,SDO 数据有 4 字节的终止代码,表示终止传输的具体原因。

5) SDO 下载传输

SDO 快速下载传输如图 9-21 所示。

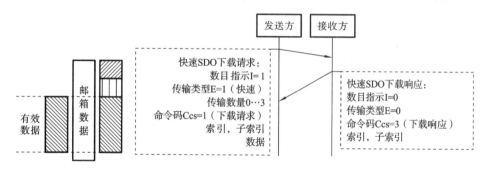

图 9-21　SDO 快速下载传输

主站要下载的有效数据小于 4 字节时,使用快速传输服务。主站首先发送快速 SDO 下载请求到从站 SM0,从站读取邮箱数据后执行相应操作,并将响应数据写入输入邮箱 SM1。主站读取 SM1,读到有效数据后,根据响应数据判断下载请求的执行结果。图 9-21 中的箭头表示有效数据的方向,从站到主站的有效数据也需要由主站发送读数据子报文来读取。

SDO 常规下载传输如图 9-22 所示,主站要下载的有效数据大于 4 字节且小于邮箱容量,所以使用扩展数据区进行传输,其传输过程和快速下载传输类似。

SDO 分段下载传输如图 9-23 所示,主站要下载的有效数据大于邮箱容量,所以必须分段传输,每一个传输步骤都必须得到正确的响应才能继续后续操作。

在传输的过程中,如果主站或从站发现错误,则发起终止 SDO 传输请求,另一方收到此请求后即停止当前传输过程。

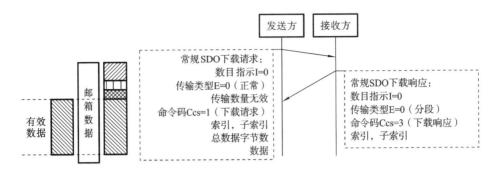

图 9-22 SDO 常规下载传输

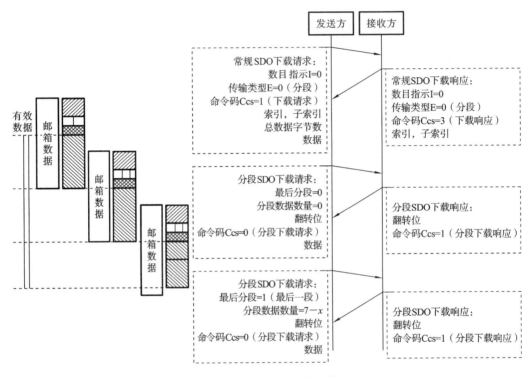

图 9-23 SDO 分段下载传输

2. 紧急事件

紧急事件由设备内部的错误事件触发,将诊断信息发送给主站。当诊断事件消失之后,从站应该将诊断事件和错误复位码再发送一次。紧急事件数据帧格式如图 9-24 所示。

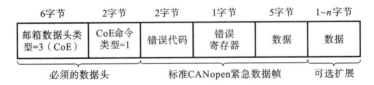

图 9-24 紧急事件数据帧格式

紧急事件数据元素描述如表 9-10 所示。

表 9-10 紧急事件数据元素描述

数据区	数据长度	位数	名 称	取值和描述
邮箱头	2 字节	16 位	长度	$n=0x0A$:后续邮箱服务数据长度
	2 字节	16 位	地址	EtherCAT 主站到从站通信,为数据源从站地址; EtherCAT 从站与从站之间通信,为数据目的从站地址
	1 字节	位 0~5	通道	0x00:保留
		位 6~7	优先级	0x00:最低优先级; ⋮ 0x03:最高优先级
	1 字节	位 0~3	类型	0x03:CoE
		位 4~7	保留	0x00
CoE 命令	2 字节	位 0~8	PDO 编号	0x00
		位 9~11	保留	0x00
		位 12~15	服务类型	0x01:紧急数据
SDO 控制数据	2 字节	16 位	紧急错误码	—
	1 字节	8 位	错误寄存器	映射数据对象 0x1001
	5 字节	40 位	数据	制造商定义错误信息

9.6 CANopen 驱动和运动控制设备行规

9.6.1 CAN 网络对驱动的访问

CAN 网络对驱动的访问是通过数据对象完成的。驱动数据对象如图 9-25 所示。

PDO 过程数据对象	SDO 服务数据对象	IDO 内部数据对象

图 9-25 驱动数据对象

1. 过程数据对象

过程数据对象是未确认的服务中的消息,用于与驱动进行实时数据传输。它的传输速度很快,因为它是在没有协议开销的情况下执行的,这意味着在一个 CAN 帧中传输 8 个应用程序数据字节。

2. 服务数据对象

服务数据对象是确认的服务中的消息,具有某种握手功能。它用于访问对象字典的条目,特别适用于各种可能的应用驱动,它所要求的行为配置是由这些对象完成的。

3．内部数据对象

内部数据对象表示制造商和设备特定功能对该行规的适应性。通常这些对象不能直接访问；然而，制造商可以通过服务数据对象让用户访问内部数据对象。

9.6.2　驱动结构

驱动结构如图 9-26 所示。

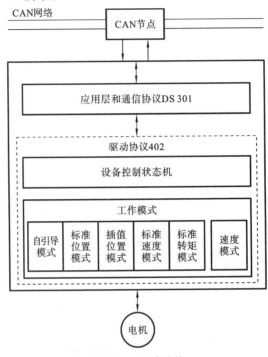

图 9-26　驱动结构

设备控制状态机：驱动的启动和停止，以及一些特定模式的命令由状态机执行。

工作模式：工作模式定义了驱动的行为。

本行规定义了如下模式。

1．自引导模式

这种模式介绍了查找原点位置的各种方法（也包括参考点、基准点和零点）。

2．标准位置模式

驱动的定位是在这种模式下被确定的。速度、位置和加速度是有限的，使用轨迹发生器的轨迹运动也是可能的。

3．插值位置模式

这种模式介绍了单轴的时间插值和坐标轴的空间插值。

4．标准速度模式

标准速度模式用来控制驱动的速度，对位置没有特别的考虑。它提供限速和轨迹发生器。

5．标准转矩模式

这种模式描述了所有转矩控制的相关参数。

6. 速度模式

速度模式控制具有限速功能和斜坡功能的驱动器的速度。

制造商会在手册中说明其设备支持哪种模式。

如果支持多个模式,则制造商也会声明是否允许在驱动器运动时更改操作模式,或仅在驱动器停止时更改操作模式。

操作模式的功能结构如图 9-27 所示。

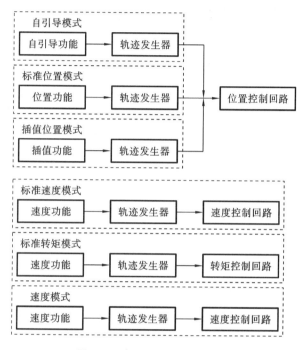

图 9-27　操作模式的功能结构

轨迹发生器:所选择的操作模式和相关的参数(对象)定义了轨迹发生器的输入。轨迹发生器提供具有需求值的控制回路。它通常是模式特定的。

每个模式都可以使用自己的轨迹发生器。

习　题　9

1. EtherCAT 定义了哪两类主站? 对这两类主站做简要说明。

2. EtherCAT 主站的功能有哪些?

3. 简述 TwinCAT 3 EtherCAT 主站的功能。

4. TwinCAT PLC 是如何与外设 I/O 连接的?

5. IgH EtherCAT 具有哪些功能?

6. 简述 IgH EtherCAT 主站架构。

7. 说明 CANopen 对象字典的结构。

8. 服务数据对象 SDO 是什么?

9. 过程数据对象 PDO 是什么?

10. IEC 61800-7 由哪三部分组成?

11. 简述 CiA 402 子协议。

12. CoE 主要功能有哪些？

13. 简述 CoE 通信数据对象。

14. 简述 CoE 周期性过程数据通信。

15. PDO 过程数据映射分为哪几种形式？

16. 简述 CoE 非周期性数据通信。

17. SDO 有哪三种传输服务？

10

EtherCAT 从站驱动程序与开发调试

EtherCAT 从站的软/硬件开发一般建立在 EtherCAT 从站评估版或开发版的基础上。EtherCAT 从站评估版或开发版的硬件主要包括 MCU（如 Microchip 公司的 PIC24HJ128GP306）、DSP（如 TI 公司的 TMS320F28335）和 ARM（如 ST 公司的 STM32F407）等微处理器或微控制器，ET1100 或 LAN9252 等 EtherCAT 从站控制器，物理层收发器 KS8721，RJ45 连接器 HR911105A 或 HR911103A，简单的 DI/DO 数字量输入/输出电路（如 Switch 按键开关数字量输入电路、LED 指示灯数字量输出电路）、AI/AO 模拟量输入输出电路（如通过电位器调节 0～3.3V 的电压信号作为模拟量输入电路）等，并给出详细的硬件电路原理图；软件主要包括运行在该硬件电路系统上的 EtherCAT 从站驱动和应用程序代码包。

开发者选择 EtherCAT 从站评估版或开发版时，最好选择与自己要采用的微处理器或微控制器相同的型号。这样，软/硬件移植和开发的工作量要小很多，可以达到事半功倍的效果。

无论是购买或者是开发的 EtherCAT 从站，都需要和 EtherCAT 主站组成工业控制网络。首先要在计算机上安装主站软件，然后进行主站和从站之间的通信。

由于 ARM 微控制器应用较为广泛，本章以采用微控制器 STM32F407 和 Ether-CAT 从站控制器 ET1100 的开发版为例，介绍 EtherCAT 从站驱动和应用程序设计方法。基于 ET1100 从站控制器的 EtherCAT 从站硬件设计参考第 8 章。最后以 BECK-HOFF 公司的主站软件 TwinCAT 3 为例，讲述主站软件的安装与从站开发调试。

10.1 EtherCAT 从站驱动和应用程序代码包架构

10.1.1 EtherCAT 从站驱动和应用程序代码包的组成

EtherCAT 从站采用 STM32F407 微控制器和 ET1100 从站控制器，编译器为 KEIL5，工程名文件为"FBECT_PB_IO"，该文件夹包含 EtherCAT 从站驱动和应用程序。EtherCAT 从站驱动和应用程序代码包的架构如图 10-1 所示。图 10-1 中所有不带格式后缀的条目均为文件夹名称。

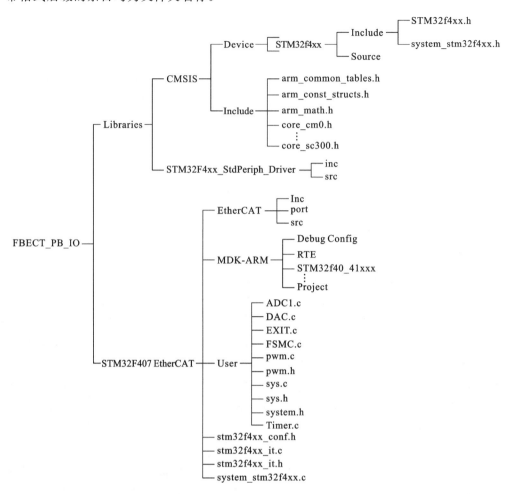

图 10-1 EtherCAT 从站驱动和应用程序代码包的架构

1. Libraries **文件夹**

（1）CMSIS 文件夹包含与 STM32 微控制器内核相关的文件。

（2）STM32F4xx_StdPeriph_Driver 文件夹包含与 STM32f4xx 处理器外设相关的底层驱动。

2. STM32F407 EtherCAT **文件夹**

该文件夹包括以下文件夹和文件。

（1）EtherCAT 文件夹包含与 EtherCAT 通信协议和应用层控制相关的文件。

（2）MDK-ARM 文件夹包含工程的 uvprojx 工程文件。

（3）User 文件夹包含与 STM32 定时器、ADC、外部中断和 FSMC 等配置相关的文件。

（4）stm32f4xx_it.c 和 stm32f4xx_it.h 与 STM32 中断处理函数有关。

（5）system_stm32f4xx.c 与 STM32 系统配置有关。

10.1.2 EtherCAT 通信协议和应用层控制相关的文件

下面详细介绍 EtherCAT 文件夹包含的与 EtherCAT 通信协议和应用层控制相关

的文件。

EtherCAT 文件夹包含 3 个文件夹：Inc 文件夹、port 文件夹和 src 文件夹，分别介绍如下。

1. 头文件夹"Inc"

Inc 文件夹包含与 EtherCAT 通信协议有关的头文件。该文件夹下包含的与 EtherCAT 通信协议有关的头文件如图 10-2 所示。

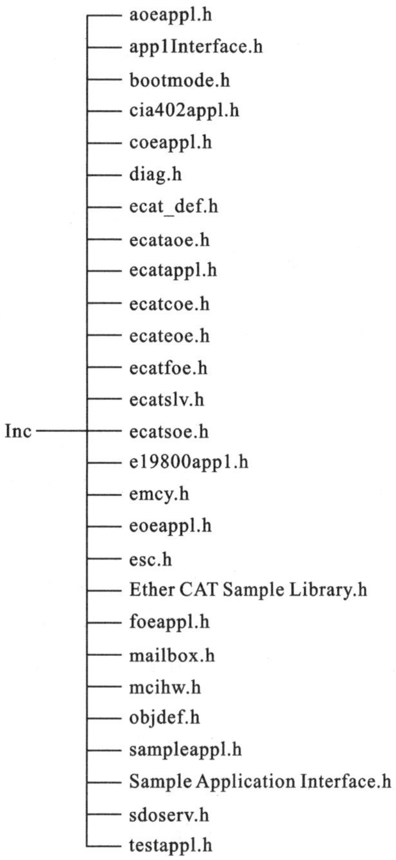

（1）applInterface.h。

定义了应用程序接口函数。

（2）bootmode.h。

声明了在引导状态下需要调用的函数。

（3）cia402appl.h。

定义了与 cia402 相关的变量、对象和轴结构。

（4）coeappl.h。

对 coeappl.c 文件中的函数进行声明。

（5）ecat_def.h。

定义了从站样本代码配置。

（6）ecataoe.h。

定义了与 AoE 相关的宏、结构体，并对 ecataoe.c 文件中的函数进行声明。

（7）ecatappl.h。

对 ecatappl.c 文件中的函数进行声明。

（8）ecatcoe.h。

```
            ┌── aoeappl.h
            ├── applInterface.h
            ├── bootmode.h
            ├── cia402appl.h
            ├── coeappl.h
            ├── diag.h
            ├── ecat_def.h
            ├── ecataoe.h
            ├── ecatappl.h
            ├── ecatcoe.h
            ├── ecateoe.h
            ├── ecatfoe.h
            ├── ecatslv.h
Inc ────────┤── ecatsoe.h
            ├── e19800appl.h
            ├── emcy.h
            ├── eoeappl.h
            ├── esc.h
            ├── Ether CAT Sample Library.h
            ├── foeappl.h
            ├── mailbox.h
            ├── mcihw.h
            ├── objdef.h
            ├── sampleappl.h
            ├── Sample Application Interface.h
            ├── sdoserv.h
            └── testappl.h
```

图 10-2 **"Inc"文件夹下包含的与 EtherCAT 通信协议有关的头文件**

定义了与错误码、CoE 服务和 CoE 结构相关的宏，并对 ecatcoe.c 文件中的函数进行声明。

（9）ecateoe.h。

定义了与 EoE 相关的宏和结构体，并对 ecateoe.c 文件中的函数进行声明。

（10）ecatfoe.h。

定义了与 FoE 相关的宏和结构体，并对 ecatfoe.c 文件中的函数进行声明。

（11）ecatslv.h。

对若干数据类型、从站状态机状态、ESM 转换错误码、应用层状态码、从站的工作模式、应用层事件掩码和若干全局变量进行定义。

（12）ecatsoe.h。

定义了与 SoE 相关的宏和结构体，并对 ecatsoe.c 文件中的函数进行声明。

（13）e19800appl.h。

对对象字典中索引为 0x0800、0x1601、0x1802、0x1A00、0x1C12、0x1C13、0x6000、0x6020、0x7010、0x8020、0xF000、0xF0100 和 0xFFFF 的这些特定对象进行定义。

（14）esc.h。

对 EtherCAT 从站控制器芯片中寄存器的地址和相关掩码进行说明。

（15）mailbox. h。

定义了与邮箱通信相关的宏和结构体，并对 mailbox. c 文件中的函数进行声明。

（16）mcihw. h。

包含了通过并行接口来访问 ESC 的定义和宏。

（17）objdef. h。

定义了某些数据类型，对表示支持的同步变量的类型进行宏定义，定义描述对象字典的结构体类型。

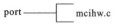

图 10-3　port 文件夹包含的文件

2. 外围端口初始化和驱动源文件夹"port"

port 文件夹包含与从站外围端口初始化和驱动相关的文件。该文件夹包含一个名称为"mcihw. c"的源文件，如图 10-3 所示。该源文件包含对 STM32F407 微控制器的 GPIO、定时器、ADC、外部中断等外设进行初始化的程序，同时提供了读取和写入 EtherCAT 从站控制器芯片中寄存器的函数。

3. EtherCAT 通信协议源文件夹"src"

src 文件夹包含与 EtherCAT 通信协议有关的源文件。该文件夹包含文件如图 10-4 所示。

（1）aoeappl. c。

包含 AoE 邮箱接口。

（2）bootmode. c。

包含 boot 模式虚拟函数。

（3）coeappl. c。

CoE 服务的应用层接口模块。该文件实现的功能如下。

① 对对象字典中索引为 0x1000、0x1001、0x1008、0x1009、0x100A、0x1018、0x10F1、0x1C00、0x1C32 和 0x1C33 的这些通用对象进行定义。

② 对 CoE 服务实际应用的处理以及 CoE 对象字典的处理，包括对象字典的初始化、添加对象到对象字典、移除对象字典中的某一条目，以及清除对象字典等处理函数进行定义。

（4）diag. c。

该文件包含诊断对象处理。

（5）ecataoe. c。

该文件包含 AoE 邮箱接口。

（6）ecatappl. c。

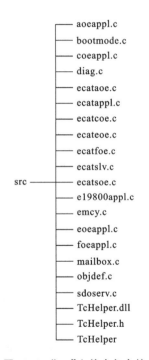

图 10-4　"src"文件夹包含的与 EtherCAT 通信协议有关的源文件

EtherCAT 从站应用层接口，整个协议栈运行的核心模块，EtherCAT 从站状态机和过程数据接口。输入/输出过程数据对象的映射处理、ESC 与处理器本地内存的输入/输出过程数据的交换等都在该文件中实现。

（7）ecatcoe. c。

该文件包含 CoE 邮箱接口函数。

(8) ecateoe.c。

该文件包含 EoE 邮箱接口函数。

(9) ecatfoe.c。

该文件包含 FoE 邮箱接口函数。

(10) ecatslv.c。

处理 EtherCAT 状态机模块。状态机转换请求由主站发起,主站将请求状态写入 ALControl 寄存器中,从站采用查询的方式获取当前该状态转换的事件,将寄存器值作为参数传入 AL_ControlInd()函数中,该函数作为核心函数来处理状态机的转换,根据主站请求的状态配置 SM 通道的开启或关闭,检查 SM 通道参数是否配置正确等。

(11) ecatsoe.c。

该文件包含一个演示 SoE 的简短示例。

(12) e19800appl.c。

该文件提供了与应用层接口的函数和主函数。

(13) emcy.c。

该文件包含紧急接口。

(14) eoeappl.c。

该文件包含一个如何使用 EoE 服务的例子。

(15) foeappl.c。

该文件包含一个如何使用 FoE 的例子。

(16) mailbox.c。

处理 EtherCAT 邮箱服务模块,包括邮箱通信接口的初始化、邮箱通道的参数配置、根据当前状态机来开启或关闭邮箱服务、邮箱通信失败后的邮箱重复发送请求、邮箱数据的读写以及根据主站请求的不同服务类型调用相应服务函数的处理。

(17) objdef.c。

访问 CoE 对象字典模块。读写对象字典,获得对象字典的入口,对象字典的具体处理函数由该模块实现。

(18) sdoserv.c。

SDO 服务处理模块,处理所有 SDO 信息服务。

10.2 EtherCAT 从站驱动和应用程序的设计实例

从站系统采用 STM32F407ZET6 作为从站微处理器,下面介绍从站驱动程序。

10.2.1 EtherCAT 从站代码包解析

下面介绍从站栈代码 STM32 工程中的关键 c 文件。

(1) Timer.c。

对 STM32 定时器 9 及其中断进行配置。文件中的关键函数介绍如下。

函数原型:void TIM_Configuration(uint8_t period)。

功能描述:对定时器 9 进行配置,使能定时器 9,并配置相关中断。

参数:"period",计数值。

返回值：void。

（2）EXIT.c。

对 STM32 外部中断 0、外部中断 1 和外部中断 2 进行配置。文件中关键函数介绍如下。

① 函数原型：void EXTI0_Configuration(void)。

功能描述：将外部中断 0 映射到 PC0 引脚，并对中断参数进行配置。

参数：void。

返回值：void。

② 函数原型：void EXTI1_Configuration(void)。

功能描述：将外部中断 1 映射到 PC1 引脚，并对中断参数进行配置。

参数：void。

返回值：void。

③ 函数原型：void EXTI2_Configuration(void)。

功能描述：将外部中断 2 映射到 PC2 引脚，并对中断参数进行配置。

参数：void。

返回值：void。

（3）ADC1.c。

对 STM32 的 ADC1 和 DMA2 通道进行配置。

（4）mcihw.c 和 mcihw.h。

对从站开发版的外设和 GPIO 进行初始化，对定时器、ADC、外部中断等模块进行初始化，定义读取和写入从站控制器芯片 DPRAM 中寄存器的函数，也实现了中断入口函数的定义。文件中关键函数介绍如下。

① 函数原型：void GPIO_Config(void)。

功能描述：对从站开发版上与 LED 和 switch 对应的 GPIO 口进行初始化。

参数：void。

返回值：void。

② 函数原型：UINT8 HW_Init(void)。

功能描述：初始化主机控制器、过程数据接口（PDI）并分配硬件访问所需的资源，对 GPIO、ADC 等进行初始化，读写 EterCAT 从站控制器 DPRAM 中的部分寄存器。

参数：void。

返回值：如果初始化成功，则返回 0；否则，返回一个大于 0 的整数。

③ 函数原型：void HW_EcatIsr(void)。

功能描述：通过宏定义将该函数与 EXTI0_IRQHandler 相关联，在外部中断 0 触发时会进入该函数。若在主站上将运行模式设置为同步模式，则 ET1100 芯片与 STM32 外部中断引脚相连的引脚会发出中断信号 IRQ 来触发 STM32 的外部中断，以执行 HW_EcatIsr() 函数。

参数：void。

返回值：void。

④ 函数原型：void Sync0Isr(void)。

功能描述：通过宏定义将该函数与 EXTI1_IRQHandler 相关联，在外部中断 1 触发时会进入该函数。若在主站上将运行模式设置为 DC 模式,则按照固定的同步时间周期,ET1100 芯片与 STM32 的外部中断引脚相连的引脚会周期性地发出 SYNC0 中断信号来触发 STM32 的外部中断,以执行 Sync0Isr() 函数。

参数:void。

返回值:void。

⑤ 函数原型:void Sync1Isr(void)。

功能描述:通过宏定义将该函数与 EXTI2_IRQHandler 相关联,在外部中断 2 触发时会进入该函数。

参数:void。

返回值:void。

⑥ 函数原型:void APPL_1MsTimerIsr(void)。

功能描述:通过宏定义将该函数与 TIM1_BRK_TIM9_IRQHandler 相关联,在定时器 9 中断触发时会进入该函数。

参数:void。

返回值:void。

(5) el9800appl. c。

文件中提供了与应用层接口的函数和主函数。文件中关键函数介绍如下。

① 函数原型:UINT16 APPL_GenerateMapping(UINT16* pInputSize, UINT16* pOutputSize)。

功能描述:该函数分别计算主站与从站每次通信中输入过程数据和输出过程数据的字节数。当 EtherCAT 主站请求从 Pre-OP 到 Safe-OP 的转换时,将调用此函数。

参数:指向两个 16 位整型变量的指针来存储过程数据所用字节的多少。"pInput-Size",输入过程数据(从站到主站);"pOutputSize",输出过程数据(主站到从站)。

返回值:参见文件 ecatslv. h 中关于应用层状态码的宏定义。

② 函数原型:void APPL_InputMapping(UINT16* pData)。

功能描述:在函数 PDO_InputMapping() 中被调用,在应用程序调用之后调用此函数,将输入过程数据映射到通用栈(通用栈将数据复制到 SM 缓冲区)。

参数:"pData",指向输入进程数据的指针。

返回值:void。

③ 函数原型:void APPL_OutputMapping(UINT16* pData)。

功能描述:在函数 PDO_OutputMapping() 中被调用,此函数在应用程序调用之前调用,以获取输出过程数据。

参数:"pData",指向输出进程数据的指针。

返回值:void。

④ 函数原型:void APPL_Application(void)。

功能描述:应用层接口函数,将临时存储输出过程数据的结构体中的数据赋给 STM32 的 GPIO 寄存器以控制端口输出;将 STM32 的 GPIO 寄存器中的值赋给临时存储输入过程数据的结构体中。在该函数中实现对从站系统中 LED、ADC 模块和 Switch 开关等的操作。此函数由同步中断服务程序(ISR)调用,如果未激活同步,则从主循环调用。

参数：void。

返回值：void。

⑤ 函数原型：void main(void)。

功能描述：主函数。

参数：void。

返回值：void。

(6) coeappl. c。

CoE 服务的应用层接口模块。对 CoE 服务实际应用的处理以及 CoE 对象字典的处理，包括对对象字典的初始化、添加对象到对象字典、移除对象字典中的某一条目以及清除对象字典等处理函数进行定义。在 XML 文件的 Objects 下定义了若干个对象，在 STM32 工程 coeappl. c 和 el9800appl. h 两个文件中均以结构体的形式对对象字典进行了相应定义。

coeappl. c 中定义了索引号为 0x1000、0x1001、0x1008、0x1009、0x100A、0x1018、0x10F1、0x1C00、0x1C32、x1C33 的对象字典。

el9800appl. h 中定义了索引号为 0x0800、0x1601、0x1802、0x1A00、0x1A02、0x1C12、0x1C13、0x6000、0x6020、0x7010、0x8020、0xF000、0xF010、0xFFFF 的对象字典。

每个结构体中都含有指向同类型结构体的指针变量以形成链表。

在 STM32 程序中，对象字典是指将各个描述 object 的结构体串接起来的链表。文件中关键函数介绍如下。

① 函数原型：UINT16 COE_ AddObjectToDic(TOBJECT OBJMEM* pNewObjEntry)。

功能描述：将某一个对象添加到对象字典中，即将实参所指结构体添加到链表中。

参数："pNewObjEntry"，指向一个结构体的指针。

返回值：void。

② 函数原型：void COE_RemoveDicEntry(UINT16 index)。

功能描述：从对象字典中移除某一对象，即将实参所指示的结构体从链表中移除。

参数："index"，对象字典的索引值。

返回值：void。

③ 函数原型：void COE_ClearObjDictionary(void)。

功能描述：调用函数 COE_RemoveDicEntry()，清除对象字典中的所有对象。

参数：void。

返回值：void。

④ 函数原型：UINT16 AddObjectsToObjDictionary(TOBJECT OBJMEM* pObjEntry)。

功能描述：调用函数 COE_RemoveDicEntry()，清除对象字典中的所有对象。

参数："pObjEntry"，指向某个结构体的指针。

返回值：若成功，则返回 0；否则，返回一个不为 0 的整型数。

⑤ 函数原型：UINT16 COE_ObjDictionaryInit(void)。

功能描述：初始化对象字典，调用函数 AddObjectsToObjDictionary()将所有对象添加到对象字典中,即将所有描述 object 的结构体连接成链表。

参数:void。

返回值:若成功,则返回 0;否则,返回一个不为 0 的整型数。

⑥ 函数原型:void COE_ObjInit(void)。

功能描述:给部分结构体中的元素赋值,并调用函数 COE_ObjDictionaryInit(),初始化 CoE 对象字典。

参数:void。

返回值:void。

(7) ecatappl.c。

EtherCAT 从站应用层接口,整个协议栈运行的核心模块,EtherCAT 从站状态机和过程数据接口。输入/输出过程数据对象的映射处理、ESC 与处理器本地内存的输入/输出过程数据的交换等都在该文件中实现。文件中关键函数介绍如下。

① 函数原型:void PDO_InputMapping(void)。

功能描述:把存储输入过程数据的结构体中的值传输给 16 位的整型变量,并将变量写到 ESC 中 DPRAM 相应寄存器中作输入过程数据。

参数:void。

返回值:void。

② 函数原型:void PDO_OutputMapping(void)。

功能描述:以 16 位整型数的方式从 ESC 中 DPRAM 相应寄存器中读取输出过程数据,并将数据赋值给描述对象字典的结构体。

参数:void。

返回值:void。

③ 函数原型:void PDI_Isr(void)。

功能描述:在函数 HW_EcatIsr()中被调用,在函数 PDI_Isr()中完成过程数据的传输和应用层数据的更新。

参数:void。

返回值:void。

④ 函数原型:void Sync0_Isr(void)。

功能描述:在函数 Sync0Isr()中被调用,在函数 Sync0_Isr()中完成过程数据的传输和应用层数据的更新。

参数:void。

返回值:void。

⑤ 函数原型:void Sync1_Isr(void)。

功能描述:在函数 Sync1Isr()中被调用,在函数 Sync1_Isr()中完成输入过程数据的更新并复位 Sync0 锁存计数器。

参数:void。

返回值:void。

⑥ 函数原型:UINT16 MainInit(void)。

功能描述:初始化通用从站栈。

参数:void。

返回值:若初始化成功,则返回 0;若初始化失败,则返回一个大于 0 的整型数。

⑦ 函数原型:void MainLoop(void)。

功能描述:该函数在 main()函数中循环执行,当从站工作于自由运行模式时,会通过该函数中的代码进行 ESC 和应用层之间的数据交换。此函数处理低优先级函数,如 EtherCAT 状态机处理、邮箱协议等。

参数:void。

返回值:void。

⑧ 函数原型:void ECAT_Application(void)。

功能描述:完成应用层数据的更新。

参数:void。

返回值:void。

(8) ecatslv.c。

处理 EtherCAT 状态机模块。状态机转换请求由主站发起,主站将请求状态写入 ALControl 寄存器中,从站采用查询的方式获取当前该状态转换的事件。将寄存器值作为参数传入 AL_ControlInd()函数中,该函数作为核心函数来处理状态机的转换,根据主站请求的状态配置 SM 通道的开启或关闭,检查 SM 通道参数是否配置正确等。

几个关键函数介绍如下。

① 函数原型:void ResetALEventMask(UINT16 intMask)。

功能描述:从 ESC 应用层中断屏蔽寄存器中读取数据并将其与中断掩码进行逻辑与运算,再将运算结果写入 ESC 应用层中断屏蔽寄存器中。

参数:"intMASK",中断屏蔽(禁用中断必须为 0)。

返回值:void。

② 函数原型:void SetALEventMask(UINT16 intMask)。

功能描述:从 ESC 应用层中断屏蔽寄存器中读取数据并将其与中断掩码进行逻辑或运算,再将运算结果写入 ESC 应用层中断屏蔽寄存器中。

参数:"intMASK",中断屏蔽(使能中断必须是 1)。

返回值:void。

③ 函数原型:void UpdateEEPROMLoadedState(void)。

功能描述:读取 EEPROM 加载状态。

参数:void。

返回值:void。

④ 函数原型:void DisableSyncManChannel(UINT8 channel)。

功能描述:失能一个 SM 通道。

参数:"channel",通道号。

返回值:void。

⑤ 函数原型:void EnableSyncManChannel(UINT8 channel)。

功能描述:使能一个 SM 通道。

参数:"channel",通道号。

返回值:void。

⑥ 函数原型:UINT8 CheckSmSettings(UINT8 maxChannel)。

功能描述:检查所有的 SM 通道状态和配置信息。

参数:"maxChannel",要检查的通道数目。

返回值:void。

⑦ 函数原型:UINT16 StartInputHandler(void)。

功能描述:该函数在从站从 Pre-OP 状态转换为 Safe-OP 状态时被调用,并执行检查各个 SM 通道管理的寄存器地址是否有重合、选择同步运行模式(自由运行模式、同步模式或 DC 模式)、启动 WDT、置位 ESC 应用层中断屏蔽寄存器等操作。若某一个操作未成功执行,则返回一个不为 0 的状态代码;若所有操作成功执行,则返回 0。

参数:void。

返回值:参见文件 ecatslv.h 中关于应用层状态码的宏定义。

⑧ 函数原型:UINT16 StartOutputHandler(void)。

功能描述:该函数在从站从 Safe-OP 状态转化为 OP 状态时被调用,检查在转换到 OP 状态之前输出数据是否必须接收。如果输出数据未接收到,则状态转换不会进行。

参数:void。

返回值:参见文件 ecatslv.h 中关于应用层状态码的宏定义。

⑨ 函数原型:void StopOutputHandler(void)。

功能描述:该函数在从站状态从 OP 状态转换为 Safe-OP 状态时被调用。

参数:void。

返回值:void。

⑩ 函数原型:void StopInputHandler(void)。

功能描述:该函数在从站状态从 Safe-OP 转换为 Pre-OP 状态时被调用。

参数:void。

返回值:void。

⑪ 函数原型:void SetALStatus(UINT8 alStatus, UINT16 alStatusCode)。

功能描述:将 EtherCAT 从站状态转换到请求状态。

参数:"alStatus",新的应用层状态;"alStatusCode",新的应用层状态码。

返回值:void。

⑫ 函数原型:void AL_ControlInd(UINT8 alControl, UINT16 alStatusCode)。

功能描述:该函数处理 EtherCAT 从站状态机。

参数:"alControl",请求的新状态;"alStatusCode",新的应用层状态码。

返回值:void。

⑬ 函数原型:void AL_ControlRes(void)。

功能描述:该函数在某个状态转换处于挂起状态时会被周期性调用。

参数:void。

返回值:void。

⑭ 函数原型:void DC_CheckWatchdog(void)。

功能描述:检查当前的同步运行模式并设置本地标志。

参数:void。

返回值:void。

⑮ 函数原型:void CheckIfEcatError(void)。

功能描述:检查通信和同步变量,并在错误发生时更新应用层状态和应用层状态码。

参数:void。

返回值:void。

⑯ 函数原型:void ECAT_StateChange(UINT8 alStatus,UINT16 alStatus-Code)。

功能描述:应用程序将调用此函数,以便在出现应用程序错误时触发状态转换或完成挂起的转换。如果该函数是由于错误而调用的,则错误消失时,将再次调用该函数。比当前状态更高的状态请求是不允许的。

参数:"alStatus",请求的应用层新状态;"alStatusCode",写到应用层状态寄存器中的值。

返回值:void。

⑰ 函数原型:void ECAT_Init(void)。

功能描述:该函数将初始化 EtherCAT 从站接口,获得采用 SM 通道的最大数目和支持的 DPRAM 的最大字节数,获取 EEPROM 加载信息,初始化邮箱处理和应用层状态寄存器。

参数:void。

返回值:void。

⑱ 函数原型:void ECAT_Main(void)。

功能描述:该函数在函数 Mainloop()中被周期性调用。

参数:void。

返回值:void。

(9) object.c。

访问 CoE 对象字典模块。读写对象字典、获得对象字典的入口以及对象字典的具体处理由该模块实现。几个关键函数介绍如下。

① 函数原型:OBJCONST TOBJECT OBJMEM * OBJ_GetObjectHandle(UINT16 index)。

功能描述:该函数根据实参提供的索引搜索对象字典,并在找到后返回指向该结构体的指针。

参数:"index",描述对象字典信息的结构体的索引号。

返回值:返回一个指向索引号与实参相同的结构体的指针。

② 函数原型:UINT32 OBJ_GetObjectLength(UINT16 index,UINT8 subindex,OBJCONST TOBJECT OBJMEM* pObjEntry,UINT8 bCompleteAccess)。

功能描述:该函数返回实参提供的对象字典和子索引所指示条目的字节数。

参数:"index",描述对象字典信息的结构体的索引号;"subindex",对象字典的子索引;"pObjEntry",指向对象字典的指针;"bCompleteAccess",决定是否读取对象的所有子索引所代表的对象的参数。

返回值:对象的字节数。

（10）FSMC.c。

① 函数原型：void SRAM_Init(void)。

功能描述：配置 STM32 读写 SRAM 内存区的 FSMC 和 GPIO 接口，在对 SRAM 内存区进行读写操作之前必须调用该函数完成相关配置。

参数：void。

返回值：void。

② 函数原型：void SRAM_WriteBuffer(uint16_t* pBuffer,uint32_t WriteAddr, uint32_t NumHalfwordToWrite)。

功能描述：将缓存区中的数据写入 SRAM 内存中。

参数："pBuffer"：指向一个缓存区的指针；"WriteAddr"：SRAM 内存区的内部地址，数据写到该地址表示的内存区；"NumHalfwordToWrite"：要写入数据的字节数。

③ 函数原型：void SRAM_ReadBuffer(uint16_t* pBuffer,uint32_t ReadAddr, uint32_t NumHalfwordToRead)。

功能描述：将 SRAM 内存区中的数据读到缓存区。

参数："pBuffer"，指向一个缓存区的指针；"ReadAddr"，SRAM 内存区的内部地址，将从该地址表示的内存区中读取数据；"NumHalfwordToWrite"，要读取数据的字节数。

首先对 ecatslv.h、esc.h 和 objdef.h 三个头文件中关键定义进行介绍；然后将从主函数的执行过程、过程数据的通信过程和状态机的转换过程三个方面对从站驱动和程序设计进行介绍。

在 EtherCAT 从站驱动和应用源程序设计中，WDT(watch dog timer)为监视定时器，又称看门狗。

10.2.2　从站驱动和应用程序的入口——主函数

从站以 EtherCAT 从站控制器芯片为核心，实现了 EtherCAT 数据链路层，完成数据的接收和发送以及错误处理。从站使用微处理器操作 EtherCAT 从站控制器，实现应用层协议，包括以下任务。

（1）微处理器初始化，通信变量和 ESC 寄存器初始化。

（2）通信状态机处理，完成通信初始化：查询主站的状态控制寄存器，读取相关配置寄存器，启动或终止从站相关通信服务。

（3）周期性数据处理，实现过程数据通信：从站以自由运行模式（查询模式）、同步模式（中断模式）或 DC 模式（中断模式）处理周期性数据和应用层任务。

1. 主函数——从站驱动和应用程序的入口函数

主函数是从站驱动和程序的入口函数，其执行过程如图 10-5 所示。

2. STM32 硬件初始化函数 HW_Init( )

main()函数中调用了函数 HW_Init()。函数 HW_Init()的执行过程如图 10-6 所示。

函数 HW_Init()主要用于初始化 LED 发光二极管和 Switch 按键开关对应的 STM32

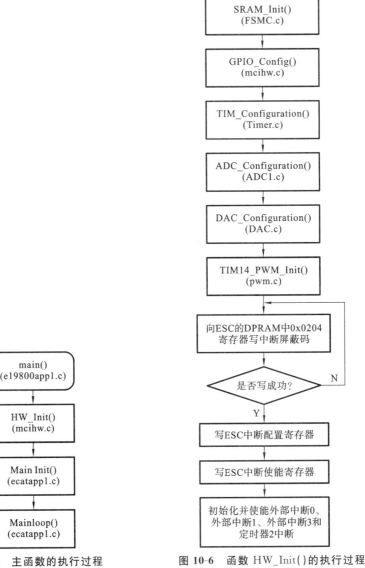

图 10-5 主函数的执行过程

图 10-6 函数 HW_Init( )的执行过程

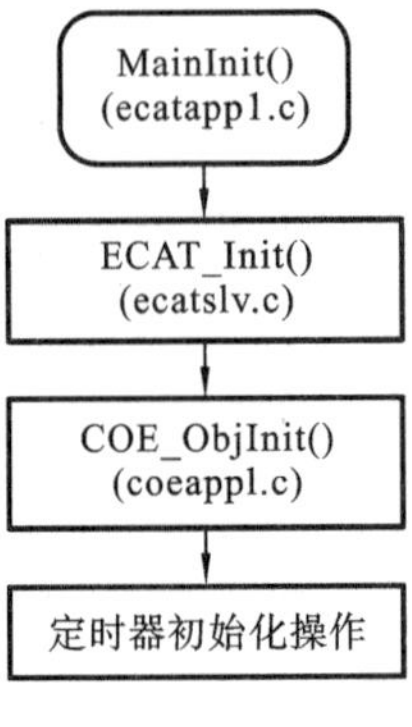

的 GPIO 端口、配置 ADC 模块和 DMA 通道、初始化过程数据接口、读写 ESC 的应用层中断屏蔽寄存器和中断使能寄存器,对 STM32 的外部中断和定时器中断进行初始化和使能操作。

3. ESC 寄存器和通信变量初始化函数 MainInit( )

主函数 main( )调用了函数 MainInit( ),用于初始化 EtherCAT 从站控制器(ESC)寄存器和通信变量。函数 MainInit( )的执行过程如图 10-7 所示。

函数 MainInit( )的源代码如下。

图 10-7 函数 MainInit( )的执行过程

```
UINT16 MainInit(void)
{
    UINT16 Error=0;
#ifdef SET_EEPROM_PTR
    SET_EEPROM_PTR
#endif
    ECAT_Init();              /*初始化 EtherCAT 从站控制器接口*/
    COE_ObjInit();            /*初始化对象字典*/
    /*定时器初始化*/
    u16BusCycleCntMs=0;
    StartTimerCnt=0;
    bCycleTimeMeasurementStarted=FALSE;
    /*表明从站栈初始化结束*/
    bInitFinished=TRUE;
    return Error;
}
```

（1）函数 MainInit()调用了函数 ECAT_Init()，用于获取主站和从站通信中使用的 SM 通道数目和支持的 DPRAM 字节数，查询 EEPROM 加载状态，调用函数 MBX_Init()初始化邮箱处理，对 bApplEsmPending 等变量进行初始化，这些变量在程序的分支语句中作为判断条件使用。

函数 ECAT_Init()的执行过程如图 10-8 所示。

（2）函数 MainInit()调用了函数 COE_ObjInit()，函数 COE_ObjInit()将"coeappl. c"和"el9800appl. h"两个文件中定义的描述对象字典的结构体进行初始化并连接成链表。

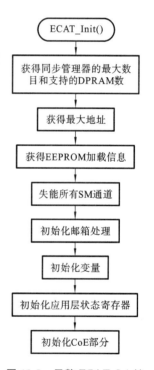

图 10-8　函数 ECAT_Init()
的执行过程

10.2.3　EtherCAT 从站周期性过程数据处理

EtherCAT 从站可以运行于自由运行模式、同步模式或 DC 模式。

（1）当运行于自由运行模式时，使用查询的方式处理周期性过程数据。

（2）当运行于同步模式或 DC 模式时，使用中断方式处理周期性过程数据。

1. 查询方式

当 EtherCAT 从站运行于自由运行模式时，在函数 Main-inLoop()中通过查询的方式完成过程数据的处理，函数 MainLoop()在 main()函数的 while 循环中执行。

函数 MainLoop()的执行过程如图 10-9 所示。

2. 中断方式

在主站和从站通信过程中，过程数据的交换及 LED 等硬件设备状态的更新可通过中断实现。

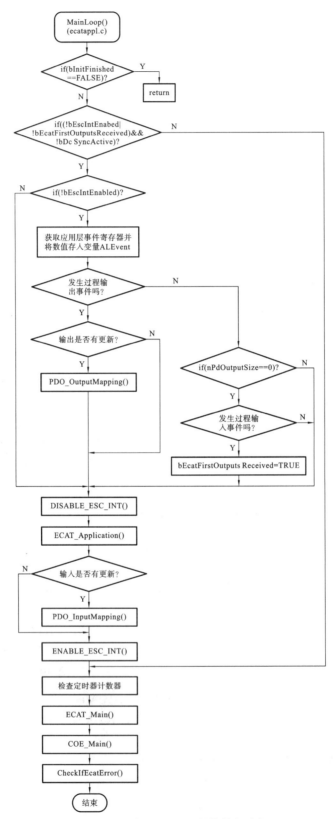

图 10-9 函数 MainLoop( )的执行过程

在从站栈代码中,定义了 HW_EcatIsr()(即 PDI 中断)、Sync0Isr()、Sync1Isr()、TimerIsr()等 4 个中断服务程序,它们分别与 STM32 的外部中断 0、外部中断 1、外部中断 2 和定时器 9 中断对应。3 个外部中断分别由 ESC 的(PDI_)IRQ、Sync0 和 Sync1 3 个物理信号触发。

通信中支持哪种信号,可根据 STM32 程序中以下两个宏定义进行设置。

(1) AL_EVENT_ENABLED。

若将该宏定义置为 0,则禁止(PDI_)IRQ 支持;若将该宏定义置为非 0 值,则使能(PDI_)IRQ 支持。

(2) DC_SUPPORTED。

若将该宏定义置为 0,则禁止 DC UNIT 生成的 Sync0/Sync1 信号;若将该宏定义置为非 0 值,则使能 DC UNIT 生成 Sync0/Sync1 信号。

1) 同步模式

当从站运行于同步模式时,会通过中断函数 PDI_Isr()对周期性过程数据进行处理。从站控制器芯片的(PDI_)IRQ 信号可触发该中断,PDI 中断的触发条件(即 IRQ 信号的产生条件)如下。

(1) 主站写应用层控制寄存器。

(2) SYNC 信号(由 DC 时钟产生),SYNC 信号也关联到了 IRQ 信号。

(3) SM 通道配置发生改变。

(4) 通过 SM 通道读写 DPRAM(即通过前面所述 SM0~SM3 四个通道分别进行邮箱数据输出、邮箱数据输入、过程数据输出和过程数据输入)。

中断函数 PDI_Isr()的执行过程如图 10-10 所示。

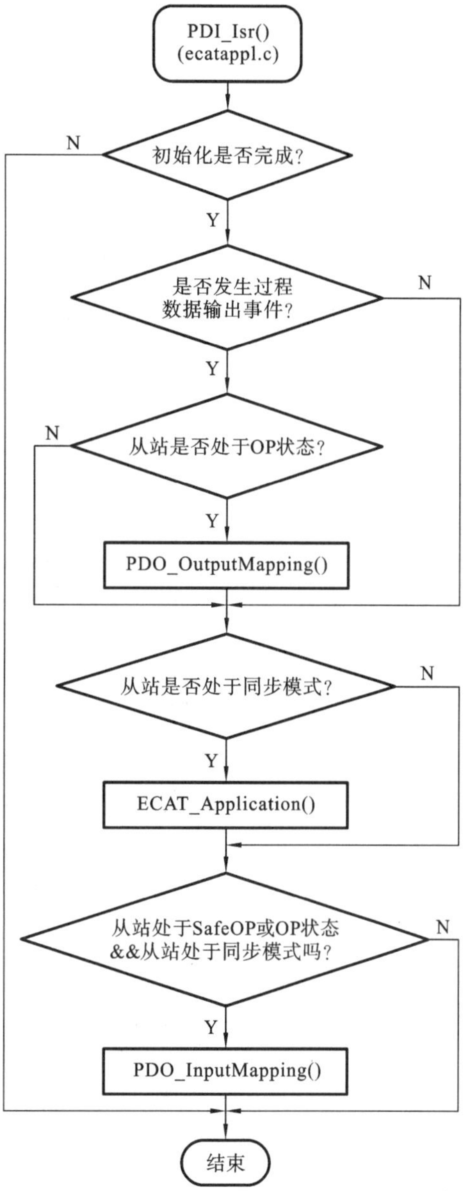

2) DC 模式

当从站运行于 DC 模式时,会通过中断函数 Sync0_Isr()对周期性过程数据进行处理。中断函数 Sync0_Isr()的执行过程如图 10-11 所示。

图 10-10 中断函数 PDI_Isr()的执行过程

10.2.4 EtherCAT 从站状态机转换

EtherCAT 从站在主函数的主循环中查询状态机改变事件请求位。如果该位发生变化,则执行状态机管理机制。主站程序首先要检查当前状态转换必需的 SM 配置是

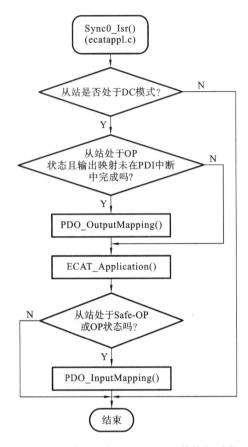

图 10-11 中断函数 Sync0_Isr( )的执行过程

否正确,如果正确,则根据转换要求进行相应的通信数据处理。从站从高级别状态向低级别状态转换时,停止相应的通信数据处理。从站状态转换在函数 AL_ControlInd( )中完成。

函数 AL_ControlInd( )的执行过程如图 10-12 所示。

在进入函数 AL_ControlInd( )后,将状态机当前状态和请求状态的状态码分别存放于变量 stateTrans 的高四位和低四位中。然后根据状态机当前状态和请求状态(即根据变量 stateTrans)检查相应的 SM 通道配置情况(若 stateTrans 的值不同,则所检查的 SM 通道也不同),并将检查结果存放于变量 result 中,上述 SM 通道的检查工作是在 switch 语句体中完成的。

(1) 如果 SM 通道配置检查正确(即 result 结果为 0),则根据变量 stateTrans 进行状态转换:

若从引导状态转换为 Init 状态,则调用函数 BackToInitTransition( );

若从 Init 状态转换为 Pre-OP 状态,则调用函数 MBX_StartMailboxHandler( );

若从 Pre-OP 状态转换为 Safe-OP 状态,则调用函数 StartInputHandler( );

若从 Safe-OP 状态转换为 OP 状态,则调用函数 StartOutputHandler( )。

(2) 如果 SM 通道检查不正确(即 result 的值不为 0),则根据状态机当前状态进行以下相关操作。

若当前处于 OP 状态,则执行函数 APPL_StopOutputHandler( ) 和 StopOut-

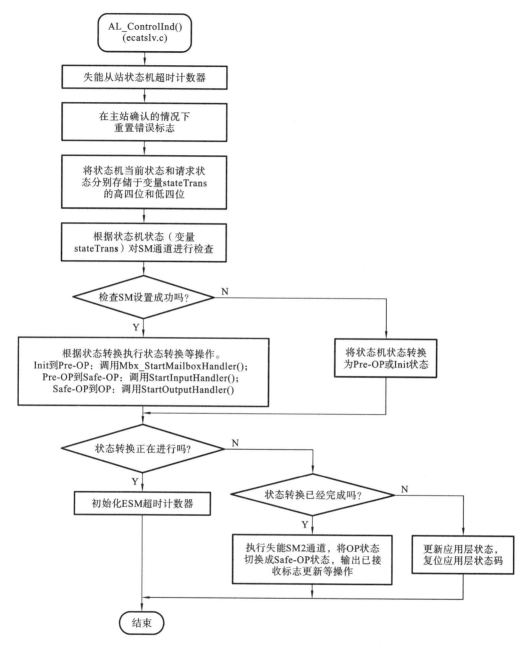

图 10-12 函数 AL_ControlInd( )的执行过程

putHandler( )停止周期性输出过程数据通信。

若当前处于 Safe-OP 状态,则执行函数 APPL_StopInputHandler( )和 StopIn-putHandler( )停止周期性输入过程数据通信。

若当前处于 Pre-OP 状态,则执行函数 MBX_StopMailboxHandler( )和 APPL_StopMailboxHandler( )停止邮箱数据通信。

在从站状态机转换过程中需要经过以下阶段。

(1)检查 SM 设置。

在进入"Pre-OP"状态之前,需要读取并检查与邮箱通信相关的 SM0 和 SM1 通道的配置,进入"Safe-OP"之前需要检查周期性过程数据通信使用的 SM2 和 SM3 通道的配置,需要检查的 SM 通道的设置内容如下。

① SM 通道大小。

② SM 通道的设置是否重叠,特别注意三个缓存区应该预留 3 倍配置长度大小的空间。

③ SM 通道起始地址应该为偶数。

④ SM 通道应该被使能。SM 通道配置的检查工作在函数 CheckSmSettings()(位于"ecatslv. c"文件中)中完成。

(2)启动邮箱数据通信,进入 Pre-OP 状态。

在从站进入 Pre-OP 状态之前,先检查邮箱通信 SM 配置,如果配置成功,则调用函数 MBX_StartMailboxHandler(),进入 Pre-OP 状态。

函数 MBX_StartMailboxHandler()的执行过程如图 10-13 所示。

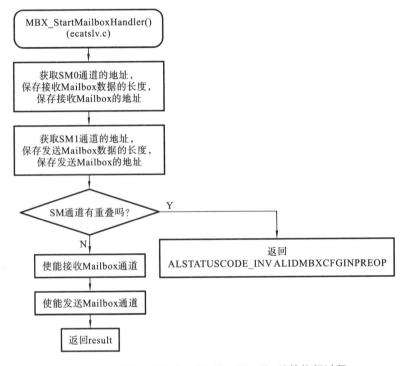

图 10-13 函数 MBX_StartMailboxHandler()的执行过程

(3)启动周期性输入数据通信,进入 Safe-OP 状态。

在进入 Safe-OP 状态之前,先检查过程数据 SM 通道设置是否正确,如果正确,则使能输入数据通道 SM3,调用函数 StartInputHandler(),进入 Safe-OP 状态。函数 StartInputHandler()的执行过程如图 10-14 所示。

(4)启动周期性输出数据通信,进入 OP 状态。

在进入 OP 状态之前,先检查过程数据 SM 通道设置是否正确,如果正确,则使能输出数据通道 SM2,调用函数 StartOutputHandler(),进入 OP 状态,函数 StartOutputHandler()的执行过程如图 10-15 所示。

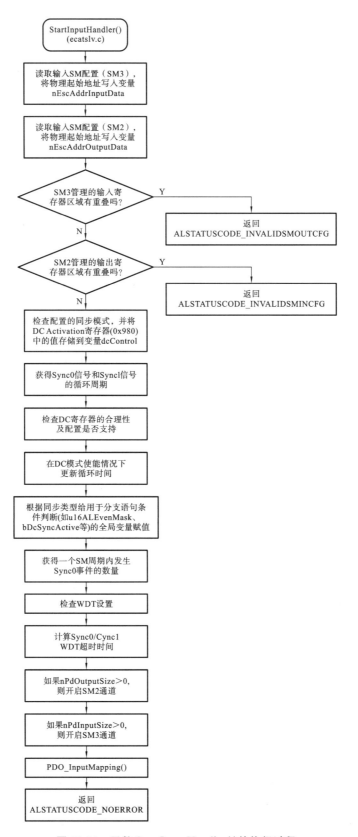

图 10-14　函数 StartInputHandler( ) 的执行过程

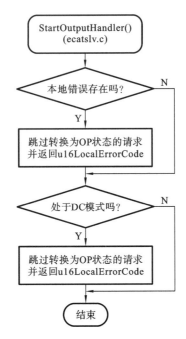

图 10-15　函数 StartOutputHandler( )的执行过程

（5）停止 EtherCAT 数据通信。

在 EtherCAT 通信状态回退时停止相应的数据通信 SM 通道,其回退方式有以下三种。

① 从高状态退回 Safe-OP 状态时,调用函数 StopOutputHandler()停止周期性过程数据输出处理。

② 从高状态退回 Pre-OP 状态时,调用函数 StopInputHandler()停止周期性过程数据输入处理。

③ 从高状态退回 Init 状态时,调用函数 BackToInitTransition()停止所有应用层数据处理。

10.3　EtherCAT 通信中的数据传输过程

10.3.1　EtherCAT 从站到主站的数据传输过程

以 STM32 外接 Switch 开关的状态在通信中的传输过程为例,介绍 EtherCAT 从站到主站的数据传输过程。

1. 从 STM32 的 GPIO 寄存器到结构体

首先,在头文件"mcihw.h"中通过宏定义"♯define　SWITCH_1　PCin(8)"将Switch1 开关的状态(即 STM32 GPIO 寄存器中的值)赋给变量 SWITCH_1。在函数APPL_Application()中通过语句"sDIInputs.bSwitch1=SWITCH_1;"将 Switc1 开关的状态赋给结构体 sDIInputs 中的元素 bSwitch1(结构体 sDIInputs 在文件"el9800appl.h"中定义)。

函数 APPL_Application()中完成了 Switch 开关状态(GPIO 寄存器)向结构体的传输,其源代码如下所示。

```
void APPL_Application(void)
{
#if _STM32_IO4
    UINT16 analogValue;
#endif
    LED_1=sDOOutputs.bLED1;
    LED_2=sDOOutputs.bLED2;
    LED_3=sDOOutputs.bLED3;
    LED_4=sDOOutputs.bLED4;
#if _STM32_IO8
    LED_5=sDOOutputs.bLED5;
    LED_7=sDOOutputs.bLED7;
    LED_6=sDOOutputs.bLED6;
    LED_8=sDOOutputs.bLED8;
#endif

    sDIInputs.bSwitch1=SWITCH_1;
    sDIInputs.bSwitch2=SWITCH_2;
    sDIInputs.bSwitch3=SWITCH_3;
    sDIInputs.bSwitch4=SWITCH_4;
#if _STM32_IO8
    sDIInputs.bSwitch5=SWITCH_5;
    sDIInputs.bSwitch6=SWITCH_6;
    sDIInputs.bSwitch7=SWITCH_7;
    sDIInputs.bSwitch8=SWITCH_8;
#endif

    /* 将模/数转换结果传输给结构体 */
sAIInputs.i16Analoginput=uhADCxConvertedValue;
TIM_SetCompare1(TIM14,sAOOutputs.u16Pwmoutput);
    /* 在更新相应 TxPDO 数据后切换 TxPDO Toggle。*/
    sAIInputs.bTxPDOToggle^=1;
/* 模拟了一个输入的问题,如果这个例子中的 Switch4 是断开的,此时 TxPDO 状态必须
设置为向主站请示问题的状态。*/

    if ( sDIInputs.bSwitch4 )
        sAIInputs.bTxPDOState=1;
    else
        sAIInputs.bTxPDOState=0;
}
```

2. 从结构体到 EtherCAT 从站控制器的 DPRAM

对象字典(在从站驱动程序中用结构体来描述对象字典)在 EtherCAT 通信过程中起到通信变量的作用。

通过在函数 MainLoop()、PDI_Isr()或 Sync0_Isr()中调用函数 PDO_InputMapping(),将结构体 sDIInputs 中变量的值写入从站控制器芯片的 DPRAM 中。

函数 PDO_InputMapping()将结构体中的变量写入 EtherCAT 从站控制器芯片的 DPRAM 中,其源代码如下所示。

```
void PDO_InputMapping(void)
{
    APPL_InputMapping((UINT16*)aPdInputData);
    HW_EscWriteIsr(((MEM_ADDR*) aPdInputData), nEscAddrInputData, nP-
dInputSize );
}
```

函数 APPL_InputMapping((UINT16*)aPdInputData)用于将结构体中的变量存放到指针 aPdInputData 所指的内存区。

函数 HW_EscWriteIsr(((MEM_ADDR*) aPdInputData),nEscAddrInputData,nPdInputSize)用于将指针 aPdInputData 所指内存区的内容写入 EtherCAT 从站控制器芯片的 DPRAM 中。

3. EtherCAT 从站控制器到主站

通过 EtherCAT 主站和从站之间的通信,将从站控制器芯片 DPRAM 中的输入过程数据传输给主站,主站即可在线监测 Switch1 的状态。

10.3.2 EtherCAT 主站到从站的数据传输过程

以主站控制 STM32 外接 LED 发光二极管的状态为例,介绍 EtherCAT 主站到从站的数据传输过程。

1. 主站到 EtherCAT 从站控制器

在主站上改变 LED1 发光二极管的状态,经过主站与从站的通信,主站将表示 LED1 状态的过程数据写入从站控制器芯片的 DPRAM 中。

2. EtherCAT 从站控制器到结构体

通过在函数 MainLoop()、PDI_Isr()或 Sync0_Isr()中调用函数 PDO_OutputMapping(),将从站控制器芯片 DPRAM 中的输出过程数据读取到结构体 sDOOutputs 中,将 LED1 的状态读取到 sDOOutputs. bLED1 中。

函数 PDO_OutputMapping()将 EtherCAT 从站控制器芯片 DPRAM 中的过程数据读取到结构体中,其源代码如下。

```
void PDO_OutputMapping(void)
{
    HW_EscReadIsr(((MEM_ADDR*)aPdOutputData), nEscAddrOutputData, nPd-
OutputSize );
    APPL_OutputMapping((UINT16*) aPdOutputData);
}
```

其中函数 HW_EscReadIsr(((MEM_ADDR*)aPdOutputData),nEscAddrOutputData,nPdOutputSize)将 EtherCAT 从站控制器芯片 DPRAM 中的过程数据读取

到指针 aPdOutputData 所指的 STM32 内存区；函数 APPL_OutputMapping((UINT16*) aPdOutputData)将指针所指内存区中的数据读取到结构体中。

3. 结构体到 STM32 的 GPIO 寄存器

在函数 APPL_Application()中，通过语句"LED_1= sDOOutputs. bLED1;"将主站设置的 LED1 的状态赋值给变量 LED_1，通过头文件"mcihw. h"中的宏定义"♯define LED_1 PGout(8)"即可改变 GPIO 寄存器中的值，进而将 LED 发光二极管的状态改变为预期值。

函数 APPL_Application()中完成了结构体数据向 LED 发光二极管（GPIO 寄存器）的传输，其源代码如下所示。

```
void APPL_Application(void)
{
#if _STM32_IO4
    UINT16 analogValue;
#endif
    LED_1=sDOOutputs.bLED1;
    LED_2=sDOOutputs.bLED2;
    LED_3=sDOOutputs.bLED3;
    LED_4=sDOOutputs.bLED4;
#if _STM32_IO8
    LED_5=sDOOutputs.bLED5;
    LED_7=sDOOutputs.bLED7;
    LED_6=sDOOutputs.bLED6;
    LED_8=sDOOutputs.bLED8;
#endif
    sDIInputs.bSwitch1=SWITCH_1;
    sDIInputs.bSwitch2=SWITCH_2;
    sDIInputs.bSwitch3=SWITCH_3;
    sDIInputs.bSwitch4=SWITCH_4;
#if _STM32_IO8
    sDIInputs.bSwitch5=SWITCH_5;
    sDIInputs.bSwitch6=SWITCH_6;
    sDIInputs.bSwitch7=SWITCH_7;
    sDIInputs.bSwitch8=SWITCH_8;
#endif
    /* 将模/数转换结果传输给结构体 */
sAIInputs.i16Analoginput=uhADCxConvertedValue;
TIM_SetCompare1(TIM14,sAOOutputs.u16Pwmoutput);
    /* 在更新相应的 TxPDO 数据后切换 TxPDO Toggle */
    sAIInputs.bTxPDOToggle^=1;
/* 模拟了一个输入的问题,如果这个例子中的 Switch4 是断开的,此时 TxPDO 状态必须
设置为向主站请示问题的状态。*/
    if ( sDIInputs.bSwitch4 )
        sAIInputs.bTxPDOState=1;
    else
```

```
sAIInputs.bTxPDOState=0;
```

10.4 EtherCAT 主站软件的安装

10.4.1 主站 TwinCAT 的安装

在进行 EtherCAT 开发前,首先要在计算机上安装主站 TwinCAT,计算机要安装 Intel 网卡,系统是 32 位或 64 位的 Windows 7 系统。经测试,Windows 10 系统容易出现蓝屏,不推荐使用。

在安装前要卸载 360 等杀毒软件并关闭系统更新。此目录下已经包含 VS 2012 插件,不需要额外安装 VS 2012。TwinCAT 安装顺序如下。

(1) NDP452-KB2901907-x86-x64-ALLOS-ENU.exe。

安装 Microsoft .NET Framework,它用于 Windows 的新托管代码编程模型。它将强大的功能与新技术结合起来,构建具有视觉上引人注目的用户体验的应用程序,实现跨技术边界的无缝通信,并且能支持各种业务流程。

(2) vs_isoshell.exe。

安装 VS 独立版,在独立模式下,可以发布使用 Visual Studio IDE 功能子集的自定义应用程序。

(3) vs_intshelladditional.exe。

安装 VS 集成版,在集成模式下,可以发布 Visual Studio 扩展以供未安装 Visual Studio 的客户使用。

(4) TC31-Full-Setup.3.1.4018.26.exe。

安装 TwinCAT 3 完整版。

(5) TC3-InfoSys.exe。

安装 TwinCAT 3 的帮助文档。

10.4.2 TwinCAT 安装主站网卡驱动

当 PC 的以太网控制器型号不满足 TwinCAT 3 的要求时,主站网卡可以选择 PCIe 总线网卡,如图 10-16 所示。该网卡的以太网控制器型号为 PC82573,满足 Twin-CAT 3 的要求。

PCI Express(简称 PCIe)是 Intel 公司提出的新一代总线接口,旨在替代旧的 PCI,PCI-X 和 AGP 总线标准并称为第三代 I/O 总线技术。

PCI Express 采用了目前流行的点对点串行连接,相比 PCI 以及更早的计算机总线的共享并行架构,PCI Express 每个设备都有自己的专用连接,不需要向整个总线请求带宽,而且可以把数据传输率提高到一个很高的频率,达到 PCI 所不能提供的高带宽。相对于传统 PCI 总线,在单一时间周期内只能实现单向传输,PCIe 的双单工连接能提供更高的传输速率和质量,它们之间的差异与半双工和全双工类似。

PCIe 在软件层面上兼容 PCI 技术和设备,支持 PCI 设备和内存模组的初始化,以前的驱动程序、操作系统可以支持 PCIe 设备。

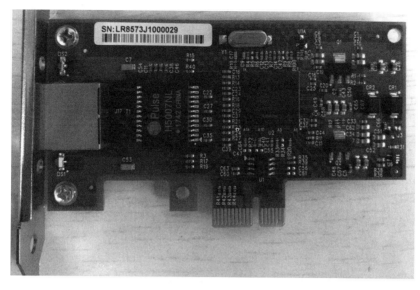

图 10-16 PCIe 总线网卡

PCIe 接口模式通常用于显卡、网卡等主板类接口卡。

打开 TwinCAT,点击"TWINCAT"→"Show Realtime Ethernet Compatible Devices...",安装主站网卡驱动的选项如图 10-17 所示。

图 10-17 安装主站网卡驱动的选项

选择网卡,点击"install",若安装成功,则会显示在安装成功等待使用的列表下,如图 10-18 所示。

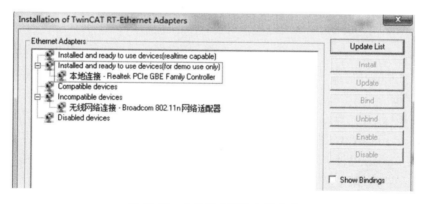

图 10-18 主站网卡驱动安装成功

若安装失败,则检查网卡是否是 TwinCAT 支持的网卡,如果不是,则更换 Twin-CAT 支持的网卡。

10.5 EtherCAT 从站的开发调试

下面给出建立并下载一个 TwinCAT 测试工程的实例。

主站采用已安装 Windows 7 系统的 PC。因为 PC 原来的 RJ45 网口不满足 Twin-CAT 支持的网卡以太网控制器型号，需要内置图 10-16 所示的 PCIe 总线网卡。

EtherCAT 主站与从站的测试连接如图 10-19 所示。EtherCAT 主站的 PCIe 网口与从站的 RJ45 网口相连。

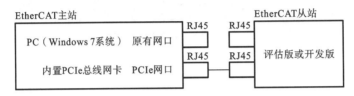

图 10-19 EtherCAT 主站与从站的测试连接

EtherCAT 从站开发版采用的是由 ARM 微控制器 STM32F407 和 EtherCAT 从站控制器 ET1100 组成的硬件系统。STM32 微控制器程序、EEPROM 中烧写的 XML文件是在 EtherCAT 从站开发版的软件与 XML 文件基础上修改后的程序和 XML文件。

STM32 微控制器程序、EEPROM 中烧写的 XML 文件和 TwinCAT 软件目录下的XML 文件，三者必须对应，否则通信会出错。

在该文档所在文件夹中，有名为"FBECT_PB_IO"的子文件夹，该子文件夹中有一个名为"FBECT_ET1100.xml"的 XML 文件和一个 STM32 工程供实验使用。

10.5.1 烧写 STM32 微控制器程序

安装 Keil MDK 开发环境，烧写 STM32 微控制器程序，注意烧写完成后重启从站开发版电源。

10.5.2 TwinCAT 软件目录下放置 XML 文件

对于每个 EtherCAT 从站的设备描述，必须提供 EtherCAT 从站信息（ESI）。这是以 XML 文件（可扩展标记语言）的形式实现的，它描述了 EtherCAT 的特点以及从站的特定功能。

可扩展标记语言（extensible markup language，XML）是万维网联盟（world wide web consortium，W3C）于 1998 年 2 月发布的标准，是基于文本的元语言，用于创建结构化文档。XML 提供了定义元素，并具有定义它们结构关系的能力。XML 不使用预定义的"标签"，适用于说明层次结构化的文档。

根据文档类型定义（document type definition，DTD）或 XML Schema 设计的文档，可以详细定义元素与属性值的相关信息，以达到数据信息的统一性。

EtherCAT 从站设备的识别、描述文件格式采用 XML 设备描述文件。第一次使用从站设备时，需要添加从站的设备描述文件。EtherCAT 主站才能将从站设备集成到 EtherCAT 网络中，完成硬件组态。

EtherCAT 从站控制器芯片有 64 KB 的 DPRAM 地址空间,前 4 KB 的空间为配置寄存器区,从站系统运行前要对寄存器进行初始化,其初始化命令存储于配置文件中,EtherCAT 配置文件采取 XML 格式。在从站系统运行前,要将描述 EtherCAT 从站配置信息的 XML 文件烧写进 EtherCAT 从站控制器的 EEPROM 中。

在安装 TwinCAT 后,将工程中的 XML 文件复制到目录"C:\TwinCAT\3.1\Config\Io\EtherCAT"下,若该目录下已有其他 XML 文件,则删除该目录下的 XML 文件,工程 XML 文件的存放路径如图 10-20 所示。

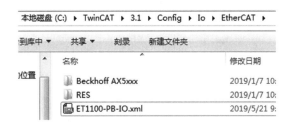

图 10-20　工程 XML 文件的存放路径

10.5.3　建立一个工程

1. 打开已安装的 TwinCAT 软件

打开开始菜单,然后点击"TwinCAT XAE(VS2012)",进入 VS 2012 开发环境,TwinCAT 主站界面如图 10-21 所示。

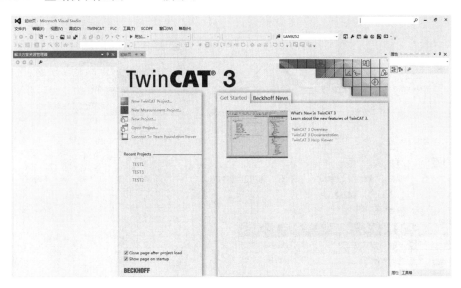

图 10-21　TwinCAT 主站界面

2. 建立一个新工程

点击"文件"→"新建"→"项目"→"TwinCAT Project"→"修改工程名"→"确定",具体操作的界面分别如图 10-22、图 10-23 所示。

在点击"确定"按钮后出现如图 10-24 所示的界面。

3. 扫描从站设备

通过网线与计算机主站连接,打开从站开发版电源,然后右击"Devices"→"Scan"

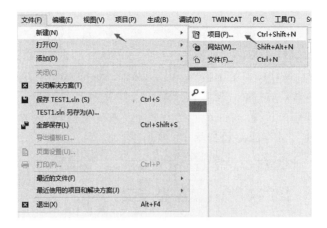

图 10-22　建立新工程步骤

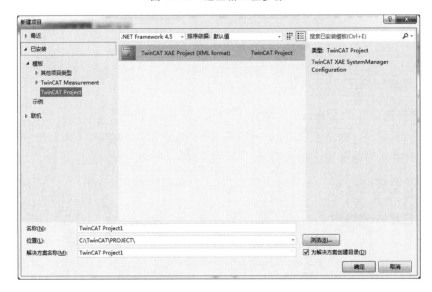

图 10-23　选择 TwinCAT Project 及工程位置

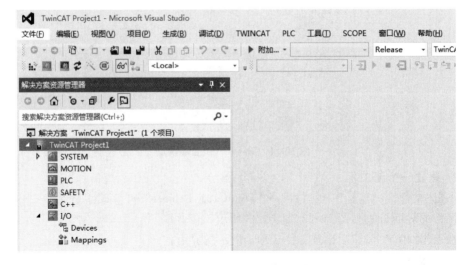

图 10-24　建立新工程后的显示界面

扫描连接的从站设备,具体操作如图 10-25～图 10-29 所示。

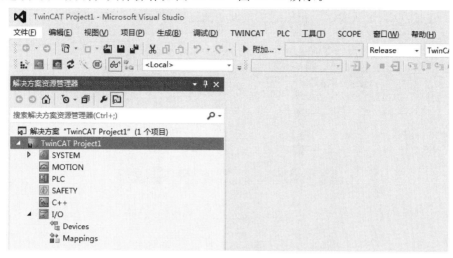

图 10-25　扫描从站设备

图 10-26　从站设备扫描提示

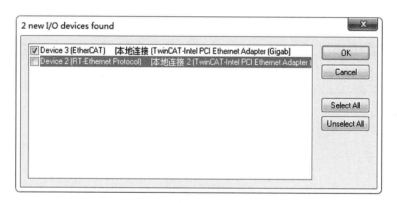

图 10-27　扫描到的从站设备

图 10-28　扫描从站设备

图 10-29　自由运行模式选择

如果扫描不到从站设备,则关闭 TwinCAT 并重新启动,或拔下从站开发版与 PC 主站的连接网线,重新尝试。扫描到从站设备的显示界面如图 10-30 所示。

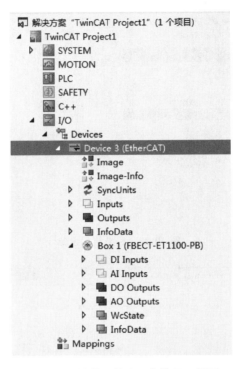

图 10-30 扫描到从站设备的显示界面

双击"Box1(FBECT-ET1100-PB)",点击"Online",可以看到从站处于 OP 状态,如图 10-31 所示。

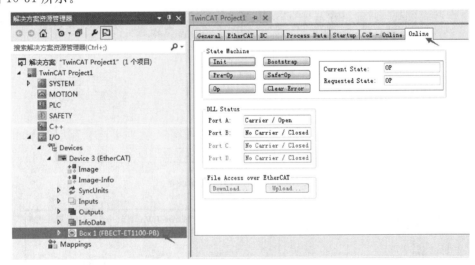

图 10-31 检查从站状态

10.5.4 向 EEPROM 中烧写 XML 文件

EEPROM 中用于存放从站配置信息,即 XML 文件。通过 TwinCAT 3 直接向

EEPROM 烧写 XML 文件的方法如下。

1. 打开"EEPROM Update"界面

在扫描并连接从站设备后,点击左侧节点"Device 3(EtherCAT)",在右侧的对话框中选择"EtherCAT",在右下方对话框的"Box1(FBE-ET1100-...)"上右击选中"EE-PROM Update..."。更新 EEPROM 的界面如图 10-32 所示。

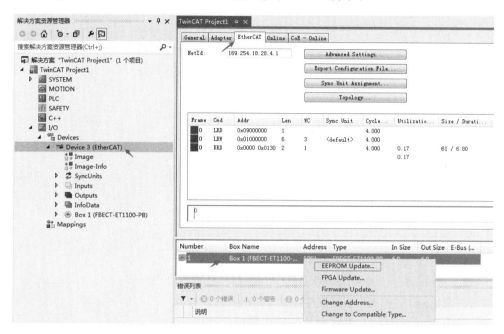

图 10-32 更新 EEPROM

2. 烧写 XML 文件

进入烧写界面,选择要烧写的 XML 文件,点击"OK"按钮进行烧写,如图 10-33 所示。

图 10-33 选择要烧写 XML 文件的设备

在烧写 XML 文件过程中,TwinCAT 主站右下方的绿色进度条读满两次表示烧写成功,第一次读取进度较慢,第二次读取进度较快,若烧写过程中出现卡停现象,则需要重新烧写。烧写完成后重启 TwinCAT 会发现从站信息更新,若多次重启仍未见从站信息更新,则可移除 Device,关闭并重新打开 TwinCAT,重新进行 Scan 操作。

习 题 10

1. EtherCAT 从站采用 STM32F4 微控制器和 ET1100 从站控制器,试说明 EtherCAT 从站驱动和应用程序代码包的架构。

2. EtherCAT 通信协议和应用层控制相关的文件有哪些?

3. 从站驱动和应用程序的主函数实现哪些任务?

4. 简述 STM32 硬件初始化函数 HW_Init() 的执行过程。

5. 简述函数 MainInit() 的执行过程。

6. 简述函数 ECAT_Init() 的执行过程。

7. 简述 EtherCAT 从站周期性过程数据处理的方式。

8. 说明函数 MainLoop() 的执行过程。

9. 说明中断函数 PDI_Isr() 的执行过程。

10. 说明函数 Sync0_Isr() 的执行过程。

11. 简述 EtherCAT 从站状态机转换。

12. 说明函数 AL_ControlInd() 的执行过程。

13. 说明函数 MBX_StartMailboxHandler() 的执行过程。

14. 说明函数 StartInputHandler() 的执行过程。

15. 说明函数 StartOutputHandler() 的执行过程。

16. 说明 EtherCAT 从站到主站的数据传输过程。

17. 说明 EtherCAT 主站到从站的数据传输过程。

参 考 文 献

[1] 李正军.EtherCAT 工业以太网应用技术[M].北京:机械工业出版社,2020.

[2] 李正军,李潇然.现场总线及其应用技术[M].2 版.北京:机械工业出版社,2017.

[3] 李正军,李潇然.现场总线与工业以太网[M].北京:中国电力出版社,2018.

[4] 李正军.现场总线与工业以太网及其应用技术[M].北京:机械工业出版社,2011.

[5] 李正军.计算机控制系统[M].3 版.北京:机械工业出版社,2015.

[6] 李正军.计算机测控系统设计与应用[M].北京:机械工业出版社,2004.

[7] 李正军.现场总线与工业以太网及其应用系统设计[M].北京:人民邮电出版社,2006.

[8] Holger Zeltwanger.现场总线 CANopen 设计与应用[M].周立功,黄晓清,彦寒亮,译.北京:北京航空航天出版社,2011.

[9] 肖维荣,王谨秋,宋华振.开源实时以太网 POWERLINK 详解[M].北京:机械工业出版社,2015.

[10] 梁庚.工业测控系统实时以太网现场总线技术——EPA 原理及应用[M].北京:中国电力出版社,2013.

[11] 陈启军,覃强,余有灵.CC-Link 控制与通信总线原理及应用[M].北京:清华大学出版社,2007.

[12] 郑亮,郑士海.嵌入式系统开发与实践[M].北京:北京航空航天大学出版社,2015.

[13] Microchip Technology Inc. MCP2517FD External CAN FD Controller with SPI Interface. 2018-01-01. www. microchip. com.

[14] Beckhoff Automation GmbH & Co. KG. ethercat_et1100_datasheet_v2i0. 2017-02-21. www. ethercat. org.

[15] Beckhoff Automation GmbH & Co. KG. ethercat_esc_datasheet_sec1_technology_2i3. 2017-02-21. www. ethercat. org.

[16] Microchip Technology Inc. LAN9252 datasheet. 2015-01-27. www. microchip. com.

[17] Micrel,Inc. KS8721BL/SL datasheet. 2006-03-01. www. micrel. com.

[18] Beckhoff Automation GmbH & Co. KG. ethercat_esc_datasheet_sec2_registers_2i9. 2017-02-21. www. ethercat. org.